U0285951

面向新工科的电工电子信息基础课程系列教材

教育部高等学校电工电子基础课程教学指导分委员会推荐教材

湖南省高等教育教学改革项目立项教材

高频电子电路与宽带通信

许雪梅 **主 编**

楚 君 罗 衡 赵 岩 肖佳珣 **副主编**

清华大学出版社

北 京

内 容 简 介

本书系统介绍了高频电路基础理论、设计方法和通信技术，覆盖了高频功率放大器、振荡器、调制解调技术等核心内容，深入探讨了频谱的线性移动、频率转换技术及其在宽带通信中的应用。此外，详细介绍了各类高频电路的设计与分析方法，包括 L 型、π 型和 T 型网络的匹配技术，以及高频功率放大器的工作原理与优化。针对当前的科技前沿，引入了高频电路在 5G 通信、卫星传输及无线电传播等领域的实际应用案例，让读者能够理论与实践相结合，提高解决实际问题的能力。图文并茂的内容展示，使得复杂的电路设计和分析更加直观易懂。

本书将帮助本科生、研究生和工程师等读者构建扎实的理论基础，掌握高频电子电路设计的关键技术，以及宽带通信系统的实际应用知识。本书适合作为电子工程、通信工程及相关专业的教材，也可供相关领域的工程技术人员参考。

图书在版编目（CIP）数据

高频电子电路与宽带通信 / 许雪梅主编. -- 北京：清华大学出版社，2024.11. --（面向新工科的电工电子信息基础课程系列教材）. -- ISBN 978-7-302-67664-5

Ⅰ. TN710；TN914.4

中国国家版本馆 CIP 数据核字第 2024DH4989 号

责任编辑：文　怡　李　晔
封面设计：王昭红
责任校对：韩天竹
责任印制：宋　林

出版发行：清华大学出版社
　　　　　网　　　址：https://www.tup.com.cn，https://www.wqxuetang.com
　　　　　地　　　址：北京清华大学学研大厦 A 座　　　　　邮　　编：100084
　　　　　社 总 机：010-83470000　　　　　　　　　　　　邮　　购：010-62786544
　　　　　投稿与读者服务：010-62776969，c-service@tup.tsinghua.edu.cn
　　　　　质量反馈：010-62772015，zhiliang@tup.tsinghua.edu.cn
　　　　　课件下载：https://www.tup.com.cn，010-83470236
印 装 者：三河市铭诚印务有限公司
经　　销：全国新华书店
开　　本：185mm×260mm　　印　张：21　　　　　　字　　数：512 千字
版　　次：2024 年 11 月第 1 版　　　　　　　　　　印　　次：2024 年 11 月第 1 次印刷
印　　数：1～1500
定　　价：75.00 元

产品编号：108551-01

前言

视频

　　教育部针对实力雄厚、学科发展具有潜力的高校课程实施了"双万计划",中南大学积极响应教育部的方针政策,根据学科群和专业特色,对专业、课程体系、课程内容和课时进行了重新布局和调整,电子信息科学与技术专业成为国家级"双一流"本科建设专业。借此契机,也为了适应电子技术的飞速发展,作者结合自己在高频电子线路方面的教学经验,撰写了适合电子与通信类专业本科教学的高频电子电路教材。

　　本书参考了很多同行、专家和兄弟院校的高频电子电路类教材,主要是张肃文、高吉祥、曾兴雯、王卫东、杜武林、荆震、高如云、陆曼茹、谢嘉奎、张企民、孙万蓉、武秀玲、李纪澄、胡宴如等(在此不一一列举,敬请谅解)二十几位专家、教授撰写的高频电子电路、通信和无线电类教材,汇聚大家的智慧,提炼适合电子信息科学与技术专业发展的高频电子电路教学内容,承前启后,前与电路理论、模拟电子技术衔接,后为通信原理、射频电子技术、微波通信作铺垫,形成了从低频电路到高频电路,再到射频电路,最后到现代通信技术的课程链。本书紧紧围绕新修定的电子信息科学与技术专业的课程体系和教学大纲,凸显基础,并针对实际问题加以解决。本书力求论述准确、严谨和通俗易懂;通过图文并茂的形式,夯实基础理论的阐述,用经典例题强化知识重点和难点,最后配合思考题与习题及其解答,增强可读性,尽可能做到在梳理知识结构体系的基础上,激发学生阅读的兴趣和学习的动机。本书同样适合其他院校及科研院所电子与通信类专业读者自学。

　　本书特色如下:

　　(1)以"夯实电路基础,掌握基本原理,面向集成电路,针对重点难点,典型实例相伴,化解实际问题"为宗旨,强调物理概念和基本原理的描述,立足工程需求,解决实际问题。

　　(2)在教学内容的取舍和编排上遵循教学大纲和课时的实际需求,重点突出,文字表达深入浅出,图文并茂,适合自学和初学者入门。

　　(3)突出高频电子电路中非线性电路的特点、分布式参数的不同和负载特性的变化,由品质因数、带宽、电路设计精髓和系统传输特性贯穿全书的始终,从串联、并联及其组合,到谐振器、振荡器,及其非线性电路频率变换,调制与解调的基本原理及相应的集成电路分析,再到实现精确跟踪通信频率的锁相环,最后到无线电软件技术,步步深入,环环相扣,内容紧凑。

　　全书共 11 章,参考学时为 64～80 学时。下面介绍本书各章内容。

　　第 1 章主要介绍无线通信系统的基本组成和基本原理,介绍高频电子电路的主要电路单元;特别说明高频电路中的非线性电路在大容量、大功率、高速率的无线通信系统中所处的主导地位,最后阐明本书的研究内容和任务。

　　第 2 章主要介绍高频电路的基础知识,包括高频电路中的基本元器件、有源器件的特性以及与低频电路特性的异同点;以简单的谐振回路为例介绍高频无源网络所具有的阻抗变换、信号选择与滤波、相频转换和移相等功能,对回路中的品质因数、阻抗、幅值、频率、选择性等参数进行详细分析说明,阐述高频谐振回路是构成高频放大器、振荡器以及各种滤波器的主要部件,振荡回路在电路中可直接作为负载使用。最后对高频回路的几种接入方式进行详细阐述。

第 3 章主要介绍高频小功率放大器的几个技术指标、晶体管在小信号激励下的等效电路与参数。讨论单调谐回路和多调谐回路的原理性电路和等效电路,计算和分析各自的电路参数,比较两种回路中带宽和增益的不同之处,并介绍了几个典型的集成电路谐振放大器。最后探讨放大器噪声产生来源、表示和计算方法,提出减小噪声系数的具体措施。

第 4 章主要介绍高频大功率放大器的组成、工作原理及分析方法。讨论高频大功率放大器的调制特性、馈电方式、匹配网络构成原理。进一步介绍实际高频功率放大器电路、调谐匹配网络的设计方法,最后对宽带传输线变压器和功率合成器进行简要介绍。

第 5 章主要分析正弦波振荡器的基本原理、RLC 瞬态电路振荡条件、稳频机制,并对三点式振荡器和石英晶体振荡器的相位平衡条件判断准则和具体电路作重点分析。最后介绍提高正弦波振荡器频率稳定度的基本措施。负阻振荡器在本书没有介绍,读者可自行参考相关的书籍。

第 6 章简要介绍非线性电子电路常用的分析方法,如幂级数分析法、时变电路分析法、开关分析法和折线分析法等。无线通信系统中一个必不可少的环节就是频率的变换,这就需要相应的非线性元件或非线性电路来实现。重点介绍频谱线性搬移电路的组成、功能及在不同工作条件下的分析方法。

第 7 章主要介绍振幅调制和解调的基本原理、基本概念与基本方法。从频域的角度看,振幅调制属于频谱线性搬移电路。讨论实现普通调幅波的基本电路,并给出双边带、单边带调幅与解调的分析方法和相关电路。

第 8 章主要介绍角度调制和解调的基本原理、基本概念与基本方法。从频域的角度看,角度调制与解调属于频谱的非线性搬移电路(非线性调制)。介绍实现频谱非线性搬移电路的基本特性及分析方法,并以实际通信设备电路为例进一步说明角度调制与解调的原理。

第 9 章从反馈控制系统的基本原理和数学模型出发,探讨反馈控制的基本方法,以及实现反馈控制的几种基本类型的电路组成、工作原理、性能分析及其应用。由于锁相环技术在现代集成电子电路及通信设备中的广泛应用,因此重点介绍锁相环和自动功率控制电路的工作原理及其应用。

第 10 章介绍均匀传输线的基本概念、传播常数、输入阻抗等关键参数,以及它们在微波传输中的应用。重点分析传输线在不同条件下的工作状态,如行波状态和驻波状态,并利用传输线理论解释了这些现象的物理意义及其在现代通信系统中的重要性。详细讲解史密斯圆图的构造原理和应用方法,包括阻抗和导纳的图形表示、匹配网络设计以及复杂负载的分析。通过实例,展示如何使用史密斯圆图简化射频电路设计和分析过程,特别是在处理复杂的阻抗匹配问题时的有效性。介绍宽带技术的基础知识和关键技术,如 OFDM、MIMO 以及智能超表面等新兴技术。探讨这些技术如何支持高速、高效的数据传输,强调了宽带通信在应对覆盖范围广、传输速率高等挑战中的作用。最后介绍 NI Multisim 14.0 仿真软件在高频电路中的具体应用。旨在为学生提供一个关于现代通信技术的全面视角,帮助他们理解和掌握传输线理论、史密斯圆图分析以及宽带通信技术的核心概念和应用。

第 11 章简要阐述高频电路新技术发展、系统设计技术要点及设计方法。随着无线电通信系统基本带宽的变化、物理层技术的更新、电子通信设备技术的发展,高频电路正朝着宽带化、集成化、单片化、模块化和软件化等方向发展。集成电路(IC)是整个电子信息产业的基础,高频电路的集成化已经成为高频电路发展的一个重要方向。本章旨在抛砖引玉,激发读者对集成电路设计的兴趣。

另外每章附有科普材料,内容包括最新科技前沿以及具有重要科技影响力的人物,旨在激发学生对科学的热爱和对突破前沿技术的渴望。

中南大学许雪梅教授担任本书主编,湘潭大学楚君教授、中南大学罗衡副教授、赵岩讲师和肖佳珣实验师担任本书副主编。如前所述,参考众多专家、教授所编写的教材或参考书籍,作者吸收了前人宝贵的成果、引用了丰富的资料,在此谨向各教材、学习指导书、试题库、视频教学库等奉献者表示衷心感谢。特别感谢中南大学电子信息学院邓晓衡院长、李长庚书记和石晶晶副院长、电子系主任刘正春教授以及自动化学院蒋朝辉教授的国家自然科学基金的重大科研仪器研制项目(No.61927803)的大力支持和帮助。同时感谢清华大学出版社对本书出版所给予的支持和辛勤付出。感谢邱豪杰、邱浩涛、程伟、李泽、唐唯源、翟聚才同学所绘制的部分电路图。感谢我的家人在本书编写过程中对我的鼓励与无私的奉献。

高频电子电路范围广,牵涉知识面较多,新的集成电路技术和微电子技术发展迅速,由于作者水平有限,书中难免有错误和不妥之处,恳请广大读者批评指正。

许雪梅

2024 年 9 月

湖南·长沙·中南大学

目录

课件＋大纲

目录

目录

目录

目录

目录

目录

第 1 章

视频

绪　论

内容提要

本章主要介绍无线通信系统的基本组成和基本原理,简要阐述无线通信系统的信号特点、时间特性、频谱特性、调制和解调特性,并介绍了高频电子电路的主要电路单元;特别说明了高频电路中的非线性电路在大容量、大功率、高速率的无线通信系统中所处的主导地位,最后阐明了本书的研究内容和任务。本章的教学需要1学时。

1.1　概述

高频电路是通信系统,特别是无线通信系统的基础,是无线通信设备的重要组成部分。高频电子电路是在高频范围内实现特定功能的电路,被广泛应用于通信系统和各种电子设备中。

1.1.1　无线通信系统的组成

无线通信(或称无线电通信)的类型很多,可以根据传输方法、频率范围、用途等分类。不同的无线通信系统,其设备组成和复杂度虽然有较大差异,但它们的基本组成不变,图1.1.1是无线通信系统基本组成的方框图。图中虚线以上部分为发送设备(发射机),虚线以下部分为接收设备(接收机),天线及天线开关为收发共用设备,信道为自由空间,音频放大器属于通信的终端设备,分别为信源和信宿。

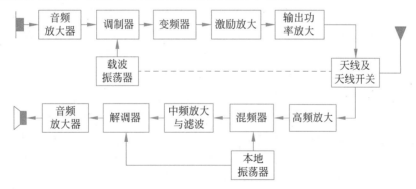

图 1.1.1　无线通信系统的基本组成

发射机和接收机是现代通信系统的核心部件,是为了使基带信号在信道中有效和可靠地传输而设置的。无线通信系统发射部分主要包括三大部分:高频部分、低频部分和电源部分。

高频部分通常由主振、缓冲、倍频、高频放大、调制与高频功率放大器组成。主振级的主要作用是产生频率稳定的载频信号,缓冲级是为减弱后级对主振级的影响而设置的。有时为了将主振级的频率提高到所需的数值,缓冲级后会加一级或若干级倍频器。倍频级后加若干级高频放大器以逐级提高输出信号功率。调制级将基带信号变换成适合信道传输特性的频带信号,最后经高频功率放大器放大,使输出信号的功率达到额定的发射功率,再经发射天线辐射出去。

低频部分包括换能器、低频放大及低频功率放大器。换能器把非电量,如声音、图像等变换为基带低频信号,通过低频放大逐级升高,使低频功率放大器的输出信号达到高频载波信号调制所需的功率。

无线通信系统的接收部分的作用刚好与发射机相反。在接收端,接收天线将收到的无线电磁波转换为已调波电流,然后将这些信号进行放大和解调。超外差接收机的主要特点是由频率固定的中频放大器来完成对接收信号的选择和放大。当信号频率改变时,只要相应地改变本地振荡信号频率即可。

由上面的介绍可以总结出无线通信系统的基本组成,可以看出,高频电路的基本组成包括高频振荡器、放大器、混频或变频、调制与解调。

1.1.2 无线通信系统的类型

按照无线通信系统中关键部分的不同特性,可分为以下类型:

(1) 按照工作频率或传输手段分类,有中波通信、短波通信、超短波通信、微波通信和卫星通信等。所谓工作频率,主要指发射与接收的射频(RF)频率。1.5MHz 以下的电磁波主要沿着地表传播,称为地波。由于大地不是理想的导体,当电磁波沿其传播时,有一部分能量被损耗,频率越高,趋肤效应越严重,损耗越大,所以频率很高的电磁波不宜沿地表传播。1.5~30MHz 的电磁波主要靠天空中电离层的折射和发射传播,称为天波。电离层主要是由太阳和星际空间的辐射引起大气上层空气电离而形成的。电磁波达到电离层后,一部分能量被吸收,另一部分能量被反射和折射到地面。频率越高,被吸收的能量越少,电磁波穿入电离层越深。当频率超过一定值后,电磁波就会穿透电离层不再返回,频率更高的电磁波不宜用天波传播。30MHz 以上的电磁波主要沿空间直线传播,称为空间波。由于地球表面凹凸不平,传播距离容易受限,因此可以通过架高传输天线来增大传输距离。射频(RF)实际上就是"高频"的广义语,它是指适合无线电发射和传播的频率。无线通信的一个发展方向就是开辟更高的频段。

(2) 按照通信方式来分类,主要有(全)双工、半双工和单工方式。

(3) 按照调制方式的不同来划分,有调幅、调频、调相以及混合调制等。

(4) 按照传送的消息的类型分类,有模拟通信和数字通信,也可以分为语音通信、图像通信、数据通信和多媒体通信等。各种不同类型的通信系统的系统组成和设备的复杂程度都有很大不同。但是组成设备的基本电路及其原理都是相同的,遵从同样的规律。本书将以模拟通信为重点来研究这些基本电路,认识其规律。这些电路和规律完全可以推广应用到其他类型的通信系统。

1.2 信号、频谱与调制

在高频电路中,我们要处理的无线电信号主要有 3 种:基带(信息源)信号、高频载波信号和已调信号。所谓基带信号,就是没有进行调制之前的原始信号,也称调制信号。

1.2.1　时间特性

一个无线电信号可以表示为电压或电流的时间函数,通常用时域波形或数学表达式来描述。无线电信号的时间特性就是信号随时间变化快慢的特性。信号的时间特性要求传输该信号的电路的时间特性(如时间常数)与之相适应。在当今数字化和网络化的通信系统中,无线电信号的时间特性对于确保数据传输的高效性和可靠性至关重要。例如,在使用正交频分复用(OFDM)技术的系统中,信号的时间特性对于同步、符号间干扰(ISI)的最小化以及频道估计的准确性具有显著影响。此外,随着 5G 及未来 6G 技术的发展,对信号的超宽带宽和极低延迟要求使得对信号时间特性的控制更加严格,这要求我们在电路设计和信号处理中采用更先进的调制和编码技术来适应这些变化。通过这些技术,可以有效地支持高动态环境下的通信,满足未来智能交通系统、远程医疗和工业自动化等应用的需求。

1.2.2　频谱特性

对于较复杂的信号(如语音信号、图像信号等),用频谱分析法表示较为方便。对于周期性信号,可以表示为许多离散的频率分量(各分量间为谐频关系),例如图 1.2.2 即为图 1.2.1 所示信号的频谱图;对于非周期性信号,可以用傅里叶变换的方法分解为连续谱,信号为连续谱的积分。频谱特性包含幅频特性和相频特性两部分,它们分别反映信号中各个频率分量的振幅和相位的分布情况。任何信号都会占据一定的带宽。从频谱特性上看,带宽就是信号能量主要部分(一般为 90% 以上)所占据的频率范围或频带宽度。无线电信号频谱有如下几个特点:一是有限性,由于较高频率上的无线电波的传播特性,无线电业务不能无限地使用更高频段的无线电频率,目前人类对于 3000GHz 以上的频率还无法开发和利用,尽管无线电频率可以根据时间、空间、频率和编码 4 种方式进行复用,但就某一频段和频率来讲,在一定的区域、一定的时间和一定的条件下其使用是有限的。二是排他性,无线电频谱资源与其他资源具有共同的属性,即排他性,在一定时间、地区和频域内,一旦某个频率被使用,其他设备则不能以相同的技术模式再使用该频率。三是复用性,虽然无线电频率使用具有排他性,但在特定的时间、地区、频域和编码条件下,无线电频率是可以重复使用和利用的,即不同无线电业务和设备可以进行频率复用和共用。

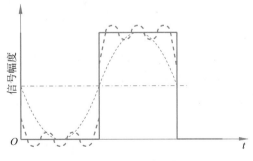

图 1.2.1　信号分解

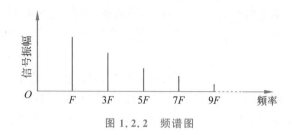

图 1.2.2　频谱图

1.2.3　频率特性

任何信号都具有一定的频率或波长。这里所讲的频率特性就是无线电信号的频率或波长。电磁波辐射的波谱很宽,如图 1.2.3 所示。

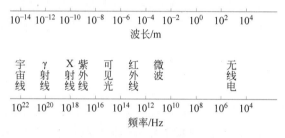

图 1.2.3　电磁波波谱

无线电波只是一种波长比较长的电磁波,占据的频率范围很广。在自由空间中,波长与频率存在以下关系:

$$c = f \lambda \tag{1.2.1}$$

式中,c 为光速,f 和 λ 分别为无线电波的频率和波长。因此,无线电波也可以认为是一种频率相对较低的电磁波。对频率或波长进行分段,分别称为频段或波段。不同频段信号的产生、放大和接收的方法不同,传播的能力和方式也不同,因而它们的分析方法和应用范围也不同。

应当指出,不同频段的信号具有不同的分析与实现方法,对于米波以上(含米波,$\lambda \geqslant 1\mathrm{m}$)的信号通常用集总参数的方法来分析与实现,而对于米波以下($\lambda < 1\mathrm{m}$)的信号一般应用分布参数的方法来分析与实现,当然,这也是相对的。

1.2.4　传播特性

传播特性是指无线电信号的传播方式、传播距离、传播特点等。无线电信号的传播特性主要根据其所处的频段或波段来区分。

电磁波从发射天线辐射出去后,不仅电波的能量会扩散,接收机只能收到其中极小的一部分,而且在传播过程中电波的能量会被地面、建筑物或高空的电离层吸收或反射,或者在大气层中产生折射或散射等现象,从而造成到达接收机时的强度大大衰减。如图 1.2.4 所示,根据无线电波在传播过程所发生的现象,电波的传播方式主要有直射(视距)传播、绕射(地波)传播、折射和反射(天波)传播及散射传播等。决定传播方式和传播特点的关键因素是无线电信号的频率。

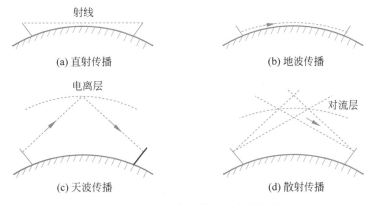

图 1.2.4　无线电波的主要传播方式

1.2.5　调制特性

无线电传播一般采用高频(射频)的另一个原因就是高频适于天线辐射和无线传播。只有当天线的尺寸可以与信号波长相比拟时$\left(\text{发射天线尺寸是发射信号波长的}\dfrac{1}{4}\sim\dfrac{1}{10}\right)$，天线的辐射效率才会较高，从而以较小的信号功率传播较远的距离，接收天线也才能有效地接收信号。而一般基带信号的频率很低，根据无线电波频率 f(单位：Hz)与其波长 λ(单位：m)的关系式 $\lambda=\dfrac{c}{f}$(其中，c 为无线电波的传播速度，与光速相同，$c=3\times10^{8}\,\text{m/s}$)，可求得基带信号的波长一般都非常大。比如，语音信号的频率为 $0.1\sim6\text{kHz}$，假如取 1kHz，则其波长为 300km，需用 30km 长的天线，这显然不合乎实际情况。因此，采用调制可以把低频基带信号"装载"到高频载波信号上，从而方便地实现电信号的有效传输。而且采用调制可以实现信道的复用。例如，不同广播电台的信号之间能同时通过无线信道传播，就因为采用了频率复用，将语音信号调制在不同的载波频率上传输，从而避免相互之间的干扰。

调制就是用调制信号去控制高频载波的参数，使载波信号的某一个或几个参数(振幅、频率或相位)按照调制信号的规律变化。常见的调制方式分为模拟调制和数字调制。

用模拟基带信号对高频载波进行的调制称为模拟调制。根据载波受调制参数的不同，调制分为 3 种基本方式：用基带信号去改变高频载波的振幅，称为振幅调制，简称调幅，用符号 AM 表示；用基带信号去改变高频载波信号的频率，称为频率调制，简称调频，用符号 FM 表示；用基带信号去改变高频载波信号的相位，称为相位调制，简称调相，用符号 PM 表示；还可以有组合调制方式。

用数字基带信号对高频载波进行的调制称为数字调制。根据数字基带信号控制载波的参数不同，调制分为 3 种基本方式：用基带信号控制载波振幅，基带为高电平时有高频载波输出，低电平时没有载波输出，这种数字调制称为振幅键控(ASK)；用基带信号控制载波相位，基带为高电平时，高频载波起始相位为 0(或为 π)，低电平时，高频载波起始相位为 π(或为 0)，这种数字调制称为相位键控(PSK，又称相移键控)；用基带信号控制载波频率，高电平时频率比低电平时频率变化要快些，这种数字调制称为频率键控

（FSK，又称频移键控）。

在模拟通信系统中解调信号时可能存在失真和干扰，因此很难精确恢复原来的信号。而在数字通信系统中，尽管解调信号会有失真和干扰情况发生，但是因为数字基带信号只有 0 和 1 两个码元，所以只要在抽样判决电路中能正确判定码元值，就可不失真地重现原数字基带信号。因此，数字通信系统的抗干扰、抗噪声能力强，而且有利于计算机进行智能化处理，还可采用软件实现某些电路的功能，更具灵活性和先进性。现代通信系统尤其是移动通信系统，通常采用数字调制技术。

1.3 非线性电子电路的基本概念

含有非线性元器件的电路称为非线性电路，它们在通信设备中具有重要的作用，主要用来对输入信号进行处理，以便产生特定波形和频谱的输出信号。非线性电路有如下特点：

（1）非线性电路能够产生新的频率分量，具有频率变换作用；

（2）非线性电路不具有叠加性和均匀性，不适用叠加定理；

（3）非线性电路输出响应与器件工作点及输入信号的大小有关。

非线性电子电路按其功能可分为功率放大电路、振荡电路以及波形和频率变换电路 3 类。功率放大电路是对输入信号进行高效率的功率放大。为了提高效率，可使放大器件工作在非线性工作状态，如高频谐振功率放大器。振荡电路运用非线性元器件输出某一稳定频率的正弦信号。波形和频率变换电路是对输入信号进行适当处理，以便产生特定波形和频谱的输出信号，调制、解调、混频和倍频等都属于这类电路。

由于非线性元器件具有复杂的物理特性，在工程上不必苛求复杂的数学求解，要根据实际情况对器件的数学模型和电路的工作条件进行合理近似，运用工程近似的分析方法获得具有实际意义的结果。非线性电路能够实现的功能和所采用的电路形式具有多样性，在学习时应不只满足于具体电路的工作原理，还要洞悉各功能之间的内在联系，实现各功能的基本原理和由此能够实现的基本电路结构。在实际中，需要采用电子设计自动化（即 EDA）对高频电路与系统进行分析、仿真和设计，常用的软件有 Multisim、MATLAB、Ansoft Designer 等，平时应注意加强这方面的训练。

1.4 史密斯圆图基本原理和宽带通信技术发展简介

在本书中，我们将引入史密斯圆图和宽带通信的概念，以展示当前高频电路设计的先进技术和理论。史密斯圆图不仅是一种强大的工具，用于分析和优化电子电路的阻抗匹配，同时也体现了现代通信系统设计中对精确和高效传输的需求。同时介绍了宽带通信技术，如正交频分复用（OFDM）和多输入多输出（MIMO）技术。我们附上案例分析与动画演示，让读者更清晰地理解基本原理和实际应用，进一步证明了本书的前沿性和时代性。这些技术不仅推动了无线通信的快速发展，也在实际应用中展现了巨大的潜力和广泛的适用性，从智能手机到全球互联网系统都有应用。这些先进内容的加入，有助于培养学生对高频电子电路最新发展趋势的理解与应用能力，加深学生对电子通信领域复杂问题的理论分析和实践解决的综合素养。

1.5 本书的研究内容和任务

　　本书主要是促使读者对无线通信系统的基本组成形成系统认知,熟悉和掌握高频电子电路的基本组成、基本原理、基本方法和设计技术,进一步了解高频电路新理论、新技术的发展趋势。

　　本书的主要任务之一是掌握高频电子电路所研究的基本功能电路:高频小信号放大电路、高频功率放大电路、正弦波振荡电路、调制和解调电路、倍频电路、混频电路等。上述电路除了高频小信号放大电路属于线性电路以外,其余均属于非线性电路。另外,辅助电路如包括自动增益控制电路、自动频率控制电路和自动相位控制电路(锁相环)在内的反馈控制电路也是高频电子电路重要的研究对象。

　　本书的主要任务之二是学习以集总参数为主导思想的高频电子电路的基本组成、工作原理、性能特点和基本工程分析方法。本书重点对典型集成模块进行剖析,融合了集成电路部分设计思想和设计方法,并对软件无线电技术做了简要描述,目的在于与现代集成电路和大通信大容量无线通信技术接轨。

　　本书的另一个核心任务是深入理解和掌握史密斯圆图以及宽带通信技术在现代高频电子电路中的应用。作为一种图形化的工具,史密斯圆图对于分析和优化复杂的无线通信系统中的阻抗匹配至关重要。通过详细讲解史密斯圆图的构造、读取方法及其在电路设计中的实际应用,读者可以更精确地进行高频电路的阻抗分析和匹配,提高系统的信号完整性和性能。同时,宽带通信技术作为推进无线通信速率和容量的关键技术,其原理及应用也是本书的重点内容。超宽带技术利用非常宽的频带传输数据,能够在保证极高数据速率的同时,有效避免频道的拥堵。本书将探讨宽带通信系统的基本构成、关键技术参数,以及它如何在现代通信中提供低功耗且高效率的数据传输解决方案。

　　通过对这些高端技术的学习,读者将能够充分理解其在现代高频电子电路设计中的重要性,为进一步研究和实际应用奠定坚实的基础。

科普一　OpenAI 的 ChatGPT 与人工智能的进化之旅

参考文献

思考题与习题

　　1.1　画出无线通信收发送机和接收机的原理框图,并说出各部分的作用。

1.2 无线通信为什么要用高频信号？高频信号指的是什么？

1.3 无线通信为什么要进行调制？如何进行调制？

1.4 无线电信号的频段或波段是如何划分的？各个频段的传播特性和应用情况如何？

第 2 章

视频

高频电路基础知识

内容提要

本章主要介绍高频电路的基础知识,包括高频电路中的基本元器件、有源器件的特性以及与低频电路特性的异同点;以简单的谐振回路为例介绍高频无源网络所具有的阻抗变换、信号选择与滤波、相频转换和移相等功能,对回路中的品质因数、阻抗、幅值、频率等参数做了详细的分析说明,阐述了高频谐振回路是构成高频放大器、振荡器以及各种滤波器的主要部件,振荡回路在电路中可直接作为负载使用。最后对高频回路的几种接入方式进行了详细阐述。本章的教学需要6~8学时。

2.1 高频电路中的元器件

高频电路中的元器件与在低频电路中的元器件基本相同。无源线性元件包括电阻、电容、电感。有源器件包括二极管、晶体管和集成电路等。但要注意,它们在高频条件下,电路中各种元器件由于引线、损耗或工作原理等,其频率特性比较复杂,有时要避免这些复杂频率特性,但有时需要对其加以利用。

2.1.1 高频电路中的元件

1. 高频电阻

1)等效电路

如图 2.1.1 所示,处于高频中的电阻元件存在分布式电容 C_R 与引线电感 L_R,其中 C_R、L_R 越小,电阻的高频特性越好。

2)常用电阻高频特性比较

金属膜电阻比碳膜电阻的高频特性好,而碳膜电阻比绕线电阻的高频特性好;表面贴装(SMD)电阻比普通电阻的高频特性好;小尺寸的电阻比大尺寸电阻的高频特性好。

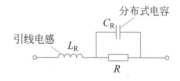

图 2.1.1　高频电阻的等效电路

2. 高频电容

高频电路中常常使用片状电容和表面贴装电容。

1)等效电路

如图 2.1.2 所示,处于高频中的电容元件,存在极间绝缘电阻 R_C 与分布电感 L_C,其中 R_C、L_C 越小,电容的高频特性越好。

在高频电路中,电容的损耗可以忽略不计,但若到了微波波段,则必须考虑电容中的损耗。

2）电容器阻抗特性

在图2.1.3中，f_0为自身谐振频率，$f<f_0$，电容器呈正常的电容特性；$f>f_0$，电容器等效为电感。

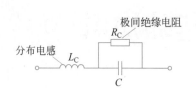

图2.1.2　高频电容的等效电路

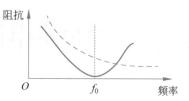

图2.1.3　电容器的阻抗特性

3．高频电感

1）等效电路

图2.1.4代表的是高频电感等效电路，在极高频率下，分布电容的影响不可忽略，其等效电路见图2.1.4(a)。在分析长波、中波、短波频段电路时，分布电容的影响可忽略，其等效电路如图2.1.4(b)所示。电感线圈的损耗r在高频电路中是不能忽略的。高频电感器有自身谐振频率(SRF)，见图2.1.5。

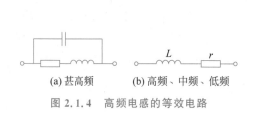

(a) 甚高频　　(b) 高频、中频、低频

图2.1.4　高频电感的等效电路

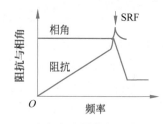

图2.1.5　高频电感器的自身谐振频率 SRF

2）如何表示高频电感的损耗性能

这里引入品质因数Q的概念。Q的定义是：高频电感器的感抗与其串联损耗电阻之比，即

$$Q = \frac{\omega L}{r} \tag{2.1.1}$$

Q的广义定义是：在高频谐振回路中，反映了谐振状态下存储能量与损耗能量之比。对于电感线圈，Q值越高，表明该电感器的储能作用越强，损耗越小。对于谐振回路，Q值越高，表明谐振回路的储能作用越强，损耗越小。这个概念非常重要，它是评估高频电子电路性能好坏的关键因素之一。后面讨论小信号放大器、高频功率放大器、振荡器、混频器、调制器、检波器、鉴频器等电路单元以及集成电路时都要用到这个概念。

高频电感元件在高频电路中可作为谐振元件、滤波元件和阻隔元件(RFC)使用。

2.1.2　高频电路中的有源器件

高频电路中的有源器件有晶体二极管、晶体三极管、场效应管（FET）和集成电路。它们在电路中的作用是完成信号的放大、非线性变换等功能。

1．晶体二极管

晶体二极管主要用于检波、调制、解调及混频等非线性变换电路中，工作在低电平。

高频中常用二极管有点接触式二极管和表面势垒二极管，极间电容小、工作频率高。另外还有一种变容二极管，其二极管电容随偏置电压变化。

2. 晶体三极管与场效应管

在高频中应用的晶体管主要是双极型晶体三极管和各种场效应管。高频晶体管有高频小功率管和高频功率放大管两大类型。

高频小功率管用作小信号放大，要求增益高、噪声低。它分为双极型小信号放大管和小信号的场效应管两种类型。前者工作频率可达几千兆赫兹，噪声系数为几分贝；后者噪声更低，如砷化镓场效应管，工作频率可达十几千兆赫兹以上。

高频功率放大管除了有较大增益外，还要有较大的输出功率。如双极型晶体三极管在几百兆赫兹以下频率，其输出功率为 $10\sim1000\mathrm{W}$。对于金属氧化物场效应管(MOSFET)，在几千赫兹的频率上还能输出几瓦功率。

3. 集成电路(IC)

高频集成电路的类型和品种比低频集成电路的少得多，主要分为通用型和专用型两种。

1) 通用型的宽带集成放大器

通用型的宽带集成放大器的工作频率为 $100\sim200\mathrm{MHz}$，增益为 $50\sim60\mathrm{dB}$，甚至更高。用于高频的晶体管模拟乘法器，其工作频率也可超过 $100\mathrm{MHz}$。

2) 专用集成电路(ASIC)

集成电路用途广泛，涉及家电、手机、航空航天等很多领域。它包括集成锁相环，集成调频信号解调器，单片集成接收机以及用于手机、电视机、工控机、计算机的专用集成电路等。

2.2 高频电路中的基本电路

2.2.1 高频振荡回路

高频振荡回路是高频电路中应用最广的无源网络，是构成高频放大器、振荡器以及各种滤波器的主要部件。

高频振荡回路需要完成阻抗变换、信号选择与滤波、相频转换和移相等功能，并可直接作为负载使用。

下面分简单振荡回路、抽头并联振荡回路和耦合振荡回路3部分讨论。其中简单振荡回路分为串联谐振回路与并联谐振回路。

1. 简单振荡回路

简单谐振回路是由电感和电容串联或并联形成的回路。它具有谐振特性和频率选择特性。

1) 串联谐振回路基本原理

串联谐振回路适用于信号源内阻很小的情况，分析时用电压源激励比较方便。图2.2.1(a)是由电感 L、电容 C、电阻 r 和外加电压 V_s 组成的串联振荡回路，图2.2.1(b)是谐振时的电流电压矢量图。此处 r 通常是指电感线圈的损耗，电容的损耗可以忽略。

串联谐振回路阻抗为

$$Z = r + j\omega L + \frac{1}{j\omega C} = r + j\left(\omega L - \frac{1}{\omega C}\right) = R + jX = |Z| e^{j\varphi_Z} \qquad (2.2.1)$$

式中，$R = r$，$X = \omega L - \dfrac{1}{\omega C}$，$|Z| = \sqrt{R^2 + X^2}$，$\varphi_Z = \arctan\left(\dfrac{X}{R}\right)$。

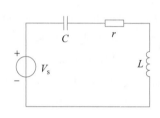
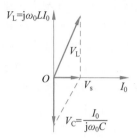

(a) 串联谐振回路原理图　　　　(b) 谐振时电流电压矢量图

图 2.2.1　串联谐振回路及谐振时电流电压矢量图

根据电路原理，回路电流为

$$I = \frac{V_s}{Z} = \frac{V_s}{R + jX} \qquad (2.2.2)$$

当电抗 $X = 0$ 时，回路电流为

$$I = \frac{V_s}{R} = \frac{V_s}{r} \qquad (2.2.3)$$

回路电流与电压 V_s 同相，称为串联回路对外加信号源频率发生串联谐振，即谐振条件为

$$X = \omega_0 L - \frac{1}{\omega_0 C} \qquad (2.2.4)$$

因此串联谐振回路的谐振频率为

$$\omega_0 = \frac{1}{\sqrt{LC}}\left(\text{或者 } f_0 = \frac{1}{2\pi\sqrt{LC}}\right) \qquad (2.2.5)$$

如图 2.2.2 所示为串联谐振回路阻抗特性曲线图。即当 $\omega = \omega_0$ 时，回路的等效阻抗 $Z = r$ 的模达到最小，且为纯阻。当 $\omega > \omega_0$ 时，回路呈感性。当 $\omega < \omega_0$ 时，回路呈容性。

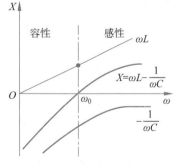
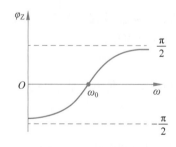
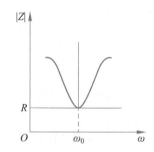

(a) 电感阻抗值、电容阻抗　　　(b) 阻抗幅角随频率变化　　　(c) 阻抗的模随频率变化
值和总阻抗随频率变化

图 2.2.2　串联谐振回路阻抗特性曲线图

谐振回路的品质因数的物理含义是：在谐振条件下，在一个周期时间段，回路存储能量与消耗能量之比。串联谐振回路在谐振时品质因数为

$$Q = \frac{I^2 \omega_0 L}{I^2 r} = \frac{\omega_0 L}{r} = \frac{I^2 / \omega_0 C}{I^2 r} = \frac{1}{\omega_0 C r} = \frac{1}{r}\sqrt{\frac{L}{C}} = \frac{\rho}{r} \qquad (2.2.6)$$

式中，$\rho = \sqrt{\dfrac{L}{C}} = \omega_0 L = \dfrac{1}{\omega_0 C}$，称为回路的特征阻抗，$Q$ 与回路谐振阻抗的关系为

$$\frac{\rho}{Q} = r \qquad (2.2.7)$$

谐振时，电感和电容的电压幅值为

$$V_{L0} \approx V_{C0} = \rho I_0 = \frac{V_s}{R}\rho = Q V_s \qquad (2.2.8)$$

高频电子线路中采用的 Q 值很大，往往为几十到几百，此时电感或电容电压要比 V_s 大几十到几百倍。例如，若 $V_s = 100\text{V}$，$Q = 100$，则在谐振时，加在 L 或 C 上电压高达 10000V。因此，在使用电感电容元件时必须注意耐压问题。

如图 2.2.3 所示，当考虑电源内阻 R_s 和接负载 R_L 情况下，回路的品质因数 Q_L 为

$$Q_L = \frac{\omega_0 L}{R + R_s + R_L} \qquad (2.2.9)$$

与空载情况相比，回路的品质因数 Q_L 下降。当电源内阻 R_s 或负载 R_L 越大，Q_L 越小。

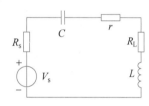

图 2.2.3　考虑电源内阻和负载情况下的串联谐振回路

定义广义失谐量：

$$\xi = \frac{\text{失谐时的电抗}}{\text{谐振时的电阻}}$$

$$= \frac{\omega L - \dfrac{1}{\omega C}}{R_0} = Q\left(\frac{\omega}{\omega_0} - \frac{\omega_0}{\omega}\right) \qquad (2.2.10)$$

当失谐不大时，

$$\xi = 2Q\frac{\Delta\omega}{\omega_0} \qquad (2.2.11)$$

利用广义失谐可将串联谐振回路的阻抗表示为

$$Z = R_0(1 + \mathrm{j}\xi) = r(1 + \mathrm{j}\xi) \qquad (2.2.12)$$

通频带的带宽为

$$2\Delta\omega_{0.7} = \frac{\omega_0}{Q} \quad \left(\text{或 } 2\Delta f_{0.7} = \frac{f_0}{Q}\right) \qquad (2.2.13)$$

回路中电流在频率 ω 与谐振状态下 ω_0 的比值为

$$\frac{I}{I_0} = \frac{R}{R + \mathrm{j}\left(\omega L - \dfrac{1}{\omega C}\right)} = \frac{1}{1 + \mathrm{j}\dfrac{\omega L}{R}\left(\dfrac{\omega}{\omega_0} - \dfrac{\omega_0}{\omega}\right)} = \frac{1}{1 + \mathrm{j}Q\left(\dfrac{\omega}{\omega_0} - \dfrac{\omega_0}{\omega}\right)} \qquad (2.2.14)$$

则相对电流的模值为

$$\frac{I}{I_0} = \frac{1}{\sqrt{1 + Q^2 \left(\frac{\omega}{\omega_0} - \frac{\omega_0}{\omega} \right)}} \tag{2.2.15}$$

图 2.2.4 给出了串联谐振回路的通频带曲线，又称为选频特性曲线。通频带与回路的 Q 值成反比，Q 值越高，谐振曲线越尖锐，回路的选择性越好，但通频带越窄。R_s 和 R_L 的作用是使回路 Q 值降低，谐振曲线变钝。极限状态下，如果信号源是恒流电源时，R_s 与 V_s 均趋于无穷大，但二者之比为定值。此时，电路的 Q 值降为零，谐振曲线组成为一条水平直线，完全失去了对频率的选择性。因此，串联谐振回路适合于低内阻的电源，内阻越低，则电路的选择性越好。

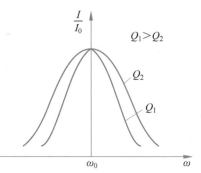

图 2.2.4　串联谐振回路的
选频特性曲线

例 2.2.1　设某一串联谐振回路的谐振频率为 900kHz，其中 $L = 250\mu\text{H}$，$R = 10\Omega$。试求其通频带的绝对值和相对值。

解：

$$Q = \frac{\omega_0 L}{r} = \frac{2\pi \times 900 \times 10^3 \times 250 \times 10^{-6}}{10} \approx 141 \tag{2.2.16}$$

通频带的绝对值为

$$2\Delta f_{0.7} = \frac{f_0}{Q} = \frac{900}{141}\text{kHz} \approx 6.38\text{kHz} \tag{2.2.17}$$

通频带的相对值为

$$\frac{2\Delta f_{0.7}}{f_0} = \frac{1}{Q} = 0.007 \tag{2.2.18}$$

例 2.2.2　如果希望回路通频带 $2\Delta f_{0.7} = 650\text{kHz}$，设回路的品质因数 $Q = 80$，试求所需要的谐振频率。

解：

$$f_0 = 2\Delta f_{0.7} Q = 650 \times 10^3 \times 80 \text{Hz} = 52\text{MHz} \tag{2.2.19}$$

上面的分析都是基于信号源是理想电源，信号源内阻及负载对回路的影响。当考虑到信号源内阻 R_s 及负载 R_L 对回路的影响时，回路中的品质因数为

$$Q_L = \frac{\omega_0 L}{R + R_s + R_L} \tag{2.2.20}$$

信号源内阻 R_s 及负载 R_L 上升，电路的品质因数 Q_L 下降。

2）并联谐振回路基本原理

并联谐振回路适用于信号源内阻比较大的情况，分析时用电流源激励比较方便。图 2.2.5 是由电感 L、电容 C、电阻 R 与外加电流源 i_s 并联组成的并联谐振回路。

$$Z_P = \frac{(R + j\omega L)\frac{1}{j\omega C}}{(R + j\omega L) + \frac{1}{j\omega C}} \tag{2.2.21}$$

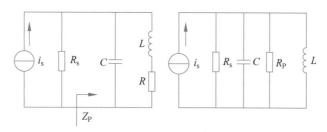

图 2.2.5　并联谐振回路电路原理图

一般 $\omega L \gg R$，所以

$$Z_{\mathrm{P}} \approx \frac{L/C}{R + \mathrm{j}\left(\omega L - \dfrac{1}{\omega C}\right)} = \frac{L/C}{R + \mathrm{j}X} \tag{2.2.22}$$

根据谐振条件，当回路电抗 $X = 0$ 时，回路呈谐振状态，可求出谐振阻抗为

$$R_{\mathrm{P}} = Z_{\mathrm{P0}} = \frac{L}{CR} \tag{2.2.23}$$

此时，阻抗为纯电阻，且取最大值。由于 $X = 0$，即 $X = \omega_0 L - \dfrac{1}{\omega_0 C} = 0$，所以并联谐振回路的谐振频率为 $\omega_0 = \dfrac{1}{\sqrt{LC}}$ 或者 $f_0 = \dfrac{1}{2\pi \sqrt{LC}}$。

再求并联回路中的 Q。根据定义，品质因数等于某段时间内谐振回路中存储能量与消耗能量之比，即

$$Q = \frac{u_{\mathrm{i}}^2/\omega_0 L}{u_{\mathrm{i}}^2/R_{\mathrm{P}}} = \frac{R_{\mathrm{P}}}{\omega_0 L} = \frac{u_{\mathrm{i}}^2 \omega_0 C}{u_{\mathrm{i}}^2/R_{\mathrm{P}}} = \omega_0 C R_{\mathrm{P}} \tag{2.2.24}$$

图 2.2.6 是并联回路谐振时的等效电路及其电流、电压矢量图。

① 流过 L 的电流是感性电流，它落后于回路两端电压 90°。

② 流过 C 的电流是容性电流，它超前于回路两端电压 90°。

③ 流过 R_{P} 的电流与回路电压同相。

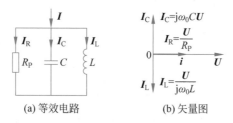

(a) 等效电路　　　　(b) 矢量图

图 2.2.6　并联谐振回路等效电路及其谐振时电流、电压矢量图

谐振时 I_{L}、I_{C} 与 I 的关系：$I_{\mathrm{L}} = I_{\mathrm{C}} = QI$，通过电感线圈的电流 I_{L} 或电容器的电流 I_{C} 比外部电流 I 大得多。

并联谐振回路的阻抗为

$$Z_{\mathrm{P}} \approx \frac{L/C}{R + \mathrm{j}\left(\omega L - \dfrac{1}{\omega C}\right)} = \frac{R_{\mathrm{P}}}{1 + \mathrm{j}Q\left(\dfrac{\omega}{\omega_0} - \dfrac{\omega_0}{\omega}\right)} \approx \frac{R_{\mathrm{P}}}{1 + \mathrm{j}\xi}$$

其中,ξ 为广义失谐量,且

$$\xi = 2Q\frac{\Delta\omega}{\omega_0} = 2Q\frac{\Delta f_0}{f_0}$$

阻抗模值为 $|Z_P| = \dfrac{R_P}{\sqrt{1+\xi^2}}$,阻抗相角为

$$\varphi_Z = -\arctan\xi$$

图 2.2.7 与图 2.2.8 分别给出了并联谐振回路的阻抗特性曲线和相角特性曲线。并联 LC 回路相频特性分析如下：

① $\omega > \omega_0$,$\varphi_Z < 0$,回路呈容性。

② $\omega < \omega_0$,$\varphi_Z > 0$,回路呈感性。

③ $\omega = \omega_0$,$\varphi_Z = 0$,回路谐振,呈纯电阻特性。

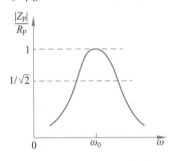

图 2.2.7　阻抗特性曲线

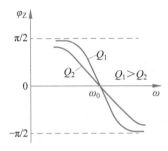

图 2.2.8　相角特性曲线

图 2.2.8 中相角特性曲线呈负斜率特性,Q 值越高,曲线越陡峭。

下面分析信号源内阻 R_s 及负载 R_L 对回路的影响。图 2.2.9 是加负载状态下并联谐振回路的等效电路图。

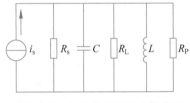

图 2.2.9　加负载状态下并联谐振回路的等效电路图

有载 Q 值为

$$Q_L = \frac{R_s \mathbin{/\mkern-5mu/} R_P \mathbin{/\mkern-5mu/} R_L}{\omega_0 L} \qquad (2.2.25)$$

空载 Q 值为

$$Q_0 = \frac{R_P}{\omega_0 L} \qquad (2.2.26)$$

在并联谐振状态下,有载 Q 值要小于空载 Q 值,当信号源内阻 R_s 及负载 R_L 下降时,回路中的品质因数 Q_L 下降。

从上述分析得出一个重要结论：为保证回路有优良的频率选择性,确保电路获得较高 Q 值,串联谐振回路适用于 R_s 很小(恒压源)、R_L 不大的电路；并联谐振回路适用于 R_s 很大(恒流源)、R_L 也较大的电路。

例 2.2.3　某晶体管的输出阻抗有几千欧至几十千欧,是采用串联谐振回路还是并联谐振回路比较好？

解：谐振回路若串入串联回路中,将使回路 Q 值大大减小,回路将失去选频作用。

因此采用并联谐振回路比较妥当。并联谐振回路的通频带 $B_{0.707}$，又称 3dB 通频带，或半功率点通频带，是指阻抗幅频特性下降为中心频率 $\dfrac{1}{\sqrt{2}}$ 时对应的频率范围。并联谐振回路的阻抗模值为

$$|Z_{\mathrm{P}}| = \frac{R_{\mathrm{P}}}{\sqrt{1+\xi^2}} \left(\text{或} \frac{|Z_{\mathrm{P}}|}{R_{\mathrm{P}}} = \frac{1}{\sqrt{1+\xi^2}} = \frac{1}{\sqrt{2}}\right) \qquad (2.2.27)$$

此时 $\xi = 1$，由

$$\xi = 2Q\frac{\Delta\omega}{\omega_0} = 2Q\frac{\Delta f_0}{f_0} \qquad (2.2.28)$$

得到通频带 $B_{0.707}$ 为

$$B_{0.707} = \frac{f_0}{Q} \qquad (2.2.29)$$

在此再介绍一个衡量谐振回路幅频特性的参数——矩形系数 $K_{r0.1}$，它代表谐振回路幅频特性接近矩形的程度。定义矩形系数

$$K_{r0.1} = \frac{B_{0.1}}{B_{0.707}} \qquad (2.2.30)$$

图 2.2.10(a) 给出了并联谐振回路通频带特性曲线，图 2.2.10(b) 是并联谐振回路矩形系数示意图。当幅频特性是理想矩形时，$K_{r0.1}=1$；并联谐振回路的矩形系数 $K_{r0.1}>10$，所以单谐振回路的选择性很差。图 2.2.11 代表并联谐振回路品质因数对通频带和矩形系数的影响。回路的 Q 值越大，谐振曲线越尖锐，回路的 $B_{0.707}$ 越窄，但其 $K_{r0.1}$ 并不改变。在简单并联谐振回路中，品质因数 Q 不能同时兼顾回路的通频带和回路的频率选择性。

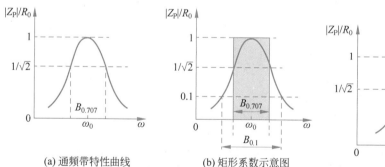

(a) 通频带特性曲线　　(b) 矩形系数示意图

图 2.2.10　并联谐振回路特性曲线

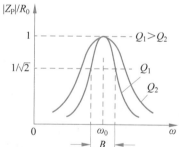

图 2.2.11　并联谐振回路品质因数对
通频带和矩形系数的影响

以上分析进一步说明，为获得优良选择性，当信号源内阻较低时，应采用串联振荡回路；当信号源内阻较高时，应采用并联振荡回路。

例 2.2.4　设某一收音机的中频放大器，其中心频率 $f_0 = 600\text{kHz}$，$B_{0.707} = 7\text{kHz}$，回路电容 $C = 10\text{pF}$，试计算回路电感和 Q_{L} 值。若电感线圈的 $Q_0 = 100$，问在回路上应并联多大的电阻才能满足要求。

解：由 $f_0 = \dfrac{1}{2\pi\sqrt{LC}}$，得

$$L = \frac{1}{(2\pi f_0)^2 C} = \frac{1}{4\pi^2 \times 600^2 \times 10^3 \times 10 \times 10^{-12}} \text{H} \approx 7\text{mH}$$

由 $B_{0.707} = \frac{f_0}{Q_L} = \frac{600 \times 10^3}{Q_L}$，有 $Q_L = 85.7$。

$$R_P = \frac{Q_0}{\omega_0 C} = \frac{100}{2\pi \times 600 \times 10^3 \times 10 \times 10^{-12}} \Omega = 2.65\text{M}\Omega$$

$$Q_L = \frac{R_P /\!/ R_L}{\omega_0 L} R_P /\!/ R_L = Q_L \omega_0 L = 2\pi \times 600 \times 10^3 \times 7 \times 10^{-3} \times 85.7\Omega = 2.26\text{M}\Omega$$

$$\frac{1}{R_L} = \frac{1}{R_P /\!/ R_L} - \frac{1}{R_P} = \left(\frac{1}{2.26} - \frac{1}{2.56} \right) \times 10^{-6}\text{S} = 0.05 \times 10^{-6}\text{S}$$

$$R_L = 20\text{M}\Omega$$

因此，回路电感为 7mH，有载品质因数为 85.7 时需要并联 20MΩ 的电阻。

2. 抽头并联振荡回路

激励源或负载与回路电感或电容部分连接的并联振荡回路称为抽头并联振荡回路，也可称为抽头并联谐振回路。为什么在通信系统中通常安放电容、电感抽头？如图 2.2.12 所示为并联谐振回路，其中，图 2.2.12(a) 全部接入并联谐振回路，图 2.2.12(b) 为电感抽头并联谐振回路。

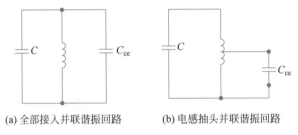

(a) 全部接入并联谐振回路 　　　　(b) 电感抽头并联谐振回路

图 2.2.12　并联谐振回路

全部接入时，回路中的谐振频率为

$$f_0 = \frac{1}{2\pi \sqrt{L(C + C_{ce})}} \tag{2.2.31}$$

C_{ce} 不稳定使得 f_0 不稳定，而部分接入可以达到减少电容不稳定造成的影响。

由于在实际电路中的并联回路受到激励源内阻 R_s、负载电阻 R_L、激励源等效电容 C_s 和负载电容 C_L 的影响：激励源内阻 R_s 和负载电阻 R_L 使回路有载 Q_L 值下降，选择性变差；激励源等效电容 C_s 及负载电容 C_L 影响回路的谐振频率；R_s、R_L 一般不相等，即电路工作状态通常处于失配情形；当 R_s 与 R_L 相差较大时，负载上得到的功率很小。为了减少这些影响，通常采用部分接入。

接入系数 p（或称抽头系数）定义：与外电路相连的那部分电抗与本回路参与分压的同性质总电抗之比。

图 2.2.13 代表常见的几种部分接入形式，其中图 2.2.13(a) 为电感抽头并联谐振回路，图 2.2.13(b) 为电容抽头并联谐振回路。在如图 2.2.13(a) 为所示的电感抽头并联谐振回路中，N_1 代表与外电路相连的线圈的匝数，N 代表线圈的总匝数。则电感抽头式

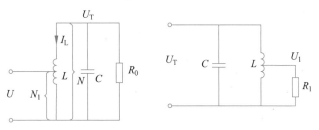

(a) 电感抽头并联谐振回路

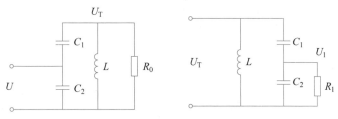

(b) 电容抽头并联谐振回路

图 2.2.13　几种部分接入形式

接入系数为

$$p = \frac{U}{U_T} = \frac{N_1}{N} \tag{2.2.32}$$

在如图 2.2.13(b)所示的电容抽头并联谐振回路中,接入系数为

$$p = \frac{U}{U_T} = \frac{C_1}{C_1 + C_2} \tag{2.2.33}$$

(1) 电阻折算方法。

如果要把部分接入电阻值换算成全部接入,此时,需要把接入电阻进行折算,折算的方法是采用功率不变的原理。

图 2.2.14(a)为电阻部分接入并联谐振回路的等效电路图,图 2.2.14(b)为输入回路中电阻转换为全部接入并联谐振回路的等效电路图。根据部分接入和转换为整体接入前后的电路输入功率相等的原理,有

$$\frac{U_T^2}{2R_{iT}} = \frac{U^2}{2R_i}, \quad R_{iT} = \frac{1}{p^2}R_i \tag{2.2.34}$$

其中,$p = N_1/N$。从以上分析可以得出,电阻从低端向高端折算,阻值变大,是原来的 $1/p^2$ 倍。

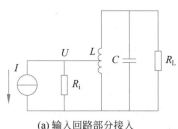

(a) 输入回路部分接入
并联谐振回路等效电路图

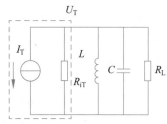

(b) 输入回路转换为全部接入
后的并联谐振回路等效电路图

图 2.2.14　电阻折算法原理图

（2）电容折算方法。

图 2.2.15（a）为负载回路部分接入并联谐振回路等效电路图；图 2.2.15（b）为负载回路转换为全部接入后的并联谐振回路等效电路图。

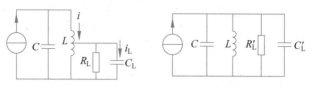

(a) 负载回路部分接入
并联振荡回路等效电路图

(b) 负载回路转换为全部接入
后的并联振荡回路等效电路图

图 2.2.15　电阻折算法原理图

采用等效变换前后功率相等的原理，可以得到 $R_L' = \dfrac{1}{p^2} R_L$。当 $R_L \gg \dfrac{1}{\omega C_L}$ 时，流过电感线圈 L 的电流几乎和 C_L 的电流相等，于是 $i \approx i_L$，得 $C_L' = p^2 C_L$。从部分接入到整体接入，将负载阻抗值进行折算，折算后电阻变大，电容变小，但都是阻抗变大，对回路的影响较小。

（3）信号源折算方法。

首先分析如图 2.2.16 所示的电压源折算方法。接入系数 $p = \dfrac{U}{U_T}$，则 $U_T = \dfrac{U}{p}$，电压源由低端向高端折算，电压变大，是原来的 $1/p$ 倍。

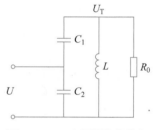

图 2.2.16　电压源部分接入电路原理图

如图 2.2.17 所示的电流源折算方法，由部分接入转换为整体接入前后功率相等的原则，有 $U_T I_T = UI$，则 $I_T = pI$。电流源由低端向高端折算，电流变小，是原来的 p 倍。

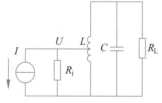

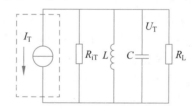

(a) 电流源部分接入电路原理图

(b) 电流源折算到谐振回路等效电路原理图

图 2.2.17　电流源折算原理图

3. 耦合振荡回路

耦合振荡回路是指两个或两个以上电路所形成的一个网络，如图 2.2.18 所示。两个电路之间必须有公共阻抗存在，公共阻抗可以是电阻、电感、电容或它们之间的组合。耦合回路中接有激励信号源的回路称为初级回路，与负载相接的回路称为次级回路。

为了说明回路的耦合程度，常用耦合系数 k 表示，它是对一个耦合回路中电磁能量从一个电路传递到另一个电路的效率的度量。在高速传输线中，耦合系数具有特别的物理意义，它关系到信号完整性和电磁兼容性。耦合系数的大小可以反映信号在传输线中的传播特性，例如，如何影响信号的衰减和干扰。对于高速传输线，耦合系数通常表现为线间的电磁场相互作用。高速传输线常用的是差分信号传输，其耦合系数的计算不仅涉

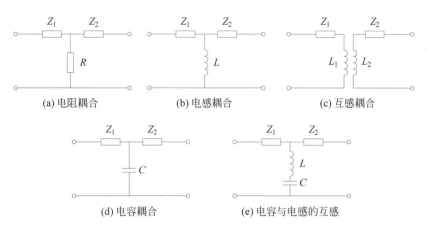

图 2.2.18　几种耦合电路

及公共阻抗,还包括线间电容和互感。耦合系数 k 的定义是：耦合回路的公共阻抗绝对值与初次级回路中同性质的电抗或电阻的几何中项之比,即

$$k = \frac{|X_{11}|}{\sqrt{X_{11}X_{22}}} \qquad (2.2.35)$$

式中,X_{12} 为耦合元件电抗,X_{11}、X_{22} 分别为初级和次级回路中与 X_{12} 同性质的总电抗,耦合系数为

$$k = \frac{|M|}{\sqrt{X_{11}X_{22}}} \qquad (2.2.36)$$

其中,k 是无量纲的常数,$k<1\%$ 时,称很弱耦合；k 为 $1\%\sim5\%$ 时,称弱耦合；k 为 $5\%\sim90\%$ 时,称强耦合；$k>90\%$ 时,称很强耦合；$k=100\%$ 时,称全耦合。k 值大小对耦合回路频率特性曲线形状会产生很大的影响。

　　这种定义适用于评估差分线对之间的耦合程度,特别是在差分信号传输中。当考虑如何修正耦合系数的表达和应用时,应该注意以下几点：

　　(1) 频率的影响。随着操作频率的增加,线间的电容和互感会对耦合系数产生更显著的影响。因此,耦合系数应考虑频率变化的影响。

　　(2) 传输线的布局。传输线的物理布局(如线间距、线宽、线材料等)也会影响耦合系数。在设计高速传输线时,应考虑这些因素以优化耦合系数。

　　(3) 电磁兼容性(EMC)。较高的耦合系数可能导致较强的耦合噪声,影响系统的电磁兼容性。设计时应控制耦合系数,以减少可能的干扰。

　　总体来说,耦合系数的修正和优化需要考虑电磁场的完整模型和传输线的具体应用环境。在高速电路设计中,通过适当的线路设计和材料选择来控制耦合系数,是确保信号完整性和系统稳定性的重要方面。

2.2.2　串联、并联阻抗的等效互换

　　所谓等效互换,是指在一定的工作频率下,不管电路内部电路组成如何,从端口看上去,两段导纳和电阻是相等的,如图 2.2.19 所示。要实现串联、并联电路的等效互换,即

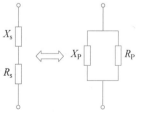

图 2.2.19　串联、并联等效电路互换

$$R_s + jX_s = \left(\frac{1}{R_P} + \frac{1}{jX_P}\right)^{-1} \tag{2.2.37}$$

要使式(2.2.37)成立,则等式两边实部、虚部相等,所以

$$\begin{cases} R_P = \dfrac{R_s^2 + X_s^2}{R_s} = R_s(1 + Q^2) \\ X_P = \dfrac{R_s^2 + X_s^2}{X_s} = X_s\left(1 + \dfrac{1}{Q^2}\right) \end{cases} \tag{2.2.38}$$

或

$$\begin{cases} R_s = \dfrac{X_P^2}{R_P^2 + X_P^2}R_P = \dfrac{1}{1 + Q^2}R_P \approx \dfrac{1}{Q^2}R_P \\ X_s = \dfrac{R_P^2}{R_P^2 + X_P^2}X_P = \dfrac{1}{1 + \dfrac{1}{Q^2}}X_P \approx X_P \end{cases} \tag{2.2.39}$$

视频

其中,$Q = \dfrac{|X_s|}{R_s} = \dfrac{R_P}{|X_P|} \gg 1$,所以 $X_s \approx X_P$。转换前后电抗值 X_s 和 X_P 相差很小,但转换后并联电阻 R_P 大于串联电阻 R_s。

科普二 变革的源泉:Transformer 模型的革命

参考文献

思考题与习题

2.1 对于收音机的中频放大器,其中心频率 $f_0 = 465\mathrm{kHz}$,$B_{0.707} = 8\mathrm{kHz}$,回路电容 $C = 200\mathrm{pF}$,试计算回路电感和 Q_L。若电感线圈的 $Q_0 = 100$,问在回路上应并联多大的电阻才能满足要求。

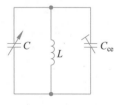

思考题与习题 2.2 图

2.2 如图所示为波段内调谐用的并联谐振回路,可变电容 C 的变化范围为 $12 \sim 260\mathrm{pF}$,C_{ce} 为微调电容,要求此回路的调谐范围为 $535 \sim 1605\mathrm{kHz}$,求回路电感 L 和 C_{ce} 的值,并要求 C 的最大和最小值与波段的最低和最高频率对应。

2.3 试比较串联谐振回路和并联谐振回路的品质因数、幅频特性、带宽、谐振频率、阻抗特性等异同点。

第 3 章

视频

高频小信号放大器

内容提要

本章主要介绍高频小信号放大器的几个技术指标以及晶体管在小信号激励下的等效电路与参数；讨论了单调谐回路和多调谐回路的原理性电路和等效电路，并计算和分析各电路的参数。比较了两种回路中带宽和增益不同之处，并介绍了几个典型的集成电路谐振放 讨论了放大器噪声产生来源、表示和计算方法，提出了减小噪声系数的 学需要 7~9 学时。

 大器的主要区别是二者的工作频率范围和所通过的频带宽度 也不同。低频放大器的工作频率低，但整个工作频带宽度很宽， 率的极限相差可达 1000 倍，所以低频电路负载采用无调谐负 等。高频放大器的中心频率一般在几百千赫兹到几百兆赫 频带宽度）和中心频率相比相对较小，通常采用选频网络组 。普通调幅无线电广播所占带宽应为 9kHz，电视信号的 高频电子电路所在的频段范围是 300kHz～300MHz，如

如串联、并联谐振回路及耦 谐振回路的特性，谐振放 大的增益；对于远离谐振 谐振放大器不仅有放大 在如图 3.1.2 所示的接 放大器都属于谐振放大 频率的信号进行调谐；后者的调谐回路的谐振频率

$$音频 \quad 射频 \quad 微频$$

300kHz~300MHz

图 3.1.1　高频电子电路频段
　　　　　范围示意图

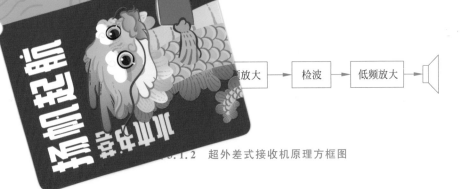

 放大 → 检波 → 低频放大

3.1.2　超外差式接收机原理方框图

由各种滤波器(LC集中选择性滤波器、石英晶体滤波器、表面声波滤波器、陶瓷滤波器等)和阻容滤波器组成了非调谐的各种窄带和宽带放大器,具有结构简单、性能优异、集成化的优点,并得到了广泛应用。

对高频小信号放大器来说,由于信号小,因此可认为它工作在晶体管(场效应管)的线性范围内。允许把晶体管看成线性元件,可用有源线性四端口网络来分析。高频小信号放大器的主要质量指标包括增益、通频带、选择性和稳定性。

(1) 增益指输出电压 V_o(或功率 P_o)与输入电压 V_i(或功率 P_i)之比。电压增益 $A_v = \dfrac{V_o}{V_i}$,功率增益 $A_P = \dfrac{P_o}{P_i}$;用分贝表示,$A_v = 20\lg \dfrac{V_o}{V_i}$,$A_P = 10\lg \dfrac{P_o}{P_i}$。

(2) 通频带又称 3dB 带宽,指放大电路的电压增益比中心频率 f_0 处的增益下降 3dB 时的上、下限频率之间的频带,用 $2\Delta f_{0.7}$ 表示,如图 3.1.3 所示。

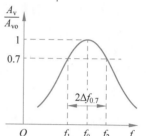

$$\begin{cases} \dfrac{A_v(f_i)}{A_{vo}(f_0)} = \dfrac{1}{\sqrt{2}}, & i = 1,2 \\ 2\Delta f_{0.7} = f_2 - f_1 \end{cases} \qquad (3.1.1)$$

$2\Delta f_{0.7}$ 取决于负载回路的 Q 值及形式;且随级数的增加,带宽越来越窄。同时用途不同,信号带宽也不同。中频广播带宽为 $6\sim 8\mathrm{kHz}$;电视信号带宽为 $6\mathrm{MHz}$。

图 3.1.3　电压幅频特性曲线计算通频带示意图

(3) 从各种不同频率信号的总和(有用的和有害的)中选出有用信号,抑制干扰信号的能力称为放大器的选择性。选择性常采用矩形系数和抑制比来表示。

① 矩形系数:表示与理想滤波特性的接近程度。

$$\begin{cases} K_{r0.1} = \dfrac{2\Delta f_{0.1}}{2\Delta f_{0.7}} \\ K_{r0.01} = \dfrac{2\Delta f_{0.01}}{2\Delta f_{0.7}} \end{cases} \qquad (3.1.2)$$

式中,$\Delta f_{0.1}$ 或 $\Delta f_{0.01}$ 为放大电路增益下降到最大值的 0.1 或 0.01 倍时失谐偏离 f_0 的宽度。图 3.1.4 为矩形系数计算示意图。理想情况下,选频特性应为矩形,即 $K_{r0.1} = 1$。

② 抑制比:表示对某个干扰信号 f_n 的抑制能力,用 d_n 表示。

$$d_n = \dfrac{A_{vo}}{A_{vn}} \qquad (3.1.3)$$

d_n 越大表明电路的选择性越好。图 3.1.5 为噪声抑制比计算示意图。

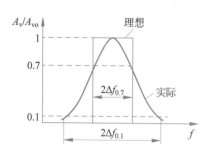

图 3.1.4　矩形系数计算示意图

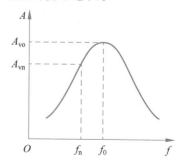

图 3.1.5　噪声抑制比计算示意图

（4）工作稳定性是指放大器的工作状态（直流偏置）、晶体管参数、电路元件参数等发生可能的变化时，放大器的稳定特性。

不稳定状态的极端情况是放大器自激（主要由晶体管内反馈引起），使放大器完全不能工作。图 3.1.6 是基本共射极放大电路，为了提高电路稳定性，抑制放大器的自激，可加入适当的偏置电阻，图 3.1.7 为稳 Q 共射极放大电路。

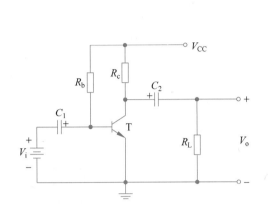
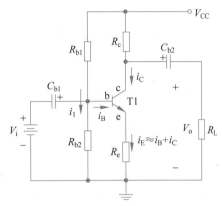

图 3.1.6　基本共射极放大电路　　　　图 3.1.7　稳 Q 共射极放大电路

3.2　晶体管高频小信号等效电路与参数

3.2.1　形式等效电路

形式等效电路又称为网络参数等效电路，它是将晶体管等效为有源线性四端口网络，其优点在于导出的表达式具有普遍意义，分析电路比较方便；缺点是网络参数与频率有关。晶体管等效电路及其 y 参数形式等效电路如图 3.2.1 和图 3.2.2 所示，设有输入电压 V_1 和输出电压 V_2，根据四端口网络原理，输入电流 I_1 和输出电流 I_2 为

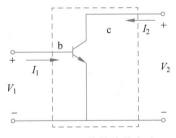
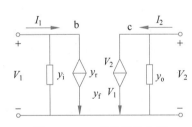

图 3.2.1　晶体管等效电路　　　　图 3.2.2　y 参数等效电路

$$I_1 = y_i V_1 + y_r V_2 \tag{3.2.1}$$

$$I_2 = y_f V_1 + y_o V_2 \tag{3.2.2}$$

上面各式中参数的物理含义如下：

$$y_i = \frac{I_1}{V_1}\bigg|_{V_2=0}　称为输出短路时的输入导纳；$$

$$y_r = \frac{I_1}{V_2}\bigg|_{V_1=0}　称为输入短路时的反向传输导纳；$$

$$y_f = \frac{I_2}{V_1}\bigg|_{V_2=0} \quad \text{称为输出短路时的正向传输导纳；}$$

$$y_o = \frac{I_2}{V_2}\bigg|_{V_1=0} \quad \text{称为输入短路时的输出导纳。}$$

1. 放大器输入导纳 y_i

放大器输入导纳 y_i 是指输出电流源短路、电压源开路时的晶体管输入导纳。如图 3.2.3 所示，根据晶体管共发射极 y 参数等效电路，可得到下列组合方程

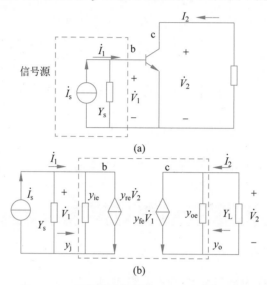

图 3.2.3　晶体管放大器及其 y 参数等效电路

$$\begin{cases} I_1 = y_{ie}V_1 + y_{re}V_2 \\ I_2 = y_{fe}V_1 + y_{oe}V_2 \\ I_2 = -Y_L V_2 \end{cases} \tag{3.2.3}$$

式中，各 y 参数第二个角标 e 表示该电路是共发射极电路参数，若为共基极或共集电极电路，则第二个角标用 b 或 c 表示。因此，可计算放大器输入导纳

$$y_i = y_{re} - \frac{y_{re}y_{fe}}{y_{oe} + Y_L} \tag{3.2.4}$$

上式说明输入导纳 y_i 与负载导纳 Y_L 有关，这反映了晶体管的内部反馈，这是由反向传输导纳 y_{re} 所引起的。

2. 放大器输出导纳 y_o

求输出导纳时，将信号电流源开路，或电压源短路，则有

$$\begin{cases} I_1 = y_{ie}V_1 + y_{re}V_2 \\ I_2 = y_{fe}V_1 + y_{oe}V_2 \\ I_1 = -Y_s V_1 (I_s = 0) \end{cases} \tag{3.2.5}$$

$$y_o = y_{oe} - \frac{y_{re}y_{fe}}{y_{ie} + Y_s} \tag{3.2.6}$$

上式说明输出导纳 y_o 与负载导纳 Y_s 有关，这反映了晶体管的内部反馈，这也是由反向传输导纳 y_{re} 所引起的。

可得电压增益为

$$A_v = \frac{V_2}{V_1} = -\frac{y_{fe}}{y_{oe} + Y_L}$$

上式说明，晶体管的正向传输导纳越大，则放大器的增益也越大。上式中的负号说明，如果 y_{fe}、y_{oe} 和与 Y_L 均为实数，则 V_2 与 V_1 相位差 $180°$。

y（导纳）参数的主要缺点是没有考虑晶体管内部的物理过程，物理含义不明显。因此，还要寻求另外一种混合 π 等效电路。

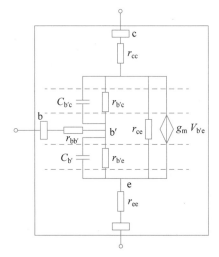

图 3.2.4　混合 π 等效电路

3.2.2　混合 π 等效电路

1. 混合 π 等效电路图

若能把晶体管内部的复杂关系用集中元件 RLC 表示，则可以看到每一元件与晶体管内发生的某种物理过程具有明显的关系，这种物理模拟的方法得到的等效电路称为混合 π 等效电路。

如图 3.2.4 所示，$r_{bb'}$ 是基极体电阻，$r_{b'e}$ 是基极和射极间电阻，$C_{b'c}$ 和 $r_{bb'}$ 的存在对晶体管的高频运用不利。$C_{b'c}$ 将输出的交流电压反馈一部分到输入级的基极，可能引起放大器的自激。$r_{bb'}$ 在共基电路中引起高频负反馈，降低晶体管的电流放大系数。所以要求 $r_{bb'}$ 和 $C_{b'c}$ 尽量小。$C_{b'e}(C_\mu)$ 是发射结电容，$g_m V_{b'e}$ 表示晶体管放大作用的等效受控电流源，g_m 为微变跨导，$g_m = \beta_0/r_{b'e} = I_C/26$，$I_C$ 的单位为 mA。$r_{bb'} = 25\Omega$，$r_{b'c} = 1M\Omega$，$r_{b'e} = 150\Omega$，$r_{ce} = 100k\Omega$，$g_m = 50mS$，$C_{b'e} = 500pF$，$C_{b'c} = 5pF$。混合 π 等效电路的优点是各个元件在很宽的频率范围内都保持常数；缺点是分析电路不够方便。

2. 等效电路参数的转换

当晶体管直流工作点确定后，混合等效电路各元件的参数就确定。有些参数可查手册得到，有些参数根据手册上的值直接计算出来。对小信号放大器，可以采用 y 参数等效电路作为分析基础。

如图 3.2.4 所示的混合 π 等效电路可转换为如图 3.2.5 所示等效电路（参数细化）。从 I_b 看过去，有方程

$$I_b = y_{b'e}V_{b'e} + y_{b'c}V_{b'c} \tag{3.2.7}$$

$$I_b = (V_{be} - V_{b'e})/r_{bb'} \tag{3.2.8}$$

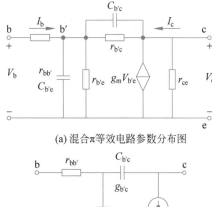

(a) 混合 π 等效电路参数分布图

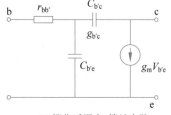

(b) 简化后混合 π 等效电路

图 3.2.5　混合 π 等效电路

$$V_{b'c} = V_{b'e} - V_{ce} \tag{3.2.9}$$

$$0 = -\frac{1}{r_{bb'}}V_{be} + \left(\frac{1}{r_{bb'}} + y_{b'e} + y_{b'c}\right)V_{b'e} - y_{b'c}V_{ce} \tag{3.2.10}$$

从 I_c 看过去,有方程

$$I_c = g_m V_{b'e} - y_{b'c}V_{b'c} + (g_{ce} + y_{b'c})V_{ce} \tag{3.2.11}$$

$$I_c = g_m V_{b'e} + y_{b'c}(V_{ce} - V_{b'e}) + g_{ce}V_{ce} \tag{3.2.12}$$

其中,

$$y_{b'e} = g_{b'e} + j\omega C_{b'e} \tag{3.2.13}$$

$$y_{b'c} = g_{b'c} + j\omega C_{b'c} \tag{3.2.14}$$

$$I_b = \frac{y_{b'e} + y_{b'c}}{1 + r_{b'b}(y_{b'e} + y_{b'c})}V_{b'} - \frac{y_{b'c}}{1 + r_{bb'}(y_{b'e} + y_{b'c})}V_c \tag{3.2.15}$$

$$I_c = \frac{g_m - y_{b'c}}{1 + r_{b'b}(y_{b'e} + y_{b'c})}V_{b'} + \left[g_{ce} + y_{bc} + \frac{y_{b'c}r_{b'b}(g_m - y_{b'e})}{1 + r_{b'b}(y_{b'e} + y_{b'c})}\right]V_c \tag{3.2.16}$$

考虑到通常可以满足条件 $g_m \gg |y_{b'c}|$,$y_{b'e} \gg y_{b'c}$,$g_{ce} \gg g_{bc}$,所以可得

$$y_i = y_{ie} \approx \frac{y_{b'e}}{1 + r_{bb'}y_{b'e}} = \frac{g_{b'e} + j\omega C_{b'e}}{(1 + r_{bb'}g_{b'e}) + j\omega r_{bb'}C_{b'e}} \tag{3.2.17}$$

$$y_r = y_{re} \approx -\frac{y_{b'c}}{1 + r_{bb'}y_{b'e}} = -\frac{g_{b'c} + j\omega C_{b'c}}{(1 + r_{bb'}g_{b'e}) + j\omega r_{bb'}C_{b'e}} \tag{3.2.18}$$

$$y_f = y_{fe} \approx \frac{g_m}{1 + r_{bb'}y_{b'e}} = \frac{g_m}{(1 + r_{bb'}g_{b'e}) + j\omega r_{bb'}C_{be}} \tag{3.2.19}$$

$$y_o = y_{oe} \approx g_{ce} + y_{b'c} + \frac{y_{b'c}r_{bb'}g_m}{1 + r_{bb'}y_{b'e}}$$

$$= g_{ce} + j\omega C_{b'c} + r_{bb'}g_m \frac{g_{b'c} + j\omega C_{b'c}}{(1 + r_{bb'}g_{b'e}) + j\omega r_{bb'}C_{b'e}} \tag{3.2.20}$$

$r_{b'e}$ 是基射极间电阻,可表示为 $r_{b'e} = \dfrac{26\beta_0}{I_E}$;$g_m$ 称为晶体管的跨导,可表示为 $g_m = \dfrac{\beta_0}{r_{b'e}} = \dfrac{I_c}{26}$。当晶体管参数满足下列条件时,即 $\dfrac{1}{\omega C_{b'e}} \ll r_{b'e}$,或 $f \gg f_\beta$;$r_{bb'} \ll \dfrac{1}{\omega(C_{b'e} + C_{b'c})}$,或 $f \ll f_T \approx \dfrac{g_m}{2\pi\omega(C_{b'e} + C_{b'c})}$,那么晶体管的 y 参数可以简化成下列形式:

$$y_{ie} = \frac{I_1}{V_1}\bigg|_{V_2=0} = g_{ie} + j\omega C_{ie}, \quad y_{oe} = \frac{I_2}{V_2}\bigg|_{V_1=0} = g_{oe} + j\omega C_{oe}$$

$$y_{fe} = \frac{I_2}{V_1}\bigg|_{V_2=0} \approx \frac{g_m}{1 + j\omega(C_{b'e} + C_{b'c})r_{bb'}}, \quad y_{re} = \frac{I_1}{V_2}\bigg|_{V_1=0} \approx \frac{j\omega C_{b'c}}{1 + j\omega r_{bb'}C_{b'c}}$$

所以晶体管的 y 参数等效电路可以画成如图 3.2.6 所示,同时 y 参数进一步化简为

$$y_{ie} \approx g_{b'e} + j\omega(C_{b'e} + C_{b'c}), \quad y_{oe} \approx g_{ce} + j\omega C_{b'c}, \quad y_{re} \approx 0, \quad y_{fe} \approx g_m$$

3. 晶体管的高频参数

为了分析和设计各种高频电子线路系统,必须了解晶体管的高频特性。下面介绍几

个高频晶体管的特征参数。

（1）截止频率：β 下降到低频值 β_0 的 $\dfrac{1}{\sqrt{2}}$ 时所对应的频率，见图 3.2.7。

$$\beta = \frac{\beta_0}{1+\mathrm{j}\dfrac{f}{f_\beta}}, \quad \beta = \frac{\beta_0}{\sqrt{1+\left(\dfrac{f}{f_\beta}\right)^2}} \tag{3.2.21}$$

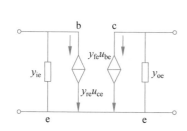

图 3.2.6 晶体管 y 参数等效电路

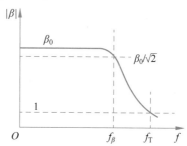

图 3.2.7 截止频率和特征频率

（2）特征频率：$\beta=1$ 时所对应的频率。

$$f_\mathrm{T} = f_\beta \sqrt{\beta_0^2 - 1} \tag{3.2.22}$$

通常 $\beta \gg 1$，$f_\mathrm{T} \approx \beta_0 f_\beta$。

当 $f > f_\mathrm{T}$ 后，共发射极接法的晶体管将不再有电流放大能力，但仍可能有电压增益，且功率增益可能大于 1。

$$\beta = \frac{\beta_0}{\sqrt{1+\left(\dfrac{f}{f_\beta}\right)^2}} \approx \frac{f_\mathrm{T}/f_\beta}{f/f_\beta} = \frac{f_\mathrm{T}}{f} \tag{3.2.23}$$

即 $\beta \cdot f \approx f_\mathrm{T}$，可以粗略计算在某工作频率 $f \gg f_\beta$ 时的电流放大系数。

4. 最高振荡频率 f_max

晶体管的功率增益 $A_\mathrm{P}=1$ 时的最高工作频率。$f \geqslant f_\mathrm{max}$ 后，$A_\mathrm{P}<1$，晶体管已经不能得到功率放大。由于晶体管输出功率恰好等于其输入功率是保证它作为自激振荡器的必要条件，所以不能使晶体管产生振荡。为使电路工作稳定，且有一定的功率增益，晶体管的实际工作频率应等于最高振荡频率的 1/3～1/4。3 个频率参数的关系为 $f_\mathrm{max} > f_\mathrm{T} > f_\beta$。

3.2.3 单调谐回路谐振放大器

图 3.2.8(a) 为单调谐回路谐振放大器原理性电路，为了突出所讨论的问题，图中忽略实际电路中所必须加载的偏置电路和滤波电路等。图 3.2.8(a) 中 LC 单回路构成的集电极负载，调谐于放大器的中心频率。LC 回路与本级集电极电路的连接采用自耦变压器部分接入形式，与下级负载 Y_L 的连接采用变压器耦合。采用这种自耦变压器-变压器耦合形式，可以减弱本级输出导纳与下级晶体管输入导纳 Y_L 对 LC 回路的影响，适当选择初次级回路的匝数比，可以使负载导纳与晶体管的输出导纳相匹配，以获得最大的功率增益。图 3.2.8(b) 代表 y 参数等效电路，$I_\mathrm{o1} = y_\mathrm{fe} v_\mathrm{i1}$ 代表晶体管放大作用的等效

电流源，g_{o1}、C_{o1} 代表晶体管输出电导与输出电容，$G_P = 1/R_P$ 代表回路本身的损耗，$Y_L = g_{i2} + j\omega C_{i2}$ 代表负载导纳，通常也是下一级的输入导纳。因此，小信号放大器是等效电流源与线性网络的组合，可用线性网络理论求解。下面介绍整个求解过程。

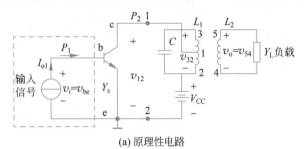

(a) 原理性电路

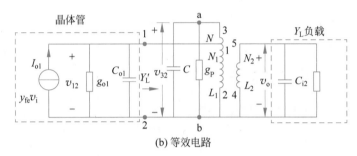

(b) 等效电路

图 3.2.8　单调谐回路谐振放大器的原理性电路和等效电路

1. 等效电路分析方法

1）多级分单级

前级放大器是本级放大器的信号源，后级放大器是本级放大器的负载。

2）静态分析

画出直流等效电路，其简化规则是：交流输入信号为零时，所有电容开路，所有电感短路。

3）动态分析

（1）画出交流等效电路，其简化规则是：有交流输入信号时，所有直流量为零，所有大电容短路，所有大电感开路。谐振回路中 L、C 要保留下来。

（2）交流小信号等效电路图如图 3.2.8(b) 所示。

晶体管集、射回路与振荡回路之间采用抽头接入，接入系数

$$p_1 = \frac{v_{21}}{v_{32}} = \frac{N_1}{N} \tag{3.2.24}$$

其中，v_{21}、v_{32} 分别表示线圈 1 和线圈 2、线圈 2 和线圈 3 之间的电压，N_1 和 N 分别表示线圈 1 和线圈 2、线圈 2 和线圈 3 之间线圈匝数。

负载和回路之间采用了变压器耦合，接入系数为

$$p_2 = \frac{v_{54}}{v_{32}} = \frac{N_2}{N} \tag{3.2.25}$$

其中，v_{54} 表示线圈 5 和线圈 4 之间的电压，N_2 表示线圈 5 和线圈 4 之间线圈匝数。

为便于分析，假定晶体管不存在内反馈，即 $y_{re} = 0$。其中，

$$y_{ie} = g_{ie1} + j\omega C_{ie1} \tag{3.2.26}$$

$$y_{oe} = g_{oe1} + j\omega C_{oe1} \tag{3.2.27}$$

$$Y_L = g_{ie2} + j\omega C_{ie2} \tag{3.2.28}$$

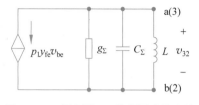

图 3.2.9 折合到 LC 谐振回路的交流小信号等效电路

2. 电压增益

把晶体管集电极回路和负载折合到振荡回路两端,如图 3.2.9 所示,得到

$$\begin{cases} g_\Sigma = g_p + p_1^2 g_{oe1} + p_2^2 g_{ie2} \\ C_\Sigma = C + p_1^2 C_{oe1} + p_2^2 C_{ie2} \end{cases} \tag{3.2.29}$$

其中,$y_{oe} = g_{oe1} + j\omega C_{oe1}$,$y_L = g_{ie2} + j\omega C_{ie2}$。

因为

$$A_v = \frac{v_o}{v_i} = \frac{p_2 v_{32}}{v_{be}} \tag{3.2.30}$$

所以

$$v_o = v_{54} = p_2 v_{32} \tag{3.2.31}$$

$$v_{32} = -\frac{p_1 y_{fe} v_{be}}{g_\Sigma + j\omega C_\Sigma + \dfrac{1}{j\omega L}} \tag{3.2.32}$$

其中,

$$A_v = -\frac{p_1 p_2 y_{fe}}{g_\Sigma + j\omega C_\Sigma + \dfrac{1}{j\omega L}} = -\frac{p_1 p_2 y_{fe}}{g_\Sigma \left(1 + j Q_L \dfrac{2\Delta f}{f_0}\right)} \tag{3.2.33}$$

谐振时,

$$A_{vo} = -\frac{p_1 p_2 y_{fe}}{g_\Sigma} = -\frac{p_1 p_2 y_{fe}}{g_p + p_1^2 g_{oe1} + p_2^2 g_{ie2}} \tag{3.2.34}$$

式(3.2.34)说明电压增益振幅与晶体管参数、负载电导、回路谐振电导和接入系数有关:

① 为了增大 A_{vo},应选取 $|y_{fe}|$ 大、g_{oe} 小的晶体管;

② 为了增大 A_{vo},要求负载电导小,如果负载是下一级放大器,则要求其 g_{ie} 小;

③ 回路谐振电导 g_{oe} 越小,A_{vo} 越大,而 g_{oe} 取决于回路空载品质因数 Q_0,与 Q_0 成反比;

④ A_{vo} 与接入系数 p_1、p_2 有关,但不是单调递增或单调递减关系,由于 p_1、p_2 还会影响回路有载品质因数 Q_L,而 Q_L 又将影响通频带,所以 p_1、p_2 的选择应全面考虑,应选取最佳值。

3. 功率增益

整个收、发机系统的功率增益是其一项重要性能指标,因此需要考虑高频小信号放大器的功率增益水平。由于在非谐振点上计算功率十分复杂,且一般用处不大,故主要讨论谐振时的功率增益。

$A_{po} = \dfrac{P_o}{P_i}$ (谐振时)，P_o 为输出端 R_L 上获得的功率，P_i 为放大器的输入功率。并且 $P_o = V_o^2 g_{ie2}$，$P_i = V_i^2 g_{ie1}$。

g_{ie1} 是本级晶体管的输入电导，g_{ie2} 是下级晶体管的输入电导，所以

$$A_{po} = \frac{P_o}{P_i} = \left(\frac{V_o}{V_i}\right)^2 \frac{g_{ie2}}{g_{ie1}} = \frac{p_1^2 p_2^2 |y_{fe}|^2}{g_\Sigma^2} \frac{g_{ie2}}{g_{ie1}} \tag{3.2.35}$$

（1）如果设 LC 调谐回路自身元件无损耗，且输出回路传输匹配，即

$$\begin{cases} g_p = 0 \\ p_1^2 g_{oe1} = p_2^2 g_{ie2} \end{cases} \tag{3.2.36}$$

则可得最大功率增益为

$$(A_{po})_{max} = \frac{p_1^2 p_2^2 |y_{fe}|^2}{(p_1^2 g_{oe1} + p_2^2 g_{ie2})^2} \cdot \frac{g_{ie2}}{g_{ie1}} = \frac{p_1^2 p_2^2 |y_{fe}|^2 g_{ie2}}{4 p_1^2 g_{oe1} \cdot p_2^2 g_{ie2} \cdot g_{ie1}} = \frac{|y_{fe}|^2}{4 g_{oe1} g_{ie1}} \tag{3.2.37}$$

（2）如果 LC 调谐回路存在自身损耗，且输出回路传输匹配，即

$$\begin{cases} g_p \neq 0 \\ p_1^2 g_{oe1} = p_2^2 g_{ie2} \end{cases} \tag{3.2.38}$$

则可得最大功率增益为

$$(A_{po})'_{max} = \frac{|y_{fe}|^2}{4 g_{ie1} g_{oe1}} \left(1 - \frac{Q_L}{Q_0}\right)^2 = \left(1 - \frac{Q_L}{Q_0}\right)^2 (A_{po})_{max} \tag{3.2.39}$$

其中，$\dfrac{1}{\left(1 - \dfrac{Q_L}{Q_0}\right)^2}$ 称为回路的插入损耗，而且

$$\begin{cases} Q_L = \dfrac{\omega C_\Sigma}{g_\Sigma} = \dfrac{1}{\omega_0 L g_\Sigma}, & \text{有载 } Q \text{ 值} \\ Q = \dfrac{1}{\omega L g_p}, & \text{空载 } Q \text{ 值} \end{cases}$$

4. 通频带与选择性

通过分析放大器幅频特性来揭示其通频带与选择性。

$$A_v = -\frac{p_1 p_2 y_{fe}}{g_\Sigma \left(1 + jQ_L \dfrac{2\Delta f}{f_0}\right)}, \quad A_{vo} = -\frac{p_1 p_2 y_{fe}}{g_\Sigma} \tag{3.2.40}$$

1）通频带

由式（3.2.41），可计算某一频率电压增益与谐振时电压增益之比，即幅频特性

$$\frac{A_v}{A_{vo}} = \frac{1}{\sqrt{1 + \left(Q_L \dfrac{2\Delta f}{f_0}\right)^2}} \tag{3.2.41}$$

如果 $\dfrac{A_v}{A_{vo}} = \dfrac{1}{\sqrt{2}}$，则 $\dfrac{2Q_L \Delta f_{0.7}}{f_0} = 1$，所对应的带宽为

$$2\Delta f_{0.7} = \frac{f_0}{Q_L} \tag{3.2.42}$$

可见 Q_L 越高,则通频带越窄,所以

$$2\Delta\omega_{0.7} = \frac{\omega_0}{Q_L} = \frac{\omega_0}{\dfrac{\omega_0 C_\Sigma}{g_\Sigma}} = \frac{g_\Sigma}{C_\Sigma} \tag{3.2.43}$$

$$|\dot{A}_{vo} \cdot 2\Delta\omega_{0.7}| < \frac{|y_{fe}|}{C_\Sigma} \tag{3.2.44}$$

电压增益 A_v 也可用 $2\Delta f_{0.7}$ 表示,因为回路损耗电导 g_Σ 可表示为

$$g_\Sigma = \frac{\omega_0 C_\Sigma}{Q_L} = \frac{2\pi f_0 C_\Sigma}{f_0/(2\Delta f_{0.7})} = 4\pi C_\Sigma \Delta f_{0.7}$$

将上式代入式(3.2.34),得

$$A_{vo} = -\frac{p_1 p_2 y_{fe}}{g_\Sigma} = -\frac{p_1 p_2 y_{fe}}{4\pi\Delta f_{0.7} C_\Sigma}$$

带宽增益积为一常数,带宽和增益为一对矛盾。

2) 选择性(矩形系数)

根据上面的关系式,得到幅频特性为

$$\frac{A_v}{A_{vo}} = \frac{1}{\sqrt{1 + Q_L^2\left(\dfrac{\omega}{\omega_0} - \dfrac{\omega_0}{\omega}\right)^2}} \approx \frac{1}{\sqrt{1 + Q_L\left(\dfrac{2\Delta\omega}{\omega_0}\right)^2}} \tag{3.2.45}$$

令

$$\frac{1}{\sqrt{1 + \left(Q_L\,\dfrac{2\Delta\omega_{0.1}}{\omega_0}\right)^2}} = 0.1$$

则得当某一频率对应的电压增益幅值与谐振时的电压增益最大幅值之比为 0.1 时,对应的带宽为

$$2\Delta\omega_{0.1} = \sqrt{10^2 - 1}\,\frac{\omega_0}{Q_L} = \sqrt{10^2 - 1} \cdot 2\Delta\omega_{0.7} \tag{3.2.46}$$

此时,矩形系数之比为

$$K_{r0.1} = \frac{2\Delta f_{0.1}}{2\Delta f_{0.7}} = \frac{2\Delta\omega_{0.1}}{2\Delta\omega_{0.7}} = \sqrt{10^2 - 1} \gg 1 \tag{3.2.47}$$

如图 3.2.10 所示为实际和理想幅频特性示意图,从计算结果分析得出,不论其 Q 值为多大,其谐振曲线和理想的矩形相差甚远。

5. 级间耦合网络

图 3.2.11 为单调谐回路的级间耦合网络形式,其中图(a)、(b)、(d)属于电感耦合回路,图(c)是电容耦合回路;图(a)、(b)、(c)适用于共发射极电路,它们的特点是调谐回路通过降压形式接入后级的晶体管,使后级晶体管低输入电阻和前级的高输入电阻相匹配。前级晶体管可以用线圈

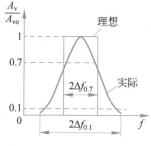

图 3.2.10　实际和理想幅频特性示意图

抽头方式接入回路,也可以直接跨在回路两端。图 3.2.11(d)是并联-串联耦合方式,主要用于输入电阻很低的共基极电路,因为这时输入电阻太小,次级匝数太少,因此没办法用前面的方法实现,所以次级用串联谐振电路更有利。

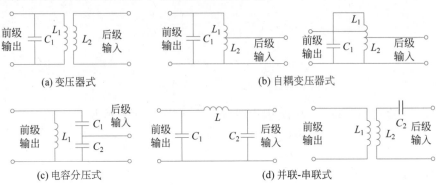

图 3.2.11　单调谐回路的级间耦合网络形式

例 **3.2.1**　对于如图 3.2.12 所示的单调谐小信号谐振放大电路的原理性电路,$f_0 = 10.7\mathrm{MHz}$,$2\Delta f_{0.7} = 500\mathrm{kHz}$,$|A_{vo}| = 100$,晶体管参数为 $|A_{vo}| = 100$,$y_{ie} = (2+\mathrm{j}0.5)\mathrm{mS}$,$y_{fe} = (20-\mathrm{j}5)\mathrm{mS}$,$y_{oe} = (20+\mathrm{j}40)\mathrm{mS}$。如果回路空载品质因数 $Q_0 = 100$,试计算谐振回路的 L、C、R。

解:根据电路图可画出放大器的高频等效电路如图 3.2.13 所示。设 g_{eo} 代表不考虑电阻 R 时,电感 L 和电容 C 构成的谐振回路的空载导纳。

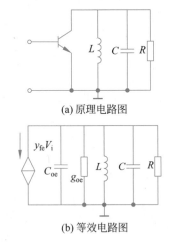

(a) 原理电路图

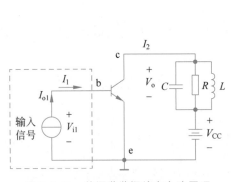

(b) 等效电路图

图 3.2.12　单调谐谐振放大电路原理　　　图 3.2.13　单调谐谐振放大器电路

$$g_{oe} = 20\mathrm{mS}$$

$$C_{oe} = \frac{40 \times 10^{-6}}{2\pi \times 10.7 \times 10^6} = 0.59(\mathrm{pF})$$

$$|y_{fe}| = \sqrt{20^2 + 5^2} = 20.6(\mathrm{mS})$$

$$|A_{vo}| = 100 = \frac{|y_{fe}|}{g_{\Sigma}}$$

$$g_{\Sigma} = \frac{|y_{fe}|}{|A_{vo}|} = \frac{20.6 \times 10^{-3}}{100} = 0.206 \, (\text{mS})$$

$$2\Delta f_{0.7} = \frac{f_0}{Q_L}$$

$$Q_L = \frac{f_0}{2\Delta f_{0.7}} = \frac{10.7}{0.5} = 21.4$$

$$Q_L = \frac{1}{\omega_0 L g_{\Sigma}}$$

$$L = \frac{1}{\omega_0 g_{\Sigma} Q_L} = \frac{1}{2\pi \times 10.7 \times 10^6 \times 0.206 \times 10^{-3} \times 21.4} = 3.37 \, (\mu\text{H})$$

$$C_{\Sigma} = \frac{1}{(2\pi f_0)^2 L} = \frac{1}{(2\pi \times 10.7 \times 10^6)^2 \times 3.37 \times 10^{-6}} = 65.65 \, (\text{pF})$$

$$g_{eo} = \frac{1}{2\pi f_0 L Q_0} = \frac{1}{2\pi \times 10.7 \times 10^6 \times 3.37 \times 10^{-6} \times 100} = 44.14 \, (\mu\text{S})$$

$$C = C_{\Sigma} - C_{oe} = 65.65 - 0.59 = 65.06 \, (\text{pF})$$

$$R = \frac{1}{g_{\Sigma} - g_{oe} - g_{eo}} = \frac{1}{206 \times 10^{-6} - 20 \times 10^{-6} - 44.14 \times 10^{-6}} = 7.05 \, (\text{k}\Omega)$$

3.3 多级单调谐回路谐振放大器

若单级放大器的增益不能满足要求,就要采用多级放大器。如图 3.3.1 所示,假如放大器有 n 级,各级电压增益为 $A_{v1}, A_{v2}, \cdots, A_{vn}$。总增益 A_v 是各增益的乘积,即

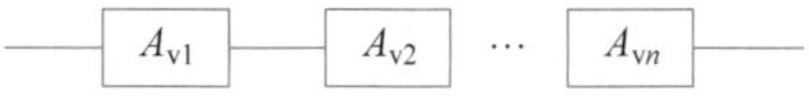

$$A_v(j\omega) = \frac{V_o(j\omega)}{V_i(j\omega)} = A_{v1}(j\omega) \cdot A_{v2}(j\omega) \cdots A_{vn}(j\omega)$$

图 3.3.1 多级放大器连接示意图

$$\tag{3.3.1}$$

如果各级放大器由完全相同的单级放大器所组成,则

$$A_v = A_{v1} \cdot A_{v2} \cdot \cdots \cdot A_{vn} = (A_{v1})^n \tag{3.3.2}$$

其中,

$$A_{v1} = -\frac{p_1 p_2 y_{fe}}{g_{\Sigma}} \cdot \frac{1}{1 + jQ_L \left(\frac{\omega}{\omega_0} - \frac{\omega_0}{\omega} \right)} \tag{3.3.3}$$

1. 增益

n 级放大器的增益为

$$\frac{A_v}{A_{vo}} = \frac{1}{\left[1 + Q_L^2 \left(\frac{\omega}{\omega_0} - \frac{\omega_0}{\omega} \right)^2 \right]^{\frac{n}{2}}} \approx \frac{1}{\left[1 + \left(Q_L \frac{2\Delta\omega}{\omega_0} \right)^2 \right]^{\frac{n}{2}}} = \frac{1}{10} \tag{3.3.4}$$

谐振时的电压增益为

$$A_{vo} = \left(\frac{-p_1 p_2 y_{fe}}{g_{\Sigma}} \right)^n \tag{3.3.5}$$

2. 通频带

首先计算放大器幅频特性,将 n 级放大器某一工作频率对应的增益除以谐振时的增益就得到幅值-频率关系式

$$A_{\text{v}} = \left(-\frac{p_1 p_2 y_{\text{fe}}}{g_\Sigma} \right)^n \cdot \left(\frac{1}{1 + jQ_{\text{L}}\left(\dfrac{\omega}{\omega_0} - \dfrac{\omega_0}{\omega} \right)} \right)^n \tag{3.3.6}$$

n 级放大器的通频带

$$2\Delta\omega_{0.7} = \sqrt{2^{\frac{1}{n}} - 1}\,\frac{\omega_0}{Q_{\text{L}}} = \sqrt{2^{\frac{1}{n}} - 1}\,(2\Delta\omega_{0.7})_{\text{单级}} \tag{3.3.7}$$

3. 选择性(矩形系数)

$$\frac{A_{\text{v}}}{A_{\text{vo}}} = \frac{1}{\left[1 + Q_{\text{L}}^2 \left(\dfrac{\omega}{\omega_0} - \dfrac{\omega_0}{\omega} \right)^2 \right]^{\frac{n}{2}}} \approx \frac{1}{\left[1 + \left(Q_{\text{L}}\dfrac{2\Delta\omega}{\omega_0} \right)^2 \right]^{\frac{n}{2}}} = \frac{1}{\sqrt{2}} \tag{3.3.8}$$

$$2\Delta\omega_{0.1} = \sqrt{10^{\frac{2}{n}} - 1}\,\frac{\omega_0}{Q_{\text{L}}} \tag{3.3.9}$$

$$K_{\text{r0.1}} = \frac{2\Delta f_{0.1}}{2\Delta f_{0.7}} = \frac{2\Delta\omega_{0.1}}{2\Delta\omega_{0.7}} = \frac{\sqrt{10^{\frac{2}{n}} - 1}}{\sqrt{2^{\frac{1}{n}} - 1}} \tag{3.3.10}$$

当级数 n 增加时,放大器的矩形系数有所改善,但这种改善是有限度的。

例 3.3.1 若 $f_0 = 900\text{MHz}$,所需通频带为 45MHz,则在单级($n = 1$)时,所需回路 $Q_{\text{L}} = \dfrac{f_0}{2\Delta f_{0.7}} = \dfrac{900}{45} = 20$;$n = 2$ 时,所需 $Q_{\text{L}} = \sqrt{2^{\frac{1}{2}} - 1} \times \dfrac{900}{45} = 12.9$;$n = 3$ 时,所需 $Q_{\text{L}} = \sqrt{2^{\frac{1}{3}} - 1} \times \dfrac{900}{45} = 10.2$;$n = 4$ 时,所需 $Q_{\text{L}} = \sqrt{2^{\frac{1}{4}} - 1} \times \dfrac{900}{45} = 8.7$。

n 越大,每级回路所需的 Q_{L} 值越低。当通频带一定时,n 越大,则每级所能通过的频带应越宽。如在本例中,多级通频带 $(2\Delta f_{0.7})_n = 45\text{MHz}$ 不变,计算不同级次单级通频带大小。

当 $n = 2$ 时,单级通频带应为 $2\Delta f_{0.7} = \dfrac{(2\Delta f_{0.7})_n}{\sqrt{2^{\frac{1}{2}} - 1}} = \dfrac{45}{0.414} \approx 108.7\,(\text{MHz})$;

当 $n = 3$ 时,单级通频带应为 $2\Delta f_{0.7} = \dfrac{(2\Delta f_{0.7})_n}{\sqrt{2^{\frac{1}{3}} - 1}} = \dfrac{45}{0.26} \approx 173\,(\text{MHz})$。

当电路参数给定时,$2\Delta f_{0.7}$ 越大,则 Q_{L} 值越低,则单级增益越低。加宽通频带是以降低增益为代价的。

由式(3.3.10)可列出 $K_{\text{r0.1}}$ 与 n 的关系见表 3.3.1。

表 3.3.1 $K_{\text{r0.1}}$ 与 n 的关系

n	1	2	3	4	5	6	7	8	9	10	∞
$K_{\text{r0.1}}$	9.95	4.8	3.75	3.4	3.2	3.1	3.0	2.94	2.92	2.9	2.56

由表 3.3.1 可见,当级数 n 增加时,放大器的矩形系数有所改善。但是,这种改善是有限度的。级数越多,$K_{r0.1}$ 的变化越缓慢,即使级数无限加大,$K_{r0.1}$ 也只有 2.56,离理想的矩形($K_{r0.1}=1$)还有很大的距离。

因此,单调谐回路放大器的选择性较差,增益和通频带的矛盾比较突出,为了解决此问题和改善选择性,可采用双调谐回路和参差调谐放大器。

3.4 双调谐回路谐振放大器

单调谐回路放大器的选择性较差,增益和通频带的矛盾比较突出,为此,可采用双调谐回路放大器。

下面对双调谐回路频率特性进行分析,图 3.4.1 为双调谐回路放大器及其等效电路。

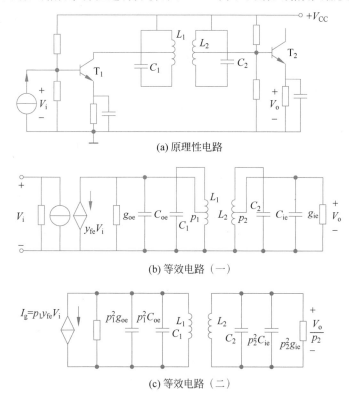

(a) 原理性电路

(b) 等效电路 (一)

(c) 等效电路 (二)

图 3.4.1 双调谐回路放大器及其等效电路

在实际应用中,初级、次级回路都调谐到同一中心频率。为了分析方便,假设两个回路元件参数都相同,晶体管的输入和输出导纳分别为 g_{oe}、g_{ie},电感 $L_1=L_2=L$,初级、次级回路接入系数分别为 p_1、p_2,初级、次级回路总电容 $C_1+p_1^2 C_{oe} \approx C_2+p_2^2 C_{ie}=C$,折合到初级、次级回路的导纳 $p_1^2 g_{oe} \approx p_2^2 g_{ie}=g$,回路谐振角频率 $\omega_1=\omega_2=\omega_0=\dfrac{1}{\sqrt{LC}}$,初次级回路有载品质因数 $Q_{L_1}=Q_{L_2} \approx \dfrac{1}{g\omega_0 L}=\dfrac{\omega_0 C}{g}$,耦合系数 $\eta=kQ_L$,其中 $k=\dfrac{M}{L}$,广义失谐量 $\xi=\dfrac{\omega_0 c}{g}\left(\dfrac{\omega}{\omega_0}-\dfrac{\omega_0}{\omega}\right)$。

$$p_1 y_{fe} V_i = -V_1 g - V_1 j\omega C + \frac{V_0}{p_2} \frac{1}{j\omega L} \cdot j\omega M \cdot \frac{1}{j\omega L} \tag{3.4.1}$$

$$0 = \frac{V_0}{p_2} g + \frac{V_0}{p_2} j\omega C - \frac{V_1}{j\omega L} \cdot j\omega M \cdot \frac{1}{j\omega L} \tag{3.4.2}$$

结合式(3.4.1)和式(3.4.2)可计算得出电压增益：

$$A_v = \frac{V_o}{V_i} = \frac{j\eta p_1 p_2 y_{fe}}{g\sqrt{(1-\xi^2+\eta^2)^2+4\xi^2}} \tag{3.4.3}$$

$$|A_v| = \frac{\eta p_1 p_2 y_{fe}}{g\sqrt{(1-\xi^2+\eta^2)^2+4\xi^2}} \tag{3.4.4}$$

$$A_{vo} = \frac{j\eta p_1 p_2 y_{fe}}{g(1+\eta^2)} \tag{3.4.5}$$

$$|A_{vo}| = \frac{\eta p_1 p_2 |y_{fe}|}{g(1+\eta^2)} \tag{3.4.6}$$

(1) 当 $\eta < 1$ 时，谐振曲线在 f_0 处出现峰值，

$$|A_{vo}| = \frac{\eta p_1 p_2 |y_{fe}|}{(1+\eta^2)g} \tag{3.4.7}$$

(2) 当 $\eta = 1$ 时，$|A_{vo}| = \dfrac{p_1 p_2 |y_{fe}|}{2g}$，谐振曲线平坦；$\dfrac{A_v}{A_{v0}} = \dfrac{2}{\sqrt{4+\xi^4}} = \dfrac{1}{\sqrt{2}}$。由 $\xi = \sqrt{2}$，

$\xi = Q_L \dfrac{2\Delta f_{0.7}}{f_0}$，可得

$$2\Delta f_{0.7} = \sqrt{2}\frac{f_0}{Q_L} \tag{3.4.8}$$

所以，双耦合通频带是单耦合通频带的 $\sqrt{2}$ 倍。

(3) 当 $\eta > 1$ 时，出现双峰，$\xi = \pm\sqrt{\eta^2-1}$，

$$|A_{vo}| = \frac{p_1 p_2 |y_{fe}|}{2g} \tag{3.4.9}$$

由双调谐回路频率特性的分析，可知

$$2\Delta f_{0.7(单调)} = \frac{f_0}{Q_L} \tag{3.4.10}$$

$$K_{r0.1(双调)} = \sqrt[4]{10^2-1} < K_{r0.1(单调)} \tag{3.4.11}$$

$$2\Delta f_{0.7(双调)} = \sqrt{2}\frac{f_0}{Q_L} > 2\Delta f_{0.7(单调)} \tag{3.4.12}$$

$$K_{r0.1(单调)} = \sqrt{10^2-1} \tag{3.4.13}$$

图 3.4.2 画出了不同 η 双调谐回路放大器的谐振曲线。可见，相对单调谐回路，采用双调谐回路可改善选择性和提高带宽。

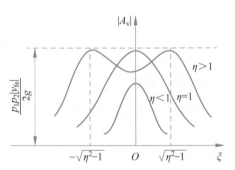

图 3.4.2　不同 η 双调谐回路放大器的谐振曲线

3.5 谐振放大器的稳定性与稳定措施

3.5.1 谐振放大器的稳定性

以上分析假定 $y_{re}=0$，即输出电路对输入端没有影响，放大器工作于稳定状态。下面讨论内反馈 y_{re} 对谐振放大器稳定性的影响。

1. 自激振荡的产生

下面以输入导纳的影响为例讨论自激振荡的产生。如果放大电路输入端也接有谐振回路（或前级放大器的输出谐振回路），那么输入导纳 y_i 并联在放大器输入端回路后（假定耦合方式是全部接入），图 3.5.1 为放大器的等效输入端回路。

$$y_i = y_{ie} - \frac{y_{re}y_{fe}}{y_{oe}+Y'_L} = y_{ie} + Y_F \tag{3.5.1}$$

实际电路中，$y_{ie}=g_{ie1}+j\omega C_{ie1}$，$Y_F=g_F+jb_F$。其中，$g_F$ 和 b_F 分别为电导部分和电纳部分。它们除与 y_{fe}、y_{re}、y_{oe} 和 Y'_L 有关外，还是频率的函数，随着频率的不同而发生变化。图 3.5.2 给出了反馈电导 g_F 随频率变化的关系曲线。g_F 改变回路的等效品质因数 Q_L 值，后者会引起回路的失谐，这些都会影响放大器的增益、通频带和选择性，甚至使谐振曲线产生畸变。

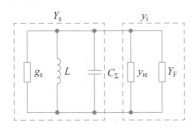

图 3.5.1　放大器等效输入端回路

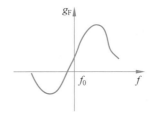

图 3.5.2　反馈电导 g_F 随频率变化的关系曲线

2. 自激产生的原因

如果反馈电导为负值，使回路的总电导减小，Q_L 增加，通频带减小，增益也随损耗的减小而增加。这可理解为负电导 g_F 提供回路能量，出现正反馈。g_F 的幅值越大，这种影响越严重。如果反馈到输入端的电导 g_F 的负值恰好抵消了回路原有的电导 g_s+g_{ie1} 的正值，那么 $g_\Sigma = g_s+g_{ie1}+g_F = 0$ 可能存在，即发生自激振荡现象，使放大器不稳定。

3. 自激产生的条件

这里讨论输入导纳引起放大器自激振荡的条件。当总导纳 $Y_s+y_i=0$ 时，表示放大器的反馈能量抵消了回路损耗的能量，且电纳部分也恰好抵消时，放大器产生自激。所以，放大器产生自激的条件为

$$Y_s + y_i = Y_s + y_{ie} - \frac{y_{fe}y_{re}}{y_{oe}+Y_L} \tag{3.5.2}$$

即

$$\frac{(Y_s + y_{ie})(y_{oe} + Y_L')}{y_{fe} y_{re}} = 1 \tag{3.5.3}$$

令 $Y_1 = Y_s + y_{ie} = |Y_s + y_{ie}| e^{j\Phi_1}$，$Y_2 = Y_L' + y_{oe} = |Y_L' + y_{oe}| e^{j\Phi_2}$。 (3.5.4)

自激条件分为幅值和相位两个条件：

（1）相位条件

$$\Phi_1 + \Phi_2 = \varphi_{re} + \varphi_{fe} \pm 2n\pi \quad (n = 0, 1, 2, \cdots) \tag{3.5.5}$$

（2）幅值条件

$$\frac{|Y_s + y_{ie}| |y_{oe} + Y_L'|}{|y_{fe}| |y_{re}|} = 1 \tag{3.5.6}$$

不发生自激的条件

$$g_\Sigma = g_s + g_{ie} + g_F > 0 \tag{3.5.7}$$

$$g_\Sigma = g_s + g_{ie} + g_F = |Y_s + y_{ie}| \cos\Phi_1 - \left|\frac{y_{fe} y_{re}}{y_{oe} + Y_L'}\right| \cos\Phi_2 > 0 \tag{3.5.8}$$

稳定系数

$$S = \frac{|Y_s + y_{ie}| |y_{oe} + Y_L'|}{|y_{fe}| |y_{re}|} = \frac{(g_s + g_{ie})(g_L + g_{oe})}{|y_{fe}| |y_{re}| \cos\Phi_1 \cos\Phi_2} \tag{3.5.9}$$

如果 $S = 1$，那么放大器可能产生自激振荡；如果 $S \gg 1$，那么放大器不会产生自激。S 越大，放大器离开自激状态就越远，工作就越稳定。

4. 稳定性分析

根据上面分析，放大器稳定的条件为

$$S = \frac{(g_s + g_{ie})(g_L + g_{oe})}{|y_{fe}| |y_{re}| \cos\Phi_1 \cos\Phi_2} > 1 \tag{3.5.10}$$

假设放大器输入与输出回路相同，有

$$Y_s + y_{ie} = Y_L' + y_{oe} \tag{3.5.11}$$

即 $g_s + g_{ie} = g_L + g_{oe} = g$；$\Phi_1 = \Phi_2 = \Phi$，则稳定系数为

$$S = \frac{(g_s + g_{ie})(g_L + g_{oe})}{|y_{fe}| |y_{re}| \cos^2\Phi} = \frac{g^2}{|y_{fe}| |y_{re}| \cos^2\frac{y_{fe} + y_{re}}{2}}$$

$$= \frac{2g^2}{|y_{fe}| |y_{re}| [1 + \cos(y_{fe} + y_{re})]}$$

稳定系数与放大器的输入电阻、输出电阻和放大器相位有关，实际上，由于工作频率 $f \ll f_T$，$y_{fe} \approx g_m$，因此 $\varphi_{fe} \approx 0$。并假定 $g_s + g_{ie} = g_L + g_{oe} = g$，稳定系数 S 为

$$S = \frac{2g^2}{|y_{fe}| \omega C_{re}} \tag{3.5.12}$$

考虑全部接入，即 $p_1 = p_2 = 1$，$A_{vo} = -\dfrac{y_{fe}}{g_\Sigma}$，$g_\Sigma = g$，放大器的电压增益为

$$A_{vo} = \sqrt{\frac{2|y_{fe}|}{S\omega_0 C_{re}}} \tag{3.5.13}$$

式(3.5.13)说明增益和稳定性为一对矛盾，通常选 S 为 5～10。取 $S = 5$，得到

$$(A_{vo})_S = \sqrt{\frac{|y_{fe}|}{2.5\omega_0 C_{re}}} \tag{3.5.14}$$

3.5.2 单向化

由于晶体管内 $b'c$ 之间存在结电阻和结电容,因此后端 ce 对前端 $b'e$ 产生内反馈电阻 y_{re},所以它是一个"双向元件",如图 3.5.3 所示。作为放大器工作时,y_{re} 的反馈作用可能引起放大器工作的不稳定。消除 y_{re} 的反馈,变"双向元件"为"单向元件",这个过程称为单向化,也称中和法、失配法。如图 3.5.4 所示,当 $y_{re}=0$ 时,就消除了后向反馈 F 的作用,此时,只要考虑晶体管前向 A 的放大作用,放大器的稳定性得到提高。

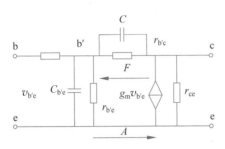

图 3.5.3 放大器的双向作用

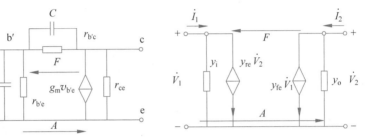

图 3.5.4 放大器的单向作用

1. 不发生自激的条件

避免自激的最简单做法是在回路两端并接电阻,即增加损耗。这就是"失配法"。如果把负载导纳 Y'_L 取得比晶体管 y_{oe} 大得多,即 $Y'_L \gg y_{oe}$,那么输入导纳

$$y_i = y_{ie} - \frac{y_{fe} y_{re}}{y_{oe} + Y'_L} = y_{ie} + Y_F \approx y_{ie} \tag{3.5.15}$$

如果把信号源导纳 Y_s 取得比晶体管 y_{ie} 大得多,则输出导纳为

$$y_o = \frac{I_c}{V_c}\bigg|_{I_s=0} = y_{oe} - \frac{y_{fe} y_{re}}{y_{ie} + Y_s} \approx y_{oe} \tag{3.5.16}$$

因此,所谓"失配",是指信号源内阻不与晶体管输入阻抗匹配;晶体管输出端负载阻抗不与本级晶体管的输出阻抗匹配。

2. 稳定系数

$$S = \frac{|Y_s + g_{ie}||Y'_L + y_{oe}|}{|y_{fe}||y_{re}|} > 1 \tag{3.5.17}$$

可知,当 $Y_s \gg y_{ie}$ 和 $Y'_L \gg y_{oe}$ 时,稳定系数 S 大大增加。

$$(A_{vo})_s = \sqrt{\frac{|y_{fe}|}{2.5\omega_0 C_{re}}} \tag{3.5.18}$$

$$A'_{vo} = -\frac{p_1 p_2 y_{fe}}{g_\Sigma} = -\frac{p_1 p_2 y_{fe}}{g_p + p_1^2 g_{oe1} + p_2^2 g_{ie2}} \tag{3.5.19}$$

但同时,增益必须减小。实际上,增益随 g_L 的增加而减小。

3. 典型电路

失配法的典型电路是共射-共基级联放大器,其交流等效电路如图 3.5.5 所示。

图 3.5.5 中由两个晶体管组成级联电路,前一级是共射电路,后一级是共基电路。由于共基电路的特点是输入阻抗很低(输入导纳很大)和输出阻抗很高(输出导纳很小),当它和共射电路连接时,相当于共射放大器的负载导纳很大。在 $Y'_L \gg y_{oe}$ 时,$Y_i \approx y_{ie}$,即晶体管内部的影响相应地减弱,甚至可以不考虑内部反馈的影响,因此,放大器的稳定性就得到提高。所以共射-共基级联放大器的稳定性比一般共射放大器的稳定性高得多。共射极在负载导纳很大的情况下,虽然电压增益很小,但电流增益仍很大,而共基极虽然电流增益接近 1,但电压增益较大,因此级联后功率增益较大。

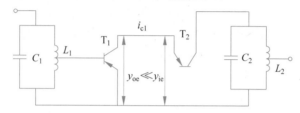

图 3.5.5　共射-共基级联放大器的交流等效电路

3.6　谐振放大器的常用电路和集成电路谐振放大器

图 3.6.1 为国产某调幅通信机接收部分所采用的二级中频放大器电路。第一级中频放大器由晶体管 T_1 和 T_2 组成共射-共基级联电路,电源电路采用串馈供电,R_6、R_{10}、R_{11} 为两个管子的偏置电阻,R_7 为负反馈电阻,用来控制和调整中放增益,R_8 为发射极温度稳定电阻。R_{12}、C_6 为本级中放的去耦电路,防止中频信号电流通过公共电源引起不必要的反馈。变压器 Tr_1 和电容 C_7、C_8 组成单调谐回路。

C_4、C_5 为中频旁路电容器。人工增益控制电压通过 R_9 加至 T_1 的发射极,改变控制电压($-8V$)即可改变本级的直流工作状态,达到增益控制的目的。耦合电容 C_3 至 T_1 的基极之间加接的 680Ω 电阻用于防止可能产生寄生振荡,这要根据具体情况设定。

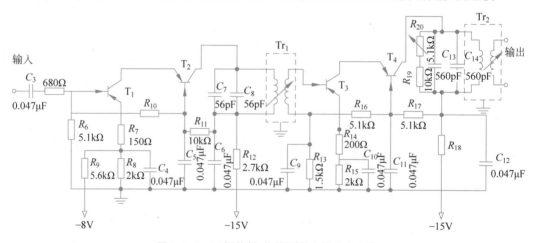

图 3.6.1　二级共射-共基级联中频放大电路

第二级中频放大器由晶体管 T_3 和 T_4 组成共射-共基级联电路,基本上和第一级中放相同,仅回路上多了并联电阻,即 R_{19} 和 R_{20} 的串联值。电阻 R_{19} 和热敏电阻 R_{20} 串联后作低温补偿,使低温时灵敏度不降低。在调整合适的情况下,应该保持两个管子的管压降接近相等。这时能充分发挥两个管子的作用,使放大器达到最佳的直流工作状态。

除了上述所讲的谐振回路式放大器外,还有非谐振回路式放大器,即由 3.1 节所述的满足选择性和通频带要求的各种滤波器,以及满足放大量的线性放大器组成。采用这种形式有如下优点:

(1)将选择性回路集中在一起,有利于微型化。例如,采用石英晶体滤波器和线性集成电路放大器后,体积能够做得很小,从而提高了放大器的稳定性。

(2)稳定性好。对多级谐振放大器而言,因为晶体管的输出和输入阻抗随温度变化较大,所以温度变化时会引起各级谐振曲线形状的变化,影响了总的选择性和通频带。在更换晶体管时也是如此。但集中选择性滤波器仅接在放大器的某一级,因此晶体管的影响很小,提高了放大器的稳定性。

(3)电性能好。通常将集中选择性滤波器接在放大器组成的低信号电平处(例如,在接收机的混频和中频之间)。这样可大幅度衰减噪声和干扰,从而提高信号噪声比。多级调谐放大器是做不到这一点的。另外,若与多级谐振放大器采用相同的回路数(指 LC 集中选择性滤波器),各回路线圈的品质因数 Q 也相同时,集中选择性滤波器的矩形系数更接近 1,选择性更好。这是由于晶体管的影响很小,所以有效品质因数 Q_L 变化不大。

(4)便于大量生产。集中选择性滤波器作为一个整体,可单独进行生产和调试,因此缩短了整机生产周期。

如图 3.6.2 所示为国产某通信机中放级采用的窄带差接桥型石英晶体滤波器电路。晶体管 T 为中放级;R_1、R_2、R_3 和 C_1、C_2 组成直流偏置;R_4、C_3 组成去耦电路。J_T、C_N、L_1、L_2 组成滤波电路。J_T 为石英晶体;C_N 为调节电容器,改变电容量可改变电桥平衡点位置,从而改变通带;L_1、L_2 为调谐回路的对称线圈;L_3 和 C_4 组成第二调谐回路。J_T、C_N、L_1、L_2 组成如图 3.6.3 所示的电桥。

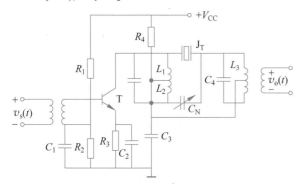
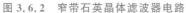

图 3.6.2 窄带石英晶体滤波器电路

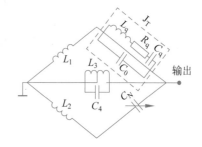

图 3.6.3 窄带石英晶体滤波器等效电桥

当调节 C_N 使 $C_N = C_0$ 时(C_0 为石英晶体的静电容),C_0 的作用被平衡,放大器的输出取决于石英晶体的串联谐振特性。当 $C_N > C_0$ 时,必然在低于 ω_q 的某个频率上晶体所呈现的容抗等于 C_N 的容抗。这时电桥平衡,无输出。当 $C_N < C_0$ 时,必然在高于 ω_p 的某个频率上晶体所呈现的容抗等于 C_N 的容抗。这时电桥平衡,无输出。因此,调节 C_N 可改变通带宽度,让电桥平衡点对准干扰信号频率,致使电桥就对干扰信号衰减

最大。

L_3 和 C_4 组成第二调谐回路,其线圈抽头是可变的,改变抽头(即改变 p^2)可改变等效阻抗的大小,它一方面起着阻抗匹配的作用,另一方面也可适当改变通带,由它影响等效品质因数 Q_L 的值。

图 3.6.4 为国产单片调频调幅收音机集成块中的调幅调频中频放大器。由于直接耦合差分电路可以克服零点漂移,级联时可以省略大容量隔直流电容,且有好的频率特性,所以在实现较大规模的集成电路时,差分电路用得较多。ULN-2204 集成块的中频放大器就是由 5 级差分电路直接级联而成的。前 4 级差分放大(T_1、T_2、T_3、T_4、T_5、T_6、T_7、T_8)都是以电阻作负载的共集-共基放大电路,它们保证了高频工作时的稳定性;末级差分放大是采用恒流管 T_{11} 的共集-共基放大对管(T_9 和 T_{10})。

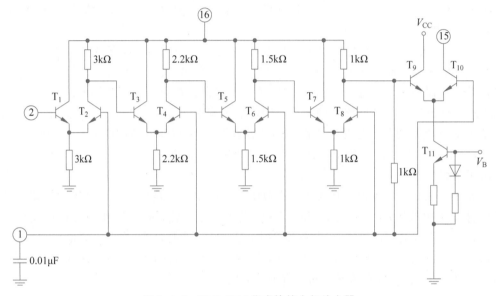

图 3.6.4 ULN-2204 集成块的中频放大器

从调频或调幅变频器输出的各变频分量中,经过集中选择性滤波器,选出调频中频信号(10.7MHz)或调幅中频信号(465kHz),接到放大器的输入端②、①。经放大后,在 T_{10} 管输出端再用集中选择性滤波器作负载并经鉴频或检波检出音频信号。放大器的各级直流电源接图 3.6.4 中的⑯。V_{CC}、V_B 分别由集成电路中的控制电路及稳压电路供给。

如图 3.6.5 所示为电视接收机的图像中频放大器和 AGC(Automatic Gain Control,自动增益控制)集成块(HA1144)中的图像中放部分。图像中放由两级放大器组成,$T_9 \sim T_{14}$ 和 T_{16} 构成第一级中放,T_{16} 为电流源和 AGC 受控级。其中,T_9、T_{11} 和 T_{10}、T_{12} 构成共集-共射组合管的差分放大电路。采用这种组合管可以提高放大器的输入阻抗,以减少调谐器(高频头)的负载。

由于电容 $2C_{28}$ 把信号旁路接地,所以中频信号为单端输入,经⑫脚送至 T_9 的基极,信号经差分对 T_{11} 和 T_{12} 放大后,分别由它们的集电极输送到①脚和⑭脚。$2L_6$ 与第一中放级的输出和第二中放级的输入电容以及外接的 12pF 构成低 Q 带通谐振回路。$T_1 \sim T_6$ 和 T_{15} 构成第二中放级。T_{15} 为电流源,T_3 和 T_4 构成对称的射极跟随输入级。T_5、T_6 以及 T_1、T_2 构成差分式共射共基电路。③脚和④脚为第二中放级的输出,接平

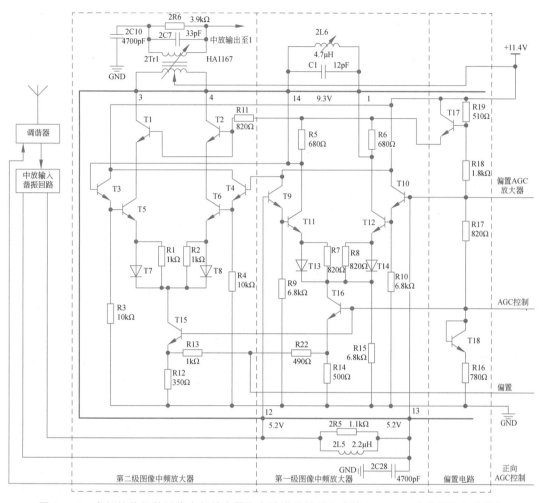

图 3.6.5　电视接收机的图像中频放大器和自动增益控制集成块(HA1144)中的图像中放部分

衡式耦合变压器 2Tr1 的初级。第二中放级为双端输入和双端输出的变型差分电路。变压器 2Tr1 的次级一端通过 $2C_{10}$ 接底板,即由双端变为单端输出,然后接至集成块 HA1167(由第三图像中放、视频检波、消隐、自动杂波抑制、同步分离和 AGC 电压检波电路组成)。

　　另外,T_{11}、T_{12} 和 T_5、T_6 都加有自动增益控制(AGC)。T_{17}、T_{18} 和 T_{33}(在集成块另外部分)以及电阻 R_{16}、R_{17}、R_{18} 和 R_{19} 构成内稳压电源和偏置网络。

3.7　谐振放大器的噪声

3.7.1　内部噪声的源与特点

　　放大器的内部噪声主要是由电路中的电阻、谐振回路和电子器件内部所具有的带电微粒无规则运动所产生的。

　　这种无规则运动具有起伏噪声的性质,是一种随机过程,即在同一时间范围(0~T)内,本次观察和下一次观察会得出不同的结果。

随机过程的特征通常用它的平均值、均方值、频谱或功率谱来描述。

1. 起伏噪声电压的平均值

图 3.7.1 为起伏噪声电压平均值示意图。设 $v_n(t)$ 为起伏噪声电压,起伏噪声的平均值为 $\bar{v}_n$,它代表 $v_n(t)$ 的直流分量,$\bar{v}_n$ 可表示为

$$\bar{v}_n = \lim \frac{1}{T} \int_0^T v_n(t)\,\mathrm{d}t \int_0^T v_n(t)\,\mathrm{d}t \tag{3.7.1}$$

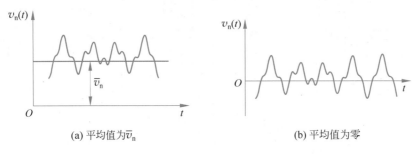

(a) 平均值为 $\bar{v}_n$ (b) 平均值为零

图 3.7.1 起伏噪声电压的平均值

2. 起伏噪声电压的均方值

设噪声的起伏强度为 $\Delta v_n(t) = v_n(t) - \bar{v}_n$,$\Delta v_n(t)$ 是随机的,有时为正,有时为负,长时间的 $\Delta v_n(t)$ 的平均值为零。将 $\Delta v_n(t)$ 平方后取其平均值,称为起伏噪声电压的均方值或称为方差,以 $\overline{\Delta v_n^2(t)}$ 表示,即

$$\overline{\Delta v_n^2} = \overline{[v_n(t) - \bar{v}_n]^2} = \lim_{T \to \infty} \int_0^T [\Delta v_n(t)]^2\,\mathrm{d}t \tag{3.7.2}$$

3. 非周期噪声电压的频谱

起伏噪声电压是一种随机过程,其对应频谱也是随机过程,没有确定的描述。设电子器件的工作频率随时间的变化为 $f(t)$,对于一个脉冲宽度为 τ、振幅为 1 的单个噪声矩形脉冲,其振幅频谱密度为

$$|F(\omega)| = \tau \frac{\sin(\omega\tau/2)}{\omega\tau/2} = \frac{1}{\pi f}\sin(\pi f t) \tag{3.7.3}$$

由于电阻和电子器件所产生的单个脉冲宽度 τ 极小,在整个无线电频率 f 范围内,τ 远小于信号周期 T,$T = 1/f$,因此 $\pi f \tau = \pi \tau / T \ll 1$,$\sin(\pi \tau) \approx \pi \tau$,式(3.7.3)转换为 $|F(\omega)| \approx \tau$,表示单个噪声脉冲电压的振幅频谱密度 $|F(\omega)|$ 在整个无线电频率范围内可被看作平等的。

4. 起伏噪声的功率谱

起伏噪声的功率谱表示为

$$\overline{\Delta v_n^2(t)} = \lim_{T \to \infty} P = \lim_{T \to \infty} \int_0^T v_n^2(t)\,\mathrm{d}t = \int_0^\infty S(f)\,\mathrm{d}f \tag{3.7.4}$$

式中,$S(f)$ 称为噪声功率谱密度,$S(f) = 4kTR$,单位为 W/Hz。由于起伏噪声的频谱在极宽的频带内具有均匀的功率谱密度,因此起伏噪声也称为白噪声。白噪声是指在某一个频率范围内,$S(f)$ 保持为常数。

3.7.2　电阻热噪声

电阻中的带电微粒(自由电子)在一定温度下,受到热激发后,在导体内部做大小和方向都无规则的热运动。

若以 $S(f)$ 表示电阻的热噪声的功率谱密度,电阻热运动理论和实践证明 $S(f)=4kTR$。由于功率谱密度表示单位频带内的噪声电压均方值,故噪声电压均方值为 $\overline{v}_n^2=4kTR\Delta f_n$,噪声电流均方值为 $\overline{i}_n^2=4kTG\Delta f_n$。以上各式中,$k$ 为玻耳兹曼常量,T 为电阻的绝对温度,Δf_n 为电路的等效噪声带宽,R(或 G)为 Δf_n 内的电阻(或电导)值。把电阻 R 看作一个噪声电压源或电流源与一个理想无噪声的电阻串联(或并联),图 3.7.2 为电阻的噪声等效电路。

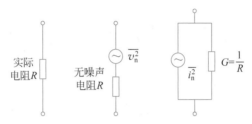

图 3.7.2　电阻的噪声等效电路

3.7.3　天线热噪声

天线等效电路由辐射电阻 R_A 和电抗 X_A 组成,$Z_A=R_A+jX_A$。在热平衡状态下,噪声电压的均方值 $\overline{v}_n^2=4kT_AR_A\Delta f_n$,$T_A$ 为天线等效噪声温度。若天线无方向性,且处于绝对温度为 T 的无界限均匀介质中,则 $\overline{v}_n^2=4kTR\Delta f_n$。

3.7.4　晶体管的噪声

晶体管的噪声主要有热噪声、散粒噪声、分配噪声和 $1/f$ 噪声。晶体管工作在高频且为共基极电路时,包括噪声电流与电压源的 T 型等效电路如图 3.7.3 所示。

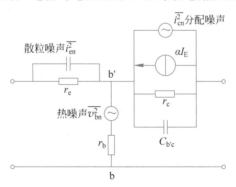

图 3.7.3　包括噪声电流与电压源的 T 型等效电路

在图 3.7.3 中,$r_c=r_{b'c}$,$r_e=r_{b'e}(1-\alpha_0)$,$r_b=r_{bb'}$,$g_m=\dfrac{\alpha_0}{r_e}$,$\alpha_0$ 相当于零频率的共

基极状态的电流放大系数。在基极中的噪声源是 r_b 中的热噪声,其噪声均方值为

$$v_{bn}^2 = 4kTr_b\Delta f_n \tag{3.7.5}$$

发射极臂中的噪声电流源表示载流子不规则运动所引起的散粒噪声,其值为

$$\overline{i_{en}^2} = 2qI_E\Delta f_n \tag{3.7.6}$$

式中,q 是电子电荷,I_E 分别是集电极和发射极直流电流,单位为 A。在集电极中的噪声电流表示少数载流子复合不规则所引起的分配噪声,其值为

$$\overline{i_{cn}^2} = 2qI_C\left(1 - \frac{|\alpha|^2}{\alpha_0}\right)\Delta f_n \tag{3.7.7}$$

式中,α 为共基极状态的电流放大系数,I_C 为集电极直流电流,单位为 A。晶体管基极臂中是热噪声,发射臂中是散粒噪声,集电极臂中是分配噪声。

3.8 噪声的表示和计算方法

1. 噪声系数

放大器的输出噪声功率 P_{no1} 由两部分组成:$P_{no1} = P_{ni}A_P$,其中 $A_P = P_{so}/P_{si}$ 为放大器的功率增益,P_{so} 与 P_{si} 分别为信号源输入功率和输出功率;P_{no2} 为放大器本身产生的噪声在输出端呈现的噪声功率。因此 $P_{no} = P_{no1} + P_{no2}$。噪声系数定义为放大器的总噪声与输入端的噪声之比。

$$F_n = \frac{P_{no}}{P_{no1}} = 1 + \frac{P_{no2}}{P_{no1}} \tag{3.8.1}$$

因此,$F_n > 1$,F_n 越大,表示放大器本身产生的噪声越大。

为了计算和测量方便,噪声系数也可以用额定功率和额定功率增益的关系来定义。额定功率是指信号源所能提供的最大增益。额定功率大小为

$$P'_{si} = \frac{V_s^2}{4R_s} \tag{3.8.2}$$

输入端的噪声功率大小为

$$P'_{ni} = \frac{\overline{v_n^2}}{4R_s} = kT\Delta f_n \tag{3.8.3}$$

其中,噪声电压均方值为 $\overline{v_n^2} = 4kTR_s\Delta f$。

2. 噪声温度

对于如图 3.8.1 所示的放大器线性四端口网络,额定功率增益是指放大器(或线性四端口网络)的输入端和输出端分别匹配时(即 $R_s = R_i$,$R_o = R_L$)的功率增益,即

$$A_{PH} = \frac{P'_{so}}{P'_{si}} \tag{3.8.4}$$

当放大器不匹配时,仍然存在额定功率增益。因此,噪声系数 F_n 也可以定义为

$$F_n = \frac{P'_{si}/P'_{si}}{P'_{so}/P'_{no}} \tag{3.8.5}$$

综合式(3.8.3)、式(3.8.4)和式(3.8.5),得到

$$F_n = \frac{P'_{no}}{kT\Delta f_n A_{PH}} \tag{3.8.6}$$

上述四端口网络中表示放大器内部噪声的另一种方法是将内部噪声折算到输入端，放大器本身则被认为是没有噪声的理想器件。

$$P'_{ni} = kT\Delta f_n, \quad P''_{ni} = kT_i\Delta f_n \tag{3.8.7}$$

$$F_n = \frac{P_{no}}{P_{no1}} = 1 + \frac{P_{no2}}{P_{no1}} = 1 + \frac{kT_i\Delta f_n}{kT\Delta f_n} = 1 + \frac{T_i}{T} \tag{3.8.8}$$

$$P_{no2} = A_{PH2}P_{no1} + A_{PH2}kT\Delta f_n(F_{n2}-1) \tag{3.8.9}$$

其中，T_i 为噪声温度，且 $T_i = (F_n - 1)T$。

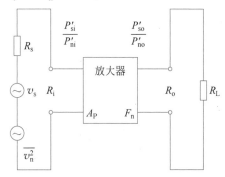

图 3.8.1 表示额定功率和噪声系数定义的电路

3. 多级放大器的噪声系数

图 3.8.2 为二级级联放大器示意图。图中两级额定功率增益和噪声系数分别为 A_{PH1}、F_{n1} 和 A_{PH2}、F_{n2}，通频带均为 Δf_n。放大器的噪声系数定义为

$$F_n = 1 + \frac{\text{放大器自身的噪声功率}}{\text{放大的信号源噪声功率}} = 1 + \frac{P_{no1}}{A_{PH}kT\Delta f} \tag{3.8.10}$$

$$F_1 = \frac{P_{no1}}{A_{PH1}kT\Delta f} \tag{3.8.11}$$

$$F_{1,2} = \frac{P_{no2}}{A_{PH1}A_{PH2}kT\Delta f} = F_{n1} + \frac{(F_{n2}-1)}{A_{PH1}} \tag{3.8.12}$$

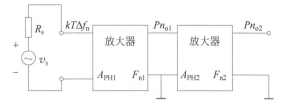

图 3.8.2 二级级联放大器示意图

采用同样的方法，可以求得 n 级级联放大器的噪声系数为

$$(F_n)_{1,2,\cdots,n} = F_{n1} + \frac{(F_{n2}-1)}{A_{PH1}} + \frac{(F_{n3}-1)}{A_{PH1}\cdot A_{PH2}} + \cdots + \frac{(F_{nn}-1)}{A_{PH1}\cdot A_{PH2}\cdot\cdots\cdot A_{PHn}-1} \tag{3.8.13}$$

可见,多级放大器总的噪声系数主要取决于第一级和第二级,最关键的是第一级,不仅要求它的噪声系数低,而且要求它的额定功率增益尽可能高。

4. 灵敏度

当系统的输出信噪比(P_{so}/P_{no})给定时,有效输入信号功率P'_{si}称为系统灵敏度,与之相对应的输入电压称为最小可检测信号。

5. 等效噪声频带宽度

设四端口网络的电压传输系数为$A(f)$,输入端的噪声功率谱密度为$S_i(f)$,则输出端的噪声功率谱密度为$S_o(f)=A^2(f)S_i(f)$。定义等效噪声频带宽度Δf_n为噪声功率相等时所对应的噪声频带宽度。可以推导出Δf_n的表达式为

$$\frac{\int_0^f A^2(f)\mathrm{d}f}{A^2(f_0)}\mathrm{d}f = \Delta f_n \tag{3.8.14}$$

6. 减小噪声系数的措施

减小噪声系数的措施是选用低噪声元器件。对晶体管而言,尽可能选择内电阻和噪声系数比较小的晶体管;还可以采用场效应管作放大器和混频器,因为场效应管的噪声水平低,尤其是砷化镓金属半导体场效应管,它的噪声系数可低至$0.5\sim1\mathrm{dB}$。减小噪声的措施有以下几方面:

一是正确选择晶体管放大级的直流工作点。晶体管的静态电流的变化会对噪声系数产生一定的影响。当参数选择合适时,满足最佳条件,可使噪声达到最小值。

二是选择合适的信号源内阻R_s。信号源内阻R_s变化,也会影响噪声系数。晶体管共射和共基电路在高频工作时,最佳内阻为几十欧姆到三四百欧姆,频率更高,最佳内阻更小。在较低频段,最佳内阻为$500\sim2000\Omega$,它和共发射极输入电阻相近,采用共发射极放大器电路时,不仅可获得最小噪声系数,同时还能得到最大功率增益。在较高频工作频段时,最佳内阻和共基极放大器的输入电阻相近,可使用共基极放大器电路,使最佳内阻和输入电阻相等,获得最小噪声系数和最大功率增益。

三是选择合适的工作带宽。接收机或放大器的带宽增加,内部噪声增大,因此必须选择合适的带宽,既能满足信号通过时对失真的要求,又可避免信噪比下降。

四是选用合适的放大电路。可以选择本章介绍的共射-共基级联放大器、共源-共栅级联放大器,它们都是优良的高稳定和低噪声电路。

视频

科普三　数字世界的桥梁:Sora 与语义网络的融合

参考文献

思考题与习题

3.1 为什么高频小信号放大器考虑阻抗匹配问题？小信号放大器的主要质量指标有哪些？设计时遇到的主要问题是什么？如何解决？晶体管高频小信号放大器为什么采用共发射极电路？

3.2 某晶体管在 $V_{CE}=10V, I_E=1mA$ 时的 $f_T=250MHz$，且 $r_{bb'}=70\Omega, C_{b'c}=3pF, \beta_0=40$。求该管在频率 $f=10MHz$ 共射电路的 y 参数。

3.3 有一放大器的功率增益为 15dB，带宽为 100MHz，噪声系数为 3dB。若将其连接到等效噪声温度为 800K 的解调器前端，则整个系统的噪声系数和等效噪声温度为多少？

3.4 接收机带宽为 3kHz，输入阻抗为 50Ω，噪声系数为 6dB，将总衰减为 4dB 的电缆连接到天线。假设各接口均匹配，为了使接收机输出信噪比为 10dB，则最小输入信号应为多大？

3.5 如图所示为一电容抽头的并联振荡回路，谐振频率为 1MHz，$C_1=400pF$，$C_2=100pF$，求回路电感 L。若 $Q_0=100, R_L=2k\Omega$，求回路的 Q_L 值。

3.6 如图所示噪声产生电路，其中 VD 为硅管。已知直流电压 $U=10V, R=20k\Omega$，$C=100pF$，求等效噪声带宽 B_n 和输出噪声电压均方值。

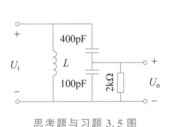

思考题与习题 3.5 图

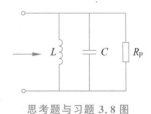

思考题与习题 3.6 图

3.7 某接收机等效噪声带宽近似为信号带宽，约 50kHz，输出信噪比为 12dB，要求接收机的灵敏度为 1pW，问：接收机的噪声系数应为多大？

3.8 证明如图所示的并联谐振回路的等效噪声带宽为

$$\Delta f_n = \frac{\pi f_0}{2Q}。$$

思考题与习题 3.8 图

3.9 当接收机线性极输出端的信号功率对噪声功率的比值超过 40dB 时，接收机会输出令人满意的结果。该接收机输入级的噪声系数是 12dB，损耗为 7dB，下一级的噪声系数为 2dB，并具有较高的增益。若输入信号对噪声功率的比为 1×10^5，问：这样的接收机构成是否满足要求？需要前置放大器吗？若前置放大器增益为 20dB，则其噪声系数是多少？

3.10 为什么晶体管在高频工作时要考虑单向化问题，而在低频工作时，则可不考虑？使高频晶体管稳定工作的要素有哪些？

第 **4** 章

高频谐振功率放大器

内容提要

本章主要介绍高频谐振功率放大器的电路组成、工作原理及分析方法,讨论高频大功率放大器的调制特性、馈电方式、匹配网络构成原理,进而介绍实际高频功率放大器电路、调谐匹配网络的设计方法,最后对宽带传输线变压器和功率合成器进行了简要介绍。本章的教学需要 8~10 学时。

高频谐振功率放大器常用于各种无线电发射设备中,一般位于发射设备的末级或末前级,用于对高频载波或高频已调波进行功率放大,并通过馈线传输至天线,是发射设备的重要组成部分。放大器可以根据电流导通角的不同分为甲(A)类、甲乙(AB)类、乙(B)类、丙(C)类、丁(D)类、戊(E)类等,甲类和甲乙类主要用于功率放大,但其效率不够高;在高频应用领域,高频功率放大器大多工作于丙类状态,但此时放大器电流波形有较大失真,因此只能用调谐回路作为负载以滤除谐波分量,选出信号基波;在丁类和戊类状态中,器件工作于开关状态,同时也是高频功率放大器的一个新发展趋势。功率放大器常见的几种工作状态特点详见表 4.1.1。

表 4.1.1 功率放大器常见工作状态的特点

工作状态	电流导通角	理想效率	负 载	应 用
甲类	180°	50%	电阻	低频
乙类	90°	78.5%	推挽、回路	低频、高频
甲乙类	90°~180°	50%~78.5%	推挽	低频
丙类	<90°	>78.5%	选频回路	高频
丁类	开关状态	90%~100%	选频回路	高频

4.1 高频谐振功率放大器的工作原理

4.1.1 基本电路构成

高频功率放大器的基本电路原理图如图 4.1.1 所示。该电路由高频大功率晶体管 VT、LC 谐振回路和直流馈电电源组成,其中 U_{CC}、U_{BB} 分别为集电极和基极的直流电源电压;R_L 为实际负载,通过变压器耦合到谐振回路;L、C 为滤波匹配网络,构成并联谐振回路。该电路有如下特点:

(1) NPN(Negative-Positive-Negative,负极-正极-负极)高频大功率晶体管具有较高的特征频率 f_T;常采用平面工艺制造,集电极直接与散热片连接,能承受高电压和大电流,需要 1~2V 大信号激励。

（2）改变直流偏置电压 U_{BB} 可以改变放大器的工作类型；如基极偏置电路为晶体管发射结提供负偏压，常使电路工作在丙类(C)状态。

（3）输出端的负载回路也为 LC 调谐回路，要求既能完成调谐选频功能，又能实现放大器输出端与负载的匹配。

（4）发射结在一个周期内只有部分时间导通，i_B、i_C 均为一系列高频脉冲。

（5）谐振回路作负载可以滤除高频脉冲电流 i_C 中的谐波分量，并实现阻抗匹配。

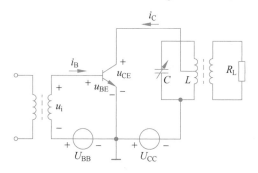

图 **4.1.1**　高频谐振功率放大器基本电路图

4.1.2　工作原理及性能指标

1. 特性曲线折线化分析

谐振高频功率放大器的发射结在 U_{BB} 的作用下处于负偏压状态，当无输入信号电压时，晶体管处于截止状态，集电极电流 $i_C=0$；当输入信号为 $u_i=U_{bm}\cos(\omega t)$ 时，为研究谐振功率放大器的输出功率、管耗、效率，可采用近似估算的方法，即对晶体管的特性曲线进行折线化处理，如图 4.1.2 所示。其处理要点如下：忽略高频效应——按照其低频特性分析；忽略基区宽变效应——输出特性水平、平行、等间隔；忽略管子结电容、载流子基区渡跃时间；忽略穿透电流——截止区 $I_{CEO}=0$；忽略高频效应——按照低频特性分析。处理后大大简化了分析与计算，但也带来了较大误差，因此在实际工作中电路需进行调整。

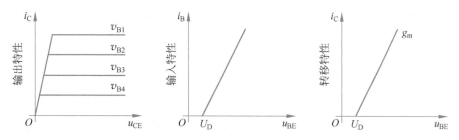

图 **4.1.2**　高频谐振放大器的静态输入输出与转移特性分析图

2. 晶体管输出电流、电压波形及集电极余弦电流脉冲分解

在图 4.1.3 中，基极输入余弦高频信号 U_i 为

$$U_i=U_{im}\cos(\omega t) \tag{4.1.1}$$

发射结电压为

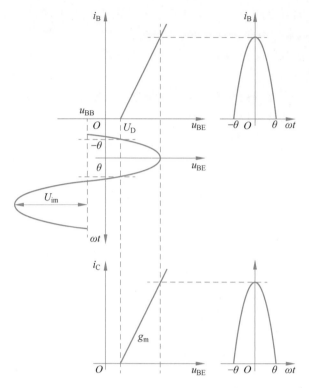

图 4.1.3　高频谐振功率放大器各级电流电压波形

$$U_{BE} = U_{BB} + U_{im}\cos(\omega t) \tag{4.1.2}$$

由图 4.1.3 可见，i_B 和 i_C 随时间变化的波形都是余弦脉冲，定义 θ 为导通角，三极管只在 $(-\theta, \theta)$ 内导通，当 $\theta < 90°$ 时，功率放大器工作于丙类状态。

$$U_D - U_{BB} = U_{im}\cos(\omega t) \tag{4.1.3}$$

$$\cos\theta = \frac{U_D - U_{BB}}{U_{im}} \tag{4.1.4}$$

U_{BB}、U_{im} 和 U_D 决定了 θ，且 U_{im} 越小或 U_{BB} 越负，则 θ 越小。

如图 4.1.4 所示，周期性的电流脉冲可以用傅里叶级数分解为直流分量、基波分量及各高次谐波分量，即

$$i_C = I_{C0} + \sum_{n=1}^{\infty} I_{Cnm}\cos(n\omega t) = I_{C0} + I_{C1}\cos(\omega t) + I_{C2}\cos(2\omega t) + \cdots \tag{4.1.5}$$

当 i_C 流过 LC 谐振回路时，在回路两端产生电压 U_C。由于谐振回路的选频特性，U_C 中只有基波分量幅度最大，其他频率的信号电压幅度较小，可以忽略。设 R_e 为并联回路谐振时的等效负载电阻，包括 BJT 的输出电导和等效的 R_L。

$$U_C = U_{C1m}\cos(\omega t) = I_{C1m}\cos(\omega t) \cdot R_e \tag{4.1.6}$$

集电极输出电压为

$$u_{ce} = U_{CC} - u_c = U_{CC} - U_{C1m}\cos(\omega t) \tag{4.1.7}$$

若振荡回路的 $\omega_0 = n\omega$，则相当于实现了对输入信号的 n 倍频，在回路两端可得到频率为 $n\omega$ 的电压为 $u_0 = U_m\cos n(\omega t)$。如图 4.1.5 所示，$i_C$ 余弦脉冲可分解为

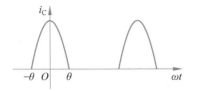
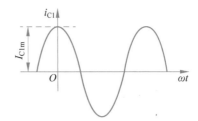
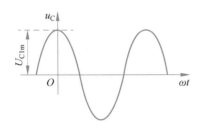
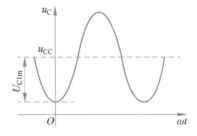

图 4.1.4　各极电流电压波形及其按照傅里叶级数展开基频波形

$$i_C = I_{C0} + I_{C1}\cos\omega t + I_{C2}\cos(2\omega t) + \cdots \tag{4.1.8}$$

$$i_C = I_M\cos(\omega t) - I_M\cos\theta \tag{4.1.9}$$

$$i_C = I_{Cmax}\frac{\cos(\omega t) - \cos\theta}{1 - \cos\theta}, \quad i_C \geqslant 0 \tag{4.1.10}$$

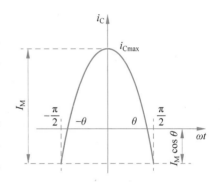

图 4.1.5　集电极电流波形

由 i_C 余弦脉冲傅里叶级数展开式 $i_C = I_{C0} + I_{C1}\cos(\omega t) + I_{C2}\cos(2\omega t) + \cdots$，在区间 $[-\theta, \theta]$ 各次谐波分量的振幅为

$$I_{C0} = \frac{1}{2\pi}\int_{-\pi}^{\pi} i_C \mathrm{d}(\omega t) = i_{Cmax}\alpha_0(\theta) \tag{4.1.11}$$

$$I_{C1m} = \frac{1}{2\pi}\int_{-\pi}^{\pi} i_C\cos(\omega t)\mathrm{d}(\omega t) = i_{Cmax}\alpha_1(\theta) \tag{4.1.12}$$

$$\vdots$$

$$I_{Cnm} = \frac{1}{2\pi}\int_{-\pi}^{\pi} i_C\cos(n\omega t)\mathrm{d}(\omega t) = i_{Cmax}\alpha_n(\theta) \tag{4.1.13}$$

其中，$\alpha_0(\theta)$、$\alpha_1(\theta)\cdots\cdots\alpha_n(\theta)$ 为谐波分解系数，其大小是导通角 θ 的函数，也称为尖顶余弦脉冲的分解函数，可表达为

$$\alpha_0(\theta) = \frac{\sin\theta - \theta\cos\theta}{\pi(1 - \cos\theta)} \tag{4.1.14}$$

$$\alpha_1(\theta) = \frac{\theta - \cos\theta\sin\theta}{\pi(1 - \cos\theta)} \tag{4.1.15}$$

$$\vdots$$

$$\alpha_n(\theta) = \frac{2}{\pi} \cdot \frac{\sin(n\theta)\cos\theta - n\cos(n\theta)\sin\theta}{n(n^2 - 1)(1 - \cos\theta)} \tag{4.1.16}$$

同时，定义 $\gamma_1 = \dfrac{I_{C1m}}{I_{C0}} = \dfrac{\alpha_1(\theta)}{\alpha_0(\theta)}$ 为波形系数，图 4.1.6 所示为 $\alpha_0(\theta)$、$\alpha_1(\theta)$、$\alpha_2(\theta)$、$\alpha_3(\theta)$ 和波形系数 γ_1 的曲线。由图 4.1.6 中的虚线趋势可知，γ_1 随 θ 的增大而减小。

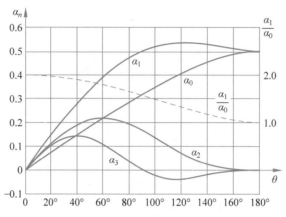

图 4.1.6 波形系数 γ_1 与 α 间的关系曲线图

3. 高频功率放大器中的能量关系与效率

从能量转换方面来看，放大器是通过晶体管把直流功率转换成交流功率，通过 LC 并联谐振回路把脉冲功率转换为正弦功率，随后传输给负载。在能量转换和传输过程中，无法避免地会产生损耗，因此放大器的效率不可能达到 100%，功率放大器的功率大也会导致电源供给、管子发热等问题。因此，为了尽量减少转换和传输过程中的损耗，充分且合理地利用晶体管和电源，有必要对功率放大器的功率和效率问题进行分析。由于输出回路调谐在基波频率上，输出电路的高次谐波处于失谐状态，相应的输出电压很小，因此，在谐振功率放大器中只需研究直流及基波功率。

（1）放大器输出功率 P_O 等于集电极电流基波分量在负载 R_e 上的平均功率：

$$P_O = \frac{1}{2} I_{C1m} U_{C1m} = \frac{1}{2} I_{C1m}^2 R_e = \frac{1}{2} \frac{U_{C1m}^2}{R_e} \tag{4.1.17}$$

（2）集电极直流电源供给功率 P_E 为其电流直流分量 I_{C0} 和 U_{CC} 的乘积：

$$P_E = I_{C0} U_{CC} \tag{4.1.18}$$

（3）集电极损耗功率 P_C 为集电极直流电流供给功率 P_E 和基波输出功率 P_O 之差：

$$P_C = P_E - P_O \tag{4.1.19}$$

（4）集电极效率 η 等于输出功率 P_O 和直流电流供给功率 P_E 之比：

$$\eta = \frac{P_O}{P_E} = \frac{I_{C1m} U_{C1m}}{2 I_{C0} U_{CC}} = \frac{1}{2} \gamma_1 \xi \tag{4.1.20}$$

式中，$\xi = \dfrac{U_{C1m}}{U_{CC}}$ 为集电极电压利用系数，且 $\xi < 1$，γ_1 随 θ 的增大而减小。因此，乙类功率放大器 $\theta = \pi/2$，$\gamma_1 = \pi/2$，$\eta_{max} = \pi/4 = 78.5\%$；丙类功率放大器 $\theta < \pi/2$，θ 减小，γ_1 增大，η 提升；但 θ 很小时，γ_1 增大不明显，输出功率也显著下降，因此 θ 通常为 $60° \sim 90°$。

（5）放大器的激励功率 P_i 计算公式如下：

$$P_i = \frac{1}{2} I_{C1m} U_{im} \tag{4.1.21}$$

（6）功率放大倍数为放大器输出功率 P_O 与激励功率 P_i 之比：

$$A_p = \frac{P_O}{P_i} \qquad (4.1.22)$$

4.1.3 工作状态分析

1. 动态特性分析

谐振功率放大器的动态特性是晶体管内部特性和外部特性结合起来的特性，即实际放大器的工作特性。当谐振功率放大器加上信号源及负载阻抗时，晶体管电流 i_C 与电极电压 U_{BE} 和 U_{CE} 的关系曲线即为谐振功率的动态特性曲线，又称为交流负载线。以此特性曲线为依据，可推导出 3 种状态下的 i_C 波形。当放大器工作于谐振状态时，其外部电路关系为

$$\begin{cases} U_{BE} = U_{BB} + U_{im}\cos(\omega t) \\ u_{CE} = U_{CC} - U_{C1m}\cos(\omega t) \end{cases} \qquad (4.1.23)$$

要绘制动态特性曲线，只需取不同的 ωt 值分别计算出对应的 U_{BE} 和 U_{CE} 值，在晶体管输出特性曲线上描绘出不同的 U_{BE}、U_{CE} 所对应的 i_C 值，然后逐点相连即可。

（1）当 $\omega t = 0$ 时，$U_{BE} = U_{BB} + U_{im}$，$u_{CE} = U_{CC} - U_{C1m}$ 可得到点 C；

（2）当 $\omega t = \pi/2$ 时，$U_{BE} = U_{BB}$，$u_{CE} = U_{CC}$ 可得到点 B，直线 BC 与横轴交于点 A；

（3）当 $\omega t = \pi$ 时，$U_{BE} = U_{BB} - U_{im} < 0$，$i_C < 0$；$u_{CE} = U_{CC} + U_{C1m}$ 可得到点 D。

（4）将 C、A、D 三点相连，得到的折线即为谐振功率放大器的动态特性曲线。

由图 4.1.7 再求动态负载 R_C，R_C 为动态特性曲线斜率的倒数：

$$R_C = \frac{U_{C1m}}{I_M} \qquad (4.1.24)$$

图 4.1.7 高频谐振功率放大器的动态特性曲线

将 $I_M = \frac{i_{Cmax}}{1-\cos\theta}$，$U_{C1m} = I_{C1m}R_e$ 代入上式，得

$$R_C = \frac{I_{C1m} \cdot R_e (1-\cos\theta)}{i_{Cmax}} I = \alpha_1(\theta) \cdot R_e (1-\cos\theta) \qquad (4.1.25)$$

上式表明，丙类功率放大器的动态电阻由等效负载电阻（R_e）和导通角（θ）共同决定。

2. 高频谐振功率放大器的工作状态

如图 4.1.8 所示，工作状态是由 $u_{BE} = u_{BEmax}$，$u_{CE} = u_{CEmin}$ 时，动态特性上瞬时工作点 C 的位置来确定的：C 点在输出特性放大区和饱和区的临界点——临界状态；C 点在输出特性放大区——欠压状态；C 点在输出特性饱和区——过压状态。在欠压状态和临界状态，i_C 是相同的余弦脉冲，但临界状态 U_{C1m} 大；在过压状态，i_C 中间凹陷，U_{C1m} 较临界状态略有增大。

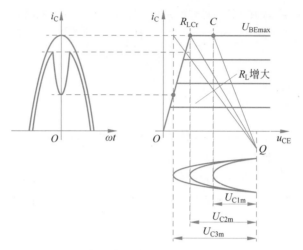

图 4.1.8　高频谐振功率放大器工作状态示意图

比较 3 种工作状态：

（1）在临界状态下，P_1 最大，η 较高，最佳工作状态（对应最佳负载 R_{LCr}），主要用于发射机末级；

（2）在过压状态下，η 较高（弱过压状态 η 最高），负载阻抗变化时，U_{C1} 基本不变，用于发射机中间级；

（3）在欠压状态下，P_1 较小，η 较低，P_C 大，输出电压不够稳定，很少采用，基极调幅电路工作于此状态。

如图 4.1.9 所示，对应于临界状态的动态特性曲线 CAD，则有

$$i_{Cmax} = S_C u_{CEmin} = S_C(U_{CC} - U_{C1m}) \tag{4.1.26}$$

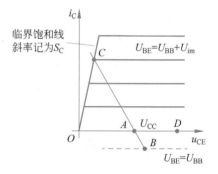

图 4.1.9　临界状态的动态特性曲线

由转移特性，有

$$\begin{cases} i_{Cmax} = g_m(u_{BEmax} - U_D) = g_m(U_{BB} + U_{im} - U_D) \\ \cos\theta = \dfrac{U_D - U_{BB}}{U_{im}} \end{cases} \Rightarrow i_{Cmax} = g_m U_{im}(1 - \cos\theta)$$

$$\tag{4.1.27}$$

此时，即可利用三极管的特性参数 S_C 和 g_m 求解功率放大器的相应指标。

4.1.4　谐振功率放大器的外部特性

高频功率放大器只能在一定条件下对其性能进行估算，要达到设计要求，还需通过高频功率放大器的调整来实现，为正确了解、使用和调整其相关性能，需了解高频功率放大器的外部特性。将外部参数发生变化时对功率放大器工作状态及性能指标的影响称为外部特性，包括负载特性参数 R_L、放大特性参数 U_{im} 和调制特性参数 U_{BB}、U_{CC} 的影

响。当激励源 U_{im}、负载 R_L 或直流电源 U_{BB}、U_{CC} 发生变化时,都会影响功率放大器的工作状态,改变输出功率与效率;因此,实际中也可通过调整这些外部参数来改变功率放大器的性能。

1. 负载特性

负载特性是指只改变负载电阻 R_L 时,高频功率放大器电流、电压和功率 η 变化的特性。当 U_{BB}、U_{CC} 及 U_{im} 固定时,i_C(I_{C0},I_{C1})都确定,R_L 对输出电压振幅的影响如图 4.1.10 所示。从图 4.1.10 中可以看出高频功率放大器各状态的特点:临界状态时输出功率最大,效率也较高,因此实际中通常选择在此状态工作;过压状态的特点是效率高、损耗小,并且输出电压受负载电阻 R_L 的影响小,近似为交流恒压源特性;欠压状态时电流受负载电阻 R_L 影响小,近似为交流恒流源特性,但由于效率低、集电极损耗大,一般不选择在此状态工作。在实际调整中,高频功率放大器可能会经历上述 3 种状态,利用负载特性即可正确判断各种状态以便进行正确调整。

2. 调制特性

1) 集电极调制特性:U_{CC} 对电路状态的影响

若 U_{BB}、U_{im} 不变,则 u_{bemax}、θ 不变;若 R_L 不变,则动态特性斜率不变;此时,只改变集电极直流电源电压 U_{CC},将引起动态特性平移,谐振功率放大器的工作状态也会随之改变。如图 4.1.11 所示,减小 U_{CC},放大器的工作状态经历欠压、临界和过压 3 种状态。在欠压区内,输出电流的振幅基本上不随 U_{CC} 的变化而变化,因而输出功率基本不变;在过压区内,输出电流的振幅将随 U_{CC} 的减小而下降,输出功率也随之下降。在过压区中这种输出电压随 U_{CC} 改变而变化的特性称为集电极调幅特性,如图 4.1.12 所示。在过压区,输出电压振幅 U_{C1} 与 U_{CC} 近似呈线性关系;用一输入信号(调制信号)代替 U_{CC},即可完成振幅调制即集电极调幅。

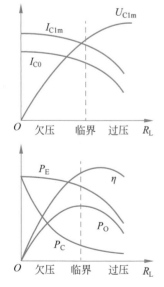

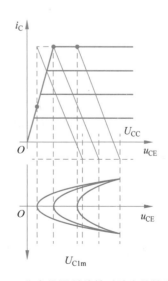

图 4.1.10　负载特性对电路状态影响　　图 4.1.11　集电极调制特性对动态特性曲线影响

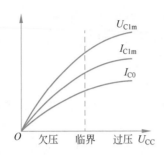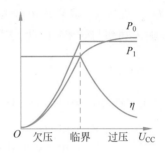

图 4.1.12　集电极调制特性对放大器参数的影响

2）基极调制特性：U_{BB} 对电路状态的影响

若 U_{CC}、U_{im}、R_L 不变，只改变基极偏置电压 U_{BB}，谐振功率放大器的工作状态也将随之发生变化。如图 4.1.13 所示，当 U_{BB} 由小增大时，管子导通时间加长，放大器的工作状态经历欠压、临界和过压 3 种状态。

如图 4.1.14 所示，在欠压区，输出电压振幅 U_{C1m} 与 U_{BB} 近似呈线性关系，因此，基极调幅应工作在欠压状态，运用一输入信号（调制信号）代替 U_{BB}，即可完成振幅调制。

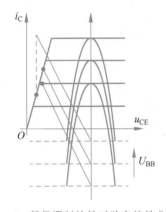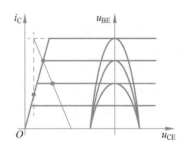

图 4.1.13　基极调制特性对动态特性曲线影响　　图 4.1.14　基极调制特性对放大器参数的影响

3. 放大特性

若 U_{CC}、U_{BB}、R_L 不变，只改变输入信号幅度 U_{im}，谐振功率放大器的工作状态将跟随变化，其变化规律与改变 U_{BB} 对工作状态的影响类似，如图 4.1.15 所示，当 U_{im} 增大时，以 $\theta = 90°$ 为例，放大器的工作状态经历了欠压、临界和过压 3 种状态变化。

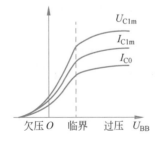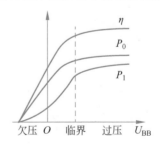

图 4.1.15　放大特性对工作状态影响

放大特性对放大器参数的影响如图 4.1.16 所示。在欠压区,输出电压振幅 U_{C1m} 与输入电压振幅 U_{im} 近似呈线性关系,可以实现对振幅变化信号的线性放大;在过压区,输出电压振幅 U_{C1m} 近似呈现恒压特性,可以实现对振幅变化信号的限幅。所以,为使输出电压振幅 U_{C1m} 能够反映输入信号 U_{im} 的变化,放大器必须在 U_{im} 的变化范围内工作在欠压状态;当调谐功率放大器用作限幅器,将振幅 U_{im} 在较大范围内的输入信号变换为振幅恒定的输出信号时,放大器必须在 U_{im} 的变化范围内工作于过压状态。

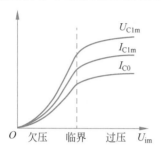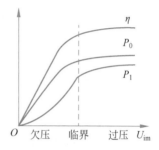

图 4.1.16　放大特性对放大器参数的影响

4. 外部特性在电路调试过程中的应用

本节通过一些例题说明如何根据外部特性实现对电路的调试。

例 4.1.1　一丙类谐振功率放大器,设计其工作在临界状态,若发现实际电路的 P_{O} 和 η_{c} 均未达到要求,应如何进行调整?

解:P_{O} 未达要求,说明工作于欠压或过压状态;若增大 R_{L} 能使 P_{O} 增大,由负载特性知该功率放大器处于欠压状态,可以通过调整这些参数使 P_{O} 和 η_{c} 均达到实际要求,增大 R_{L}、U_{BB} 和 U_{im}。另外,减小 U_{CC},U_{C1m} 会减小,输出功率也将减小,因此判断工作状态也可以通过改变 U_{CC},U_{BB} 和 U_{im} 来完成。

例 4.1.2　有一个用硅 NPN 外延平面型高频功率管 3DA1 做成的谐振功率放大器,设已知 $V_{\mathrm{CC}}=24\mathrm{V}$,$P_0=2\mathrm{W}$,工作频率为 1MHz。试求它的能量关系。由晶体管手册已知其有关参数为 $f_{\mathrm{T}}\geqslant70\mathrm{MHz}$,功率增益 $A_{\mathrm{p}}\geqslant13\mathrm{dB}$,$I_{\mathrm{Cmax}}=750\mathrm{mA}$,$P_{\mathrm{CM}}=1\mathrm{W}$。

解:(1) 由前面的讨论确定工作状态最好选用临界状态。作为工程近似估算,此时集电极最小瞬时电压

$$v_{\mathrm{Cmin}}=V_{\mathrm{CE(sat)}}=1.5\mathrm{V},\quad V_{\mathrm{cm}}=V_{\mathrm{CC}}-v_{\mathrm{Cmin}}=24-1.5=22.5(\mathrm{V})。$$

(2)

$$R_{\mathrm{e}}=\frac{V_{\mathrm{cm}}^2}{2P_{\mathrm{o}}}=\frac{(22.5)^2}{2\times2}=126.5(\Omega),\quad I_{\mathrm{C1m}}=\frac{V_{\mathrm{cm}}}{R_{\mathrm{e}}}=\frac{22.5}{126.5}\mathrm{A}=178\mathrm{mA}。$$

(3) 选 $\theta=70°$,$\alpha_0(\theta)=0.253$,$\alpha_1(\theta)=0.436$。

(4) $i_{\mathrm{Cmax}}=\dfrac{I_{\mathrm{C1m}}}{\alpha_1(\theta)}=\dfrac{178}{0.436}\mathrm{mA}=408\mathrm{mA}<750\mathrm{mA}$,未超过电流安全工作范围。

(5) $I_{\mathrm{C0}}=i_{\mathrm{Cmax}}\alpha_0(\theta)=408\times0.253\mathrm{mA}=103\mathrm{mA}$。

(6) $P_{\mathrm{E}}=V_{\mathrm{CC}}I_{\mathrm{C0}}=24\times103\times10^{-3}\mathrm{W}=2.472\mathrm{W}$。

(7) $P_{\mathrm{C}}=P_{\mathrm{E}}-P_{\mathrm{O}}=(2.472-2)\mathrm{W}=0.472\mathrm{W}<P_{\mathrm{cm}}(1\mathrm{W})$。

(8) $\eta=\dfrac{P_{\mathrm{O}}}{P_{\mathrm{E}}}=\dfrac{2}{2.472}=81\%$。

(9) $P_i = \dfrac{P_O}{lg^{-1}\left(\dfrac{A_P}{10}\right)} = \dfrac{2}{lg^{-1}(1.3)} = \dfrac{2}{20}W = 0.1W$。

4.2 高频功率放大器的实际电路

高频功率放大器和其他放大器一样,其输入输出端的管外电路是由功率管直流馈电线路和滤波匹配网络两部分组成的,因此无论是直流电路还是交流电路,必须符合以下3条原则:

(1) 对于直流,电源电压不能被短路,直流必须有通道;

(2) 对于交流,负载电压不能被短路,交流也必须有通路;

(3) 高频电流不能流过直流电流,以免产生寄生耦合和高频损耗。

由于工作频率和使用场合的不同,在组成实际电路时,必须在电路中接入一些辅助元件,通过不同的电路组成形式构成谐振功率放大器正常工作的实际线路。

4.2.1 直流馈电电路

若想使高频功率放大器正常工作,晶体管必须接有相应的直流馈电电路,直流馈电线路包括集电极和基极馈电线路两种连接方式,而它们的馈电方式都可分为串联馈电电路和并联馈电电路两种,简称为串馈和并馈。串馈电路是指直流电源、负载回路(匹配网络)、功率管三者以串联方式连接的一种馈电电路;并馈电路指直流电源、负载回路(匹配网络)和功率管三者为并联方式连接的一种馈电电路。

1. 集电极馈电

两种馈电电路的原理图及其对应的直流、交流等效电路图如图 4.2.1 和图 4.2.2 所示,其中放大器输出电压满足关系式 $u_{ce} = U_{CC} - U_{cm}\cos(\omega t)$。其中,$L$、$C$ 组成负载回路,L_c 为高频扼流圈,它对直流近似为短路,而对高频则呈现很大的阻抗,近似开路;C_c 和 C_{c2} 为高频旁路电容,作用是防止高频电流通过直流电源;C_{c1} 为隔直流电容,作用是防止直流进入负载回路。

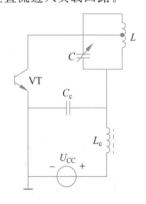

(a) 串联馈电电路图

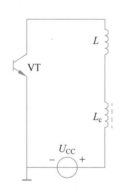

(b) 串馈直流通路等效电路图

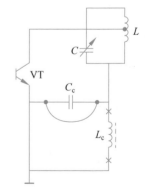

(c) 串馈交流通路等效电路图

图 4.2.1 集电极串联馈电电路及其交直流等效电路图

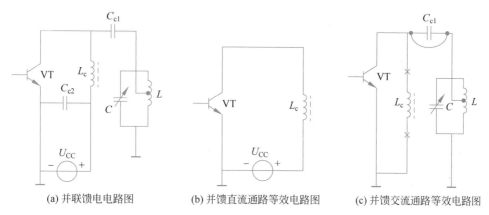

(a) 并联馈电电路图　　(b) 并馈直流通路等效电路图　　(c) 并馈交流通路等效电路图

图 4.2.2　集电极并联馈电电路及其交直流等效电路图

这两种馈电电路各有特点,串联馈电方式电路简单,分布电容不影响回路谐振频率,但 LC 处于直流高电位上,使得在对回路进行调谐时感应大,安全系数较低且安装调整不方便,因此,该方式适用于频率较高的场合;而并联馈电电路 LC 处于直流"地"电位上,网络元件安装、调整方便,使用安全性高,但 L_c 和 C_{c2} 对地的分布参数会对直接影响信号回路的谐振频率,限制放大器在更高频段的工作,因此,该方式适用于频率较低的场合。

2. 基极馈电

基极馈电电路同样包含串联馈电电路和并联馈电电路,其相应原理图如图 4.2.3(a)(b)所示,C_c 和 C_{c2} 为高频旁路电容,C_{c1} 为耦合电容,L_c 为高频扼流圈。放大器输出电压满足关系式 $u_{BE} = U_{BB} + U_{im}\cos(\omega t)$,丙类功率放大器的基极偏置电压 U_{BB} 为负偏压,实际电路中常采用自给偏压的方法来产生 U_{BB},从而省去一个直流源,其相应原理图如图 4.2.3(c)所示。采用此方法的优点是能自动维持放大器的稳定性,有利于稳定输出电压,但对于要求具有线性放大特性的放大器来说则是不利的。

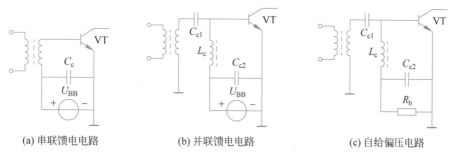

(a) 串联馈电电路　　　　(b) 并联馈电电路　　　　(c) 自给偏压电路

图 4.2.3　基极并联馈电电路及其交直流等效电路图

4.2.2　输出匹配网络

1. 匹配网络概述

高频功率放大器级与级之间或功率放大器和负载之间是用输出匹配网络连接的,一般用双端口网络来实现。该网络应具有如下特点:

(1) 要保证放大器传输到负载的功率最大,即起到阻抗匹配的作用;

(2) 抑制工作频率范围之外其他不需要的频率,起到良好的滤波作用;

(3) 大多数发射机为波段工作,因此双端口网络要适应波段工作的要求,改变工作频

率时调谐要方便,并能在波段内保持较好的匹配和较高的效率等;

(4) 在有几个电子器件同时输出功率的情况下,保证它们都能有效传送功率到负载,但同时应尽可能使之彼此隔离,互不影响。

图 4.2.4 是匹配网络连接示意图,常通过 LC 变换网络实现调谐和阻抗匹配的方法来实现网络匹配。

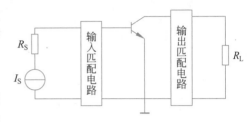

图 4.2.4　匹配网络连接示意图

2. 3 种不同形式的匹配网络

将几种常见的 LC 网络匹配,由两种不同性质的电抗元件构成的 L 型、Π 型和 T 型 3 种双端口网络,由于 LC 元件功耗较小,可以高效传输功率,同时它们对频率具有选择特性,决定了这种电路具有窄带性质。

1) L 型滤波匹配网络的阻抗变换

如图 4.2.5(a)所示是低阻变高阻 L 型滤波匹配网络与其等效电路,R_L 为外接实际负载电阻,它与电感之路相串联,可减少高次谐波的输出,对提高滤波性能有利。为了提高网络的传输效率,C 应采用高频损耗很小的电容,L 应采用 Q 值较高的电感线圈,由串联、并联电路的阻抗变换关系可知:

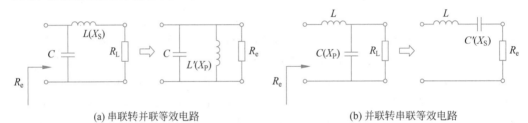

(a) 串联转并联等效电路　　　　　　(b) 并联转串联等效电路

图 4.2.5　L 型网络串联、并联等效电路互换

$$\begin{cases} R_e = R_L(1 + Q^2) \\ Q = \sqrt{\dfrac{R_e}{R_L} - 1} \\ |X_P| = \dfrac{R_e}{Q} \\ |X_S| = Q \cdot R_L \end{cases} \tag{4.2.1}$$

在负载电阻 R_L 大于高频功率要求的最佳负载阻抗时,采用 L-Ⅰ 型网络,通过调整 Q 值,使网络阻抗匹配。

如图 4.2.5(b)所示为低阻变高阻 L 型滤波匹配网络与其等效电路,由串联、并联电路的阻抗变换关系可知

$$\begin{cases} R_e = \dfrac{R_L}{1 + Q^2} \\ Q = \sqrt{\dfrac{R_L}{R_e} - 1} \\ |X_S| = Q \cdot R_e \\ |X_P| = \dfrac{R_L}{Q} \end{cases} \tag{4.2.2}$$

在负载电阻 R_L 小于高频功率要求的最佳负载阻抗时,采用 L-Ⅱ 型网络,通过调整 Q 值,使网络阻抗匹配。

2)Ⅱ 型和 T 型滤波匹配网络的阻抗变换

由于 L 型滤波匹配网络阻抗变换前后的电阻相差 $1+Q^2$ 倍,若实际情况下要求变换的倍数并不高,这样的回路 Q_e 只能很小,进而导致滤波性很差。为克服这一问题,可采用 Ⅱ 型和 T 型滤波匹配网络,如图 4.2.6 所示。

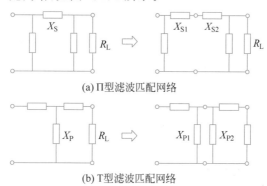

(a) Ⅱ型滤波匹配网络

(b) T型滤波匹配网络

图 4.2.6 Ⅱ 型和 T 型滤波匹配网络

Ⅱ 型网络由两个面对面的 L 型网络组成,而 T 型网络是指 3 个电抗元件组成了 T 型结构的匹配电路,T 型网络的两个 L 型网络的串联臂的电抗是异性质的。上述匹配电路使负载阻抗成为放大器所要的最佳负载电阻,保证放大管传输到负载的功率最大,同时抑制工作频率以外的频带信号,起到滤波的作用,使匹配网络具有一定的通频带,不至于导致波形失真。

4.2.3 高频功率放大器的实际电路

运用上述的网络匹配方法,采用不同的馈电电路,可以构成高频功率放大器的各种实用电路。图 4.2.7 是工作频率为 50MHz 的晶体管谐振功率放大电路,它向 50Ω 外接负载提供 25W 功率,功率增益达到 7dB,这个放大电路基极采用零偏,集电极采用串馈,并由 LC、L_2、C_3 和 C_4 组成 Ⅱ 型网络。

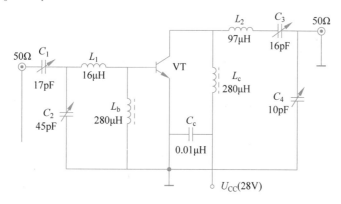

图 4.2.7 功率放大器实际电路

4.3 丁类高频功率放大器简介

在丙类高频功率放大器中,提高集电极效率是靠减小集电极电流的导通角实现的,但这样会使集电极电流只在集电极电压最小值附近的一段时间内流通,从而减小集电极损耗。若能使集电极电流在导通器件集电极电压为 0 或很小的值,则能进一步减小集电极损耗,提高集电极效率。丁类功率放大器的晶体管工作于开关状态,当管子导通时进入饱和区,器件内阻接近 0,截止时电流为 0,这样可以使集电极功耗大大减小,效率大大提高。丁类功率放大器主要有电流开关型和电压开关型两种电路,本节以电压开关型电路为例,简要说明丁类功率放大器的工作原理。

如图 4.3.1(a)所示,两个同型的三极管 VT_1、VT_2 相串联,集电极加有恒定的直流电压 U_{CC};负载电阻 R_L 与 L_0、C_0 构成一个高 Q 串联谐振回路,此回路对激烈信号频率调谐。若忽略晶体管导通时的饱和压降,两个晶体管就等效于一个单刀双掷开关,晶体管输出端电压在 0 和 U_{CC} 间轮流变化。在 A 点处方波电压的激励下,由于高 Q 串联回路阻止了高次谐波电流流过 R_L(直流也被 C_0 阻隔),负载 R_L 上流过正弦波电流,因此 R_L 依然可以得到信号频率的正弦波电压,实现高频放大的目的,相应的电流电压波形如图 4.3.1(b)所示。

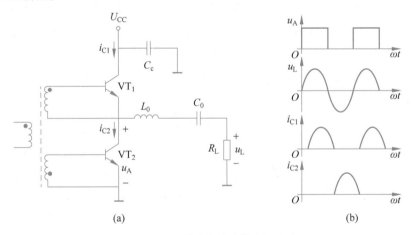

图 4.3.1 丁类功率放大器实际电路

此时,A 点处的方波电压振幅为

$$U_{Lm} = U_{CC} - 2U_{ces} \tag{4.3.1}$$

R_L 上的基波电压振幅为

$$U_{Lm} = \frac{2}{\pi}U_{CC} - 2U_{ces} \tag{4.3.2}$$

基波电流的振幅为

$$I_{Lm} = \frac{U_{Lm}}{R_L} \tag{4.3.3}$$

输出功率的计算式为

$$P_0 = \frac{1}{2}\frac{U_{Lm}^2}{R_L} \tag{4.3.4}$$

通过电源的平均电流分量计算如下

$$I_{c0} = I_{Lm}\alpha_0(90°) = \frac{I_{Lm}}{\pi} \tag{4.3.5}$$

电源供给功率为

$$P_E = U_{CC}I_{c0} \tag{4.3.6}$$

最终可计算出效率为

$$\eta_c = \frac{P_0}{P_E} = \frac{U_{CC} - 2U_{ces}}{U_{CC}} \tag{4.3.7}$$

在理想情况下,两管集电极损耗均为零,效率可达 100%。若考虑饱和压降不为 0,在实际工作中三极管在饱和与截止之间的转换需要一定的时间,u_A 不是理想方波,而是存在着上升沿和下降沿,转换期间存在一定的电压和电流,使管耗增加,效率降低,所以应选择开关时间短的高频开关三极管或无电荷存储效应的 VMOS 场效应管,并减小电路中的分布电容。

影响电压开关型丁类放大器实际效率的因素与电压开关型基本相同,即主要受晶体管导通时的饱和压降不为零和开关转换器件损耗功率的影响。开关型丁类放大器的主要优点是集电极效率高,输出功率大;但在工作频率很高时,随着工作频率的升高,开关转换瞬间的功耗增大,集电极效率下降,高效功率放大器的优势就不明显了,且由于丁类放大器工作在开关状态,也不适用于放大振幅变化的信号。

4.4 宽带功率放大器

按照工作频带分类,高频功率放大器可分为窄带高频功率放大器和宽带高频功率放大器。窄带高频功率放大器的工作频带较窄,通常采用选频网络作为负载,如 LC 振谐回路;宽带高频功率放大器的工作频带相对较宽,一般采用频带相应较宽的传输线作为负载,可在较宽范围内变换工作频率,无须重新调谐。为满足多通道通信系统及频段通信要求,通常需要在发射机的中间各级采用宽带高频功率放大器,它以非调谐的宽带网络作输出匹配网络,可在较宽的波段范围内对信号进行近似线性放大。由于宽带放大器没有选频作用,一般只工作于非线性失真较小的甲类或甲乙类,所以宽带放大器的效率一般不高(20%左右),因此对宽带放大器的主要要求是:通频带要宽,失真要小,放大倍数要大。最常见的宽频带高频功率放大器是利用宽频带变压器作为输入、输出或级间耦合电路,并实现阻抗匹配。宽频带变压器有两种形式:一种是利用普通变压器的原理,仅用高频磁芯来拓展频带,工作在短波波段;另一种是利用传输线原理与变压器原理二者结合的所谓传输线变压器,其频带可以做得很宽。

4.4.1 传输线变压器

1. 传输线变压器简介

传输线主要指将用来传输高频信号的双导线、带状线和同轴线等绕在高磁导率、低损耗的磁芯上构成的传输线变压器,因此它兼有传输线和高频变压器两者的特点,能以传输线方式和变压器方式同时进行能量传输,是最常用的宽带匹配网络,如图 4.4.1 所示。

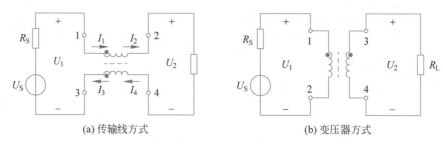

(a) 传输线方式   (b) 变压器方式

图 4.4.1 传输线方式和变压器方式电路原理图

传输线等效电路如图 4.4.2 所示。在低频工作时,传输线即为两根普通连接线;而在高频工作时,由于分布电感和线间分布电容的影响,能量通过分布电容中的电场能量和分布电感中的磁场能量不断转换进而传送到负载。

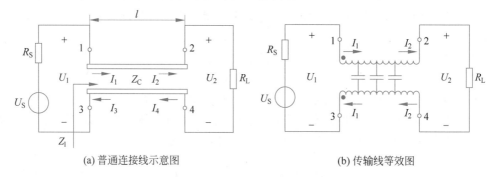

(a) 普通连接线示意图   (b) 传输线等效图

图 4.4.2 传输线等效电路图

以 L_0、C_0 表示单位长度传输线的电感和电容,传输线的特性阻抗是一个与频率无关的电阻。

$$Z_c = \sqrt{\frac{L_0}{C_0}} \qquad (4.4.1)$$

传输线特性阻抗仅取决于导线的结构与两线间的介质,与其传输的信号电平无关。当信号频率较低时,传输线变压器以变压器方式工作,磁芯的磁导率很高,虽传输线较短,但能获得足够大的初级电感量,以保证传输线变压器的低频特性较好;当信号频率较高时,传输线变压器以传输线方式和工作,在无损耗且匹配的情况下,上限频率将不受漏感、分布电容及高磁导率磁芯的限制。即使在实际情况中无法做到严格无损耗和匹配,但上限频率依然可以达到很高。

2. 传输线变压器的应用

1) 高频倒相器

端点 2、3 相连并接地,端点 1、3 端加高频电压 U_1,即端点 1、2 上加有电压 U_1。因此由变压器工作方式可知,端点 3、4 上也同时有电压 U_1,所以在端点 2、4 有 U_2 输出,且 U_1 与 U_2 大小相等、相位相反。

2) 不平衡-平衡变换器

因信号源一端接地,称为"不平衡",而转换后的两个电压对地大小相等、相位相反,称为"平衡"输出。由图 4.4.3 可以看出,由于两负载电阻是相等的,输出电压自然是反相的,并且线圈上电压均为$U_1/2$。

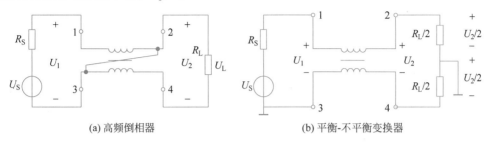

(a) 高频倒相器 (b) 平衡-不平衡变换器

图 4.4.3 高频倒相器和平衡-不平衡变换器电路原理图

3) 阻抗变换器

图 4.4.4(a)构成的是 1∶4 阻抗变换器,端点 1、4 相连,线圈两端电压相等,即 $U_2=U_1$,则负载电压 $U_L=2U_1$,负载电流为 I,则输入端阻抗为

$$R_i = \frac{U_1}{2I} = \frac{\frac{1}{2}U_L}{2I} = \frac{1}{4}R_L \tag{4.4.2}$$

若将端点 2、3 相连,端点 4 接地,则可构成 4∶1 的阻抗变换,如图 4.4.4(b)所示。利用上述原理还可构成 1∶9、1∶16……1∶$(n+1)^2$ 的传输线变压器。若将上述电路的输入端、输出端互换(即信号源与负载互换),则相应变为 9∶1、9∶1……的传输线变压器,工作原理都是相同的。

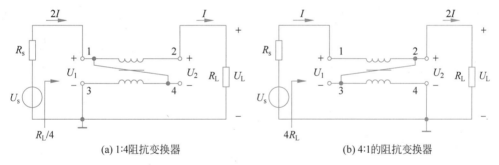

(a) 1∶4阻抗变换器 (b) 4∶1的阻抗变换器

图 4.4.4 阻抗变换器电路原理图

3. 宽带功率放大电路实例

宽频带变压器耦合放大电路,工作频率在 150kHz～30MHz。在图 4.4.5 中,T_1、T_2、T_3 都是宽带传输线变压器,T_1 与 T_2 串接是为了实现阻抗变换,将 VT_1 的低输入阻抗变换为 VT_2 所需的高负载阻抗。为了改善放大器性能,每级都加了电压负反馈支路;且为了避免寄生耦合,每级的集电极电源都加有电容滤波。此时未采用调谐回路,放大器应工作于甲类状态。

4.4.2 宽带功率合成技术

1. 功率合成器的组成

随着无线电技术的发展,要求高频功率放大器的输出功率越来越大。当需要的输出功率超过单个子器件所能输出的功率时,可利用多个功率放大电路同时对输入信号进行

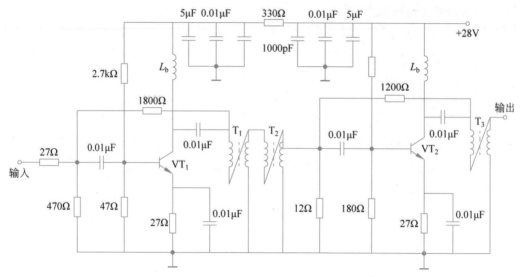

图 4.4.5　宽频带变压器耦合放大电路原理图

放大,然后设法将各个功率放大器的输出信号相加,这样得到的总输出功率远大于单个功率放大器的输出功率,这便是功率合成技术。一个良好的功率合成电路应满足功率相加和独立性原则,功率相加是指功率合成电路或网络匹配额定输出功率是每一单一器件匹配额定输出功率之和;独立性是指合成网络的各单元放大器电路彼此隔离,任一放大单元发生故障都不影响其他放大单元的工作。因此,功率合成技术的关键在于选择合适的混合(分配)网络,而 4.4.1 节介绍的传输线变压器即可构成良好的混合(分配)网络。

图 4.4.6 是一个输出功率为 35W 的功率合成器的组成框图,三角形代表功率放大器,菱形代表功率分配或合成网络。

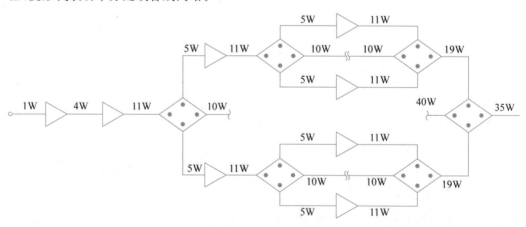

图 4.4.6　输出功率为 35W 的功率合成器组成框图

利用 1∶4 传输线变压器组成的 T 型混合网络,可实现功率合成与分配的功能,其基本电路如图 4.4.7(a)所示。混合网络有 A、B、C、D 四个端点,为了满足网络匹配的条件,取 $R_A = R_B = Z_C = R$,$R_C = Z_C/2 = R/2$,$R_D = 2Z_C = 2R$,其中,Z_C 是传输线变压器的特性阻抗。在此基础上,利用 A、B、C、D 四个端点适当连接,可以实现功率合成与功率分配,图 4.4.7(b)为变压器形式的等效电路。

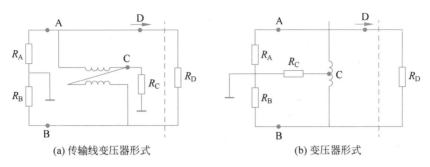

(a) 传输线变压器形式 　　　　(b) 变压器形式

图 4.4.7　由 1：4 传输变压器组成的 T 型混合网络电路原理图

2. 功率合成与分配单元

如图 4.4.8 所示，将 A、B 两端点分别接入两个功率放大器的输出端，若两个输出电压为

$$U_{s1} - U_{s2} = U_s \tag{4.4.3}$$

两电压大小相等、极性相反，在 A 点，$I = I_1 + I_2$；在 B 点，$I_2 = I_1 + I$；故 $I_2 = I$，$I_1 = 0$；C 点无输出，D 点的输出功率 $P_D = I \times 2U = P_A + P_B = 2P_A$，实现了功率合成，因此称为反相合成；若两个输出电压为 $U_{s1} = U_{s2} = U_s$，经过类似分析可以得到 $P_C = I \times 2U = P_A + P_B = 2P_A$，称为同相合成。

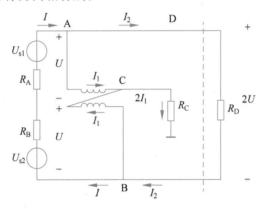

图 4.4.8　功率合成器电路原理图

将功率合成器输入输出位置交换，即可得到功率分配器，如图 4.4.9 所示。

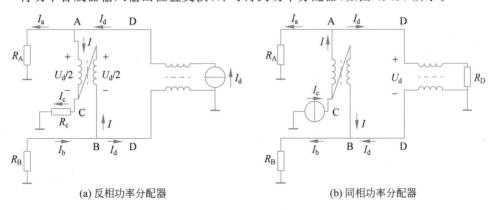

(a) 反相功率分配器 　　　　　(b) 同相功率分配器

图 4.4.9　功率分配器电路原理图

3. 功率合成电路实例

图 4.4.10 是一个典型的反相功率合成器电路，其中，T_2 和 T_5 为起混合网络作用的 1∶4 传输线变压器，混合网络各端用 A、B、C、D 来注明；T_1 和 T_6 为起平衡-不平衡转换作用的 1∶1 传输线变压器；T_3 和 T_4 为 4∶1 阻抗变换器，其作用是完成阻抗匹配；T_2 是功率分配网络，在输入端由 D 端激励，A、B 两端得到反相激励功率，再经 4∶1 阻抗变换器与晶体管的输入阻抗进行匹配，两个晶体管的输出功率是反相的，对于合成网络 T_5 来说，A、B 端获得反相功率，在 D 端激活的合成功率输出。完全匹配时，输入与输出混合网络的 C 端不会有功率损耗，但在匹配不完善和不完全对称的情况下，C 端还是存在功率损耗，其所连接电阻 6Ω 即为假负载电阻，用于吸收不平衡功率。每个晶体管基极到地的 10Ω 电阻用于稳定放大器、防止产生寄生振荡。

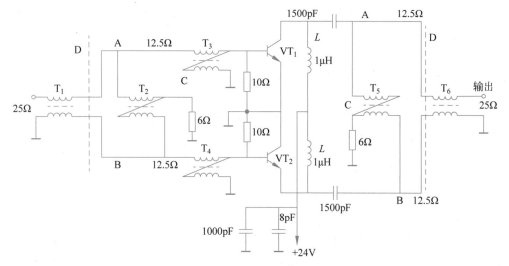

图 4.4.10　反相功率合成器电路原理图

图 4.4.11 是一个典型的同相功率合成器电路，其中，T_1 为同相功率分配网络，T_6 为同相功率合成网络，T_2、T_3 与 T_4、T_5 分别是 4∶1 与 1∶4 阻抗变换器，各处的特性阻抗

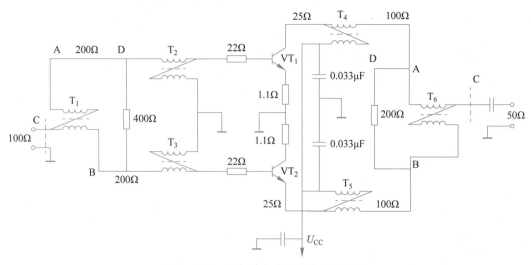

图 4.4.11　同相功率合成器电路原理图

均已在图中注明。晶体管发射极接入的电阻以产生负反馈,提高输入阻抗。各基极串联的电阻,可提高输入电阻,并防止寄生振荡。D 端所接的、电阻是 T_1 与 T_6 的假负载电阻。

反相功率合成器的优点在于输出没有偶次谐波,输入电阻比单边时高,因而引线电感的影响减小;而在同相功率合成器中,由于偶次谐波在输出端是相加的,因此输出中有偶次谐波存在。

高频功率放大器主要用于放大高频信号,以高效率输出大功率;为了提高效率,高频谐振功率放大器多工作在丙类状态,而且不同于纯电阻负载的情况,一般采用选频网络作负载来完成阻抗匹配和滤波的功能。丙类高频谐振功率放大器中功放管的导通角小于 $90°$,所以输出电流为脉冲电流,但利用选频网络的滤波作用可得到正弦电压输出。当放大器处于临界状态时,动态特性线达到临界饱和线,输出电压幅度大,输出功率和效率高,集电极功耗小,是谐振功率放大器的理想工作状态。丙类谐振功率放大器的外部特性主要是指外部参数对谐振功率放大器的工作状态和性能所造成的影响:仅负载 R_e 或激励电压幅度 U_{im} 增大,工作状态均由欠压经临界向过压变化,因此工作在欠压区,可实现对输入信号的线性放大;仅基极偏置电压 U_{BB} 增大,工作状态由欠压经临界向过压变化,在欠压区可实现基极调幅;仅集电极偏置电压 U_{CC} 减小,工作状态由欠压经临界向过压变化,工作在过压区可实现集电极调幅。

视频

科普四　未来的同伴:探索人形机器人的世界

参考文献

思考题与习题

4.1　晶体管放大器工作在临界状态,$\eta_c = 70\%$,$V_{CC} = 12V$,$V_{cm} = 10.8V$,回路有效电流值 $I_k = 2A$,回路电阻 $R = 1\Omega$。试求 θ_c、I_{cm1} 与 P_C。

4.2　设计一个电压开关型丁类放大器,在 $2 \sim 30MHz$ 波段内向 50Ω 负载输送 4W 功率。设 $V_{CC} = 42V$,$V_{CE(sat)} = 1V$,$\beta = 15$。

4.3　已知某一晶体管谐振功率放大器 $V_{CC} = 24V$,$I_{C0} = 250mA$,$P_0 = 4W$,电压利用系数 $\xi = 1$。试求 R_p、η_c、θ_c 与 I_{cm1}。

4.4　功率管的最大输出功率是否仅受其极限参数限制? 为什么?

4.5　某功率放大器要求输出功率 $P_O = 1000W$,当集电极效率 η_c 由 40% 提高到

70%时,试比较直流电源提供的直流功率 P_D 和功率管耗散功率 P_C 各会减小多少?

4.6 如思考题与习题图 4.6(a)所示为变压器耦合甲类功率放大电路,习题图 4.6(b)为功率管的理想化输出特性曲线。已知 $R_L = 8\Omega$,设变压器是理想的,R_E 上的直流压降可忽略,试运用图解法求出以下相应指标:

(1) $V_{CC} = 15V$,$R'_L = 50\Omega$,在负载匹配时,求相应的 n、P_{Lmax}、η_c;

(2) 保持(1)中 V_{CC}、I_{bm} 不变,将 I_{CQ} 增加一倍,求 P_L;

(3) 保持(1)中 I_{CQ}、R'_L、I_{bm} 不变,将 V_{CC} 增加一倍,求 P_L;

(4) 在(3)条件中,将 I_{bm} 增加一倍,试分析工作状态。

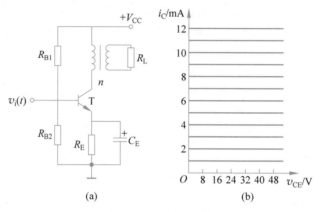

思考题与习题 4.6 图

4.7 单管甲类变压器耦合和乙类变压器耦合推挽功率放大器采用相同的功率管 3DD303、相同的电源电压 V_{CC} 和负载 R_L,且甲类放大器的 R'_L 等于匹配值,设 $V_{CE(sat)} = 0$,$I_{CEO} = 0$,R_E 忽略不计。

(1) 已知 $V_{CC} = 30V$,放大器的 $i_{Cmax} = 2A$,$R_L = 8\Omega$,输入充分激励,试作交流负载线,并比较两放大器的 P_{omax},P_{Cmax},η_c,R'_L,n;

(2) 功率管的极限参数 $P_{CM} = 30W$,$I_{CM} = 3A$,$V_{(BR)CEO} = 60V$,试求充分利用功率管时两放大器的最大输出功率 P_{omax}。

4.8 试按下列要求画出单电源互补推挽功率放大器电路:

(1) 互补功率管为复合管;

(2) 推动级采用自举电路;

(3) 引入末级过流保护电路;

(4) 采用二极管偏置电路。

4.9 思考题与习题图 4.9 为两级功率放大器电路,其中,T_1、T_2 工作于乙类,试说明 T_4、R_2、R_3 的作用。当输入端加上激励信号时产生的负载电流为 $i_L = 2\sin(\omega t)$(A),试计算:

(1) 当 $R_L = 8\Omega$ 时的输出功率 P_L;

(2) 每管的管耗 P_C;

(3) 输出级的效率 η_c。设 R_5、R_6 电阻阻值忽略不计。

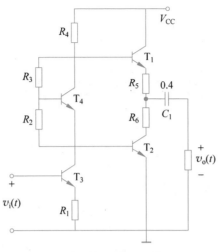

思考题与习题 4.9 图

第 5 章

正弦波振荡器

内容提要

本章主要分析正弦波振荡器的基本原理、RLC 瞬态电路振荡条件、稳频机制,并对三点式振荡器和石英晶体振荡器的相位平衡条件判断准则和具体电路做重点分析。最后介绍提高正弦波振荡器频率稳定度的基本措施。负阻振荡器在本书中没有介绍,读者可自行参考相关的书籍。本章的教学需要 10 学时,对压控振荡器和集成振荡器可做简单介绍,RC 振荡器不在课堂介绍,作为学生自学或选修的内容。

5.1 概述

振荡器是不需要外加激励信号,自身将直流电能转换为交流电能的装置,它的用途很广,是无线电发送的核心,也是超外差式接收机的主要部分。各种电子测试仪器如信号发生器、手机、数字式频率计等,其核心部件都离不开正弦波振荡器。无线电信号产生的初期是火花发射机、电弧发生器等振荡器。目前电子管、晶体管等器件与 LCR 等元件组成的振荡器则完全取代了以往产生振荡的方法。它具有以下优点:能将直流电直接转换为交流电能,不需要机械能的转换,它产生的是等幅振荡,不是阻尼振荡,而火花发射机等产生的是阻尼振荡;使用方便,灵活性大,它的功率自毫瓦级到几百千瓦,工作频率则可自极低频率至微波波段。

正弦波振荡器按照工作原理可分为反馈振荡器与负阻振荡器两大类。反馈振荡器是在放大器电路中加入正反馈,当正反馈足够大时,放大器产生振荡,变成振荡器。这里的放大器没有外加激励信号,由正反馈信号提供能量。负阻振荡器则是由一个呈现负阻振荡特性的有源器件直接与谐振回路相接,产生振荡。

电子振荡器的输出波形可以是正弦波,也可以是非正弦波,视电子器件的工作状态及所用的电路元件如何组合而定。本章只讨论正弦波振荡器。振荡器通常工作于丙类,它的工作状态是非线性的。严格的分析应该采用非线性理论,但很困难。所以,通常用甲类线性工作来分析,但可以获得与实际工作近似的情况,易于理解。由于大部分的振荡器都是用 LC 回路来产生振荡的,所以,应首先研究 LC 回路是怎么产生振荡的。

5.2 LCR 回路中的瞬变现象

对于如图 5.2.1 所示的 LCR 自由振荡电路,假设开关 S 先置于 1 的位置,使电容 C 最初充电到电压 V,然后将 S 转换到 2 的位置,C 上的电荷即经过 L、R 放电。由基尔霍夫定律可得

$$L \frac{\mathrm{d}i}{\mathrm{d}t} + Ri + \frac{1}{C} \int i \, \mathrm{d}t = 0 \tag{5.2.1}$$

$$\frac{\mathrm{d}^2 i}{\mathrm{d}t^2} + 2\delta \frac{\mathrm{d}i}{\mathrm{d}t} + \omega_0^2 i = 0 \tag{5.2.2}$$

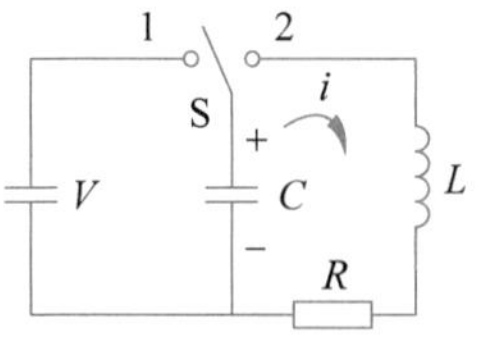

图 5.2.1　LCR 自由振荡电路

式中，$\delta = \dfrac{R}{2L}$ 称为回路的衰减系数；$\omega_0 = \dfrac{1}{\sqrt{LC}}$ 称为回路的固有角频率。$t=0$ 时，$i=0$，$L\left(\dfrac{\mathrm{d}i}{\mathrm{d}t}\right)_{t=0} = V$，得到它的解为

$$i = \frac{-V}{2L\sqrt{\delta^2 - \omega_0^2}} e^{-\delta t} \left(e^{\sqrt{(\delta^2 - \omega_0^2)} \cdot t} - e^{-\sqrt{(\delta^2 - \omega_0^2)} \cdot t} \right) \tag{5.2.3}$$

负号的物理意义说明放电电流的方向正好与充电电流相反。

（1）针对式（5.2.1）的二阶线性微分方程，利用 MATLAB 进行求解，程序如下：

```
syms i t V R C L;
w0 = 1/sqrt(L * C);
p = R/(2 * L);
i = dsolve('D2i + 2 * p * Di + w0^2 * i', 'i(0) = 0', 'L * Di(0) = V', 't')
```

运行结果和式（5.2.3）相同：

```
i = (V * exp(-t * (p - ((p + w0) * (p - w0))^(1/2))))/(2 * L * ((p + w0) * (p - w0))^(1/
2)) - (V * exp(-t * (p + ((p + w0) * (p - w0))^(1/2))))/(2 * L * ((p + w0) * (p - w0))^
(1/2))
```

（2）结果讨论。

根据 δ^2 和 ω_0^2 的大小关系可分为 3 种情况。

① 当 $\delta^2 > \omega_0^2$ 时，

$$i = \frac{-V}{L\sqrt{\delta^2 - \omega_0^2}} e^{-\delta t} \sinh\left(\sqrt{\delta^2 - \omega_0^2}\, t\right) \tag{5.2.4}$$

利用 MATLAB 画出该曲线，程序编写如下：

```
clear;clc
t = 0:0.01:6 * pi;
V = 10;L = 500 * 10^(-3);C = 1000 * 10^(-3);R = 2;
p = R/(2 * L);fprintf('p = % f\n',p);
w0 = 1/sqrt(L * C);fprintf('w0 = % f\n',w0);
w = sqrt(p^2-w0^2);fprintf('w = % f\n',w);
i = (-V)./(L. * sqrt(p^2-w0^2)). * exp(-p. * t). * sinh(sqrt(p^2-w0^2). * t);
plot(t,i);
axis([0,4,-5,0]);
xlabel('时间 t');ylabel('电流 i');legend('p^2 > w0^2');
```

运行结果如图 5.2.2 所示。因为 R 太大导致电流 i 处于过阻尼态，无法产生振荡。

② 当 $\delta^2 = \omega_0^2$ 时，振荡电路中电流为

$$i = \frac{-V}{L} t e^{-\delta t} \tag{5.2.5}$$

```
clear;clc
t = 0:0.01:6 * pi;
V = 21.2;L = 750 * 10^(-3);C = 750 * 10^(-3);R = 2 * sqrt(L/C);
```

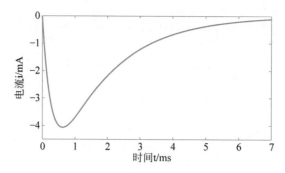

图 5.2.2　$\delta^2 > \omega_0^2$ 时的电流变化曲线

```
p = R/(2 * L);fprintf('p = % f\n',p);
w0 = 1/sqrt(L * C);fprintf('w0 = % f\n',w0);
w = sqrt(w0^2 - p^2);fprintf('w = % f\n',w);
i = ( - V)./L. * t. * exp( - p. * t);
plot(t,i);
axis([0,3, - 3,0]);
xlabel('时间 t');ylabel('电流 i');legend('p^2 = w0^2');
```

运行结果如图 5.2.3 所示。电流随时间仍然是不振荡的,此时称为临界阻尼。只要 R 在减小,就会产生某些振荡行为。

③ 当 $\delta^2 < \omega_0^2$ 时,

$$i = \frac{-V}{\omega L} e^{-\delta t} \sin(\omega t) \qquad (5.2.6)$$

根据 δ 的大小又可以分为以下 3 种情况:

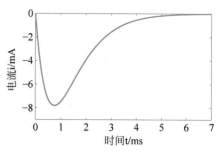

图 5.2.3　$\delta^2 = \omega_0^2$ 时的电流变化曲线

• $\delta > 0$。

```
clear;clc
t = 0:0.01:6 * pi;
V = 10;L = 500 * 10^( - 3);R = 100 * 10^( - 3);C = 500 * 10^( - 3);
p = R/(2 * L);fprintf('p = % f\n',p);
w0 = 1/sqrt(L * C);fprintf('w0 = % f\n',w0);
w = sqrt(w0^2 - p^2);fprintf('w = % f\n',w);
i = ( - V)./(w. * L). * exp( - p. * t). * sin(w. * t);
plot(t,i);
xlabel('时间 t');ylabel('电流 i');legend('p>0(R>0 且<2 * sqrt(L/C))');
```

运行结果如图 5.2.4 所示。它表示在正电阻时,电流产生衰减振荡波形。

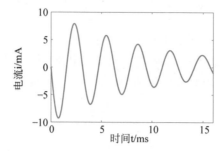

图 5.2.4　$\delta > 0 \left(R > 0, \text{且} R < 2\sqrt{\dfrac{L}{C}} \right)$ 时的电流变化曲线(衰减振荡)

- $\delta = 0$。

```
clear;clc
t = 0:0.01:6 * pi;
V = 10;L = 500 * 10^( -3);R = 0;C = 500 * 10^( -3);
p = R/(2 * L);fprintf('p = % f\n',p);
w0 = 1/sqrt(L * C);fprintf('w0 = % f\n',w0);
w = sqrt(w0^2 - p^2);fprintf('w = % f\n',w);
i = ( -V)./(w. * L). * exp( -p. * t). * sin(w. * t);
plot(t,i);
xlabel('时间 t');ylabel('电流 i');legend('p = 0(R = 0)');
```

运行结果如图 5.2.5 所示,当 R 降到零时,振荡振幅保持不变,即产生等幅振荡。为了获得等幅振荡,必须设法使 LC 回路中电阻等于零。由于 LC 回路本身是正电阻的,必须引入负电阻,将回路最后的正电阻完全抵消,以获得等幅振荡。后面我们会学习到在电路中引入正反馈,相当于一个负电阻。另一种方法是利用有源器件本身的负阻特性,使之抵消 LC 回路的正电阻。因此,负阻振荡器与反馈振荡器两种概念是统一的。从数学模型上来说,负阻的概念比正反馈的概念更具有普遍性。

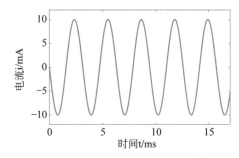

图 5.2.5　$\delta = 0(R = 0)$ 时的电流变化曲线(等幅振荡)

- $\delta < 0$。

```
clear;clc
t = 0:0.01:12 * pi;
V = 10;L = 500 * 10^( -3);R = -100 * 10^( -3);C = 500 * 10^( -3);
p = R/(2 * L);fprintf('p = % f\n',p);
w0 = 1/sqrt(L * C);fprintf('w0 = % f\n',w0);
w = sqrt(w0^2 - p^2);fprintf('w = % f\n',w);
i = ( -V)./(w. * L). * exp( -p. * t). * sin(w. * t);
plot(t,i);
xlabel('时间 t');ylabel('电流 i');legend('p < 0(R < 0)');
```

运行结果如图 5.2.6 所示。当 R 为负阻时,振荡振幅将随时间而增长,得到如图 5.2.6 所示的增幅振荡波形。如果 R 的负值不变,则振幅将继续无限制地增大,但实际上是不可能的。因为一个振荡器开始振荡时,回路的等效串联电阻为负值(由有源器件供给电阻),随着振荡振幅的增长,有源器件的工作状态逐渐改变,负电阻的绝对值逐渐减小。最后负电阻与回路本身的正电阻正好互相抵消。

如果回路中有电阻存在,但并不太大,则电流每循环一次,即损失一部分功率,因而振荡振幅越来越小,成为衰减振荡。当电阻增至某一临界值时,电容器第一次放电即被电阻耗去全部电能,因此回路不能产生振荡,电流变化如图 5.2.4 所示。电阻再大时,回路更不能产生振荡,电流变化如图 5.2.2 和图 5.2.3 所示。实际上,回路中总是有电阻存在的,因此,为了维持回路产生等幅振荡,必须设法让谐振回路中的电阻等于零。由于在实际电路中总是存在正电阻,因此应设法引入负电阻,将回路本身正电阻完全抵消,以获得等幅振荡。另一种方法就是利用有源器件的负阻特性和具有选频特性的正反馈网络,使得正反馈电路能在正确时间不断地补充回路电阻所消耗的电能,以完成等幅振荡这一任务。此时,整个串联等效电阻变为零。它的振荡频率则取决于电路参数 L、C、R 的值。

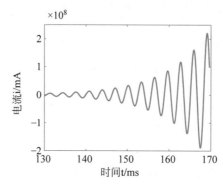

图 5.2.6　$\delta < 0(R < 0)$ 时的电流变化曲线(增幅振荡)

5.3 LCR 振荡器的基本工作原理

从上面对 LC 振荡回路的分析得出构成一个振荡器必须具备下列 3 个条件:

(1) 一套振荡回路,包含两个或两个以上储能元件。在这两个元件中,当一个释放能量时,另一个就接收能量。释放和接收能量往返进行,其频率由元件的数值决定。

(2) 一个能量来源,可以补充由振荡回路所产生的能量损失。在晶体管振荡器中,这个能量来源就是直流电源 V_{CC}。

(3) 一个控制设备,可以使电源功率在正确的时刻补充电路的能量损失,以维持等幅振荡。这是由有源器件(电子管、晶体管或集成块)和正反馈电路完成的。

以如图 5.3.1 所示的调集振荡器为例,说明振荡器的工作原理。图 5.3.1(a)是实际电路,其中的 LC 回路既是振荡回路,又与 L_1、M 等组成晶体管的正反馈电路,完成控制作用。R_{b1}、R_{b2} 为基极偏置电阻,R_e 为发射极偏置电阻,C_b 与 C_e 为旁路与隔直电容。为了完成正反馈作用,L 和 L_1 的同名端分别接到 c 和 e 端。如果接错了,就不能产生振荡。

假设振荡器在线性工作区,且工作频率不高,则可将图 5.3.1(a)画成如图 5.3.1(b)所示的 h 参数等效电路。其中,r 为回路损耗电阻。由图 5.3.1(b)可列出下列方程:

$$\frac{h_{fb}i_e}{h_{ob}} = i\frac{1}{h_{ob}} + L\frac{di_L}{dt} + i_L r \tag{5.3.1}$$

$$i = i_L + i_C \tag{5.3.2}$$

$$i_e h_{ib} = h_{rb}v_C + M\frac{di_L}{dt} \tag{5.3.3}$$

$$v_C = i_L r + L\frac{di_L}{dt} = \frac{1}{C}\int i_C dt \tag{5.3.4}$$

由上述各方程消去 i、i_C、v_C,可得

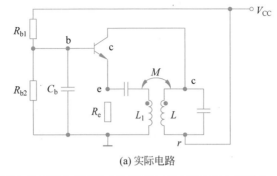

(a) 实际电路

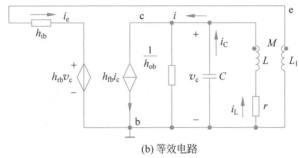

(b) 等效电路

图 5.3.1 互感耦合调集振荡器

$$\frac{\mathrm{d}^2 i_L}{\mathrm{d}t^2} + \frac{1}{h_{ib}LC}(Crh_{ib} + L\Delta h_b - h_{fb}M)\frac{\mathrm{d}i_L}{\mathrm{d}t} + \frac{1}{LC}\left(\frac{\Delta h_b}{h_{ib}}r + 1\right)i_L = 0 \quad (5.3.5)$$

式中,

$$\Delta h_b = h_{ob}h_{ib} - h_{fb}h_{rb} \quad (5.3.6)$$

$$2\delta = \frac{1}{h_{ib}LC}(Crh_{ib} + L\Delta h_b - h_{fb}M) \quad (5.3.7)$$

$$h_{fb} = \frac{rh_{ib}C + L\Delta h_b}{M} \quad (5.3.8)$$

$$\omega = \sqrt{\frac{1}{LC}\left(\frac{\Delta h_b r}{h_{ib}} + 1\right)} \approx \sqrt{\frac{1}{LC}} \quad （当 r 很小时） \quad (5.3.9)$$

$(-h_{fb}M)$ 一项可看成由于互感 M 与晶体管的正反馈作用所产生的负电阻成分,显然,M 与 h_{fb} 越大,越容易起振。

概括地说,振荡器的振荡频率主要取决于储能回路参数;振荡幅度则主要取决于电路中的非线性元器件(如晶体管、电子管等),不论初始冲击强还是弱,最终都会达到某一稳定值。

反馈振荡器是目前应用最多的振荡器,它是建立在放大和反馈基础上的。实际上反馈振荡器是不需要通过开关转换由外加信号激励产生输出信号的,它是把反馈电压作为输入信号,以维持一定的输出电压的闭环正反馈系统。

5.4 反馈振荡器的工作原理

本节主要阐述反馈振荡器的平衡条件与起振过程。反馈振荡器的起振波形示意图如图 5.4.1 所示。

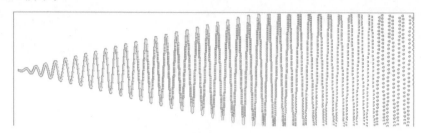

图 5.4.1　反馈振荡器起振波形示意图

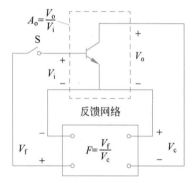

图 5.4.2　反馈振荡器框图

如图 5.4.2 所示,当接通电源时,回路内的各种电扰动信号经选频网络选频后,将其中某一频率的信号反馈到输入端,再经放大→反馈→放大→反馈的循环,该信号的幅度不断增大,振荡由小到大建立起来。随着信号振幅的增大,放大器将进入非线性状态,增益下降,当反馈电压正好等于输入电压时,振荡幅度不再增大进入平衡状态。为维持等幅振荡须满足如下条件:

由 $V_o = AV_i$、$V_f = FV_o$ 和 $V_f = V_i$,可得到

$$V_f = AFV_i, \quad AF = 1 \tag{5.4.1}$$

所以维持等幅振荡的条件为

$$|AF| = 1 \tag{5.4.2}$$

$$\varphi_A + \varphi_F = 2n\pi, \quad n = 0,1,2,3,\cdots \tag{5.4.3}$$

例 5.4.1　求图 5.4.3 调集振荡器的振荡条件和振荡频率。反馈网络由 L、C、M 和 L_1 组成。

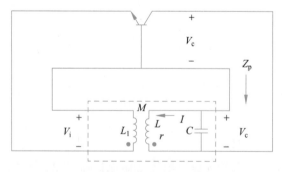

图 5.4.3　调集振荡器的交流等效电路

解:由放大电路理论可知,无反馈时共基放大器的电压增益为

$$A_o = \frac{h_{fb} Z_p}{h_{ib} + \Delta h_b Z_p} \tag{5.4.4}$$

谐振回路的输出电压为

$$V_c = I(r + j\omega L) \tag{5.4.5}$$

L_1 两端的感应(反馈)电压为

$$V_i = j\omega M I \tag{5.4.6}$$

因此,反馈系数为

$$F = \frac{V_i}{V_c} = \frac{j\omega M}{r + j\omega L} \tag{5.4.7}$$

将 A_0 与 F 代入振荡条件,并注意到

$$Z_p = \frac{\frac{1}{j\omega C}(r + j\omega L)}{r + j\left(\omega L - \frac{1}{\omega C}\right)} \tag{5.4.8}$$

由 $AF = 1$,得到

$$1 - \frac{j\omega M h_{fb}}{h_{ib}(1 - \omega^2 LC + j\omega rC) + \Delta h_b(r + j\omega L)} = 0 \tag{5.4.9}$$

由式(5.4.9)的虚数项等于零,得到

$$h_{ib} r\omega C + \Delta h_b \omega L - \omega M h_{fb} = 0 \tag{5.4.10}$$

$$h_{fb} = \frac{h_{ib} rC + \Delta h_b L}{M} \tag{5.4.11}$$

由式(5.4.9)的实数项等于零,得到

$$h_{ib}(1 - \omega^2 LC) + \Delta h_b r = 0 \tag{5.4.12}$$

$$\omega = \sqrt{\frac{1}{LC}\left(\frac{\Delta h_b r}{h_{ib}} + 1\right)} \tag{5.4.13}$$

由此可知,无论是基于瞬变的观点,还是基于正反馈的观点,所得到的振荡条件都是一样的。一般来说,我们都采用正反馈的观点来分析。

5.5 振荡器的平衡与稳定条件

振荡电路是单端口网络,无须输入信号就能起振,起振的信号源来自于接通电源瞬间引起的电压、电流突变,电路器件内部噪声等。初始信号中,满足相位平衡条件的某一频率 ω_0 的信号应该被保留,成为等幅振荡输出信号,这是交流信号从无到有的过程。然而,一般初始信号很微弱,很容易被干扰信号所淹没,不能形成一定幅度的输出信号。因此,起振阶段要求

$$|AF| > 1 \tag{5.5.1}$$

$$\varphi_A + \varphi_F = 2n\pi, \quad n = 0, 1, 2, 3, \cdots \tag{5.5.2}$$

当输出信号幅值增加到一定程度时,就要限制它继续增加。稳幅的作用是,当输出信号幅值达到一定程度时,使振幅平衡条件从 $AF > 1$ 到 $AF = 1$,是个由增到稳定的过程。上面分析的是保证振荡器由弱到强地建立起振荡的起振条件;下面分析保证振荡器进入平衡状态、产生等幅振荡的平衡条件。稳定条件也分为振幅稳定与相位稳定两种。

5.5.1 振幅平衡的稳定条件

保证外界因素变化时振幅相对稳定,就是要保证当振幅变化时,AF 的大小朝反方向变化。假定由于某种因素使振幅增大超过了 V_{omQ},这时 $A < \frac{1}{F}$,即出现 $AF < 1$ 的情况;

于是振幅就自动衰减而回到 V_{omQ}。反之,当某种因素使振幅小于 V_{omQ},这时 $A > \dfrac{1}{F}$,即出现 $AF > 1$ 的情况,于是振幅就自动增强,从而又回到 V_{omQ}。

因此,Q 点是稳定平衡点。形成稳定平衡的根本原因是什么呢？关键在于在平衡点附近,放大倍数随振幅的变化特性具有负的斜率,即振幅稳定条件为

$$\left.\frac{\partial A}{\partial V_{om}}\right|_{V_{om}} = V_{omQ} < 0 \tag{5.5.3}$$

式(5.5.3)表示平衡点的振幅稳定条件。它说明在反馈振荡器中,放大器的放大倍数随振荡幅度的增强而下降,振幅才能处于稳定平衡状态。工作于非线性状态的有源器件(晶体管、电子管等)正好具有这一性能,因而它们具有稳定振幅的功能。一般只要偏置电路和反馈网络设计正确,即 $A = f_1(V_{om})$ 曲线是一条单调下降曲线,且与 $\dfrac{1}{F} = f_2(V_{om})$ 曲线仅有一点相交,如图 5.5.1 所示。开始起振时,$A_oF > 1$,振荡处于增幅振荡状态,振荡幅度从小到大,直到到达 Q 点为止。这就是软自激状态,它的特点是不需外加激励,振荡便可以自激。如果晶体管的静态工作点取得很低,甚至为反向偏置,而且反馈系数 F 又较小时,可能会出现如图 5.5.2 所示的另一种振荡形式。这时 $A = f_1(V_{om})$ 曲线不是一条单调下降曲线,而是先随 V_{om} 的增大而上升,达到最大值后,又随 V_{om} 的增大而下降。因此,它与 $\dfrac{1}{F} = f_2(V_{om})$ 曲线有两个交点 B 与 Q。这两点都是平衡点。其中,平衡点 Q 满足 $\left.\dfrac{\partial A}{\partial V_{om}}\right|_{V_{om} = V_{omQ}} < 0$ 的条件,是稳定平衡点。平衡点 B 则与上述情况相反,因为在此点 $\left.\dfrac{\partial A}{\partial V_{om}}\right|_{V_{om}} = V_{omQ} > 0$,当振荡幅度稍大于 V_{omB} 时,如图 5.5.2 所示,在开始起振时,$AF > 1$,振荡处于增幅振荡状态,振幅越来越大。反之,振幅稍低于 V_{omB},则 $AF < 1$,又称为减幅振荡,因此振幅将继续衰减下去,直到停振为止。所以 B 点的平衡状态是不稳定的。由于在 $V_{om} < V_{omB}$ 的区间,振荡始终是衰减的。因此,这种振荡器不能自行起振,除非在起振时外加一个大于 V_{omB} 的冲击信号,使其冲过 B 信号才能起振的现象,称为硬自激。一般情况下都是使振荡电路工作于软自激状态,避免硬自激。

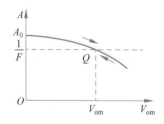

图 5.5.1　软自激的振荡特性

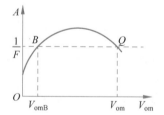

图 5.5.2　硬自激的振荡特性

5.5.2　相位平衡的稳定条件

相位平衡的稳定条件是指相位平衡条件遭到破坏时,相位平衡能重新建立,且仍能保持相对稳定的振荡频率。当外部扰动引起频率上升时,相位也会随之增加,为了到达

相位平衡的条件,必须有一种使频率下降的机制,也就是相位对频率的一阶导数小于零。

$$\frac{\partial(\varphi_Y + \varphi_Z + \varphi_F)}{\partial\omega} \approx \frac{\partial\varphi_Z}{\partial\omega} < 0 \tag{5.5.4}$$

$$A_v = A_{v0}\frac{1}{1 + jQ_L\left(\dfrac{\omega}{\omega_0} - \dfrac{\omega_0}{\omega}\right)} \tag{5.5.5}$$

$$\varphi = -\arctan Q\left(\frac{\omega}{\omega_0} - \frac{\omega_0}{\omega}\right) \tag{5.5.6}$$

图 5.5.3 是以角频率 ω 为横坐标、φ_Z 为纵坐标的并联谐振回路相频特性曲线。当相位平衡时有 $\varphi_Z = -(\varphi_Y + \varphi_F) = -\varphi_{YF}$ 的相位关系。一般情况下,振荡器存在一定的正向传输导纳相角 φ_Y 和反馈系数 φ_F。假定两个相角的代数和为图 5.5.3 中所示的 φ_{YF} 值,则只有工作频率为 ω_c 时,相位平衡条件才能满足。若由于外界某种因素使得振荡器相位发生变化,例如在图 5.3.3 中,φ_{YF} 增加到 φ'_{YF},从而破坏了原来工作于 ω_c 频率的平衡条件,使 ω_c 升高,谐振回路就会产生负的相角增量 $-\Delta\varphi_Z$。当 $-\Delta\varphi_Z = \Delta\varphi_{YF}$ 时,相位重新满足 $\Sigma\varphi = 0$ 的

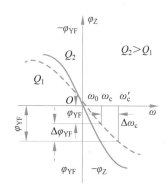

图 5.5.3　并联谐振回路的相频特性

条件,振荡器在 ω'_c 的频率上再一次达到平衡。但是新的平衡点 $\omega'_c = \omega_c + \Delta\omega_c$ 还是偏离原来的稳定平衡点一个 $\Delta\omega_c$,显然,这是为了抵消 $\Delta\varphi_{YF}$ 出现的必然现象。为了减小振荡频率的变化,一方面应尽可能减小 $\Delta\varphi_{YF}$,也就是减小 φ_Y 和 φ_F 对外界因素影响的敏感值;另一方面,可提高相频特性曲线斜率绝对值 $\left|\dfrac{\partial\varphi}{\partial\omega}\right|$,这可通过提高回路的 Q 值来实现。另外,尽可能使得 φ_{YF} 趋近于零,即振荡回路工作于谐振状态,有利于振荡频率的稳定。

5.6　LC 振荡器

5.6.1　LC 振荡器的组成原则

LC 振荡器的基本电路就是通常所说的三端式(又称三点式)振荡器,即 LC 回路的 3 个端点与晶体管的 3 个电极分别连接而成的电路,如图 5.6.1 所示。根据谐振回路的性质,谐振时回路应呈纯电阻性,因而有

$$X_1 + X_2 + X_3 = 0 \tag{5.6.1}$$

一般情况下,回路 Q 值很高,因此回路电流远大于晶体管的基极电流 I_b、集电极电流 I_c 以及发射极电流 I_e,故由图 5.6.1,有

$$\begin{cases} U_b = jX_2 I \\ U_c = -jX_1 I \end{cases} \tag{5.6.2}$$

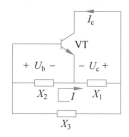

图 5.6.1　三端式振荡器
　　　　　电路原理图

因为 U_b 与 U_c 的极性相反,所以 X_1、X_2 应为同性质的电抗元件。

三端式振荡器有两种基本电路,如图 5.6.2 所示。图 5.6.2(a)

中 C_1 和 C_2 为容性, L_3 为感性, 满足三端式振荡器的组成原则, 反馈网络是由电容元件完成的, 称为电容反馈振荡器, 也称为考毕兹(Colpitts)振荡器。图5.6.2(b)中 L_1 和 L_2 为感性, C_3 为容性, 满足三端式振荡器的组成原则, 反馈网络是由电感元件完成的, 称为电感反馈振荡器。下面以几个典型的电路为例分析这两种振荡器的振荡频率、起振条件和反馈系数。

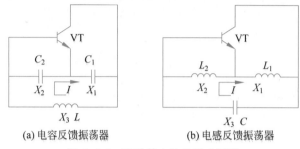

(a) 电容反馈振荡器　　　　(b) 电感反馈振荡器

图 5.6.2　两种基本的三端式振荡

5.6.2　电容反馈振荡器

图5.6.3(a)是一个电容反馈振荡器的实际电路, 图5.6.3(b)是其交流等效电路。图5.6.3电路的振荡频率为

$$\omega_1 = \sqrt{\frac{1}{LC} + \frac{g_{ie}(g_{oe} + g'_L)}{C_1 C_2}} \tag{5.6.3}$$

回路的总电容 C 为

$$C = \frac{C_1 C_2}{C_1 + C_2} \tag{5.6.4}$$

当不考虑 g_{ie} 的影响时, 振荡器谐振频率为

$$\omega_1 = \omega_2 = \sqrt{\frac{1}{LC}} \tag{5.6.5}$$

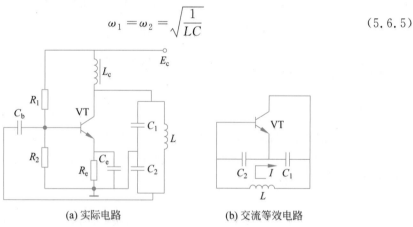

(a) 实际电路　　　　　　(b) 交流等效电路

图 5.6.3　电容反馈三端式振荡器

反馈系数 $K_F = F(j\omega)$ 的大小为

$$K_F = |F(j\omega)| = \frac{U_b}{U_c} = \frac{\dfrac{1}{\omega C_2}}{\dfrac{1}{\omega C_1}} = \frac{C_1}{C_2} \tag{5.6.6}$$

将 g_{ie} 折算到放大器输出端，有

$$g'_{ie} = \left(\frac{U_b}{U_c}\right)^2 g_{ie} = K_F^2 g_{ie} \tag{5.6.7}$$

因此，放大器总的负载电导 g_L 为

$$g_L = K_F^2 g_{ie} + g_{oe} + g'_L \tag{5.6.8}$$

则由振荡器的振幅起振条件 $Y_f R_L F' > 1$，可以得到

$$g_m \geqslant (g_{oe} + g'_L) \frac{1}{K_F} + g_{ie} K_F \tag{5.6.9}$$

5.6.3 电感反馈振荡器

图 5.6.4(a) 是一个电感反馈振荡器的实际电路，图 5.6.4(b) 是其交流等效电路。同电容反馈振荡器的分析一样，振荡器的振荡频率可以用回路的谐振频率近似表示，即

$$\omega_1 = \omega_2 = \sqrt{\frac{1}{LC}} \tag{5.6.10}$$

式(5.6.10)中的 L 为回路的总电感，且

$$L = L_1 + L_2 + 2M \tag{5.6.11}$$

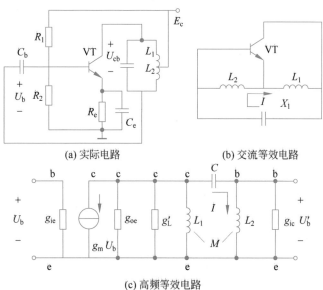

(a) 实际电路   (b) 交流等效电路

(c) 高频等效电路

图 5.6.4 电感反馈三端式振荡器

由相位平衡条件，振荡器的振荡频率表达式为

$$\omega_1 = \sqrt{\frac{1}{LC + g_{ie}(g_{oe} + g'_L)(L_1 L_2 - M^2)}} \tag{5.6.12}$$

工程上在计算反馈系数时不考虑 g_{ie} 的影响，反馈系数的大小为

$$\dot{K}_F = \left|\frac{\dot{U}'_b}{\dot{U}_c}\right| \approx \frac{\dot{I}\omega(L_2 + M)}{\dot{I}\omega(L_1 + M)} = \frac{L_2 + M}{L_1 + M} \tag{5.6.13}$$

回路谐振时，晶体管放大器的电压放大倍数为

$$A_v = \left| \frac{U_c}{U_b} \right| = \frac{\dfrac{g_m U_b}{g_\Sigma}}{U_b} = g_m / g_\Sigma = g_m \frac{1}{g_{oe} + g_L' + K_F^2 g_{ie}}$$

由起振条件 AK_F 大于 1，同样可得起振时的 g_m 应满足

$$g_m \geqslant (g_{oe} + g_L') \frac{1}{K_F} + g_{ie} K_F \tag{5.6.14}$$

5.6.4　两种改进型电容反馈振荡器

1. 克拉泼振荡器

图 5.6.5 是克拉泼振荡器的实际电路和交流等效电路图。这种电路频率稳定性比较高。在图 5.6.5 中，$C_1 \gg C_3$，$C_2 \gg C_3$，C_b 为基极耦合电容，C_3 为可变电容，它的作用是把 L 与 C_1、C_2 隔开，使反馈系数仅取决于 C_1 与 C_2 的比值，振荡频率基本上由 C_3 和 L 决定。因此，C_3 减弱了晶体管与振荡回路之间的耦合，使折算到回路的有源器件的参数减小，提高了频率稳定度。另一方面，不稳定电容（如分布电容）则与 C_1、C_2 并联，基本上不影响振荡频率。C_3 越小，则频率稳定度越好，但起振也越困难。所以，C_3 也不能无限制减小。

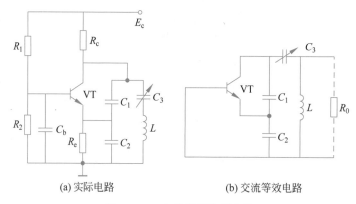

(a) 实际电路　　　　　　　　(b) 交流等效电路

图 5.6.5　克拉泼振荡器电路

回路的总电容为

$$\frac{1}{C} = \frac{1}{C_1} + \frac{1}{C_2} + \frac{1}{C_3} \approx \frac{1}{C_3} \tag{5.6.15}$$

接入系数为

$$p = \frac{C}{C_1} \approx \frac{C_3}{C_1} \tag{5.6.16}$$

负载电阻为

$$R_L = p^2 R_0 \approx \left(\frac{C_3}{C_1} \right)^2 R_0 \tag{5.6.17}$$

振荡频率为

$$\omega_1 \approx \omega_2 = \sqrt{\frac{1}{LC}} \approx \sqrt{\frac{1}{LC_3}} \tag{5.6.18}$$

反馈系数为

$$K_F = \frac{C_1}{C_2} \qquad (5.6.19)$$

2. 西勒振荡器

图 5.6.6 是西勒振荡器的实际电路和交流等效电路,它是另一种改进型的电容三点式振荡器。它的主要特点是与电感 L 并联一个可变电容 C_4,电容 C_1、C_2 和 C_3 的取值原则和克拉泼振荡器电路相同。调节频率时,通过改变电容 C_4 实现,但不影响反馈系数,其输出波形好,工作频率高,此电路适用于宽波段、频率可调的场合。

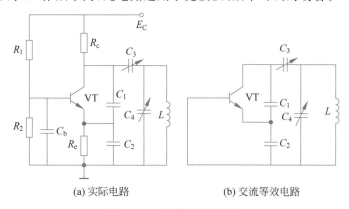

(a) 实际电路　　　　　　　(b) 交流等效电路

图 5.6.6　西勒振荡器电路

回路的总电容为

$$C = \frac{1}{\dfrac{1}{C_1} + \dfrac{1}{C_2} + \dfrac{1}{C_3}} + C_4 \approx C_3 + C_4 \qquad (5.6.20)$$

振荡器的振荡频率为

$$\omega_1 \approx \omega_2 = \sqrt{\frac{1}{LC}} \approx \sqrt{\frac{1}{L(C_3 + C_4)}} \qquad (5.6.21)$$

反馈系数为

$$K_F = \frac{C_1}{C_2} \qquad (5.6.22)$$

5.6.5　反馈振荡器基本组成部分和实例分析

从上面的讨论可知,要使反馈振荡器能够产生持续的等幅振荡,必须满足振荡的起振条件、平衡条件和稳定条件,它们是缺一不可的。因此,正弦波反馈振荡器应该包括放大电路、正反馈网络、选频网络(选择满足相位平衡条件的一个频率,经常与反馈网络合二为一)和稳幅环节。

例 5.6.1　振荡线路——互感耦合振荡器。图 5.6.7 是 LC 振荡器的实际电路,其中反馈网络由 L 和 L_1 间的互感 M 以及晶体管输入电路组成,因而称为互感耦合式的反馈振荡器,或称为变压器耦合振荡器。设振荡器的工作频率等于回路谐振频率,当基极加有信号 u_b 时,由三极管中的电流流向关系可知,集电极输出电压 u_c 与输入电压 u_b 反

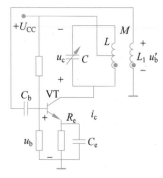

图 5.6.7 互感耦合振荡器

相,根据图 5.6.7 中两线圈上所标的同名端,判断出反馈线圈 L_1 端的电压 u_b' 与 u_c 反相,故 u_b' 与 u_b 同相,该反馈为正反馈。因此只要电路设计合理,在工作时满足 $u_b'=u_b$ 条件,在输出端就会有正弦波输出。互感耦合反馈振荡器的正反馈是由互感耦合振荡回路中的同名端来保证的。

例 5.6.2 电容三端式振荡器如图 5.6.8 所示,已知晶体管静态工作点电流 $I_{EQ}=0.8\text{mA}$,晶体管 $g_{ie}=0.8\text{mS}$,$g_{oe}=0.004\text{mS}$ 谐振回路的 $C_1=100\text{pF}$,$C_2=360\text{pF}$,$L=12\mu\text{H}$,空载 $Q=70$,集电极电阻 $R_c=4.3\text{k}\Omega$,$R_b=R_{b1}//R_{b2}=7.7\text{k}\Omega$。试求振荡器的振荡频率,并验证电路是否满足振幅起振条件。

解:先画出振荡电路起振时开环小信号等效电路,所有的元件都折算到集电极和发射极的 1、3 两端,如图 5.6.9 所示。

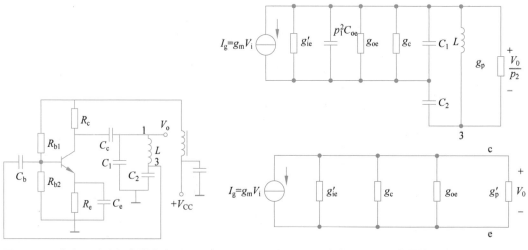

图 5.6.8 电容三端式振荡器电路原理图　　　　图 5.6.9 电容三端式振荡器等效电路图

略去晶体管内反馈的影响 $y_{re}=0$,同时略去正向导纳的相移,将 y_{fe} 用 g_m 表示(同时也略去了反向导纳 y_{fe} 相移的影响),C_{ie} 与 C_{oe} 均比 C_1、C_2 小得多,也略去它们的影响,则该系统的总电容和振荡频率分别为

$$C=\frac{C_1 C_2}{C_1+C_2}=\frac{100\times360}{100+360}\text{pF}=78.3\text{pF} \tag{5.6.23}$$

$$f=\frac{1}{2\pi\sqrt{LC}}=\frac{1}{2\times3.14\times\sqrt{12\times10^{-6}\times78.3\times10^{-12}}}\text{Hz}=5.2\text{MHz} \tag{5.6.24}$$

电压增益为

$$A=\frac{V_o}{V_i}=\frac{-g_m V_i/G_e}{V_i}=-g_m/G_e \tag{5.6.25}$$

$$G_e=g_{oe}+g_c+g_p'+g_{ie}' \tag{5.6.26}$$

$$g_c = \frac{1}{R_c} = \frac{1}{4.3 \times 10^3} \text{S} = 23.3 \times 10^{-5} \text{S} \tag{5.6.27}$$

空载状态下的品质因数为

$$Q = R_p \sqrt{\frac{C}{L}} \tag{5.6.28}$$

折算到集电极和发射极 1、3 两端之间的等效电导为

$$g'_p = \left(\frac{C_1 + C_2}{C_2}\right)^2 \frac{1}{R_p} = \left(\frac{C_1 + C_2}{C_2}\right)^2 \frac{1}{Q\sqrt{\frac{L}{C}}}$$

$$= \left(\frac{100 + 360}{360}\right)^2 \times \frac{1}{70 \times \sqrt{\frac{12 \times 10^{-6}}{78.3 \times 10^{-12}}}} \text{S} = 5.96 \times 10^{-5} \text{S} \tag{5.6.29}$$

$$g'_{ie} = \left(\frac{C_1}{C_2}\right)^2 \left(g_{ie} + \frac{1}{R_b}\right) = \left(\frac{100}{360}\right) \times \left(0.8 \times 10^{-3} + \frac{1}{7.7 \times 10^3}\right) \text{S}$$

$$= 7.2 \times 10^{-5} \text{S} \tag{5.6.30}$$

$$G_e = g_{oe} + g_c + g'_p + g'_{ie} = 4 \times 10^{-5} + 23.3 \times 10^{-5} + 5.96 \times 10^{-5} + 7.2 \times 10^{-5} \text{S}$$

$$= 40.5 \times 10^{-5} \text{S} \tag{5.6.31}$$

反馈系数 K_F 为

$$K_F \approx -\frac{C_1}{C_2} = -\frac{100}{360} = -\frac{5}{18} \tag{5.6.32}$$

环路增益为

$$A_F \approx \frac{g_m}{G_e} \frac{C_1}{C_2} = \frac{I_{eQ}/V_T}{G_e} \frac{C_1}{C_2} = \frac{0.8/26}{40.5 \times 10^{-5}} \times \frac{5}{18} = 21 > 1 \tag{5.6.33}$$

满足起振条件。

5.6.6　LC 振荡器的设计要点

1. 振荡器电路选择

LC 振荡器一般工作在几百千赫兹至几百兆赫兹范围。振荡器线路主要根据工作的频率范围及波段宽度来选择。在短波范围,电感反馈振荡器、电容反馈振荡器都可以采用。在中、短波收音机中,为简化电路,常用变压器反馈振荡器作本地振荡器。

2. 晶体管选择

从稳频的角度出发,应选择 f_T 较高的晶体管,这样晶体管内部相移较小。通常选择 $f_T > (3 \sim 10) f_{1max}$。同时希望电流放大系数 β 大一些,这既容易振荡,也便于减小晶体管和回路之间的耦合。

3. 直流馈电线路的选择

为保证振荡器起振的振幅条件,起始工作点应设置在线性放大区;从稳频的目的出发,稳定状态应在截止区,而不应在饱和区,否则回路的有载品质因数 Q_L 将降低。所以,通常应将晶体管的静态偏置点设置在小电流区,电路应采用自偏压。

4. 振荡回路元件选择

从稳频的目的出发,振荡回路中电容 C 应尽可能大,但 C 过大,不利于波段工作。电感 L 也应尽可能大,但 L 大,则体积大,分布电容大;而 L 过小,回路的品质因数过小,因此应合理地选择回路的 C、L。在短波范围,C 一般取几十至几百皮法,L 一般取 0.1 微亨至几十微亨。

5. 反馈回路元件选择

由前述可知,为了保证振荡器有一定的稳定振幅以及容易起振,静态工作点通常应选择在

$$Y_f R_L K_F = 3 \sim 5 \tag{5.6.34}$$

当静态工作点确定后,Y_f 的值就一定,对于小功率晶体管可以近似为

$$Y_f = g_m = \frac{I_{cQ}}{26\,\text{mV}} \tag{5.6.35}$$

反馈系数应在下列范围选择

$$K_F = 0.1 \sim 0.5 \tag{5.6.36}$$

5.7 晶体振荡器

石英晶体振荡器是利用石英晶体谐振器作滤波元件构成的振荡器,其振荡频率由石英晶体谐振器决定。与 LC 谐振回路相比,石英晶体谐振器具有很高的标准性和极高的品质因数,因此石英晶体振荡器具有较高的频率稳定度,采用高精度和稳频措施后,石英晶体振荡器可以达到 $10^{-4} \sim 10^{-9}$ 的频率稳定度。

5.7.1 石英晶体振荡器的基本组成

石英晶体振荡器由谐振器、电容和放大器组成,如图 5.7.1 所示。石英晶体振荡器中的放大器至少由一个驱动设备、一个偏置电阻以及其他限制带宽、阻抗匹配和增益控制的元件组成。反馈网络由石英晶体谐振器和其他元件(如用来调谐的可变电容等)组成。

图 5.7.2 代表石英晶体振荡器内部结构,它由石英片、电极和管座组成。图 5.7.3 代表石英晶体振荡器的等效电路。C_0 代表静态电容和支架引线分布电容之和;L_{q1}、C_{q1}、r_{q1} 代表晶体基频等效电路;L_{q3}、C_{q3}、r_{q3} 代表晶体三次泛音等效电路。

图 5.7.1　石英晶体振荡器的基本组成元件　　　图 5.7.2　石英晶体振荡器的内部结构

根据输入信号的频率不同,石英晶体振荡器表现出来的振荡特性有串联谐振特性和并联谐振特性,并且石英晶体振荡器的电抗特性会随着工作频率的变化发生变化。

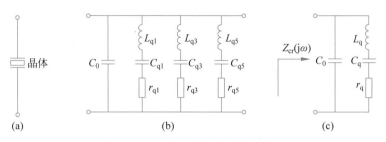

图 5.7.3　石英晶体振荡器等效电路

（1）等效为串联谐振时的串联谐振频率

$$f_s = \frac{1}{2\pi\sqrt{L_q C_q}} \tag{5.7.1}$$

（2）等效为并联谐振时的并联谐振频率

$$f_p = \frac{1}{2\pi\sqrt{L_q \dfrac{C_0 C_q}{C_0 + C_q}}} = f_s\sqrt{1 + \frac{C_q}{C_0}} \tag{5.7.2}$$

（3）晶体的电抗频率特性曲线。

1. 串联型晶体振荡器

如图 5.7.4 所示，工作频率小于 f_s 为容性，在 f_s 和 f_p 之间为感性，大于 f_p 为容性。石英晶体产品（图 5.7.5）的标称频率 f_N 是指石英晶体两端并接 30pF 电容（高频晶体）。

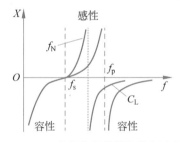

图 5.7.4　石英晶体振荡器阻抗频率特性

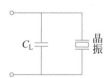

图 5.7.5　石英晶体的标称产品示意图

$$f_N = f_q\left[1 + \frac{C_q}{2(C_L + C_0)}\right] \tag{5.7.3}$$

串联型晶体振荡器的基本原理是：晶体所在的正反馈支路发生串联谐振，使正反馈最强而满足振荡。图 5.7.6(a) 中的晶体和负载电容发生串联谐振。图 5.7.6(b) 石英晶体作为短路元件串联在正反馈支路上，晶体工作于串联谐振点 f_s 上。

2. 并联型晶体振荡器

将石英晶体作为等效电感元件作用在三端式电路中，这类振荡器称为并联谐振型晶体振荡器。图 5.7.7(a) 代表改进前后的皮尔斯振荡器，石英晶片并接在基极和集电极之间。密西振荡器的石英晶体并接在基极和发射极之间，如图 5.7.7(b) 所示。并联型晶体振荡器的晶体一般工作在 f_s 和 f_p 之间，在电路中等效为一特殊电感。也有石英晶体接在晶体管集电极与发射极之间，这种电路不常用。

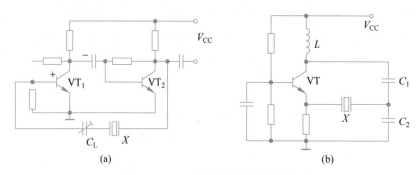

图 5.7.6　两种串联型晶体振荡器

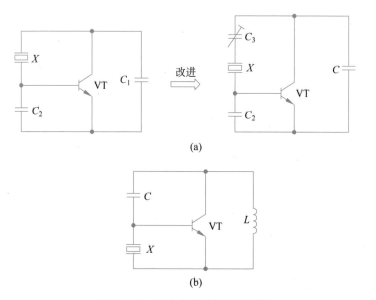

图 5.7.7　两种并联型晶体振荡器

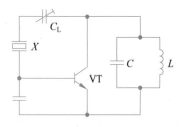

图 5.7.8　并联型泛音晶体振荡器

3. 泛音晶体振荡器

泛音晶体振荡器是利用晶体的泛音振动(泛音晶体)来实现的。有串联型和并联型两种。图 5.7.8 为并联型的泛音晶体振荡器。设晶体的基频为 1MHz,为了获得 5 次(5MHz)泛音振荡,LC 谐振频率为 3~5MHz。对于五次泛音频率,LC 呈容性,电路满足振荡条件,可以振荡。而对于基频和三次泛音,LC 呈感性,电路不符合三端式组成原则,不能振荡。

5.7.2　石英晶体振荡器的特点及其分类

1. 晶体振荡器的特点

(1) 在振荡频率上,闭合回路的相移为 $2n\pi$。

(2) 当开始加电时,电路中唯一的信号是噪声。满足振荡相位条件的频率噪声分量以增大的幅度在回路中传输,增大的速率由附加分量,即小信号、回路增益和晶体网络带宽决定。

(3) 幅度继续增大,直到放大器增益因有源器件(自限幅)的非线性而减小或者由于某一自动电平控制而被减小。

(4) 在稳定状态下,闭合回路的增益为 1。

2. 振荡与稳定度

(1) 如果产生相位波动 $\Delta\varphi$,频率必然偏移 Δf,以维持 $2n\pi$ 的相位条件。

(2) 对于串联谐振振荡器,$\dfrac{\Delta f}{f} = -\dfrac{\Delta\varphi}{2Q_{\mathrm{L}}}$,$Q_{\mathrm{L}}$ 是网络中晶体的负载 Q 值。"相位斜率" $\dfrac{\Delta\varphi}{\Delta f}$ 接近串联谐振频率,且与 Q_{L} 成正比。

(3) 大多数振荡器均工作在"并联谐振"上,$\dfrac{\Delta X}{\Delta f}$ 代表电抗与频率斜率的关系,即"逆电容"与晶体器件的动态电容 C_{q} 是成反比的。

(4) 相对于振荡回路中的相位(电抗)波动的最高频率稳定度来说,相位斜率(或电抗斜率)必须最大,即 C_{q} 应当最小,而 Q_{q} 应当最大。石英晶体器件具有高 Q_{q} 值和高的逆电容,Q_{q} 与 C_{q} 之间的关系为

$$Q_{\mathrm{q}} = \frac{1}{r_{\mathrm{q}}\sqrt{L_{\mathrm{q}}/C_{\mathrm{q}}}} \tag{5.7.4}$$

Q_{q} 值可达几万到几百万,决定振荡器元件的基本频率(或频率稳定度)。石英晶体谐振器与有源器件的接入系数为

$$n = \frac{C_{\mathrm{q}}}{C_{\mathrm{q}} + C_0} \tag{5.7.5}$$

n 为 $10^{-3} \sim 10^{-4}$。这大大减少了有源器件的极间电容等参数和外电路中不稳定因素对石英晶体的影响,使石英晶体振荡器的频率振荡基本不受外界不稳定因素的影响。

3. 石英晶体振荡器分类

如图 5.7.9 所示,以频率温度特性来分类的 3 种晶体振荡器是:

(1) XO(晶体振荡器),这种振荡器没有能够降低晶体频率温度特性的器件(也称为密封式晶体振荡器 PXO)。

(2) TCXO(温度补偿晶体振荡器),温度传感器(热敏电阻)的输出信号产生校正电压,加在晶体网络中的变容二极管上。电抗的变化用于补偿晶体的频率温度特性。TCXO 频率稳定特性比 XO 改善了 20 倍左右。

(3) OCXO(恒温控制晶体振荡器),晶体和其他温度敏感元件均装在稳定的恒温槽中,而恒温槽被调整到频率随温度的变化斜率为零的温度上。OCXO 能够在晶体频率随温度变化的范围内提供 1000 倍以上的改善效果。

4. 石英晶体振荡器优点

石英晶体振荡器之所以能获得很高的频率稳定度,是由于石英晶体谐振器与一般的谐振回路相比具有优良的特性,具体表现如下。

(1) 石英晶体谐振器具有很高的标准性。石英晶体振荡器的振荡频率主要由石英晶体谐振器的谐振频率决定。石英晶体的串联谐振频率 f_{q} 主要取决于晶片的尺寸,石英晶体的物理性能和化学性能都十分稳定,它的尺寸受外界条件如温度、湿度等影响很小,

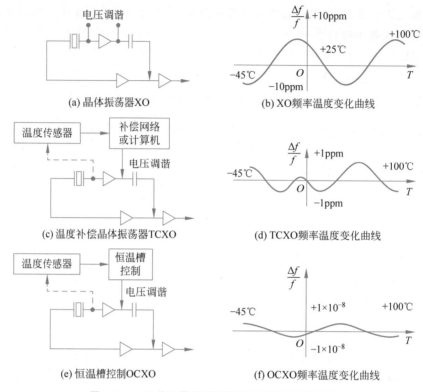

图 5.7.9　几种石英晶体振荡器及其温度频率特性

因而其等效电路的 L_q、C_q 值很稳定,使得 f_q 很稳定。

（2）石英晶体谐振器与有源器件之间的接入系数 p 很小,一般为 $10^{-3}\sim10^{-4}$,这大大减弱了有源器件的极间电容等参数和外电路中不稳定因素对石英晶体振荡频率的影响。

（3）石英晶体谐振器具有非常高的 Q 值。Q 值一般为 $10^{4}\sim10^{6}$,与 Q 值仅为几百数量级的普通 LC 回路相比,其 Q 值极高,维持振荡频率稳定不变的能力极强。

5.7.3　振荡器电路类型

如图 5.7.10 所示,石英晶体振荡器电路通常包含皮尔斯（Pierce）振荡电路、考毕兹

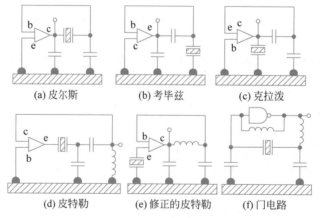

图 5.7.10　几种典型石英晶体振荡器电路

振荡电路和克拉泼(Clapp)振荡电路。这些振荡电路除了射频接地点位置不同外,电路的构成都是相同的。皮特勒和修正的皮特勒振荡电路也是彼此相似的,每种电路中的发射极电流就是晶体的电流。门电路振荡器是皮尔斯型的,它使用了一个逻辑门并在皮尔斯振荡器的晶体管位置加了一个电阻(某些门电路振荡器使用一个以上的门电路)。

如图 5.7.11 所示的皮尔斯振荡器电路,振荡回路与晶体管、负载之间的耦合很弱。晶体管 c、b 端,c、e 端和 e、b 端的接入系数分别是:

$$n_{cb} = \frac{C_q}{C_q + C_0 + C_L} \tag{5.7.6}$$

$$C_L = \frac{C_1 C_2}{C_1 + C_2} \tag{5.7.7}$$

$$n_{ce} = \frac{C_2}{C_1 + C_2} n_{cb} \tag{5.7.8}$$

$$n_{eb} = \frac{C_1}{C_1 + C_2} n_{cb} \tag{5.7.9}$$

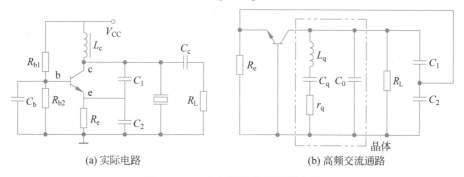

(a) 实际电路　　　　　　　　　　　(b) 高频交流通路

图 5.7.11　皮尔斯晶体振荡器电路

以上 3 个接入系数一般均小于 $10^{-3} \sim 10^{-4}$,所以外电路中的不稳定参数对振荡回路影响很小,提高了回路的标准性。振荡频率几乎由石英晶体的参数决定:

$$f_{OSC} = f_s \sqrt{1 + \frac{C_q}{C_0 + C_q}} \tag{5.7.10}$$

而石英晶体本身的参数具有高度的稳定性。在使用时,一般需加入微调电容,用以微调回路的谐振频率,保证电路工作在晶体外壳上所注明的标称频率 f_N。因振荡频率 f_{OSC} 一般调谐在标称频率上,位于晶体的感性区内,电抗曲线陡峭,稳频性能极好。石英晶体 Q 值和特性阻抗都很高,故晶体的谐振电阻 ρ 很大,且

$$\rho = \sqrt{\frac{L_q}{C_q}} \tag{5.7.11}$$

一般可达 $10^{10} \Omega$ 以上。这样即使外电路接入系数很小,此谐振电阻等效到晶体管输出端的阻抗仍很大,使晶体管的电压增益能满足振幅起振条件的要求。

在皮尔斯系列中,接地点的位置对性能有很大影响。皮尔斯电路的接法要好于其他几种电路,它们多半是跨接在电路的电容上,而不是跨接在晶体器件上,它是高稳定振荡器应用最广的电路之一。考毕兹电路中较大部分寄生电容出现在晶体的两端,同时偏置

电阻也跨接在晶体上,这就会降低性能。克拉泼电路的接法很少使用,因为集电极直接与晶体连接,这就很难将直流电压加在集电极上。

虽然皮尔斯系列可以通过把电感与晶体串联起来使它工作在串联谐振上,但它一般还是工作在"并联谐振"上(参见图 5.7.4)。皮特勒系列通常工作在(或接近)串联谐振上,皮尔斯晶体振荡器可以在高于或低于发射极电流下工作。

当高稳定性不是主要考虑的问题时,门电路振荡器是数字系统的常用电路。

振荡器电路类型的选择取决于以下因素:工作频率和稳定性;输入电压大小及功率增益;工作频率是否容易调节;设计成本和性价比。

例 5.7.1 图 5.7.12(a)是一个数字频率计晶振电路,试分析其工作情况。

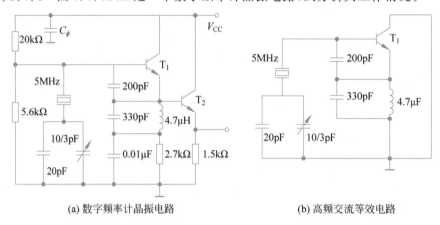

(a) 数字频率计晶振电路   (b) 高频交流等效电路

图 5.7.12 数字频率计电路

解:先画出管 T_1 高频交流等效电路,如图 5.7.12(b)所示,0.01μF 电容较大,作为高频旁路电路,T_2 管作射随器。由高频交流等效电路可以看到,T_1 管的 c、e 极之间有一个 LC 回路,其谐振频率为

$$f_0 = \frac{1}{\sqrt{4.7 \times 10^{-6} \times 330 \times 10^{-12}}} \approx 4.0 (\text{MHz}) \tag{5.7.12}$$

所以在晶振工作频率 5MHz 处,此 LC 回路等效为一个电容。可见,这是一个皮尔斯振荡电路,晶体等效为电感,容量为 3~10pF 的可变电容起微调作用,使振荡器工作在晶振的标称频率 5MHz 上。

5.7.4 振荡器的输出

如图 5.7.13 所示,振荡器输出一般是正弦波输出,或者 TTL(Transistor-Transistor Logic,晶体管-晶体管逻辑电路)兼容,或者 CMOS(Complementary Metal Oxide Semiconductor,互补金属氧化物半导体)兼容,或者 ECL(Emitter Coupled Logic,发射极耦合逻辑电路)兼容输出。TTL 传输延迟时间快、功耗高,属于电流控制器件。CMOS 传输延迟时间慢、功耗低,属于电压控制器件。CMOS 相对 TTL 有了更大的噪声容限,输入阻抗远大于 TTL 输入阻抗。ECL 电路的特点是基本门电路工作在非饱和状态。ECL 电路具有相当高的速度,平均延迟时间可达几毫微秒甚至亚毫微秒数量级。后 3 种输出都可以依靠正弦波产生。现在对 4 种输出类型说明如下。图 5.7.13 中的虚线表示输入电压,实线表示输出。对于正弦波振荡器没有"标准的"输入电压。CMOS 的输入电压一般为 $1\sim10\mathrm{V}$。

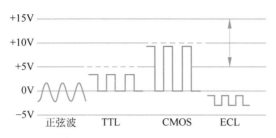

图 5.7.13　石英晶体振荡器输出电压类型

1. 拍频产生原理

拍频率可以是基频模式乘 3 然后减去三次泛音频率,或者三次泛音频率除 3,这样得到拍频率 $f_\beta=3f_1-f_3$,见图 5.7.14。拍频率是单调的温度线性函数。它提供了一个高精度、自动显示数字温度装置,不需要外加温度计。

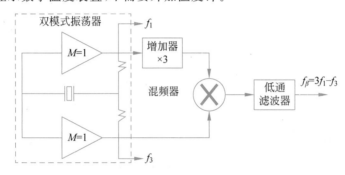

图 5.7.14　石英晶体振荡器拍频产生原理

2. 微机补偿晶体振荡器

如图 5.7.15 所示,微机补偿石英振荡器使用高稳定性的 10MHz SC 切型石英晶体谐振器和双模振荡器,这能同时激发谐振器的三次泛音模式。

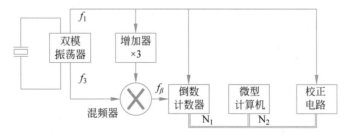

图 5.7.15　微机补偿晶体振荡器

3. 微机补偿晶体振荡器频率相加方法和脉冲消除方法

如图 5.7.16 所示,在频率叠加方法中,直接数字频率合成器(DDS)基于 N_2 产生一个校正频率 f_d,从而在所有温度情况下,$f_3+f_d=10\mathrm{MHz}$,即相位锁定回路将晶体振荡器的频率精确地控制在 10MHz。在"频率模式"中,1PPS 的输出是从 10MHz 除以某个数得到的。在能量守恒的"调速方式"中,1PPS 是直接从 f_3 驱动直接数字频率合成器,并通过使用不同的校正公式产生的。锁相环和一部分数字电路被关闭。在校正的同时，微处理器准备"休眠"，并延长定时减少能量消耗。

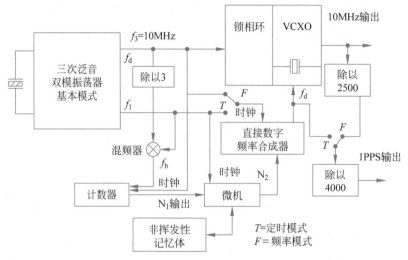

图 5.7.16　微机补偿晶体振荡器频率相加方法

图 5.7.17 为微机补偿晶体振荡器脉冲消除方法示意图。在脉冲消除方法中，SC 切型的谐振器频率要稍微高于输出频率 f_0。比如，如果 f_0 为 10MHz，则 SC 切型谐振器的频率在设计的温度范围内都要略高于 10MHz。双模振荡器提供两种输出信号，其中 f_β 为谐振器的温度指标。信号均由微机进行处理，它根据 f_β 来确定对 f_c 的必要修正，然后从 f_c 中减去所需要的脉冲数，以得到校正输出 f_0。在适时修正间隔（约 1s）内不能减去的小部分脉冲被用作进位脉冲，所以长期平均值在 $\pm 2 \times 10^{-8}$ 设计准确度内。PROM(Programmable Read Only Memory)中的校正数据对每个晶体来说都是唯一的，并且根据 f_c 和 f_β 输出信号的精密温度特性获得的。已校正的输出信号 f_0 能够再分频直接用来驱动时钟。由于在脉冲消除过程中产生了有害的噪声，因此必须对附加信号进行处理，以提供用于频率控制的有用频率输出。例如，可以通过锁定压控晶体振荡器（VCXO）的频率 f_0 把数字补偿晶体振荡器（MCXO）的频率准确度传递给低噪声低成本的 VCXO 来完成这项工作。

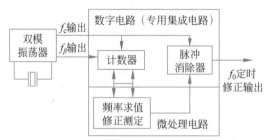

图 5.7.17　微机补偿晶体振荡器脉冲消除方法

5.7.5　振荡器使用注意事项

使用石英晶体谐振器时应注意以下几点：

（1）石英晶体谐振器的标称频率都是在出厂前,在石英晶体谐振器上并接一定负载电容的条件下测定的,实际使用时也必须外加负载电容,并经微调后才能获得标称频率。

（2）石英晶体谐振器的激励电平应在规定范围内。

（3）在并联型晶体振荡器中,石英晶体起等效电感的作用,若作为容抗,则在石英晶片失效时,石英谐振器的支架电容还存在,线路仍可能满足振荡条件而振荡,但石英晶体谐振器失去了稳频作用。

（4）晶体振荡器中一块晶体只能稳定一个频率,当要求在波段中得到可选择的许多频率时,就要采取其他电路措施,如使用频率合成器,它是用一块晶体得到许多稳定频率,频率合成器的有关内容将在第 9 章介绍。

视频

科普五　NVIDIA 公司的发展历程

参考文献

思考题与习题

5.1　什么是振荡器的起振条件、平衡条件和稳定条件? 振荡器输出信号的振幅和频率分别由什么条件决定?

5.2　试画出一个符合下列各项要求的晶体振荡器实际线路:

（1）采用 NPN 高频三极管;

（2）采用泛音晶体的皮尔斯振荡电路;

（3）发射极接地,集电极接振荡回路避免基频振荡。

5.3　泛音晶体振荡器和基频晶体振荡器有什么区别? 在什么场合下应选用泛音晶体振荡器? 为什么?

5.4　如图所示是一个三回路振荡器的等效电路,设有下列 4 种情况:

（1）$L_1 C_1 > L_2 C_2 > L_3 C_3$;

（2）$L_1 C_1 < L_2 C_2 < L_3 C_3$;

（3）$L_1 C_1 = L_2 C_2 > L_3 C_3$;

（4）$L_1 C_1 < L_2 C_2 = L_3 C_3$。

试分析上述 4 种情况是否都能振荡以及振荡频率 f_1 与回路谐振频率有何关系。

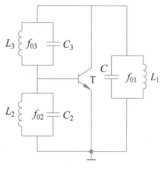

思考题与习题 5.4 图

5.5 晶体振荡电路如图所示,试画出该电路的交流通路;若 f_1 为 L_1C_1 的谐振频率,f_2 为 L_2C_2 的谐振频率,试分析电路能否产生自激振荡。若能振荡,指出振荡频率与 f_1、f_2 之间的关系。

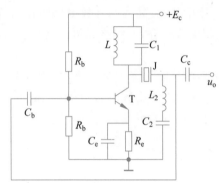

思考题与习题 5.5 图

5.6 如图所示的两种正弦波振荡电路,画出交流通路,说明电路的特点,并计算振荡频率。

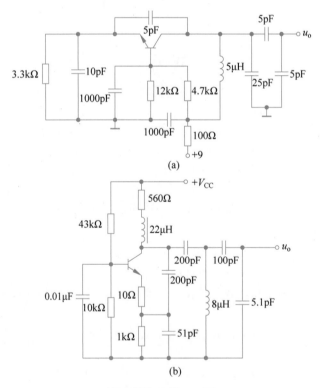

思考题与习题 5.6 图

5.7 克拉泼和西勒振荡线路是怎样改进电容反馈振荡器性能的?

5.8 晶体振荡器交流等效电路如图所示,工作频率为 10MHz。

(1)计算 C_1、C_2 的取值范围。

(2)画出实际电路。

5.9 若石英晶片的参数为：$L_q=4\mathrm{H}, C_q=6.3\times10^{-3}\mathrm{pF}, C_0=2\mathrm{pF}, r_q=100\Omega$，试求：

(1) 串联谐振频率 f_s；

(2) 并联谐振频率 f_p 与 f_s 的差；

(3) 晶体的品质因数 Q 和等效并联谐振电阻。

5.10 如图所示的电容三端式电路中，试求电路振荡频率和维持振荡所必需的最小电压增益。

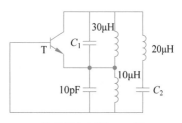

思考题与习题 5.8 图

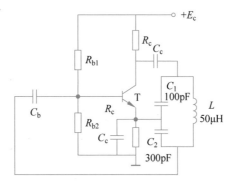

思考题与习题 5.10 图

5.11 将振荡器的输出送到一倍频电路中，则倍频输出信号的频率稳定度会发生怎样的变化？说明原因。在高稳定晶体振荡器中，采用了哪些措施来提高频率稳定度？

5.12 请查阅振荡器相关的资料，包括振荡器类型、电路结构、型号、用途、使用范围、参数要求、内部电路结构，及其在手机、路由器和嵌入式系统等现代通信设备中的应用。

视频

第 6 章

频谱的线性搬移和频率变换电路

内容提要

无线通信系统的一个必不可少的环节就是频率的变换,这就需要相应的非线性元件或者非线性电路来实现。本章将简要介绍非线性电子电路常用的分析方法,如幂级数分析法、时变电路分析法、开关分析法和折线分析法等。二极管、三极管以及乘法器是非线性电路的基本组件。混频是指在本振信号参与下,将输入信号的频率或已调波信号载频变换为某一个固定的新频率,称为中频(IF),而调制参数(调制频率、调制系数等)都不改变,这种频率变换过程称为混频。混频后得到的信号是中心频率固定的窄带信号。重点介绍频谱线性搬移电路的组成、功能及在不同工作条件下的分析方法。本章教学需 4~6 学时。

6.1 概述

为了有效实现通信系统中信号的大小、频率变换等功能,通常采用频率变换电路。频率变换电路可分为频谱的线性变换电路和频谱的非线性变换电路。前者包括普通调幅波的产生和解调电路、抑制载波的产生和解调电路、混频电路和备品电路;后者包括调频波的产生和解调电路、限幅电路等。这些电路的共同特征是,输出信号中除了含有输入信号的全部或部分频率成分外,还会出现不同输入信号频率的频率分量,这些电路具有频率变换的功能,属于非线性电子电路。本章力图介绍描述非线性元件的特性函数,用简单、明了的方法揭示非线性电路的物理工作过程,得到输出信号中出现的新频率。俗话说"一把钥匙配一把锁",同样的道理,为了达成不同电路所需要的不同功率和频率变化的目标,需要不同的频率变化电路。本章重点介绍二极管平衡电路、乘法器、四象限乘法器和限幅电路等是如何实现幅值调节和频率变换的。具体来说,对于不同的非线性电子器件,可以用不同的函数描述;对于同一器件,当其工作条件(如静态偏置、激励信号幅度和系统带宽)不同时,就要采用不同形式的函数或工程近似方法描绘其物理工作过程。乘法器电路是最常见的非线性电路的基本组件。它既可以完成频谱的线性搬移,如调幅、检波、混频等,也可以实现频谱的非线性变换,如调频、鉴频和鉴相等。值得注意的是,非线性电路不只是实现信号的频率变换,还可以实现功率变化,如第 3 章介绍的功率放大器;也可以实现对信号频率的锁定、等幅振荡等要求,如第 5 章讨论的振荡器。

6.2 非线性元器件的特性描述

非线性元器件是组成频率变换电路的基本单元。在高频电路中,常用的非线性元器件有 PN 结二极管、晶体三极管和变容二极管等。这些器件只有在合适的静态工作点下,且小信号激励时,才能表现出一定的线性特性,并可构成高频小信号谐振放大器等线性电路。当静态工作点与外加激励信号的幅度变化时,非线性元器件的参数会随之变化,从而在输出信号中出现不同于输入激励信号的频率分量,完成频率变换的功能。从信号的波形上看,非线性元器件表现为输出信号波形的失真。另外,和线性元器件不同,非线性元器件的参数是工作电压和电流的函数。

6.2.1 非线性元器件的基本特性

非线性元器件的基本特性是:

(1) 工作特性是非线性的,即伏安特性曲线不是直线;

(2) 具有频率变换的作用,会产生新的频率;

(3) 非线性电路不满足叠加原理。

1. 非线性元器件的伏安特性

线性电阻的伏安特性是一条直线,即线性电阻 R 的值是常数。与线性电阻不同,二极管的伏安特性曲线不是直线,如图 6.2.1 所示。二极管是一非线性电阻元件,加载其上的电压与流过其中的电流不是正比例关系。它的伏安特性曲线在正向工作区域按指数规律变化,其曲线与横轴非常接近。

如果在二极管上加一直流电压 U_D,根据如图 6.2.1 所示的伏安特性曲线,可以得到相应的直流电流 I_D,二者之比为直流电阻,以 R_D 表示,即

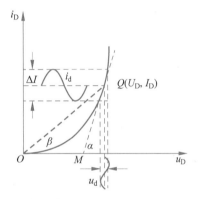

图 6.2.1 二极管的伏安特性曲线

$$R_D = \frac{U_D}{I_D} = 1/\tan\beta \tag{6.2.1}$$

R_D 的大小取决于直线的斜率,是直线 OQ 与横轴之间的夹角。R_D 与外加直流电压 U_D 的大小有关。

如果在直流电压 U_D 之上叠加一微小的交变电压 u_d,其峰-峰值为 ΔU,则在直流电流 I_D 之上会引起一个交变电流 i_d,其峰-峰值为 ΔI。当 ΔU 取得足够小,电压相对电流变化的极限值成为交流电阻或动态电阻,用 r_d 表示,即

$$r_d = \lim_{\Delta U \to 0} \frac{\Delta U}{\Delta I} = \frac{du_d}{di_d}\Big|_Q = \frac{1}{\tan\alpha}\Big|_Q \tag{6.2.2}$$

交流电阻 r_d 等于特性曲线在静态工作点上切线斜率的倒数,这里,α 是切线 MQ 与横轴之间的夹角。显然,r_d 也与外加静态电压 U_D 的大小有关。无论是静态电阻还是动态电阻,都与工作点有关。

2. 非线性元件的频率变换作用

如果在一个线性电阻上加某一频率的正弦电压,那么在电阻中就会产生同一频率的正弦电流;反之,线性电阻上的电压和电流具有相同的波形与频率。对于非线性元器件来说,情况大不相同,当某一频率的正弦电压施加在二极管上时,通过作图法可知 i_d 已不是正弦波形,所以非线性元器件上的电压和电流的波形一般是不相同的。如果将 i_d 用傅

里叶级数展开,那么它的频谱中除包含 u_d 的频率成分外,还会有各自谐波及直流成分。二极管会产生新的频率成分,只有具有频率变换作用的非线性元器件才能产生频率变换。一般来说,非线性元器件的输出信号比输入信号具有更丰富的频率成分。很多重要的通信技术都是采用非线性元器件的频率变换实现的。

3. 非线性电路不满足叠加原理

叠加原理是分析线性电路的重要基础。线性电路中许多行之有效的分析方法(如傅里叶分析法)都是以叠加原理为基础。根据叠加原理,任何复杂的输入信号均可以首先分解为若干个基本信号,然后求出电路对每个基本信号的单独作用时的响应,最后,将这些响应叠加起来,即可得到总的响应。对于非线性电路,叠加原理不再适用。设非线性元件的伏安特性满足

$$i_d = c u_d + k u_d^2 \tag{6.2.3}$$

式中,c、k 是常数,该元件上有两个正弦电压,即

$$\begin{cases} u_{d1} = V_1 \sin(\omega_1 t) \\ u_{d2} = V_2 \sin(\omega_2 t) \end{cases} \tag{6.2.4}$$

则非线性元件上的有效端电压为

$$u_d = u_{d1} + u_{d2} = V_1 \sin(\omega_1 t) + V_2 \sin(\omega_2 t) \tag{6.2.5}$$

$$\begin{aligned} i_d &= c(u_{d1} + u_{d2}) + k(u_{d1} + u_{d2})^2 \\ &= c V_1 \sin(\omega_1 t) + c V_2 \sin(\omega_2 t) + k V_1^2 \sin^2(\omega_1 t) + k V_2^2 \sin^2(\omega_2 t) + \\ &\quad 2k V_1 V_2 \sin\omega_1 t \sin\omega_2 t \end{aligned} \tag{6.2.6}$$

而根据叠加原理,电流应该是分别单独作用时候的电流之和,即

$$i_d = k V_1^2 \sin^2(\omega_1 t) + k V_2^2 \sin^2(\omega_2 t) \tag{6.2.7}$$

比较式(6.2.6)和式(6.2.7),两者值不相等,所以非线性电路不满足叠加原理。因此,非线性电路不能采用二极管、三极管的线性模型进行电路分析。

6.2.2 非线性电路的工程分析方法

有些非线性电路可以用准确的数学形式描述非线性元器件的特性,有些却还没有找到合适的描述函数。在工程上应选择尽量准确和尽量简单的近似函数进行描述。高频电路中常用的非线性电路分析方法包括图解法、幂级数分析法、开关函数分析法和线性时变电路法。晶体管是高频电路中最重要的非线性元器件,表征其非线性特性应以 PN 结的特性为基础。

1. 幂级数分析法

这里以二极管为例说明非线性元器件的伏安特性,电流 $i_d(t)$ 可写为

$$i_d(t) = I_s \left(e^{\frac{u_d}{V_T}} - 1 \right) \tag{6.2.8}$$

式中,$V_T = kT/q$,u_d 为加在非线性元器件上的电压,设

$$u_d = V_Q + U_{sm} \cos(\omega_s t) \tag{6.2.9}$$

其中,V_Q 为静态工作点电压,U_{sm} 较小,且 $V_Q \gg U_{sm}$,u_1 和 u_2 为两个输入电压。用泰勒

级数将式(6.2.8)展开,可得

$$i_d(t) \approx I_s + \frac{I_s}{V_T}[V_Q + U_{sm}\cos(\omega t)] + \frac{1}{2!}\frac{I_s}{V_T^2}[V_Q + U_{sm}\cos(\omega t)]^2 + \cdots + \frac{1}{n!}$$

$$\frac{I_s}{V_T^n}[V_Q + U_{sm}\cos(\omega t)]^n + \cdots \tag{6.2.10}$$

根据三角函数的和差化积,不仅含有直流分量,ω_1 和 ω_2 的频率分量,以及 ω_1 和 ω_2 的各高次谐波分量,同时还含有 ω_1 和 ω_2 组合频率分量,并且所有组合频率都是成对出现的,即如果有 $p\omega_1 + q\omega_2$,则一定有 $|p\omega_1 - q\omega_2|$,其频谱结构如图 6.2.2 所示。在实际工作中,非线性元器件总是要与一定性能的线性网络相互配合使用的。非线性元器件的主要作用在于进行频率变换,线性网络的主要作用在于选频、滤波。为了完成某一功能,用具有选频作用的某种线性网络作为非线性元器件的负载,以便从非线性元器件的输出电流中取出所需要的频率成分,同时滤掉不需要的各种干扰频率成分。

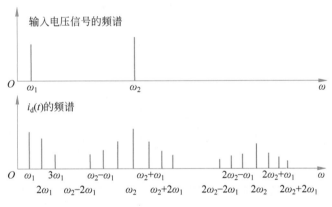

图 6.2.2　二极管的电流 $i_d(t)$ 的频谱

2. 线性时变电路分析法

时变参量元件是指元件的参数不是恒定的,而是按照一定的规律随时间变化的,通常可以认为时变参量元件的参数是按照某一方式随时间线性变化的元件。但是这种变化与通过元件的电流或元件上的电压没有关系。一般时变参量元件所组成的电路,称为线性时变电路。如果合理地设置静态工作点,且输入信号比较小,那么晶体三极管可用线性时变跨导电路来分析。如果合理设置电路的静态工作点,且输入信号比较小,那么晶体三极管可用简化 Y 参数模型等效,晶体管跨导电路模型如图 6.2.3 所示。集电极电流 i_c 可表示为

$$i_c \approx g_m u_{be} = g_m U_{bem}\cos(\omega_s t) \tag{6.2.11}$$

式中,$g_m = y_{fe}$ 是由电路静态工作点确定的跨导,此时的晶体管作为线性元件,无频率变换作用。

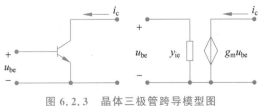

图 6.2.3　晶体三极管跨导模型图

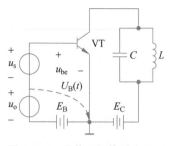

图 6.2.4 晶体三极管时变跨导
原理电路

如果有两个交变小信号同时作用于晶体管的基极,如图 6.2.4 所示,设一个振幅较大的信号 $u_0 = U_{om}\cos(\omega_0 t)$,另一个振幅较小的信号 $u_s = U_{sm}\cos(\omega_s t)$,即 $U_{om} \gg U_{sm}$,两个信号同时作用于晶体管的输入端。此时晶体管的工作点主要受大信号的控制,晶体管的静态工作点是一个时变工作点。时变工作点的电压为

$$U_B(t) = E_B + U_{om}\cos(\omega_0 t) \tag{6.2.12}$$

在忽略晶体管内反馈的情况下,晶体管集电极电流 i_c 与基极电压 u_{be} 之间关系可表示为

$$i_c = f(u_{be}) \tag{6.2.13}$$

其中,$u_{be} = U_B(t) + u_s$,将上式在时变工作点 $U_B(t)$ 上利用泰勒级数展开,可得

$$i_c = f(U_B) + f'(U_B)u_s + \frac{1}{2}f''(U_B)u_s^2 + \cdots \tag{6.2.14}$$

由于信号电压 u_s 很小,可以忽略二次方项及其他高次方项,因此

$$i_c \approx f(U_B) + f'(U_B)u_s \tag{6.2.15}$$

式中,$f(U_B) = f(E_B + u_0) = I_{C0}(t)$,受大信号 u_0 的控制,与小信号 u_s 的大小无关,相当于集电极的时变静态电流;$f'(U_B) = f'(E_B + u_0) = g(t) = \left.\dfrac{\partial f(U_B)}{\partial u_s}\right|_{u_s = 0}$ 也受大信号 u_0 的控制,与小信号 u_s 的大小无关,相当于时变跨导。对于小信号 u_s,可把晶体管看成一个变跨导的线性元件。于是集电极电流 i_c 与 u_s 之间为线性关系,但它们的系数 $g(t)$ 是时变的,故称为线性时变跨导电路。

由于 $I_{C0}(t)$ 和 $g(t)$ 是非线性的时间函数,受 $u_0 = U_{om}\cos(\omega_0 t)$ 的控制,利用傅里叶级数展开,可得

$$I_{C0}(t) = I_{C0} + I_{cm1}\cos(\omega_0 t) + I_{cm2}\cos2(\omega_0 t) + \cdots \tag{6.2.16}$$

$$g(t) = g_0 + g_1\cos(\omega_0 t) + g_2\cos2(\omega_0 t) + \cdots \tag{6.2.17}$$

晶体管集电极电流中含有的频率分量为

$$q\omega_0, \quad q\omega_0 \pm \omega_s, \quad q = 0, 1, 2, \cdots \tag{6.2.18}$$

I_c 的频谱如图 6.2.5 所示,相对于指数函数所描述的非线性电路,输出电流中的组合频率分量大大减少了,且无 ω_s 的谐波分量,这使得有用信号的能量相对集中,损失减少,同时也为滤波带来方便。值得注意的是,线性时变电路是在一定条件下由非线性电路转换而来,是一定条件下的近似结果,简化了非线性电路的分析,有利于系统性能指标的提高。

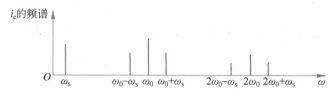

图 6.2.5 晶体三极管的电流 $i_c(t)$ 的频谱

3. 开关函数分析法

利用大信号控制具有单向导电性的二极管（非线性元件），使得回路中的电流轮换导通（饱和）和截止，相当于一个开关的作用。例如，在如图 6.2.6（a）所示的二极管电路中，$u_s = U_{sm}\cos(\omega_s t)$ 是一个小信号，$u_0 = U_{om}\cos(\omega_0 t)$ 是一个大信号，且 $U_{om} \gg U_{sm}$，U_{om} 大于 0.5V，那么，回路的端电压可表示为

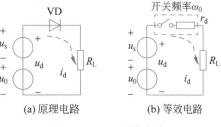

(a) 原理电路　　　(b) 等效电路

图 6.2.6　二极管电路

$$u_d = u_s(t) + u_0(t) \tag{6.2.19}$$

由于二极管受大信号 $u_0(t)$ 控制，工作在开关状态，等效电路如图 6.2.6(b) 所示。可以看出，流过负载的电流为

$$i_d = \begin{cases} \dfrac{1}{r_d + R_L} u_d, & u_0 > 0 \\ 0 & u_0 < 0 \end{cases} \tag{6.2.20}$$

如果定义一个开关函数，且有

$$S(t) = \begin{cases} 1, & u_0 > 0 \\ 0, & u_0 < 0 \end{cases} \tag{6.2.21}$$

$S(t)$ 的波形如图 6.2.7 所示。

(a) 大信号 $u_0(t)$ 波形图

(b) 开关函数 $S(t)$ 波形图

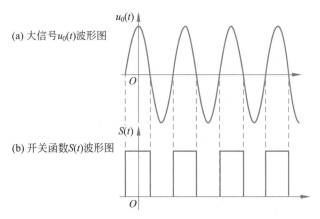

图 6.2.7　波形图

将式(6.2.20)代入式(6.2.19)得到

$$i_d = \frac{1}{r_d + R_L} S(t) u_d = g_d S(t) u_d = g(t) u_d \tag{6.2.22}$$

式中，$g_d = \dfrac{1}{r_d + R_L}$ 为回路的电导，$g(t) = S(t) g_d$ 为时变跨导。$S(t)$ 为周期函数，其傅里叶级数展开式为

$$S(t) = \frac{1}{2} + \frac{2}{\pi}\cos(\omega_0 t) - \frac{2}{3\pi}\cos(3\omega_0 t) + \frac{2}{5\pi}\cos(5\omega_0 t) - \frac{2}{7\pi}\cos(7\omega_0 t) + \cdots$$

$$\tag{6.2.23}$$

将式(6.2.22)代入式(6.2.21),可得

$$
\begin{aligned}
i_d &= g(t)u_d \\
&= g_d \left[\frac{1}{2} + \frac{2}{\pi}\cos(\omega_0 t) - \frac{2}{3\pi}\cos(3\omega_0 t) + \frac{2}{5\pi}\cos(5\omega_0 t) - \cdots \right] \\
&\quad [U_{sm}\cos(\omega_s t) + U_{om}\cos(\omega_0 t)] \\
&= \frac{g_d}{\pi}U_{om} + \frac{g_d}{2}U_{sm}\cos(\omega_s t) + \frac{g_d}{2}U_{om}\cos(\omega_0 t) + \frac{2g_d}{3\pi}U_{om}\cos(2\omega_0 t) - \\
&\quad \frac{2g_d}{15\pi}U_{om}\cos(4\omega_0 t) + \cdots + \frac{g_d}{\pi}U_{sm}\cos[(\omega_0 - \omega_s)t] + \frac{g_d}{\pi}U_{sm}\cos[(\omega_0 + \omega_s)t] - \\
&\quad \frac{g_d}{3\pi}U_{sm}\cos[(3\omega_0 - \omega_s)t] - \frac{g_d}{3\pi}U_{sm}\cos[(3\omega_0 + \omega_s)t] + \\
&\quad \frac{g_d}{5\pi}U_{sm}\cos[(5\omega_0 - \omega_s)t] + \frac{g_d}{5\pi}U_{sm}\cos[(5\omega_0 + \omega_s)t]
\end{aligned} \tag{6.2.24}
$$

分析式(6.2.24)得出,流过负载的电流 $i_d(t)$ 中含有的频率成分为:直流分量;输入信号的频率 ω_s、ω_0 分量;频率为 ω_0 的偶次谐波分量 $2n\omega_0$;频率为 ω_s、ω_0 的奇次谐波的组合频率分量 $(2n+1)\omega_0 \pm \omega_s$,其中 $n=0,1,2,\cdots$

对比三极管输出电流指数函数的频谱成分,二极管的输出电流的频率组合分量减少了很多,且无 ω_s 的谐波分量;而相对于线性时变电路的组合频率分量也有所减少,且无 ω_0 的奇次谐波频率分量,这就使所需的有用信号的能量相对集中,损失减少,同时也为滤波创造了条件。

4. 折线分析法

折线分析法类似于开关函数分析法,在二极管有大小信号控制状态下,采用开关函数进行分析。同理,对于晶体管,当受大信号控制时,如果采用幂级数分析法,就必须选取比较多的项目,使得分析计算比较复杂。当输入信号足够大时,所有实际的非线性元件几乎会进入饱和或截止状态。此时,元件的非线性特性突出表现是截止、导通和饱和等几种不同状态之间的转换。如图 6.2.8 所示,在大信号条件下,忽略非线性特性尾部的弯曲,再用 AB、BC 两个直线段所组成的折线近似代替实际的特性曲线,而不会造成多大的误差。设回路中的跨导为 g_d,则二极管的转移特性可近似描述为

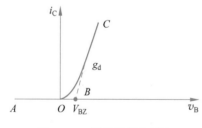

图 6.2.8　折线近似分析法

$$
i_C = \begin{cases} g_d(v_B - V_{BZ}), & v_B \geq V_{BZ} \\ 0, & v_B \leq V_{BZ} \end{cases} \tag{6.2.25}
$$

折线的数学表达式比较简单,对小信号来说,就不适用这种分析方法。对大信号情况,比如功率放大器和大信号检波器都可以采用折线分析法。

6.3　模拟乘法器及其基本单元电路

从上面的分析可以得出,非线性元器件确实可以实现频谱的搬移,可以把输入信号

的频率通过非线性元器件变换为适用于信道传输的频率。非线性电路可以完成频率变换的功能,当两个信号同时作用于非线性元器件时,输出端不仅包含输入信号的频率,还有输入信号频率的各次谐波分量,以及输入信号的组合频率分量。在这些频率分量中,一般只需要保留($\omega_0 \pm \omega_s$),其他绝大部分的频率是不需要的。那么在非线性元器件的后端必须加上具有选频功能的滤波网络,滤除不必要的频率成分,减小信号失真。大多数频谱搬移电路只需要平方项,以及两个输入信号的乘积项。从本质上说,频谱搬移电路实际上就是实现两个输入信号的乘法运算。因此,在实际设计中如何减少无用的组合频率分量的数目和强度,实现接近理想的乘法运算,成为电子设计者的追求目标。

6.3.1 模拟乘法器基本原理

1. 模拟乘法器的基本功能

模拟乘法器是实现两个互不相关模拟信号间的相乘运算功能的有源非线性器件。其不仅应用于模拟运算方面,而且广泛应用于无线电广播、电视、通信、测量仪表、医疗仪器及控制系统,进行模拟信号的变换及处理。

模拟乘法器具有两个输入端口 x 和 y,以及一个输出端口 z,是一个三端口的非线性网络,其电路符号如图 6.3.1 所示。

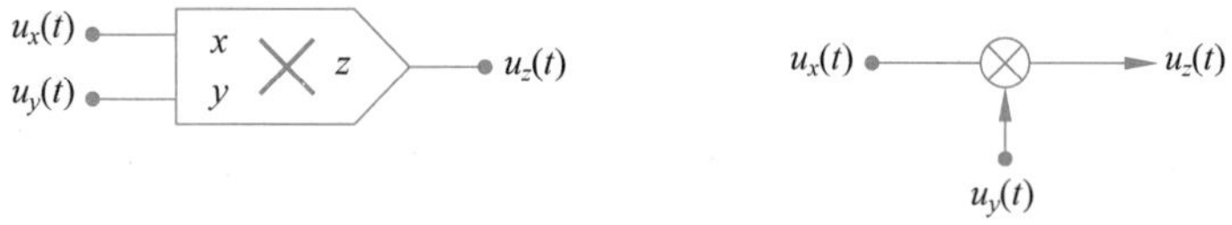

图 6.3.1 模拟乘法器电路符号

理想模拟乘法器的输出电压等于与输入端瞬时电压乘积成正比,不含有任何其他分量。模拟乘法器的输出特性可表示为

$$u_0(t) = k u_x(t) u_y(t) \tag{6.3.1}$$

式中,k 为相乘增益(或相乘系数),单位为 V^{-1},其数值取决于乘法器的电路参数。如果理想模拟乘法器两输入端的电压为 $u_x(t) = U_s \cos(\omega_s t)$,$u_y(t) = U_0 \cos(\omega_0 t)$,那么输出电压为

$$u_z(t) = k U_s U_0 \cos(\omega_s t)\cos(\omega_0 t)$$

$$= \frac{k}{2} U_s U_0 \{\cos[(\omega_s + \omega_0)t] + \cos[(\omega_0 - \omega_s)t]\} \tag{6.3.2}$$

从上式可以看出,电路完成的基本功能是把 ω_s 的信号频率线性搬移到 $\omega_0 \pm \omega_s$ 的频率点处。图 6.3.2(a)、(b)表示了信号频谱的搬移过程。如果输入电压 $u_x(t)$ 为一个实用的限带信号,即 $u_x(t) = \sum_{n=1}^{m} U_{sn}\cos(n\omega_s t)$,那么输出电压

$$u_z(t) = k U_0 \cos(\omega_0 t) \sum_{n=1}^{m} U_{sn}\cos(n\omega_s t)$$

$$= \frac{k}{2} U_0 \left\{ \sum_{n=1}^{m} U_{sn}\cos[(\omega_0 + n\omega_s)t] + \sum_{n=1}^{m} U_{sn}\cos[(\omega_0 - n\omega_s)t] \right\} \tag{6.3.3}$$

图 6.3.2(c)、(d)表示了限带信号频谱的搬移过程。模拟乘法器是一种理想的线性

搬移电路。实际通信电路中的各种频谱线性搬移电路所要解决的核心问题就是使该电路的性能更接近理想乘法器。

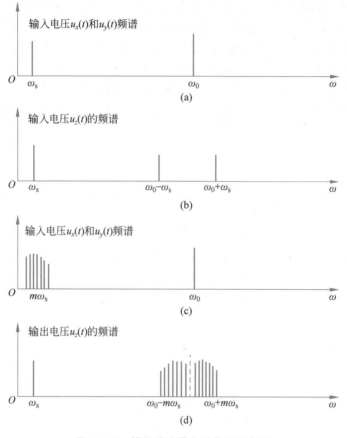

图 6.3.2　模拟乘法器频谱搬移示意图

2. 乘法器的工作象限

如图 6.3.3 所示,根据模拟乘法器两输入电压 $u_x(t)$、$u_y(t)$ 的极性,乘法器有 4 个工作区域,可由它的两个输入电压的极性确定。输入电压可能有 4 种极性组合:

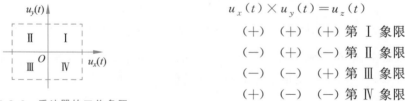

图 6.3.3　乘法器的工作象限

$$u_x(t) \times u_y(t) = u_z(t)$$

(＋)　(＋)　(＋) 第 Ⅰ 象限
(－)　(＋)　(－) 第 Ⅱ 象限
(－)　(－)　(＋) 第 Ⅲ 象限
(＋)　(－)　(－) 第 Ⅳ 象限

当 $u_x(t)$ 与 $u_y(t)$ 都大于零时,乘法器工作于第 Ⅰ 象限;当 $u_x(t)$ 大于零、$u_y(t)$ 小于零时,乘法器工作于第 Ⅳ 象限;以此类推。

如果两个输入信号只能取单极性,成为单象限乘法器,如果两个输入信号都能适应正负两种极性的乘法器为四象限乘法器。

3. 模拟乘法器的性质

当两个输入信号不确定时,模拟乘法器体现为非线性特性,当一个电压为恒定直流电压，$u_x(t)=E,u_z(t)=kEu_y(t)=k'u_y(t)$。可见，模拟乘法器相当于一个线性放大器，放大系数为 $k'=kE$，模拟乘法器为线性器件。

6.3.2　模拟乘法器基本单元电路

在通信系统及高频电子电路中实现模拟乘法的方法很多，常用的有环形二极管乘法器和变跨导乘法器等。其中，变跨导乘法器采用差分电路为基本电路，工作频带宽、温度特性好、运算精度高、速度快、成本低、便于集成化，得到广泛应用。目前单片模拟集成乘法器大多采用变跨导乘法器。

1. 二象限变跨导乘法器

图 6.3.4 为二象限变跨导模拟乘法器。这是一个恒流源差分放大电路，不同之处在恒流源 VT_3 的基极输入了 $u_y(t)$，致使恒流源 I_0 受 $u_y(t)$ 的控制。所以

$$u_x = u_{be1} - u_{be2} \quad (6.3.4)$$

根据晶体三极管特性，工作在放大区的晶体管 VT_1、VT_2 集电极电流分别为

$$i_{c1} \approx i_{e1} = I_s e^{u_{be1}/V_T} \quad (6.3.5)$$

$$i_{c2} \approx i_{e2} = I_s e^{u_{be2}/V_T} \quad (6.3.6)$$

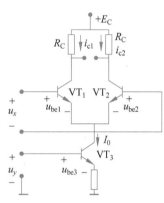

图 6.3.4　二象限变跨导模拟乘法器

式中，$V_T = KT/q$，为 PN 结内建电压，为饱和电流。VT_3 的集电极电流可表示为

$$I_0 = i_{e1} + i_{e2} = i_{e1}\left(1 + \frac{i_{e2}}{i_{e1}}\right) = i_{e1}(1 + e^{-u_x/V_T}) \quad (6.3.7)$$

$$i_{e1} = \frac{I_0}{1 + e^{-u_x/V_T}} = \frac{I_0}{2}\left[1 + \tanh\left(\frac{u_x}{2V_T}\right)\right] \quad (6.3.8)$$

$$i_{e2} = \frac{I_0}{1 + e^{u_x/V_T}} = \frac{I_0}{2}\left[1 - \tanh\left(\frac{u_x}{2V_T}\right)\right] \quad (6.3.9)$$

式中，$\tanh(u_x/2V_T)$ 为双曲正切函数。由式(6.3.8)和式(6.3.9)可得到差分电路的转移特性曲线如图 6.3.5 所示。差分输出电流为

$$i_{od} = i_{c1} - i_{c2} = \frac{I_0}{1 + e^{u_x/V_T}} = I_0 \tanh\left(\frac{u_x}{2V_T}\right) \quad (6.3.10)$$

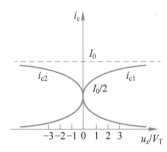

图 6.3.5　差分电路转移特性曲线

由式(6.3.8)可以看出，当 $u_x \ll 2V_T$ 时，$\tanh(u_x/2V_T) \approx u_x/2V_T$，即 $\left|\dfrac{u_x}{2V_T}\right| \ll 1$ 时，差分放大器工作在线性放大区域内，近似呈线性关系。式(6.3.8)可近似表达为

$$i_{od} \approx I_0 \frac{u_x}{2V_T} \quad (6.3.11)$$

差分放大电路的跨导为

$$g_{\mathrm{m}} = \frac{\partial i_{\mathrm{od}}}{\partial u_x} = \frac{I_0}{2V_{\mathrm{T}}} \tag{6.3.12}$$

另外,由如图 6.3.5 所示的电路可以看出,恒流源电流为

$$I_0 = \frac{u_y - u_{\mathrm{be3}}}{R_{\mathrm{E}}}, \quad u_y > 0 \tag{6.3.13}$$

当 u_y 的大小变化时,I_0 的值随之变化,从而使 g_{m} 随之变化。此时,输出电压为

$$u_{\mathrm{o}} = i_{\mathrm{od}}R_{\mathrm{c}} = g_{\mathrm{m}}R_{\mathrm{c}}u_x = \frac{R_{\mathrm{c}}}{2V_{\mathrm{T}}R_{\mathrm{E}}}u_x u_y - \frac{R_{\mathrm{c}}}{2V_{\mathrm{T}}R_{\mathrm{E}}}u_{\mathrm{be3}}u_x = K_0 u_x + K u_x u_y$$

$$\tag{6.3.14}$$

$K_0 = -\dfrac{R_{\mathrm{c}}}{2V_{\mathrm{T}}R_{\mathrm{E}}}u_{\mathrm{be3}}, K = \dfrac{R_{\mathrm{c}}}{2V_{\mathrm{T}}R_{\mathrm{E}}}$。由式(6.3.14)可知,由于 u_y 控制了差分电路的跨导 g_{m},使输出电压含有相乘项 $u_x u_y$,故称为变跨导乘法器。但变跨导乘法器输出电压 u_{o} 中存在非相乘项,而且要求 $u_y > u_{\mathrm{be3}}$,只能实现二象限相乘;恒流管 VT_3 没有进行温度补偿,此电路在集成模拟乘法器中用得很少。

2. Gilbert 乘法器

Gilbert 乘法器又称为双平衡乘法器,是一种四象限模拟乘法器,也是大多数集成乘法器的基础电路。在如图 6.3.6 所示的电路中,6 个双极型三极管分别组成 3 个差分电路;$VT_1 \sim VT_4$ 为双平衡差分对,VT_5、VT_6 差分对分别作为 VT_1、VT_2 和 VT_3、VT_4 两个差分对的射极电流源。

由式(6.3.8)和式(6.3.9)差分电路的转移特性可知

$$i_1 - i_2 = i_5 \tanh\left(\frac{u_x}{2V_{\mathrm{T}}}\right) \tag{6.3.15}$$

$$i_4 - i_3 = i_6 \tanh\left(\frac{u_x}{2V_{\mathrm{T}}}\right) \tag{6.3.16}$$

$$i_5 - i_6 = I_0 \tanh\left(\frac{u_y}{2V_{\mathrm{T}}}\right) \tag{6.3.17}$$

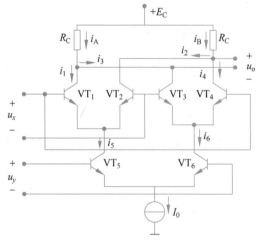

图 6.3.6 Gilbert 乘法器

由式(6.3.15)～式(6.3.17)可得,输出电压

$$u_o = (i_A - i_B)R_c$$
$$= [(i_1 + i_3) - (i_2 + i_4)]R_c$$
$$= (i_5 - i_6)R_c \tanh \frac{u_x}{2V_T} \tag{6.3.18}$$

由式(6.3.7)可知,当输入信号较小,并满足 $u_x < 2V_T = 52\mathrm{mV}$, $u_y < 2V_T = 52\mathrm{mV}$ 时,有

$$\begin{cases} \tanh \dfrac{u_x}{2V_T} \approx \dfrac{u_x}{2V_T} \\[3mm] \tanh \dfrac{u_y}{2V_T} \approx \dfrac{u_y}{2V_T} \end{cases} \tag{6.3.19}$$

将式(6.3.19)代入式(6.3.18),可得

$$u_o = \frac{I_0 R_c}{4V_T^2} u_x u_y = K u_x u_y \tag{6.3.20}$$

式中,系数 $K = \dfrac{I_0 R_c}{4V_T^2}$。

Gilbert 乘法器只有当输入信号较小时,才具有较理想的相乘作用,均可取正负两种极性,故称作四象限模拟乘法器。但其线性范围小,不能满足实际需要。

3. 具有极性负反馈电阻的 Gilbert 乘法器

如图 6.3.7 所示,在 VT_5、VT_6 发射极之间接一负反馈电阻 R_y,可扩展 u_x 的线性范围。在实际应用中,R_y 的取值远大于晶体管 VT_5、VT_6 的发射结电阻,即

$$R_y \gg r_{be5} = 26\mathrm{mV}/I_0 \tag{6.3.21}$$

$$R_y \gg r_{be6} = 26\mathrm{mV}/I_0 \tag{6.3.22}$$

分析如图 6.3.7 所示的电路,当电路处于静态($u_x = 0$)时,$i_5 = i_6 = I_0$。输入信号 u_x 后,R_y 的电流为

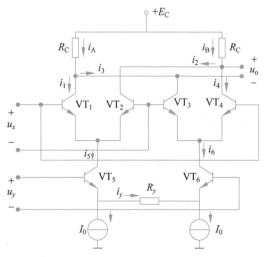

图 6.3.7　射极负反馈 Gilbert 乘法器

$$i_y = \frac{u_y}{R_y + r_{be5} + r_{be6}} \approx \frac{u_y}{R_y} \tag{6.3.23}$$

分析 VT_5、R_y 和 VT_6 的组成的交流等效电路,有

$$\begin{cases} i_5 = I_0 + i_y \\ i_6 = I_0 - i_y \\ i_5 - i_6 = 2i_y = 2u_y/R_y \end{cases} \tag{6.3.24}$$

将式(6.3.22)和式(6.3.23)代入式(6.3.19),可得

$$u_o = (i_5 - i_6)R_c \tanh\left(\frac{u_x}{2V_T}\right) = \frac{2R_c}{R_y} u_y \tanh\frac{u_x}{2V_T} \tag{6.3.25}$$

当 $u_x \ll 2V_T = 52\text{mV}$ 时,由式(6.3.25)得

$$u_o = \frac{R_c u_x u_y}{V_T R_c} = K u_x u_y \tag{6.3.26}$$

式中,$K = \dfrac{R_c}{R_y V_T}$。

综上所述,具有射极负反馈电阻 R_y 的 Gilbert 乘法器,输入信号的线性范围在一定程度上得到了扩展;温度对 VT_5、VT_6 差分电路的影响小;可通过调节 R_y 控制系数 K。但 u_x 仍然很小,$u_x \ll 2V_T = 52\text{mV}$,并且 K 随温度影响大。

4. 线性化 Gilbert 乘法器

具有射极负反馈电阻的双平衡 Gilbert 乘法器,尽管扩大了输入信号 u_y 的线性动态范围,但对输入信号 u_x 的线性动态范围仍然较小,仍需做进一步改进。图 6.3.8 是改进后线性双平衡模拟乘法器电路,其中 $VT_7 \sim VT_{10}$ 构成一个反双曲正切函数电路。VT_7、R_x、I_{0x} 和 VT_8 构成线性电压电流变换器。由式(6.3.23)和式(6.3.24),可得

$$\begin{cases} i_{c7} = I_{0x} + \dfrac{u_x}{R_x} \\[2mm] i_{c8} = I_{0x} - \dfrac{u_x}{R_x} \end{cases} \tag{6.3.27}$$

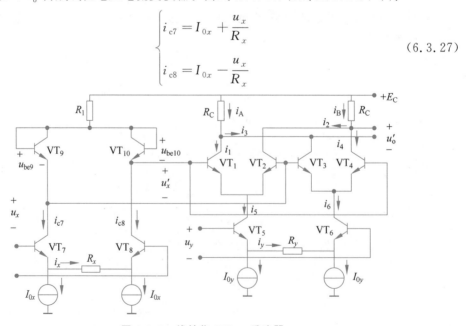

图 6.3.8　线性化 Gilbert 乘法器

由于 u'_x 为发射结 VT_9 和 VT_{10} 上的电压差，即 $u'_x = u_{be9} - u_{be10}$，而

$$u_{be9} = V_T \ln \frac{i_{c9}}{I_s} \approx V_T \ln \frac{i_{c7}}{I_s} \tag{6.3.28}$$

结合式(6.3.26)和式(6.3.27)，可得 $u_{be10} = V_T \ln \frac{i_{c10}}{I_s} \approx V_T \ln \frac{i_{c8}}{I_s}$。

$$u'_x = V_T \left(\ln \frac{i_{c7}}{I_s} - \ln \frac{i_{c8}}{I_s} \right) = V_T \ln \frac{i_{c7}}{i_{c8}} = V_T \ln \left(\frac{I_{0x} + u_x/R_x}{I_{0x} - u_x/R_x} \right) = V_T \ln \left[\frac{1 + u_x/(I_{0x}R_x)}{1 - u_x/(I_{0x}R_x)} \right] \tag{6.3.29}$$

因为 $\frac{1}{2} \ln \frac{1+x}{1-x} = \text{arctan}(hx)$，所以式(6.3.29)可写成

$$u'_o = \frac{2R_c}{R_y} u_y \tanh \frac{u'_x}{2V_T} = \frac{2R_c}{I_{0x}R_x R_y} u_x u_y = K u_x u_y \tag{6.3.30}$$

其中，$K = \dfrac{2R_c}{I_{0x}R_x R_y}$，分析式(6.3.30)，可知

(1) 当反馈电阻时，R_x、$R_y \gg r_e$ 时，u'_o 与 u_x 和 u_y 的乘积 ($u_x u_y$) 成正比，电路更接近理想乘法器特性；

(2) 增益 K 可通过改变电路参数 R_x、R_y 或 I_{0x} 确定，一般可通过调节 I_{0x} 调整 K 的数值，而且 K 与温度无关，电路稳定性好；

(3) 输入信号 u_x 的线性范围得到扩大，其极限为 $U_{xm} < I_{0x}R_x$，否则反双曲正切函数无意义。

6.4 单片模拟乘法器及其乘积电路单元

由于具有极性负反馈电阻的双平衡 Gilbert 乘法器的电路结构简单，频率特性较好，使用灵活，目前已经广泛应用于美国产品 MC1496/MC1596、μA796、LM1496、MC1596 和国内产品 CF1496/1596、XFC-1596 等中。本节主要介绍 MC1496/MC1596 及其应用。

1. 内部电路结构

如图 6.4.1 所示为 MC1596 内部电路。与具有射极负反馈电阻的双平衡 Gilbert 乘法器单元电路比较，电路结构基本相同，仅电流源 I_0 被晶体管 VT_7、VT_8 和 VD_1 所构成的镜像恒流源代替。其中，二极管 VD_1 与 500Ω 的电阻构成 VT_7、VT_8 的偏置电路；负反馈电阻 R_y 外接在第 2、3 引脚两端，可扩展输入信号 u_y 的动态范围，并可调整系数 K；负载电阻 R_C、偏置电阻 R_5 等采用外接方式。MC1596 广泛应用于通信、雷达、仪器仪表及频率变换电路中。

2. 外接元件参数的设计及计算

1) 负反馈电阻 R_y

利用 $i_y = u_y/R_y$，且满足 $|i_y| < I_0$。若选择由二极管 VD_1 和 VT_7、VT_8 所组成的镜像电流源的电流 $I_0 = 1\text{mA}$，输入信号 u_y 的幅度 $U_{ym} = 1\text{V}$，则有

$$I_0 \geqslant U_{ym}/R_y, \quad R_y \geqslant U_{ym}/I_0 = 1/1 \times 10^{-3} = 1(\text{k}\Omega) \tag{6.4.1}$$

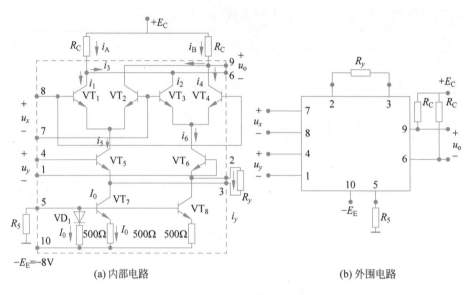

图 6.4.1　MC1596 内部电路和外围电路

2）偏置电阻 R_5

由图 6.4.2 可得$|-E_E|=I_0(R_5+500)+U_D$,其中,U_D 为二极管 VD_1 的导通电压。当取$|-E_E|=8V$ 时,计算得出 $R_5=6.8\text{k}\Omega$。

3）负载电阻 R_c

MC1596 第 6、9 引脚端的静态电压为 $U_6=U_9=E_c-I_0R_c$,若选取 $U_6=U_9=8\text{V}$,$E_c=12\text{V}$,则有 $R_c=4\text{k}\Omega$,R_C 的标称值是 $3.9\text{k}\Omega$。

4）MC1596 的电路应用

MC1596 的基本应用电路如图 6.4.2 所示,其中,R_1、R_2、R_3 为第 7、8 引脚端的内部双差分晶体三极管 $VT_1\sim VT_4$ 的基极提供偏置电压,R_3 实现交流匹配,$R_4=R_c$ 为集电极负载。$R_6\sim R_9$,R_w 为第 1、4 引脚内部晶体三极管 VT_5、VT_6 的基极提供偏置电压,R_w 为平衡电阻。R_5 确定镜像恒流源 I_0,R_y 用来扩大 u_y 的动态范围。如果首先调节电阻 R_w,使静态情况下（即无输入 $u_y=0$）,流过 R_y 的静态电流 $I_{y0}=0$。那么,当同时输入 u_x 和 u_y（动态）,且 u_x 的幅值 $U_{xm}<26\text{mV}$ 时,由式（6.3.22）和式（6.3.25）,可得

$$u_o=\frac{R_c}{R_yV_T}u_y(t)u_x(t) \tag{6.4.2}$$

可见,电路实现了相乘运算。在通信系统中常用来实现 DSB 调幅。调节平衡电阻 R_w,使静态时,流过 R_y 的静态电流 $I_{y0}\neq0$,则当有 u_x 和 u_y 输入时,则

$$i_y=I_{y0}+\frac{u_y}{R_y} \tag{6.4.3}$$

$$u_0=2R_c\left(I_{y0}+\frac{u_y}{R_y}\right)\tanh\frac{u_x}{2V_T}\approx\frac{R_cI_{y0}}{V_T}\left(I_{y0}+\frac{u_y}{R_y}\right)u_x \tag{6.4.4}$$

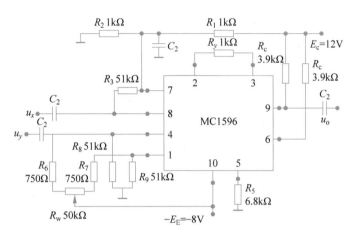

图 6.4.2　MC1596 的基本应用电路

6.5　混频器原理及电路

6.5.1　混频器基本原理

1. 混频器的变频作用

混频器在高频电子电路和通信系统中起到至关重要的作用,它是将载频为 f_c（高频）的已调波信号不失真地变换为 f_I（固定中频）的已调波信号,并保持原调制规律不变（即信号相对频谱分布不变）。因此,混频器也是频谱的线性搬移电路,它是将信号频谱自载频为 f_c 的频率线性搬移到中频 f_I 上。如图 6.5.1 所示,混频器是一个三端口网络,它有两个输入信号,即输入信号 u_c 和本地振荡信号 u_L,工作频率分别为 f_c 和 f_L；输出信号为 u_I,称为中频信号,其频率是 f_c 和 f_L 的差频或和频,称为中频 f_I,$f_I = f_L \pm f_c$（也可采用谐波的和频和差频）。由此可见,混频器在频域上起着加或减法器的作用。由于混频器的输入信号 u_c、本地振荡信号 u_L 都是高频信号,而输出的中频信号 u_I 是已调波,除了中心频率与输入信号 u_c 不同外,其频谱结构与输入信号 u_c 的完全相同。表现在波形上,中频输出信号 u_I 与输入信号 u_c 的包络形状相图,只是填充频率不同,内部波形疏密程度代表了频率变化的过程。f_I 与 f_c 和 f_L 的关系有几种情况：当混频器的输出信号取差频时,有 $f_I = f_L - f_c$,$f_I = f_c - f_L$,取和频时有 $f_I = f_L - f_c$。当 $f_I < f_c$ 时,称为向下变频,输出低中频；当 $f_I > f_c$ 时,称为向上变频,输出高中频。虽然高中频比输入的高频信号的频率还要高,但习惯将其称为中频。根据信号频率范围的不同,常用的中频有 465kHz、10.7MHz、38MHz、70MHz 及 140MHz 等。例如,调幅收音机的中频 465kHz,调频收音机的中频为 10.7MHz,电视机接收机的中频为 38MHz,微波接收机及卫星接收机的中频为 70MHz 或 140MHz。

混频技术的应用十分广泛。混频器是超外差接收机中的关键部件。直放式接收机工作频率变化范围大时,工作频率对高频通道的影响比较大（频率越高,增益越低；频率越低,增益越高）,而且对检波性能的影响也比较大,灵敏度较低。采用超外差接收机技术后,将接收信号混频到一固定中频上。例如,在广播接收机中,混频器将中心频率为 550~1650kHz 的高频已调波信号变换为中心频率为 465kHz 的固定中频已调波信号。

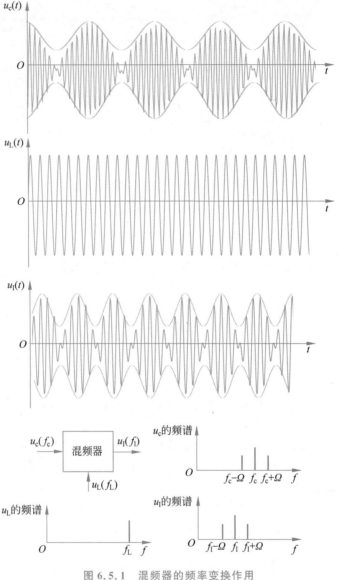

图 6.5.1　混频器的频率变换作用

采用混频技术后,接收机增益基本不受接收频率高低的影响。这样,频段内放大信号的一致性较好,灵敏度可以做得很高,调整方便,放大量及选择性主要由中频部分决定,且中频较高频信号的频率低,性能指标容易得到满足。混频器在一些发射设备(如单边带通信机)中也是必不可少的。在频分多址(FDMA)信号的合成、微波接力通信、卫星通信等领域中具有重要地位。另外,混频器也是许多电子设备、测量仪器(如频率合成器、频谱分析仪等)的重要组成部分。

2. 混频器的工作原理

混频是频谱的线性搬移过程。完成频谱线性搬移功能的关键是获得两个输入信号的乘积,能找到两个乘积项,就可完成所需的频谱线性搬移功能。设输入混频器中的已调波信号 u_c 和本振电压 u_L 分别为

$$\begin{cases} u_c = U_c \cos(\Omega t) \cos(\omega_c t) \\ u_L = U_L \cos(\omega_L t) \end{cases} \tag{6.5.1}$$

$$u'_I = k U_c U_L \cos(\Omega t) \cos(\omega_c t) \cos(\omega_L t)$$
$$= \frac{1}{2} k U_c U_L \cos(\Omega t) \{\cos[(\omega_L + \omega_c)t] + \cos[(\omega_L - \omega_c)t]\} \tag{6.5.2}$$

其中,k 为调制系数。如果带通滤波器的中心频率取 $\omega_I = \omega_L - \omega_c$,带宽为 2Ω,那么乘积信号 u_I 经带通滤波器滤除高频分量($\omega_L + \omega_c$)后,可得中频电压为

$$u_I = \frac{1}{2} k U_c U_L \cos(\Omega t) \cos[(\omega_L - \omega_c)t] = U_I \cos(\Omega t) \cos(\omega_I t) \tag{6.5.3}$$

比较 u_c 和 u_I,两信号的包络呈线性关系,但载波频率发生了变化。可利用乘法器和带通滤波器实现混频,也可以采用非线性元器件和带通滤波器实现混频,如图 6.5.2 所示。

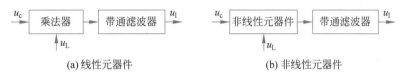

(a) 线性元器件   (b) 非线性元器件

图 6.5.2 实现混频功能的原理方框图

混频器通常包含有晶体二极管混频器、三极管混频器及模拟乘法器混频器等。从两个输入信号在时域上的处理过程看,可归纳为叠加型混频器和乘积型混频器两大类。在叠加型混频器中,输入信号的幅值相对于本振信号的幅值很小,可将混频电路近似看成受本振信号控制的线性时变器件或开关器件;而乘积型混频器中则对两个输入信号幅值的相对大小不作要求。

6.5.2 混频器的主要性能指标

混频器其性能指标主要有混频增益、非线性干扰、选择性、混频噪声和本振频率稳定度。

(1) 混频增益:输出中频电压振幅与输入高频电压振幅之比

$$A_u = V_{Im}/V_{cm} \tag{6.5.4}$$

其中,A_u 代表混频增益,V_{Im} 代表混频后的中频电压幅值,V_{cm} 代表输入高频电压幅值。

如果功率增益以分贝表示,则

$$G_P = 10\lg \frac{P_I}{P_C} \tag{6.5.5}$$

式中,P_I、P_C 分别为输出中频信号功率和输入高频信号功率。A_u 和 G_P 都可以衡量混频器将输入信号转换为输出中频信号的能力。对超外差接收机系统,要求 A_u 和 G_P 的值要大,以提高接收机灵敏度。

(2) 非线性干扰:要求混频器最好工作在其特性曲线的平方项区域。

(3) 选择性:输入输出回路具有良好的选择性,一般可以采用谐振回路或者滤波器对输入输出回路的频率分量、信号大小进行有效控制。

（4）混频噪声：混频器处于接收机的前端，因此混频噪声系数要小。混频器的噪声系数定义为高频输入端信噪比除以中频输出端信噪比。用分贝表示为

$$N_F = 10\lg \frac{P_C/P_{in}}{P_I/P_{on}} \qquad (6.5.6)$$

其中，P_{in}、P_{on} 分别表示输入和输出功率。混频电路的噪声主要来自混频器件产生的噪声及本征振信号引入的噪声。除了正确选择混频电路的非线性元器件及其工作点以外，还应注意混频电路的形式。

（5）本振频率稳定度：本振频率稳定性高。

6.5.3 晶体三极管混频器

晶体三极管混频器（BJT）的主要优点是具有大于 1 的变频增益。BJT 混频器可约有 20dB 的变频增益，场效应晶体管混频器（FET）约有 10dB 的变频增益。接收机采用晶体三极管混频器，可使后级中频放大器的噪声影响大大减小。BJT 混频器对本振电压功率的要求比 FET 混频器高，因为 BJT 管的转移特性是指数函数，所以互调失真较高。FET 混频器的转移特性是平方律的，输出电流中的组合频率分量比 BJT 混频器少得多。故其互调失真少。FET 混频器容许的失真输入信号动态范围较大。

图 6.5.3 给出了 4 种双极型晶体管混频器基本电路的交流通道。根据输入信号 u_c 的输入方式，其中图 6.5.3(a)、图 6.5.3(b) 为共发射极混频电路，在广播电视接收机中应用较多，图 6.5.3(b) 的本振信号由射极注入。图 6.5.3(c)、图 6.5.3(d) 为共基极混频电路，适用于工作频率较高的调频接收机，但对本振信号 u_L，要求注入功率较大。根据 u_c 和 u_L 的输入位置可以确定器件的工作特性：同极输入，容易起振，相互影响较大；异极输入，工作稳定，相互影响较小。

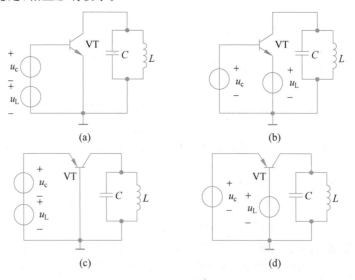

(a)   (b)

(c)   (d)

图 6.5.3 晶体三极管混频器的 4 种组态

设输入已调信号 $u_c = U_c(t)\cos(\omega_c t)$，其中，$U_c(t) = U_{cm}[1 + m_a\cos(\Omega t)]$ 为已调波信号的包络；本征电压 $u_L = U_L\cos(\omega_L t)$。当电路工作在 $u_L \gg u_c$ 时，三极管工作在线性时变状态。以图 6.5.3(a) 为例分析基极注入式共发射极混频电路的集电极电流

$$i_c = I_{c0}(t) + g(t)u_c \tag{6.5.7}$$

$I_{c0}(t)$ 和 $g(t)$ 是受 $u_L = U_L\cos(\omega_L t)$ 控制的非线性函数。利用傅里叶级数展开可得

$$I_{c0}(t) = I_{c0} + I_{cm1}\cos(\omega_L t) + I_{cm2}\cos(2\omega_L t) + \cdots \tag{6.5.8}$$

$$g(t) = g_0 + g_1\cos(\omega_L t) + g_2\cos(2\omega_L t) + \cdots \tag{6.5.9}$$

将上面两式代入式(6.5.7),可得

$$i_c(t) = [I_{c0} + I_{cm1}\cos(\omega_L t) + I_{cm2}\cos(2\omega_L t) + \cdots] +$$
$$[g_0 + g_1\cos(\omega_L t) + g_2\cos(2\omega_L t) + \cdots]U_c(t)\cos(\omega_c t) \tag{6.5.10}$$

如果集电极负载 LC 并联回路的谐振频率为 $\omega_1 = \omega_L - \omega_c$,通频带 $B = 2\Omega$,回路的谐振阻抗为 R_L,可选出中频输出电压为

$$u_I = \frac{1}{2}g_1 R_L U_c(t)\cos(\omega_1 t) = U_I(t)\cos(\omega_1 t) \tag{6.5.11}$$

从以上的分析结果可看出,只有时变跨导 $g(t)$ 的基波分量能产生中频(和频或差频)分量,其他的频率分量只能产生本振信号的各次谐波与信号的组合频率。根据混频器变频增益的定义,由式(6.5.11)可得变频增益为

$$A_u = \frac{U_I(t)}{U_c(t)} = \frac{1}{2}g_1 R_L \tag{6.5.12}$$

变频增益是变频器的重要参数,它直接决定着变频器的噪声系数。由式(6.5.12)可看出,变频增益与 g_1 有关,而 g_1 只与晶体管特性、直流工作点及本振电压 u_L 有关,与 u_c 无关。

图 6.5.4 为一双极型晶体管使用电路的交流通路,应用在日立彩色电视机 ET-533 型 VHF(Very High Frequency)高频头内。图 6.5.4 中的 VT_1 管用作混频器,输入信号(即来自高放的高频电视信号,频率为 f_c),由电容 C_1 耦合到基极;本振信号(频率为 f_L)由电容 C_2 耦合到基极,构成共发射极混频方式,其特点是所需要的信号功率小,功率增益较大。混频器的负载是共基极中频放大器(由 VT_2 构成)的输入阻抗。

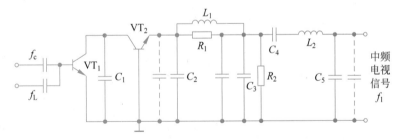

图 6.5.4　双极型晶体管混频器的实用电路的交流等效通路

例 6.5.1　在三极管混频器中管子的转移特性如图 6.5.5 所示,设中频 $\omega_1 = \omega_L - \omega_c$, $u_c(t) = 0.2\cos(\omega_c t + m_f\cos(\Omega t))$(V), $u_I(t) = \cos(\omega_1 t)$(V)。试问:

(1) 要使器件能正确工作,则工作点应取为 A、B、C 中的哪一点?

(2) 此时变频跨导为多少?

(3) 写出中频电流表达式。

(4) 若 $u_c(t) = 0.2[1 + 0.3\cos(\Omega t)]\cos(\omega_c t)$(V)时,写出中频电流表达式。

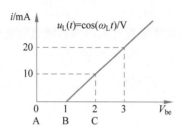 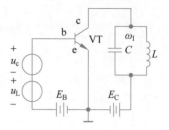

图 6.5.5　三极管混频器及其转移特性

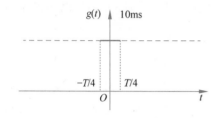

图 6.5.6　开关函数 $g(t)$ 随 t 变化关系图

解：

（1）选 B 点；

（2）如图 6.5.6 所示，$g(t)$ 是周期性函数，可以用傅里叶级数展开

$$g(t) = g_0 + \sum_{n=1}^{\infty} g_n \cos(\omega_L t) + \sum_{n=1}^{\infty} b_n \sin(\omega_L t)$$

$$(6.5.13)$$

因为 $g(t)$ 是偶函数，所以 sin 前面 $b_n = 0$，而 $g_0 = 10/2\text{mS} = 5\text{mS}$

$$g_n = \frac{2}{T} \int_{-\frac{T}{2}}^{\frac{T}{2}} g(t) \cos[n\omega_L(t)] dt$$

$$g_1 = \frac{2}{T} \int_{-\frac{T}{2}}^{\frac{T}{2}} g(t) \cos[\omega_L t] dt = \frac{2}{T} \int_{-\frac{T}{4}}^{\frac{T}{4}} 10 \cos[\omega_L t] dt = \frac{4}{T} \int_{0}^{\frac{T}{4}} 10 \cos[\omega_L t] dt$$

$$= \frac{4}{\frac{2\pi}{\omega_L}} \int_{0}^{\frac{T}{2}} 10 \cos[\omega_L t] d(\omega_L t) = \frac{20}{\pi} \text{mS}$$

$$(6.5.14)$$

设高频输入信号 $u_c(t) = U_{cm} \cos(\omega_c t + \theta)$

$$i_c(t) = [I_{c0+I_{cm1}} \cos(\omega_L t) + I_{cm2} \cos(2\omega_L t) + \cdots] +$$

$$[g_0 + g_1 \cos(\omega_L t) + g_2 \cos(2\omega_L t) + \cdots] U_{cm} \cos(\omega_c t + \theta) \quad (6.5.15)$$

中频电流分量为

$$i_I(t) = g_1 \cos(\omega_L t) \cdot U_{cm} \cos(\omega_c t + \theta)$$

$$= \frac{1}{2} g_1 U_{cm} \{\cos[(\omega_L - \omega_c)t - \theta] + \cos[(\omega_L + \omega_c)t + \theta]\} \quad (6.5.16)$$

若中频取差频 $\omega_L - \omega_c$，中频电流分量为

$$i_I(t) = g_1 \cos(\omega_L t) \cdot U_{cm} \cos(\omega_c t + \theta)$$

$$= \frac{1}{2} g_1 U_{cm} \{\cos[(\omega_L - \omega_c)t - \theta]\} \quad (6.5.17)$$

混频器的跨导定义为输出的中频电流振幅 i_{Im} 与输入的高频信号电压振幅 U_{cm} 之比为

$$g_c = \frac{\frac{1}{2} g_1 U_{cm}}{U_{cm}} = \frac{1}{2} g_1$$

$$(6.5.18)$$

$$g(t) = g_0 + g_1 \cos(\omega_L t) + \cdots = 5 + \frac{20}{\pi} \cos(\omega_L t) + \cdots \tag{6.5.19}$$

$$g_c = \frac{1}{2} g_1 = \frac{10}{\pi} \text{mS} = 3.2 \text{mS} \tag{6.5.20}$$

$$g(t) = g_0 + g_1 \cos(\omega_L t) + \cdots = 5 + \frac{20}{\pi} \cos(\omega_L t) + \cdots \tag{6.5.21}$$

（3）加上电压 $u_c(t)$ 后，集电极上电流为

$$i_c(t) = [I_{c0} + I_{cm1} \cos(\omega_L t) + I_{cm2} \cos(2\omega_L t)] + (g_0 + g_1 \cos(\omega_L t) + \cdots) \cdot u_c(t) \tag{6.5.22}$$

从 LC 谐振回路中取出来的电压信号应该是中频信号

$$u_I(t) = i_I \cdot R_L = g_1 \cos(\omega_L t) \cdot u_c(t) \cdot R_L$$

$$i_I(t) = \frac{20}{\pi} \cdot \cos(\omega_L t) \cdot 0.2 \cos[(\omega_c t) + m_f \cos(\Omega t)]$$

$$= \frac{2}{\pi} \cdot \cos[(\omega_L - \omega_c)t - m_f \cos(\Omega t)] + \frac{2}{\pi} \cdot \cos[(\omega_L - \omega_c)t + m_f \cos(\Omega t)] \tag{6.5.23}$$

只取 $\omega_L - \omega_c$ 项，所以中频电流

$$i_I(t) = \frac{2}{\pi} \cdot \cos[(\omega_L - \omega_c)t + m_f \cos(\Omega t)]$$

$$= 0.64 \cos[\omega_I t + m_f \cos(\Omega t)] \tag{6.5.24}$$

$$u_c(t) = 0.2[1 + 0.3 \cos(\Omega t)] \cos(\omega_c t)(\text{V}) \tag{6.5.25}$$

（4）

$$i_I = g_1 \cos(\omega_L t) \cdot u_c(t)$$

$$= \frac{20}{\pi} \cdot \cos(\omega_L t) \cdot 0.2[1 + 0.3 \cos(\Omega t)] \cos(\omega_c t) \tag{6.5.26}$$

$$i_I = 0.64[1 + 0.3 \cos(\Omega t)] \cos(\omega_I t)(\text{mA}) \tag{6.5.27}$$

6.5.4　场效应管混频器

图 6.5.7 为场效应管混频电路原理图。场效应管若工作在恒定区，则其转移特性为平方律关系。例如，结型场效应管的漏极电流 i_D 表示为

$$i_D = I_{DSS}\left(1 - \frac{u_{GS}}{V_{GSoff}}\right)^2 \tag{6.5.28}$$

I_{DSS} 为栅源电压为零时的漏极电流，V_{GSoff} 为夹断电压，u_{GS} 为栅源电压，其转移特性如图 6.5.8 所示。用场效应管作混频器时，由于它的平方律特性，用于混频管时非线性失真（产生的组合频率）比晶体管少，非线性失真比晶体管混频的小。

$$u_L = V_{Lm} \cos(\omega_L t) \tag{6.5.29}$$

$$u_s = V_{sm} \cos(\omega_c t) \tag{6.5.30}$$

$$u_{GS} = V_{GS} + u_L + u_s = V_{GS} + V_{Lm} \cos(\omega_L t) + V_{sm} \cos(\omega_c t) \tag{6.5.31}$$

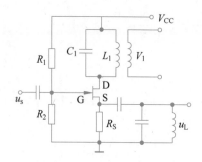

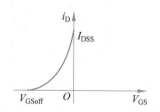

图 6.5.7　场效应管混频器　　　　图 6.5.8　场效应管混频器电流电压转移特性

代入 i_D 的表达式 $i_D = I_{DSS}\left(1 - \dfrac{u_{GS}}{V_{GSoff}}\right)^2$，时变跨导 $g_m(t)$ 为

$$g_m(t) = \frac{d}{du_{GS}}\left[I_{DSS}\left(1 - \frac{u_{GS}}{V_{GSoff}}\right)^2\right]\Bigg|_{u_{GS}+V_{GS}+u_L}$$

$$= -2I_{DSS}\left(1 - \frac{u_{GS}}{V_{GSoff}}\right)\left(-\frac{1}{V_{GSoff}}\right)\Bigg|_{u_{GS}+V_{GS}+u_L}$$

$$= \frac{-2I_{DSS}}{V_{GSoff}}\left(1 - \frac{u_{GS}}{V_{GSoff}}\right) + \frac{2I_{DSS}}{V_{GSoff}^2}V_{Lm}\cos(\omega_L t)$$

$$= g_{m0} + g_{m1}\cos(\omega_L t) \tag{6.5.32}$$

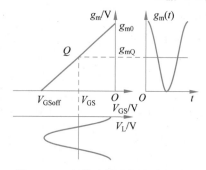

图 6.5.9　场效应管混频器时变跨导
特性曲线

其混频跨导为 $g_c = \dfrac{1}{2}g_{m1} = \dfrac{I_{DSS}}{V_{GSoff}^2}V_{Lm}$。

再用图解法求场效应管变频跨导，如图 6.5.9 所示，V_L 的电压波形为正弦波，则跨导 $g_m(u)$ 随加载在栅源 GS(Gate Source)两端电压 u_{GS} 的变化曲线为一条直线，其值为

$$g_m(u) = \frac{di_D}{du_{GS}} = \frac{-2I_{DSS}}{V_{GSoff}}\left(1 - \frac{u_{GS}}{V_{GSoff}}\right) \tag{6.5.33}$$

可以画出跨导随时间变化曲线，它是如图 6.5.10 所示的正弦曲线。其静态工作点电压为

$$u_{GS} = V_{GS} = \frac{V_{GSoff}}{2} \tag{6.5.34}$$

$$g_{mQ} = \frac{di_D}{du_{GS}} = \frac{I_{DSS}}{|V_{GSoff}|} \tag{6.5.35}$$

可见，$g_{cmax} = \dfrac{1}{2}g_{mQ}$。场效应晶体管等效电路如图 6.5.10 所示。由于场效应管输出电阻 R_{ds} 无穷大，混频管的电压增益为

$$A_{Vc} = \frac{u_1}{u_S} = \frac{-g_c}{g_L + g_{ds}} \approx -g_c R_L, \quad g_{ds} \ll g_L$$

例 6.5.2 在场效应管混频转移特性为 $i_D = I_{DSS}\left(1 - \dfrac{u_{GS}}{V_{GSoff}}\right)^2$,其电流电压转移曲线和电路原理图分别如图 6.5.11 和图 6.5.12 所示。

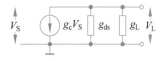

图 6.5.10 场效应管混频器等效电路

(1) 当 $u_L = V_{Lm}\cos(\omega_L t)$,$V_{GS} = -1\text{V}$ 时求出混频跨导 g_c。

(2) 条件同上,若输入电压 $u_S = 10\cos(\omega_c t + \Omega t)(\text{mV})$,求 $u_o(t)$。

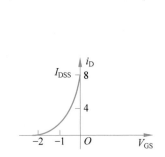

图 6.5.11 混频管电流电压转移特性

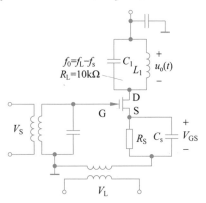

图 6.5.12 场效应管混频器原理图

解:(1)

$$g_m(u) = \frac{\mathrm{d}i_D}{\mathrm{d}u_{GS}}$$

$$g_m(t) = \frac{\mathrm{d}i_D}{\mathrm{d}u_{GS}}\Bigg|_{u_{GS} = V_{GS} + u_L}$$

$$g_m(t) = g_{m0} + g_{m1}\cos(\omega_L t)$$

其中,$g_{mQ} = \dfrac{I_{DSS}}{|U_{GSoff}|} = \dfrac{8}{|-2|} = 4\text{mS}$,$g_{m1} = \dfrac{2I_{DSS} \cdot V_{Lm}}{V_{GSoff}^2} = 4\text{mS}$,$g_c = \dfrac{g_{m1}}{2} = 2\text{mS}$。

(2) 由于 $g_c = 2\text{ms}$,$R_L = 10\text{k}\Omega$,则

$$u_o(t) = g_c R_L u_S = 2 \times 10 \times 10\cos[(\omega_I + \Omega)t] = 0.2\cos[(\omega_I + \Omega)t](\text{V})$$

6.5.5 二极管混频器

晶体管混频器的主要优点是变频增益高,但它有如下一些缺点:动态范围较小,一般只有几十毫伏;组合频率较多,干扰严重;噪声较大;在无高频功率放大器的接收机中,本振电压可以通过混频管极间电容从天线辐射能量,形成干扰,称为反向辐射。而二极管混频器组成的平衡混频器和环形混频器的优缺点正好与上述情况相反,它有组合频率小、动态范围大、噪声小、本振无反向辐射等优点,但变频增益小于 1。

1. 二极管平衡混频器

如图 6.5.13 所示,在二极管平衡混频器中加入两个信号,信号电压 $v_s = V_{sm}\cos(\omega_s t)$,本振电压 $v_o = V_{om}\cos(\omega_0 t)$,其中的条件为 $V_{om} > V_{sm}$,由等效电路图可以看出,信号 v_s

加在两个二极上的极性总是一个正向,一个反向。因为 $V_{om} > V_{sm}$,如图 6.5.13 所示,当 $V_o > 0$ 时,D_1、D_2 均导通,产生电流 i_1 和 i_2。当 $V_o < 0$ 时,D_1、D_2 均截止,电路不产生电流。所以本振信号相当于一个开关信号,令两个二极管工作在开关状态。开关频率为本振信号的频率 $\omega_0/2\pi$。

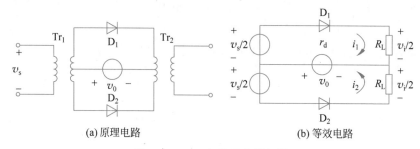

(a) 原理电路   (b) 等效电路

图 6.5.13　二极管平衡混频器

$$i_1 = \begin{cases} \dfrac{1}{r_d + R_L}\left(\dfrac{1}{2}v_s + v_0\right), & v_0 > 0 \\ 0, & v_0 < 0 \end{cases} \tag{6.5.36}$$

$$i_2 = \begin{cases} \dfrac{1}{r_d + R_L}\left(-\dfrac{1}{2}v_s + v_0\right), & v_0 > 0 \\ 0, & v_0 < 0 \end{cases} \tag{6.5.37}$$

引入开关函数 $S(t) = \begin{cases} 1, & v_0 > 0 \\ 0, & v_0 < 0 \end{cases}$,则两个回路中电流可表示为

$$i_1 = \frac{1}{r_d + R_L}\left(\frac{1}{2}v_s + v_0\right)S(t) \tag{6.5.38}$$

$$i_2 = \frac{1}{r_d + R_L}\left(-\frac{1}{2}v_s + v_0\right)S(t) \tag{6.5.39}$$

其中的开关函数 $S(t)$ 就是式(6.2.23),即

$$S(t) = \frac{1}{2} + \frac{2}{\pi}\cos(\omega_0 t) - \frac{2}{3\pi}\cos(3\omega_0 t) + \frac{2}{5\pi}\cos(5\omega_0 t) - \frac{2}{7\pi}\cos(7\omega_0 t) + \cdots$$

i_1 和 i_2 经变压器 Tr_2 相互感应后输出的总电流 i 为

$$i = i_1 - i_2 = \frac{1}{r_d + R_L}v_s S(t) = \frac{1}{r_d + R_L}S(t)V_{sm}\cos(\omega_s t)$$

$$= \frac{\dfrac{1}{2} + \dfrac{2}{\pi}\cos(\omega_0 t) - \dfrac{2}{3\pi}\cos(3\omega_0 t) + \dfrac{2}{5\pi}\cos(5\omega_0 t) - \dfrac{2}{7\pi}\cos(7\omega_0 t) + \cdots}{r_d + R_L} V_{sm}\cos(\omega_s t)$$

$$\tag{6.5.40}$$

把式(6.5.40)利用三角函数的积化和差展开,总电流中出现了新的频率

$$\omega_s, \omega_0 \pm \omega_s, 3\omega_0 \pm \omega_s, 5\omega_0 \pm \omega_s, \cdots, (2n+1)\omega_0 \pm \omega_s, n = 0, 1, 2, \cdots \tag{6.5.41}$$

而式(6.2.18)表示晶体管混频器产生的频率为 $\omega_0, 2\omega_0, 3\omega_0, \cdots, \omega_s, \omega_0 \pm \omega_s, 2\omega_0 \pm \omega_s, 3\omega_0 \pm \omega_s, \cdots$。二者相比较可知,二极管平衡混频器输出电流的频率组合分量大为减少。同时可以看出,二极管平衡混频器输出电流中没有了 ω_0,说明混频器无反向辐射;另一

方面,二极管混频器实现和频与差频,完成频谱的线性搬移,可通过滤波电路取出所需要的信号。

2. 二极管环形混频器

二极管环形混频器就是在二极管平衡混频器的基础上增加了两个反向连接的二极管,如图 6.5.14 所示。在分析过程中可以利用二极管平衡混频器的结论。二极管环形混频器与二极管平衡混频器的区别为:$v_0 > 0$ 时,D_1、D_3 导通,D_2、D_4 截止;$v_0 < 0$ 时,D_1、D_3 截止,D_2、D_4 导通,即在本振电压 v_0 的正、负半周中,都有二极管导通,都产生电流。在二极管平衡混频器输出的信号中,仍包含有 ω_s 这个频率,ω_s 与 $(\omega_0 - \omega_s)$ 比较接近,容易对 $(\omega_0 - \omega_s)$ 产生干扰,为了消除 ω_s,可使用二极管环形混频器。下面分两种情况计算二极管平衡混频器的输出电流。

(1) $v_0 > 0$ 时,D_1、D_3 导通,D_2、D_4 截止。其等效电路即前面所述的二极管平衡混频器,如图 6.5.15 所示,输出电流 i' 为

$$i' = i_1 - i_3 = \frac{1}{r_d + R_L} v_s S(t) \tag{6.5.42}$$

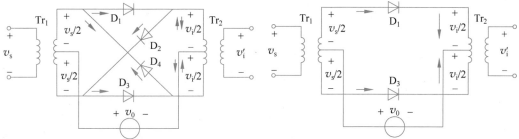

图 6.5.14 二极管环形混频器　　　图 6.5.15 $v_0 > 0$ 时二极管环形混频器等效电路图

(2) $v_0 < 0$ 时,D_1、D_3 截止,D_2、D_4 导通。电路本质上仍是前面所述的二极管平衡混频器,只是 v_0 反相时开关函数的导通时间移相了半个周期$(T/2)$,令其为 $S^*(t)$,则

$$S^*(t) = S\left(t + \frac{T}{2}\right)$$

$$= \frac{1}{2} + \frac{2}{\pi}\cos\left[\omega_0\left(t + \frac{T}{2}\right)\right] - \frac{2}{3\pi}\cos\left[3\omega_0\left(t + \frac{T}{2}\right)\right] + \frac{2}{5\pi}\cos\left[5\omega_0\left(t + \frac{T}{2}\right)\right] -$$

$$\frac{2}{7\pi}\cos\left[7\omega_0\left(t + \frac{T}{2}\right)\right] + \cdots$$

$$= \frac{1}{2} - \frac{2}{\pi}\cos(\omega_0 t) + \frac{2}{3\pi}\cos(3\omega_0 t) - \frac{2}{5\pi}\cos(5\omega_0 t) + \frac{2}{7\pi}\cos(7\omega_0 t) - \cdots \tag{6.5.43}$$

则输出电流 i'' 为

$$i'' = i_4 - i_2 = \frac{-1}{r_d + R_L} v_s S^*(t) \tag{6.5.44}$$

$$i = i' + i'' = \frac{1}{r_d + R_L} v_s [S(t) - S^*(t)]$$

$$= \frac{V_{sm}\cos(\omega_s t)}{r_d + R_L} \left[\frac{4}{\pi}\cos(\omega_0 t) - \frac{4}{3\pi}\cos(3\omega_0 t) + \frac{4}{5\pi}\cos(5\omega_0 t) - \frac{4}{7\pi}\cos(7\omega_0 t) + \cdots \right]$$

$$(6.5.45)$$

把式(6.5.45)中的 $\cos(\omega_s t)$ 与 $\cos(\omega_0 t)$、$\cos(3\omega_0 t)$、$\cos(5\omega_0 t)$……各项相乘后再展开整理,得出总电流中生成的新频率分量中没有了 ω_s 分量,只有 $\omega_0 \pm \omega_s$,$3\omega_0 \pm \omega_s$,$5\omega_0 \pm \omega_s \cdots$,等组合频率分量,因此非线性产物进一步被抑制。

6.5.6　混频器的干扰

混频器在超外差式接收机中可以起到改善信号接收性能,但同时混频器又会给接收机带来干扰。一般接收端口只需要输入信号与本振信号混频得出的分量($f_L - f_c$ 或 $f_L + f_c$),这种混频途径称为主通道。但实际上,还有许多其他频率的信号也会经过混频器的非线性作用产生另外一个中频分量输出,即寄生通道。这些信号形成的方式有:直接从接收天线进入(特别是混频前没有高放时);由高放的非线性产生;由混频器本身产生;由本振信号的谐波产生等。一般把除了主通道有用信号以外的信号都称为干扰。判断能否形成干扰主要根据以下两个条件:

(1) 是否满足一定的频率关系;

(2) 满足一定频率关系的分量的幅值是否较大。

图 6.5.16 为混频器的一般性原理方框图。由于混频器是依靠非线性元件实现变频的,如果设输入信号为 $u_c(f_c)$,输入端的外来干扰信号为 $u_n(f_n)$,本振信号为 $u_L(f_L)$,则通过非线性元器件变频后的组合频率信号为 $u_1 | \pm p f_L \pm q f_c |$ 以及 $u_2 | \pm p f_L \pm q f_n |$ ($p, q = 1, 2, 3, \cdots$),实际上这些频率信号只要与中频频率 $f_I = f_L - f_c$ 相同或接近,都会与有用信号一起被中频滤波器选出,并送到后级中放,经放大后解调输出,从而引起串音、啸叫等各种干扰,影响有用信号的正常工作。

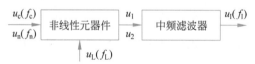

图 6.5.16　实现混频功能的一般性原理方框图

1. 信号与本振信号的自身组合干扰

设输入混频器的高频已调波信号为 $u_c(f_c)$,本振频率信号为 $u_L(f_L)$,则经过混频器后产生的组合频率分量 $| \pm p f_L \pm q f_c | \approx \pm f_I$,($p, q = 1, 2, 3 \cdots$)。如果中频带通滤波器的中心频率 $f_I = |f_L - f_c|$,那么除了中频被选出以外,还可能有其他组合频率分量为 $p f_L - q f_c = f_I (p, q = 1, 2, 3 \cdots)$ 或 $q f_c - p f_L = f_I (p, q = 1, 2, 3 \cdots)$ 的干扰信号,即

$$p f_L - q f_c = \pm f_I, \quad (p, q = 1, 2, 3 \cdots) \qquad (6.5.46)$$

因此,能产生中频组合频率分量干扰的信号频率、本振频率和中频频率之间存在下列关系

$$f_c = \frac{p}{q} f_L \pm \frac{1}{q} f_I = \frac{p}{q} f_c + \frac{p \pm 1}{q} f_I, \quad (p, q = 1, 2, 3 \cdots) \qquad (6.5.47)$$

所以有

$$f_{\mathrm{c}}=\frac{p\pm1}{q-p}f_{\mathrm{I}} \quad \text{或} \quad \frac{f_{\mathrm{c}}}{f_{\mathrm{I}}}=\frac{p\pm1}{q-p} \tag{6.5.48}$$

其中，$\dfrac{f_{\mathrm{c}}}{f_{\mathrm{I}}}$ 称为变频比。当变频比一定，并能找到对应的整数 p、q 值时，有确定的干扰点。但是，若对应 p、q 值较大，即阶数 $p+q$ 很大，则意味着高阶组合频率分量的幅值较小，实际干扰影响小。若 p、q 值小，即阶数 $p+q$ 较低，则干扰影响较大。在实际设计中，应尽量减少组合频率分量的干扰。对通信设备来说，当中频频率确定后，在其工作频率范围内，由信号及本振信号上述组合干扰点是确定的。用不同的 p、q 值，按照式（6.5.33）算出相应的变频比列在表 6.5.1 中。

表 6.5.1 变频比与 p、q 的关系表

编号	1	2	3	4	5	6	7	8	9	10	11	12	13	14	15	16	17
p	0	1	1	2	1	2	1	2	3	4	1	2	3	4	1	2	
q	1	2	3	3	4	4	4	5	5	5	6	6	6	6	7	7	
$f_{\mathrm{c}}/f_{\mathrm{I}}$	1	2	1	3	2/3	3/2	4	1/2	1	2	5	2/5	3/4	4/3	5/2	1/3	3/5

例 6.5.3 调幅广播接收机的中频 $f_{\mathrm{I}}=465\mathrm{kHz}$，某电台发射频率 $f_{\mathrm{c}}=931\mathrm{kHz}$。接收机的本征频率 $f_{\mathrm{L}}=f_{\mathrm{I}}+f_{\mathrm{c}}=1396\mathrm{kHz}$。显然，$f_{\mathrm{I}}=f_{\mathrm{L}}-f_{\mathrm{c}}$ 是正常变频过程（主通道）。那么会出现怎样的干扰哨声？

解：由于器件的非线性，在混频器中同时存在信号和各次谐波的相互作用，因为变频比 $f_{\mathrm{c}}/f_{\mathrm{I}}=931/465\approx2$。由表 6.5.1 可知，存在着对应编号为 2 和编号为 10 的干扰。对 2 号干扰，$p=1$，$q=2$，是三阶干扰。由式（6.5.33），得到

$$2f_{\mathrm{c}}-f_{\mathrm{L}}=2\times931-1396=1862-1396=466(\mathrm{kHz})$$

这个组合分量与中频相差 1kHz，经检波后将出现 1kHz 的哨声。所以这是自身组合干扰。对 10 号干扰，$p=3$，$q=5$，是八阶干扰，可得

$$5f_{\mathrm{c}}-3f_{\mathrm{L}}=5\times931-3\times1396=1862-1396=467(\mathrm{kHz})$$

也可以通过中频通道形成干扰哨声。

干扰哨声是信号本身与本振各次谐波组合形成的，与外来干扰无关，所以不能依靠提高前端电路的选择性抑制它。可采用如下抑制方法：

（1）正确选择中频数值。减少这种干扰的办法是减少干扰点的数目并降低干扰的阶数。当 f_{I} 固定后，在一个频段内的干扰点就确定了，合理选择中频频率，可大大减少组合频率干扰的点数，并将阶数较低的组合频率干扰排除。

（2）正确选择混频的工作状态，减少组合频率成分，使电路接近理想乘法器。

（3）采用合理的电路形式，如平衡电路、环形电路、乘法器等，可从电路上抵消一些组合频率分量。

2. 外来干扰与本振信号的组合干扰

这种干扰是指外来干扰信号与本振信号由于混频器的非线性而形成的假中频。设混频器输入端外来干扰信号电压 $u_{\mathrm{n}}(t)=U_{\mathrm{n}}\cos(\omega_{\mathrm{n}}t)$，频率为 f_{n}。这相当于接收机在接收有用信号时，某些无关电台或干扰信号也同时被接收到，表现为串台。串台干扰信号 $u_{\mathrm{n}}(f_{\mathrm{n}})$ 与本征信号 $u_{\mathrm{L}}(f_{\mathrm{L}})$ 的组合频率为 $|\pm pf_{\mathrm{L}}\pm qf_{\mathrm{c}}|$（$p$，$q=1,2,3\cdots$），如果中频带

通滤波器的中心频率 $f_I=|f_L-f_c|$，则可能形成的组合频率为

$$pf_L-qf_n=\pm f_I,\quad (p,q=1,2,\cdots) \tag{6.5.49}$$

$$f_n=\frac{1}{q}(pf_L\pm f_I)=\frac{1}{q}[pf_c+(p\pm1)f_I],\quad (p,q=1,2,\cdots) \tag{6.5.50}$$

能满足式(6.5.50)的串台信号都可能形成干扰。这类干扰主要有中频干扰、镜像干扰以及组合副波道干扰。

1) 中频干扰

当干扰信号的频率等于或接近于接收机的中频时，如果混频器前级电路的选择性不够好，致使这种干扰信号 $u_n(f_n)$ 漏入混频器的输入端，那么混频器对此干扰信号进行放大，使其顺利通过后级电路，在输出端形成强干扰。因为 $f_n\approx f_I$，由式(6.5.50)可得，$p=0,q=1$，即中频干扰相当于一个一阶的强干扰。

抑制中频干扰的方法主要是提高混频器前级电路的选择性，以降低漏入混频器输入端的中频干扰的电压值。可在混频器的前级电路加中频陷波电路。图6.5.17为抑制中频干扰的中频陷波电路，由 L_1C_1 构成的串联谐振回路对中频谐振，可滤除天线接收到的外来中频干扰信号。此外，合理选择中频频率，一般选在工作段之外，最好选用高中频方式混频。

2) 镜像干扰

设混频器中 $f_L>f_c$，外来干扰电台中 $u_n(f_n)$ 的频率 $f_n=f_I+f_L$ 时，如果 $u_n(f_n)$ 与 $u_L(f_L)$ 共同作用在混频器输入端，会产生差频 $f_I=f_n-f_L$，则在接收机的输出端将会听到干扰电台的声音。f_n、f_L 及 f_c 关系如图6.5.18所示。由于 f_n 和 f_c 对称地位于 f_L 两侧，呈镜像关系，所以将 f_n 称为镜像频率，将这种干扰叫作镜像干扰。从式(6.5.50)可以看出，镜像干扰时，$p=q=1$，为二阶干扰。

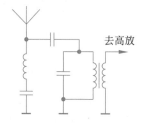 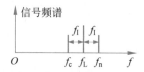

图6.5.17　抑制中频干扰的中频陷波电路　　图6.5.18　镜像干扰的频率关系

例6.5.4　当接收机的接收频率为 580kHz 的信号时，还有一个 1510kHz 的信号也作用在混频器的输入端，它将以镜像干扰的形式进入中放。$f_I=f_n-f_L=465kHz$，所以可听到两个信号的声音，可能还会出现哨声。

对 $f_L>f_c$ 的变频电路，镜频干扰 $f_n=f_L\pm f_I$。混频器对于 f_c 和 f_n 的变频作用完全相同，混频器本身对镜像干扰无抑制作用。抑制的方法主要是提高混频器前端电路的选择性和提高中频频率，以降低混频器输入端的镜像频率电压值。高中频方式混频对抑制镜像干扰是非常有利的。

一部接收机的中频频率是固定的，所以中频干扰的频率也是固定的。而镜像干扰频率则随着信号频率 f_c(或本征频率 f_L)的变化而变化。

3) 组合副波道干扰

$p=q$ 时形成的部分组合频率干扰称为组合副波道干扰。在这种情况下,式(6.5.35)变为 $f_n=f_L\pm f_I/q$,当 $p=q=2,3,4$ 时,f_n 分别为 $f_L\pm f_I/2$,$f_L\pm f_I/3$,$f_L\pm f_I/4$。其中最主要的一类干扰为 $p=q=2$(四阶干扰)的情况,其组合干扰频率 $f_{n1}=f_L-f_I/2$ 和 $f_{n2}=f_L+f_I/2$ 分布如图 6.5.19 所示。这类干扰对称分布于两侧,其间隔为 $f_I/2$(或 f_I/q)。其中以 $f_{n1}=f_L-f_I/2$ 的干扰最为严重,因为它距离信号频率 f_c 最近,干扰阶数最低(四阶)。抑制这种干扰的方法是提高中频频率和前端电路的选择性。此外,选择合适的混频电路,以及合理地选择混频管的工作状态都有一定作用。

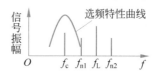

图 6.5.19 $p=q=2$ 时的组合副波道干扰频谱分布

3. 交叉调制干扰

交叉调制(简称交调)干扰的形式与本征信号 $u_L(f_L)$ 无关,它是有用信号 $u_c(f_c)$ 与干扰信号 $u_n(f_n)$ 一起作用于混频器时,由混频器的非线性作用而形成的干扰。它的特点是,当接收有用信号时,可同时听到信号台和干扰台的声音。而信号频率和干扰频率间没有固定的关系。一旦有用信号消失,干扰台的声音则随之消失,交调干扰与有用信号并存,它与干扰的载频无关,任何频率的强干扰都可能形成交调。其含义就是干扰信号与有用信号(已调波或载波)同时作用于混频器,经非线性作用,将干扰的调制信号转移到有用信号的载频上,再与本振混频,得到中频信号,从而形成干扰。当噪声信号频率与有用信号频率相差越大,噪声信号受前端电路的抑制越彻底,形成的干扰越低。一般非线性特性的四次方或者偶次方可能产生干扰,但幅值较小,一般不考虑。

4. 互调干扰

互调干扰是指两个或多个干扰电压同时作用在混频器的输入端,经混频器的非线性产生近似为中频的组合分量,落入中放通频带之内形成的干扰。当两个干扰频率都小于或大于工作频率,且三者等距时,就可形成互调干扰,而对距离的大小无限制。当距离很近时,前端电路对干扰的抑制能力弱,干扰的影响大。通俗地说,由两个或多个干扰的相互作用,产生接近于输出频率的信号而对有用信号形成的干扰,称为互调干扰。

例 6.5.5 已知收音机的中频为 465kHz,试分析和解释下列现象:

(1) 在某地,收音机接收到 1090kHz 的信号时,可以收到 1323kHz 的信号;

(2) 收音机接收到 1080kHz 的信号时,可以收到 540kHz 的信号;

(3) 收音机接收到 930kHz 的信号时,可同时收到 690kHz 和 810kHz 的信号,但不能单独收到其中的一个台。

解:(1) 接收到 1090kHz,$f_s=1090$kHz,那么收到的 1323kHz 的信号就一定是干扰信号,$f_n=1323$kHz,这就是副波道干扰。

$$f_s=1090\text{kHz},\quad f_I=465\text{kHz},\quad f_1=f_s+f_I=1090+465=1555(\text{kHz})$$

由于 $2f_1-2f_n=2\times1555-2\times1323=454(\text{kHz})\approx f_I$。所以,这种副波道干扰就是一种四阶干扰($p=q=2$)。

(2) 接收到 1080kHz,$f_s=1080$kHz,那么收到的 540kHz 信号就一定是干扰信号,

$f_n = 540\text{kHz}$，这就是副波道干扰。

$$f_s = 1080\text{kHz}, \quad f_I = 465\text{kHz}, \quad f_1 = f_s + f_I = 1080 + 540 = 1545(\text{kHz})$$

由于 $f_1 - 2f_n = 1545 - 2 \times 540 = 465(\text{kHz}) \approx f_I$。所以，这种副波道干扰就是一种三阶干扰（$p=1, q=2$）。

（3）接收到 930kHz，且同时收到 690kHz 和 810kHz 的信号，但不能单独收到其中的一个台，这里有用信号 $f_s = 1080\text{kHz}$，690kHz 和 810kHz 是两个干扰信号，$f_{n1} = 690\text{kHz}$，$f_{n2} = 810\text{kHz}$，产生互调干扰，$f_1 = f_s + f_I = 930 + 465 = 1395(\text{kHz})$；$f_1 - (2f_{n2} - f_{n1}) = f_I$。由混频器中高次方产生，称为三阶互调干扰。

6.5.7 改善混频器干扰的措施

（1）提高输入回路的选择性。通过对天线回路、高放级的选择，有效减小干扰的有害影响。

（2）合理选择中频。将中频选在接收频段以外，可避免最强的干扰哨声，有效发挥混频前各级电路的滤波作用，将最强的干扰信号滤除。

（3）合理选择混频器工作点。一般选在器件二次方区域或具有平方律特性的混频器件，减少输出的组合频率数目，减少混频干扰、中频干扰和某些副波道干扰。

（4）合理选择器件（减少 p、q），如乘法器、场效应管；合理选择电路，如运用平衡混频器、环形混频器、模拟乘法器减少组合频率分量，抵消外界信号的干扰。

视频

6.5.8 混频器的主要应用

1. 频率变换

本章介绍的双平衡混频器等都可以实现频率变换功能。三平衡混频器由于采用了两个二极管电桥，三端口都有变压器，所以其本振、射频及中频带宽可达几个倍频器，且动态范围大、失真小，隔离度高。但制造成本高，工艺复杂，价格比较昂贵。

2. 鉴相

理论上所有中频段直流耦合的混频器均可作为鉴相器使用。将两个频率相同、幅度一致的射频信号加到混频器的本振和射频端口，中频端将输出随两信号相差而变的直流信号。当两信号是正弦时，鉴相输出随相差变化为正弦，当两个输入信号是方波时，鉴相输出为三角波。输入功率推荐在标准本征功率附近，输入功率过大，会增加直流偏置大小，使输出电平太低。

3. 可变衰减器

此类混频器要求中频直流耦合。信号在混频器本振端口和射频端口间的传输损耗是中频电流大小控制的。

4. 相位调制器

此类混频器要求中频直流耦合。信号在混频器本振端口和射频端口间传输相位由中频电流极性控制。在中频端口交替改变控制电流极性，输出射频信号的相位会随之在 $0°$ 和 $180°$ 两种状态下交替变化。

5. 参量混频器

此类混频器是利用非线性电抗特性将输入信号变换为中频信号的电路。电抗元件在理想情况下,既不消耗功率也不产生噪声,参量混频器具有变换频率高、噪声小的优点。雷达和微波系统常用参量混频器实现低噪声接收。非线性元件一般由变容二极管构成,它在本振电压控制下,在输入与输出信号间起非线性变换作用。

科普六 频谱线性搬移技术

参考文献

思考题与习题

6.1 一非线性元器件的伏安特性为 $i = a_0 + a_1 u + a_2 u^2 + a_3 u^3 + a_4 u^4$,式中,$u = u_1 + u_2 + u_3 = U_1 \cos(\omega_1 t) + U_2 \cos(\omega_2 t) + U_3 \cos(\omega_3 t)$,试写出电流 i 中组合频率分量;说明它们是由 i 的哪些乘积项产生的,求出其中的 $\omega_1 \pm \omega_2$ 频率分量的振幅并说明它们是由 i 中的哪些项产生的。

6.2 若非线性元器件的伏安特性幂级数表示为 $i = a_0 + a_1 u_1$,式中,a_0 和 a_1 是不为零的常数,信号 u 是频率为 150kHz 和 200kHz 的两个正弦波,问电流中能否出现 50kHz 和 350kHz 的频率成分? 为什么?

6.3 如图所示的二极管平衡电路,输入信号 $u_1 = U_1 \cos(\omega_1 t)$,$u_2 = U_2 \cos(\omega_2 t)$,且 $\omega_2 > \omega_1$,$U_2 > U_1$。输出回路对 ω_2 谐振,谐振阻抗为 R_0,带宽 $B = 2F_1 (F_1 = \omega_1 / 2\pi)$。

(1) 不考虑输出电压的反作用,求输出电压 u_0 的表示式;

(2) 考虑输出电压的反作用,求输出电压的表示式,并与(1)的结果相比较。

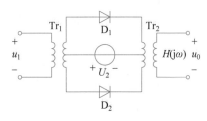

思考题与习题 6.3 图

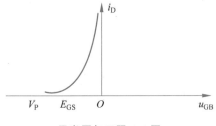

思考题与习题 6.4 图

6.4 场效应管的静态转移特性如图所示,设 $i_D = I_{DSS} \left(1 - \dfrac{u_{GS}}{V_P}\right)^2$,$u_{GS} = E_{GS} + U_1 \cos(\omega_1 t) + U_2 \cos(\omega_2 t)$;若 U_1 很小,满足线性时变条件。

(1) 当 $U_2 \leqslant |V_P - E_{GS}|$,$E_{GS} = V_P / 2$ 时,求时变跨导 $g_m(t)$ 以及 g_{m1};

(2) 当 $U_2 = |V_P - E_{GS}|$,$E_{GS} = V_P / 2$ 时,证

明 g_{m1} 为静态工作点跨导。

6.5 在图所示的电路中,晶体三极管的转移特性

为 $i_c = a_0 I_s e^{\frac{u_{be}}{V_T}}$,若回路的谐振阻抗为 R_0,试写出下列 3 种情况下输出电压 u_o 的表示式。

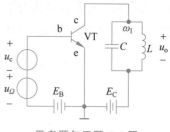

(1) $u = U_1 \cos(\omega_1 t)$,输出回路谐振在 $2\omega_1$ 上;

(2) $u_o = U_c \cos(\omega_c t) + U_\Omega \cos(\Omega t)$,且 $\omega_c \gg \Omega$,U_Ω 很小,满足线性时变条件,输出回路谐振在 ω_c 上;

思考题与习题 6.5 图

(3) $u_o = U_1 \cos(\omega_1 t) + U_2 \cos(\omega_2 t)$,且 $\omega_2 > \omega_1$,U_1 很小,满足线性时变条件,输出回路谐振在 $(\omega_2 - \omega_1)$ 上。

6.6 设变频器的输入端除有用信号($f_s = 20\text{MHz}$)外,还作用着两个频率分别为 $f_1 = 19.6\text{MHz}$,$f_2 = 19.2\text{MHz}$ 的电压。已知中频 $f_0 = 3\text{MHz}$,问是否会产生干扰?干扰的性质如何?

6.7 试分析与解释下列现象:

(1) 在某地,收音机接收到 1090kHz 信号时,可以收到 1323kHz 的信号;

(2) 收音机接收 1080kHz 信号时,可以收到 540kHz 的信号;

(3) 收音机接收 930kHz 信号时,可同时收到 690kHz 和 810kHz 的信号,但不能单独收到其中的一个台(例如,另一电台停播)。

6.8 某超外差接收机中频 $f_0 = 500\text{kHz}$,本振频率 $f_1 < f_s$,在收听 $f_s = 1.501\text{MHz}$ 的信号时,听到啸叫声,其原因是什么?试进行具体分析(设无其他外来干扰)。

6.9 某超外差接收机工作频段为 $0.55 \sim 25\text{MHz}$,中频 $f_0 = 455\text{kHz}$,本振 $f_1 > f_s$。试问,波段内哪些频率上可能出现较大的组合干扰(六阶以下)。

6.10 试分析如图所示的混频器。图中,C_b 对载波短路,对音频开路;$u_c = U_c \cos(\omega_c t)$,$u_\Omega = U_\Omega \cos(\Omega t)$。

(1) 设 U_c 及 U_Ω 均较小,二极管特性近似为 $i = a_0 + a_1 u + a_2 u^2$,求输出 $u_o(t)$ 中含有哪些频率分量(忽略负载反作用)。

(2) 如 $U_c \gg U_\Omega$,二极管工作于开关状态,试求 $u_o(t)$ 的表示式(先忽略负载反作用时的情况,并将结果与(1)比较;再考虑负载反作用时的输出电压。)

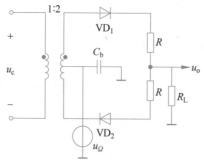

思考题与习题 6.10 图

6.11 在如图所示的桥式调制电路中,各二极管的特性一致,均为自原点出发、斜率

为 g_D 的直线,并工作在受 u_2 控制的开关状态。若设 $R_L \gg R_D (R_D = 1/g_D)$,试分析电路分别工作在振幅调制和混频时 u_1、u_2 各应为什么信号,并写出 u_o 的表示式(备注:此题可在学习第 7 章振幅调制后再做)。

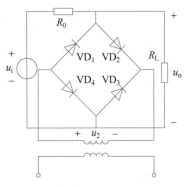

思考题与习题 6.11 图

第 7 章

振幅调制与解调

内容提要

从频域的角度看,振幅调制属于频谱线性搬移电路。本章主要介绍振幅调制和解调的基本原理、基本概念与基本方法。讨论实现普通调幅波的基本电路,并给出双边带、单边带调幅与解调的分析方法和相关电路。本章的教学需要 10～12 学时。

7.1 概述

通常,信号的原始形式不适宜信号的传输。信号通过一定的传输介质在发射机和接收机之间进行传输时,信号的原始形式一般不适合传输。因此,必须转换它们的形式。调制的过程是将低频信号加载到高频振荡载波的过程,已调高频载波信号经放大后再由天线发射出去。高频振荡波就是携带信号的"运载工具",也叫载波。在接收信号的一方,经过解调(反调制)的过程,把载波所携带的信号取出来,得到原有的信号。通常把含有信息的信号称为调制信号,高频振荡载波称为载波信号,调制后的频带信号为已调波信号。调制的实质就是用待传输的低频信号控制载波信号某个参数,最终达到信号高质量发送、传输、解调和接收的目的。反调制过程也叫检波。调制与解调都是频谱变换的过程,必须用非线性元件才能完成。

信号为什么必须经过调制而不能直接发送呢？这里的关键问题是所要传送的信号或者频率太低(例如,语言和音乐信号都限于音频范围内),或者频带很宽(例如,电视信号频宽为 50Hz～6.5MHz)。这些都对直接采用电磁波的形式传送信号十分不利。有如下几点理由:

(1)天线要将低频信号有效地辐射出去,它的尺寸就必须很大。例如,频率为 1000Hz 的电磁波,其波长为 300 000m,即 300km。如果采用 1/4 波长的天线,则天线的长度应为 75 000m。不用说,实际上这是难以办到的。

(2)为了使发射与接收效率高,在发射机与接收机方面都必须采用天线和谐振回路。但语言、音乐、图像信号等的频率变化范围很大,因此天线和谐振回路的参数应该在很宽范围内变化。显然,这也是难以做到的。

(3)如果直接发射音频信号,则发射机将工作于同一频率范围。这样,接收机将同时收到许多不同电台的节目,无法加以选择。

为了克服以上的困难,必须利用高频振荡,将低频信号"附加"在高频振荡上,使天线的辐射效率提高,尺寸缩小;同时,每个电台都工作于不同的载波频率,接收机可以调谐选择不同的电台。这就解除了上述的种种困难。

如何将信号"附加"在高频振荡上？本质上就是利用信号来控制高频振荡的某一参

数,使这个参数随信号而变化。这就是调制。调制的方式可分为连续波调制与脉冲波调制两大类。连续波调制是用信号来控制载波的振幅、频率或相位,有调幅、调频和调相 3 种方法。脉冲波调制是先用信号来控制脉冲波的振幅、宽度、位置等,然后再用这个已调脉冲对载波进行调制。脉冲调制(数字调制)有脉冲振幅、脉宽、脉位、脉冲编码调制等多种形式。实现调幅的方法,大约有以下几种。

(1) 低电平调幅。

调制过程是在低电平级进行的,因而需要的调制功率小。属于这种类型的调制方法有:

① 平方律调幅,利用电子器件的伏安特性曲线平方律部分的非线性作用进行调幅;

② 斩波调幅,将所要传送的音频信号按照载波频率来斩波,然后通过中心频率等于载波频率的带通滤波器滤波,取出调幅成分。

(2) 高电平调幅。

调制过程在高电平级进行,通常是在丙类放大器中进行调制。属于这一类型的调制方法有:

① 集电极(阳极)调幅;

② 基极(控制栅极)调幅。

振幅调制电路的功能是将输入信号和载波信号通过电路变换成高频调幅信号输出。振幅调制电路由输入信号、非线性元器件和带通滤波器 3 部分组成。实现幅度调制的典型电路是四象限模拟乘法器和二极管环形调幅器,它们具有乘法器的功能,对于理想的调幅电路,其特点为:能够实现输入信号的相乘,而对输入电压波形、幅度、极性和频率无要求;输入信号为恒值时,其中的乘法器相当于线性放大器;能够产生新的频率分量。

检波过程是一个解调过程,它与调制过程正相反。检波器的作用是从振幅受调制的高频信号中还原出原调制的信号。还原所得的信号,与高频调幅信号的包络变化规律一致,故又称为包络检波器。假如输入信号是高频等幅波,则输出就是直流电压,这是检波器的一种特殊情况,在测量仪器中应用较多。例如,某些高频伏特计的探头就采用了这种检波原理。

7.2 振幅调制原理及特性

振幅调制方式是将传递的低频信号(如语言、音乐、图像的电信号)去控制作为传送载体的高频振荡波(载波)的幅度,使已调波的幅度随调制信号的大小线性变化,而保持载波的角频率不变。在振幅调制中,根据所输出调幅波信号频谱的不同,分为普通调幅(标准调幅,用 AM 表示)、抑制载波的双边带调幅(用 DSB 表示)、抑制载波的单边带调幅(用 SSB 表示)。

7.2.1 标准振幅调制信号分析

标准振幅调制是一种相对便宜、质量不高的调制形式,主要用于声频和视频等商业广播。调幅也能用于双向移动无线通信,如民用波段广播。AM 调制器是非线性设备,有两个输入端口和一个输出端口,如图 7.2.1 所示。在两路输入信号中,一路输入振幅为常数的单频载波信号；另一路输入低频信息信号，此路信号可以包含多频率组合的复合波形。在调制器中，信息作用在载波上，就产生振幅随调制信号瞬时值而变化的已调波。通常，已调波（或调幅波）是能有效通过天线发射，并在自由空间中传播的射频波。

图 7.2.1　AM 调制器

1. AM 调幅波的数学表达式

首先讨论单频信号的调制情况。设调制信号 $u_\Omega = U_{\Omega m}\cos(\Omega t)$，$u_c = U_{cm}\cos(\omega_c t)$，则调幅信号即已调波可表示为

$$u_{AM} = U_{AM}(t)\cos(\omega_c t) \tag{7.2.1}$$

式中，$U_{AM}(t)$ 为已调波的瞬时振幅值，也是调幅波的包络函数。由于调幅波的瞬时振幅与调制信号呈线性关系，即

$$\begin{aligned}
U_{AM}(t) &= U_{cm} + k_a U_{\Omega m}\cos(\Omega t) \\
&= U_{cm}\left[1 + \frac{k_a U_{\Omega m}}{U_{cm}}\cos(\Omega t)\right] \\
&= U_{cm}[1 + m_a\cos(\Omega t)]
\end{aligned} \tag{7.2.2}$$

式中，k_a 为比例常数，一般由调制电路的参数决定；$m_a = k_a U_{\Omega m}/U_{cm}$ 为调制系数，反映了调幅波振幅的变化量，通常 $0 < m_a < 1$，代表调制深度。将式（7.2.2）代入式（7.2.1），可得到单频信号调幅波的表达式

$$u_{AM} = U_{cm}[1 + m_a\cos(\Omega t)]\cos(\omega_c t) \tag{7.2.3}$$

以上讨论的是单频信号。实际上，调制信号中一般含有多种频率的组合，是一个具有连续频谱的限带信号。如果将某一连续频谱的限带信号 $u_\Omega(t) = f(t)$ 作为调制信号，那么调幅波可以表示为

$$u_{AM} = [U_{cm} + k_a f(t)]\cos(\omega_c t) \tag{7.2.4}$$

将 $f(t)$ 利用傅里叶级数展开为

$$f(t) = \sum_{n=1}^{\infty} U_{\Omega m}\cos\Omega_n t \tag{7.2.5}$$

将式（7.2.5）代入式（7.2.4），则调幅波的表达式为

$$u_{AM} = U_{cm}\left(1 + \sum_{n=1}^{\infty} m_n\cos\Omega_n t\right)\cos(\omega_c t) \tag{7.2.6}$$

式中，$m_n = k_a U_{\Omega m}/U_{cm}$。

2. 振幅调制波形特性

AM 调幅波具有如下特点：

（1）调幅波的振幅包络随调制信号发生变化，而且包络的变化规律与调制信号波形一致，表明调制信号信息记载在包络中。

（2）调幅波的包络函数为

$$U_{AM}(t) = U_{cm}[1 + m_a\cos(\Omega t)] \tag{7.2.7}$$

调幅波包络的波峰值为

$$U_{AM}\big|_{\max} = U_{cm}(1 + m_a) \tag{7.2.8}$$

包络的波谷值为

$$U_{\mathrm{AM}}\mid_{\min} = U_{\mathrm{cm}}(1 - m_{\mathrm{a}}) \tag{7.2.9}$$

包络的振幅为

$$U_{\mathrm{m}} = \frac{U_{\mathrm{AM}}\mid_{\max} - U_{\mathrm{AM}}\mid_{\min}}{2} = U_{\mathrm{cm}} m_{\mathrm{a}} \tag{7.2.10}$$

（3）调幅波的调制深度为

$$m_{\mathrm{a}} = \frac{\text{包络振幅}}{\text{载波振幅}} = \frac{U_{\mathrm{m}}}{U_{\mathrm{cm}}} \tag{7.2.11}$$

调制系数 m_{a} 反映了调幅的强弱程度,其值越大,调制深度越强。图 7.2.2(e)表示 $m_{\mathrm{a}} > 1$,振幅调制过量,产生了严重的包络失真。为了保证已调幅波的包络形状正是反映调制信号的变化规律,要求调制系数取值范围为 $0 < m_{\mathrm{a}} < 1$。

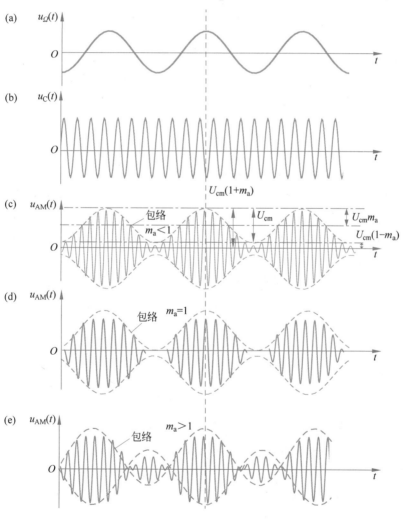

图 7.2.2　振幅调制信号波形图

3. 调幅波的频谱

在调幅波信号的分析中常用频域分析法(即采用频谱图)来描述振幅调制的特性。

1)单频调幅信号的频谱

用三角函数将式(7.2.3)展开为

$$u_{AM} = U_{cm}[1 + m_a \cos(\Omega t)] \cos(\omega_c t)$$

$$= U_{cm}\left\{\cos(\omega_c t) + \frac{1}{2}m_a \cos[(\omega_c + \Omega)t] + \frac{1}{2}m_a \cos[(\omega_c - \Omega)t]\right\} \quad (7.2.12)$$

所以,经过调制后,已调幅波包含 3 个频率分量,即载波分量 ω_c、上边频 $\omega_c + \Omega$ 和下边频 $\omega_c - \Omega$。上下边频分量相对于载波是对称的,每个边频分量的振幅是调幅波包络的一半。载波分量并不包含调制信息。调制信息只包含在上下边频分量中,边频的振幅反映了调制信号幅度的大小。单频调幅波的频谱实质上是把低频调制信号的频谱线性搬移到载波的上下边频,调幅过程实质上就是一个频谱的线性搬移过程。

2) 限带调幅信号的频谱

实际的调制信号都是多频率组合的限带信号,用三角函数将式(7.2.6)展开为

$$u_{AM} = U_{cm}\left[1 + \sum_{n=1}^{\infty} m_n \cos(\Omega_n t)\right] \cos(\omega_c t)$$

$$= U_{cm}\left\{\cos(\omega_c t) + \sum_{n=1}^{\infty}\left\{\frac{1}{2}m_n \cos[(\omega_c + \Omega_n)t] + \frac{1}{2}m_n \cos[(\omega_c - \Omega_n)t]\right\}\right\}$$

$$(7.2.13)$$

所以调制后,信号中各个频率都会产生各自的上边频和下边频,叠加后就形成上边频带和下边频带。上下边频的振幅相等且成对出现,上下边频的频谱分布相对于载波是镜像对称的。如果限带信号的频带是 Ω_{max},则已调幅波的频带是 $2\Omega_{max}$,即调制后的频带宽度是未调制之前的 2 倍。

从以上的分析可以得出,振幅调制实质是频谱结构的搬移过程。经调制后,调制信号的频谱结构由低频区被线性搬移到高频载波附近。

例 7.2.1 有一普通 AM 调制器,载波频率为 550kHz,振幅为 25V。调制信号频率为 5kHz,输出调幅波的包络振幅为 15V。求:

(1) 上、下边频;

(2) 调制系数;

(3) 调制后,载波和上下边频电压的振幅;

(4) 包络振幅的最大和最小值;

(5) 已调波的表达式;

(6) 画出输出调幅波的频谱及其时域图。

解:(1)上、下边频是所给频率的和与差,即

$$上边频分量:f_上 = (f_c + F) = 550 + 5kHz = 555kHz$$

$$下变频分量:f_下 = (f_c - F) = 550 - 5kHz = 545kHz$$

(2) 调制系数 $m_a = \dfrac{包络振幅}{载波振幅} = \dfrac{U_m}{U_{cm}} = \dfrac{15}{25} = 0.6$

调制百分比 $= 100 \times 0.6 = 60\%$

(3) 已调波中的载波振幅为 $U_{cm} = 25V$,而上、下边频分量的振幅是调幅波包络振幅

的一半,即 $U_{上m}=U_{下m}=1/2\times15V=7.5V$。式中,$U_{上m}$ 和 $U_{下m}$ 分别为上、下边频分量的振幅。

(4) 包络的最大振幅(波峰值)为 $U_{Amax}=U_{cm}(1+m_a)=25\times(1+0.6)=40V$,包络的最小振幅(波谷值)为 $U_{Amin}=U_{cm}(1-m_a)=25\times(1-0.6)=10V$。

(5) 已调波的数学表达式为

$$u_{AM}(t)=U_{cm}[1+m_a\cos(\Omega t)]\cos(\omega_c t)$$

$$=25[1+0.6\cos(2\pi\times5\times10^3 t)]\cos(2\pi\times550\times10^3 t)V$$

(6) 图 7.2.3 为振幅调制的频谱图和时域图

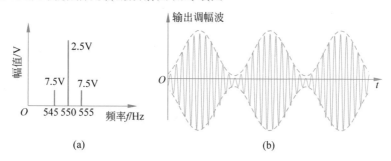

(a)　　　　　　　　　　　(b)

图 7.2.3　振幅调制后输出的频谱图和时域图

7.2.2　调幅波信号产生的基本原理框图

由式(7.2.7)得出调制信号的变化规律为

$$u_{AM}(t)=U_{cm}[1+m_a\cos(\Omega t)]\cos(\omega_c t)$$

$$u_{AM}(t)=U_{cm}\cos(\omega_c t)+m_a U_{cm}\cos(\Omega t)\cos(\omega_c t)$$

可见,要完成 AM 调制,可用如图 7.2.4 所示的原理框图实现,其核心部分在于实现调制信号与载波相乘。

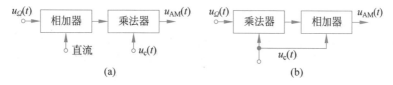

(a)　　　　　　　　　　　(b)

图 7.2.4　调幅波信号产生的原理框图

7.2.3　调制波的功率分配

如果将普通调幅波输送功率至负载电阻 R 上,则载波与两个边频将分别得出如下的功率:

(1) 负载电阻 R_L 上消耗的载波功率

$$P_c=\frac{1}{2}\frac{U_{cm}^2}{R_L} \tag{7.2.14}$$

(2) 上、下边频分量所消耗的平均功率 P_{SB1} 或 P_{SB2} 为

$$P_{SB1}=P_{SB2}=\frac{1}{2}\frac{\left(\frac{1}{2}m_a U_{cm}\right)^2}{R_L}=\frac{m_a^2}{4}P_c \tag{7.2.15}$$

（3）在调制信号的一个周期内，调制信号的平均总功率 P_{AM} 为

$$P_{AM} = P_{SB1} + P_{SB2} + P_c = \left(1 + \frac{m_a^2}{2}\right)P_c \tag{7.2.16}$$

当采用抑制载波的双边带调制时，称为双边带调幅；载波被抑制的单边带调制，称为单边带调幅。由此可得双边频功率 P_{DSB}、单边频功率 P_{SSB}、载波功率 P_c 与平均总功率 P_{AM} 之间的关系比为

$$\frac{P_{DSB}}{P_c} = \frac{P_{SB1} + P_{SB2}}{P_c} = \frac{\dfrac{m_a^2}{4}P_c + \dfrac{m_a^2}{4}P_c}{P_c} = \frac{m_a^2}{2} \tag{7.2.17}$$

$$\frac{P_{SSB}}{P_c} = \frac{P_{SB1}}{P_c} = \frac{P_{SB2}}{P_c} = \frac{m_a^2}{4} \tag{7.2.18}$$

$$\frac{P_{DSB}}{P_{AM}} = \frac{P_{SB1} + P_{SB2}}{P_{AM}} = \frac{\dfrac{m_a^2}{4}P_c + \dfrac{m_a^2}{4}P_c}{\left(1 + \dfrac{m_a^2}{2}\right)P_c} = \frac{m_a^2}{2 + m_a^2} \tag{7.2.19}$$

$$\frac{P_{SSB}}{P_{AM}} = \frac{P_{SB1}}{P_{AM}} = \frac{P_{SB2}}{P_{AM}} = \frac{\dfrac{m_a^2}{4}P_c}{\left(1 + \dfrac{m_a^2}{2}\right)P_c} = \frac{m_a^2}{4 + 2m_a^2} \tag{7.2.20}$$

从以上计算可以得到，在普通调幅波信号中，有用信息携带在边频内，而载波本身并不携带信息，但它的功率占整个调幅波功率的绝大部分。因而 AM 调幅波的功率浪费大。例如，当 100% 调制（$m_a = 1$）时，双边带功率只占载波功率的一半，占平均总功率的 1/3；而当 $m_a = 1/2$ 时，$P_c = 8P_{AM}/9$，即载波功率将占整个调幅波平均总功率的 8/9，而两个边频功率只占调幅波平均总功率的 1/9。可见，AM 调幅波的功率利用率很低。由于 AM 调幅波调制简单，易于接收，占用频带窄，所以目前仍广泛应用于无线电通信和广播中。

7.3 平方律调幅

7.3.1 平方律调幅概述

前面已经介绍，实现幅度调制，可以利用电子器件的非线性特性。半导体器件、模拟集成电路与电子管等都是可以进行调幅的非线性元器件。

图 7.3.1 为非线性调制原理图，将调制信号 $u_{\Omega}(t)$ 与载波 $u_c(t)$ 相加后，同时加入非线性元器件，然后通过中心频率为 ω_c 的带通滤波器取出输出电压为 u_o 中的调幅波成分

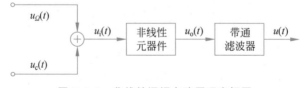

图 7.3.1　非线性调幅电路原理方框图

$u(t)$。假设非线性元器件为二极管,它的特性可表示为

$$u_0 = a_0 + a_1 u_i + a_2 u_i^2 \tag{7.3.1}$$

其中,$a_i(i=0,1,2)$为各项电压系数。输入电压 u_i 为

$$u_i = u_c(\text{载波}) + u_\Omega(\text{调制信号}) = U_{cm}\cos(\omega_c t) + U_{\Omega m}\cos(\Omega t) \tag{7.3.2}$$

将式(7.3.2)代入式(7.3.1),即得

$$u_i = \underbrace{\frac{a_0 + \frac{1}{2}a_2(U_{\Omega m}^2 + U_{cm}^2)}{\text{直流项}}} + \underbrace{\frac{a_1 U_{cm}\cos(\omega_c t)}{\text{载波频率}}} + \underbrace{\frac{a_1 U_{\Omega m}^2\cos(\Omega t)}{\text{调制信号基频}}} +$$

$$\underbrace{\frac{a_2 U_{cm}U_{\Omega m}\{\cos[(\omega_c + \Omega)t] + \cos[(\omega_c - \Omega)t]\}}{\text{上、下边频}}} + \underbrace{\frac{\frac{1}{2}a_2 U_{cm}^2\cos(2\omega_c t)}{\text{载频二次谐波}}} +$$

$$\underbrace{\frac{a_1 U_{\Omega m}\cos(\Omega t)}{\text{调制信号基频}}} + \underbrace{\frac{\frac{1}{2}a_2 U_{\Omega m}^2\cos(2\Omega t)}{\text{调制信号二次谐波}}} \tag{7.3.3}$$

其中,产生调幅作用的是 au_i^2,所以称为平方律调幅。滤波后,输出电压为

$$\begin{aligned} u(t) &= a_1 U_{cm}\cos(\omega_c t) + a_2 U_{cm}U_{\Omega m}\{\cos[(\omega_c + \Omega)t] + \cos[(\omega_c - \Omega)t]\} \\ &= a_1 U_{cm}\cos(\omega_c t) + 2a_2 U_{cm}U_{\Omega m}\cos(\Omega t)\cos(\omega_c t) \\ &= a_1 U_{cm}\left[1 + \frac{2a_2}{a_1}U_{\Omega m}\cos(\Omega t)\right]\cos(\omega_c t) \end{aligned} \tag{7.3.4}$$

所以,调制系数

$$m_a = \frac{2a_2}{a_1}U_{\Omega m} \tag{7.3.5}$$

由式(7.3.5)可知,

(1) 调幅系数的大小由调制信号振幅 $U_{\Omega m}$ 及调制器的特性曲线决定,即由 a_1、a_2 所决定;

(2) 通常 $a_2 \ll a_1$,因此,这种方法得到的调制幅度不大。

为了使电子器件工作在平方律部分,电子管或晶体管工作在甲类非线性状态,因此效率不高。所以,这种调幅方法主要用于低电平调幅。它还可组成平衡调幅器,以抑制载波。

7.3.2 平衡调幅器

将两个平方律调幅器按照图 7.3.2 的对称形式连接,就构成平衡调幅器。这里是用二极管的平方律特性进行调幅的。平衡调幅器的基本原理和二极管平衡混频器的原理是一致的。平衡调幅器的输出电压只有两个上、下边带,没有载波。平衡调幅器的输出是载波被抑止的双边带。

$$i_1 = a_0 + a_1 u_1 + a_2 u_1^2 \tag{7.3.6}$$

$$i_2 = a_0 + a_1 u_2 + a_2 u_2^2 \tag{7.3.7}$$

式中,$u_1 = u + u_\Omega = U_{cm}\cos(\omega_c t) + U_\Omega\cos(\Omega t)$;
$u_2 = u - u_\Omega = U_{cm}\cos(\omega_c t) - U_\Omega\cos(\Omega t)$。将 u_1、

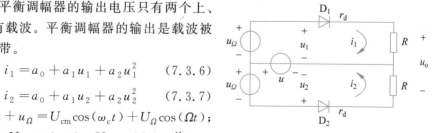

图 7.3.2 二极管平衡混频器

u_2 的表达式代入式(7.3.6)和式(7.3.7),可求得输出电压为

$$u_o = (i_1 - i_2)R$$
$$= 2R\{a_1 U_{\Omega m}\cos(\Omega t) + a_2 U_{cm}U_{\Omega m}\cos[(\omega_c + \Omega)t] + a_2 U_{cm}U_{\Omega m}\cos[(\omega_c - \Omega)t]\}$$

$$(7.3.8)$$

上式表明,输出信号没有载波分量($\omega_c \pm \Omega$),只有上、下边带与调制信号频率 Ω(可用滤波器滤除)。亦即平衡调幅器的输出是载波被抑制的双边带。

值得注意的是,上述分析是假定二极管完全对称,但实际上电子器件特性不可能完全相同,变压器也很难做到完全对称,会形成载漏。电路中加平衡装置。从平衡调幅器中获得载波被抑止的双边带后,再设法滤除另一条边带,即可获得单边带,这在后面的章节会阐述。

7.4 斩波调幅和模拟乘法器调幅

7.4.1 斩波调幅工作原理

所谓斩波调幅,就是将要传送的信号 $u_\Omega(t)$ 通过一个受载波频率 ω_c 控制的开关电路(斩波电路),以使它的输出波形被"斩"成周期为 $\dfrac{2\pi}{\omega_c}$ 的脉冲,因而包含 $\omega_c \pm \Omega$ 及各种谐波分量等。再通过中心频率为 ω_c 的带通滤波器,取出所需要的调幅波输出 $u_o(t)$,即实现了调幅。

在如图 7.4.2 中,开关函数 $S_1(t)$ 对音频信号 $u_\Omega(t)$ 进行斩波。开关函数表示式为

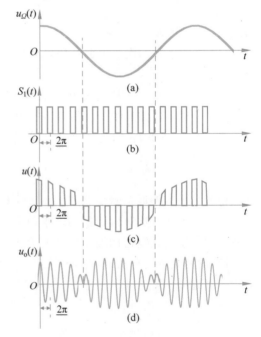

图 7.4.2 斩波调幅器工作原理图

图 7.4.1 斩波调幅器方框图

$$S_1(t) = \begin{cases} +1, & \cos(\omega_c t) \geqslant 0 \\ 0, & \cos(\omega_c t) < 0 \end{cases} \qquad (7.4.1)$$

$S_1(t)$ 是一个振幅等于 1、重复频率为 $\dfrac{\omega_c}{2\pi}$ 的矩形波,斩波后的电压 $u(t)$ 为

$$u(t) = u_\Omega(t) S_1(t) \qquad (7.4.2)$$

由此可得,$u(t)$ 为一系列振幅按照 $u_\Omega(t)$ 规律变化的矩形脉冲波,如图 7.4.2(c)所示。
在第 6 章描述开关函数 $S_1(t)$ 的数学表达式为

$$S_1(t) = \frac{1}{2} + \frac{2}{\pi}\cos(\omega_c t) - \frac{2}{3\pi}\cos(3\omega_c t) + \frac{2}{5\pi}\cos(5\omega_c t) - \cdots \qquad (7.4.3)$$

代入式(7.4.2)得到

$$u(t) = \frac{1}{2}u_\Omega(t) + \frac{2}{\pi}u_\Omega(t)\cos(\omega_c t) - \frac{2}{3\pi}u_\Omega(t)\cos(3\omega_c t) + \frac{2}{5\pi}u_\Omega(t)\cos(5\omega_c t) - \cdots$$

$$(7.4.4)$$

如果 $u_\Omega(t) = U_\Omega\cos(\Omega t)$,则由式(7.4.4)可知,$u(t)$ 中包含有 Ω、$\omega_c \pm \Omega$、$3\omega_c \pm \Omega$……
项。通过中心频率为 ω_c 的带通滤波器后,即可取出($\omega_c \pm \Omega$)项,即输出电压 $u_o(t)$ 为载
波被抑止的双边带($\omega_c \pm \Omega$)调幅信号,如图 7.4.2(d)所示。值得注意的是,这种电路输
出电压在节点处发生了突变。

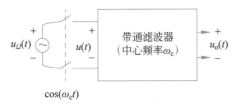

图 7.4.3　平衡斩波调幅器方框图

以上采用的是不对称开关电路获得斩波
调幅的,能量会有所损失。如果采用上半周和
下半周互相对称的开关调幅方式,如图 7.4.3
所示。此处开关函数 $S_2(t)$ 为上下对称的方
波,它的峰-峰值等于 2。如图 7.4.4(b)所示的
信号 $u_\Omega(t)$ 进行斩波后,即获得图 7.4.4(c)中
斩波输出电压 $u(t)$ 的波形。通过带通滤波器,
取出 $\omega_c \pm \Omega$ 的双边带 $u_o(t)$,如图 7.4.4(d)所示。

开关函数 $S_2(t)$ 的表示式为

$$S_2(t) = \begin{cases} +1, & \cos(\omega_c t) \geqslant 0 \\ -1, & \cos(\omega_c t) < 0 \end{cases} \qquad (7.4.5)$$

开关函数 $S_2(t)$ 的傅里叶展开式为

$$S_2(t) = \frac{4}{\pi}\cos(\omega_c t) - \frac{4}{3\pi}\cos(3\omega_c t) + \frac{4}{5\pi}\cos(5\omega_c t) - \cdots \qquad (7.4.6)$$

代入式(7.4.2)得到

$$u(t) = \frac{4}{\pi}u_\Omega(t)\cos(\omega_c t) - \frac{4}{3\pi}u_\Omega(t)\cos(3\omega_c t) + \frac{4}{5\pi}u_\Omega(t)\cos(5\omega_c t) - \cdots \quad (7.4.7)$$

从以上分析可知,平衡斩波调幅没有低频分量,而且高频分量的振幅也提高了一倍。经
过中心频率为 ω_c 的带通滤波器后,得到 $\omega_c \pm \Omega$ 的双边带 $u_o(t)$ 的输出。平衡斩波调幅
器减少了低频分量,高频分量幅值得到了提高,输出信号的波形是连续的,没有突变。

如图 7.4.5 所示的开关电路利用了二极管的单向导电性,4 个二极管起到开关作用。

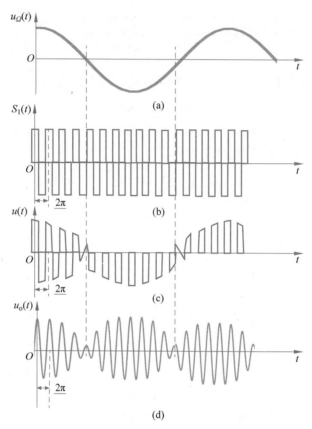

图 7.4.4　平衡斩波调幅器工作原理图

其中 $u_1(t) = U_{1m}\cos(\omega_0 t)$ 是频率为 ω_0 的开关信号，$u_\Omega(t) = U_\Omega\cos(\Omega t)$ 是基带信号。U_{1m} 应取得足够大，以使二极管的通断完全由 $u_1(t)$ 控制，U_{1m} 值通常是 U_Ω 的 10 倍以上。即当 $u_a > u_b$ 时，4 个二极管导通，相当于把 $u_\Omega(t)$ 短接，使输出电压 $u(t)$ 等于零；当 $u_a < u_b$ 时，4 个二极管截止，相当于开关断开，使输出电压与输入电压相等，即 $u(t) = u_\Omega(t)$。这样就实现了不对称开关信号斩波调幅，$u(t)$ 的波形如图 7.4.2(c)所示。

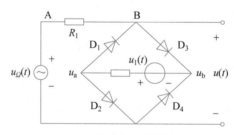

图 7.4.5　二极管电桥斩波调幅电路

当把 4 个二极管连接成环形电桥，如图 7.4.6 所示。4 个二极管的导通与截止完全由 $u_1(t)$ 控制。即当 $u_a > u_b$ 时，D_1、D_3 导通，D_2、D_4 截止；当 $u_a < u_b$ 时，D_1、D_3 截止，D_2、D_4 导通。D_1、D_2、D_3、D_4 起到双刀双掷开关的作用，因此，输出电压 $u(t)$ 的波形如图 7.4.4(d)所示。实现了平衡斩波调幅。

为了保证载波电压 $u_1(t)$ 能控制上述两种电路的通断，$u_1(t)$ 的振幅 U_{1m} 必须足够大。通常要求 U_{1m} 比调制信号峰值电压 U_Ω 大 10 倍以上。还可以采用集成电路完成调幅功能。

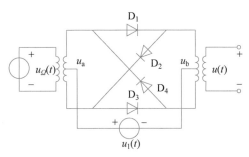

图 7.4.6　二极管环形调幅电路

7.4.2　模拟乘法器调幅

通常采用模拟乘法器作为集成电路的调制电路。在第 6 章介绍的模拟乘法器中，当输入电压 u_x、u_y 很小时，其输出电压可以用式（7.4.8）表示：

$$u_o = K_0 u_x + K u_x u_y \qquad (7.4.8)$$

输出电压含有 $u_x u_y$ 的乘积项，这也是模拟乘法器的由来。但这种单一乘法器存在以下缺陷：第 6 章中图 6.3.4 中晶体三极管 VT_3 的温度漂移不能被抵消；信号 u_y 是单端输入，使用起来不方便。如图 7.4.7 所示的双差分对模拟乘法器可以克服上述缺点。

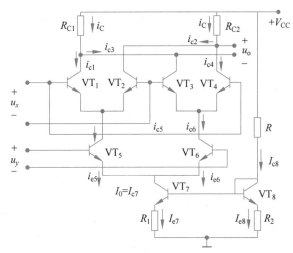

图 7.4.7　模拟乘法器电路

VT_1 与 VT_2 及 VT_3 与 VT_4 是两对相同的差分对模拟乘法器；VT_5 与 VT_6 也是一对差分放大器，它是当作上述两对放大器的电流源使用的；VT_7 则作为 VT_5 与 VT_6 的电流源，并用 VT_7 与 VT_8 组合成镜像电流源，以抑制 $VT_1 \sim VT_6$ 诸管的温度漂移。同时，信号 u_y 是对称双端输入。这样就克服一对差分对管所组成的模拟乘法器缺点。

下面分析如图 7.4.7 所示的双差分对模拟乘法器，当其两个输入电压比较小时，输出电压与两个输入电压的乘积成正比例。

当 $u_y = 0$ 时，VT_5 与 VT_6 的基极电位相等，$i_{c5} = i_{c6}$。此时，u_x 在 VT_1 与 VT_3 中激

起大小相等、相位相反的集电极交流电流,即 $i_{c1}=I_c+\Delta i$,$i_{c3}=I_c-\Delta i$,其中,I_c 是直流分量,Δi 为交流分量,因此通过 R_{c1} 总电流 $i_c=i_{c1}+i_{c3}=2I_c$,即只有直流分量,没有交流分量。同理,u_x 在 VT$_2$ 与 VT$_4$ 中激起大小相等、相位相反的集电极交流电流,因此通过 R_{c2} 总电流 $i_c=i_{c2}+i_{c4}=2I_c$,即只有直流分量,没有交流分量。由此,输出电压 $u_o=0$。

当 $u_x=0$,不论 u_2 是否存在,输出电压 $u_o=0$。假定 $R_{c1}=R_{c2}$,由 6.3.2 节可推导出以下关系:

$$u_o=(i_{c1}+i_{c3})R_{c1}-(i_{c2}+i_{c4})R_{c2}=(i_{c1}-i_{c2})R_c-(i_{c3}-i_{c4})R_c \qquad (7.4.9)$$

$$i_{c1}=\frac{i_{c5}}{1+e^{-\frac{u_x}{V_T}}}, \quad i_{c2}=\frac{i_{c5}}{1+e^{\frac{u_x}{V_T}}}, \quad i_{c3}=\frac{i_{c6}}{1+e^{\frac{u_x}{V_T}}}, \quad i_{c4}=\frac{i_{c6}}{1+e^{-\frac{u_x}{V_T}}} \qquad (7.4.10)$$

$$i_{c5}\approx i_{e5}=\frac{I_0}{1+e^{-u_y/V_T}}=\frac{I_0}{2}\left[1+\tanh\left(\frac{u_y}{2V_T}\right)\right] \qquad (7.4.11)$$

$$i_{c6}\approx i_{e6}=\frac{I_0}{1+e^{u_y/V_T}}=\frac{I_0}{2}\left[1-\tanh\left(\frac{u_y}{2V_T}\right)\right] \qquad (7.4.12)$$

其中,$V_T=\dfrac{k_B T}{q}=26\text{mV}$,$k_B$ 为玻耳兹曼常数。

$$i_{c1}-i_{c2}=i_{c5}\tanh\left(\frac{u_x}{2V_T}\right) \qquad (7.4.13)$$

$$i_{c4}-i_{c3}=i_{c6}\tanh\left(\frac{u_x}{2V_T}\right) \qquad (7.4.14)$$

$$i_{c5}-i_{c6}=i_{c7}\tanh\left(\frac{u_y}{2V_T}\right)=I_0\tanh\left(\frac{u_y}{2V_T}\right) \qquad (7.4.15)$$

$$u_o=(i_{c5}-i_{c6})R_c\tanh\frac{u_x}{2V_T}=I_0 R_c\tanh\frac{u_x}{2V_T}\tanh\frac{u_x}{2V_T} \qquad (7.4.16)$$

当输入信号很小时,$u_x<2V_T=52\text{mV}$,$u_y<2V_T=52\text{mV}$,则

$$\tanh\left(\frac{u_x}{2V_T}\right)\approx\frac{u_x}{2V_T}, \quad \tanh\left(\frac{u_y}{2V_T}\right)\approx\frac{u_y}{2V_T} \qquad (7.4.17)$$

$$u_o=I_0 R_c\frac{u_x}{2V_T}\frac{u_y}{2V_T}=I_0 R_c\frac{u_x u_y}{4V_T^2}=\frac{I_0 R_c q^2}{4k_B^2 T^2}u_x u_y=\alpha^2 I_0 R_c u_x u_y=K_1 u_x u_y$$

其中,$\alpha=\dfrac{q}{2k_B T}$,$K_1=\alpha^2 I_0 R_c$,因此,四象限模拟乘法器的输出电压与两个输入电压乘积成正比。令 $u_x=U_{1m}\cos(\omega_c t)$,$u_y=U_{2m}\cos(\Omega t)$,则输出电压为

$$u_o=K_1 U_{1m}U_{2m}\cos(\Omega t)\cos(\omega_c t)$$

$$=\frac{1}{2}K_1 U_{1m}U_{2m}\{\cos[(\omega_c+\Omega)t]\cos[(\omega_c-\Omega)t]\} \qquad (7.4.18)$$

式(7.4.18)说明四象限模拟乘法器输出为载波被抑止的调幅波,即实现了振幅调制。图 7.4.8 说明了四象限模拟乘法器电路限幅特性。必须说明,此处讨论的是输入信号

u_x、u_y 很小,输出电压的振幅与两个输入信号的振幅乘积成正比,但这个线性放大区很窄,室温条件下只有几十毫伏的情况。当 u_x、u_y 足够大时,输出电压趋近于定值,即模拟乘法器起到限幅作用,这种限幅作用是由晶体管基极-发射极结的电流-电压转移特性所决定的。此时模拟乘法器仍然起着两个信号相乘的非线性变换作用。只是输出中包含有很多谐波分量,可在输出端加入中心频率为 ω_c 的带通滤波器。

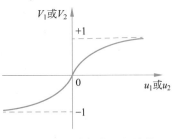

图 7.4.8　电路的限幅特性

VT_7 与 VT_8 组合成镜像电流源,它们的几何尺寸、制作工艺相同,所以 $u_{be7}=u_{be8}$,即有如下关系:

$$I_{e7}R_1 = I_{e8}R_2 \tag{7.4.19}$$

或

$$I_0 R_1 \approx I_{c8}R_2 \quad (\alpha \approx 1, I_0 = I_{c7} \approx I_{e7}, I_{c8} \approx I_{e8}) \tag{7.4.20}$$

因此得

$$I_0 = \frac{R_2}{R_1}I_{c8} \tag{7.4.21}$$

I_0 与 I_{c8} 成正比,只要 $V_{CC} \gg u_{be8}$,则

$$I_{c8} \approx \frac{V_{CC}}{R_2 + R} \tag{7.4.22}$$

I_0 与温度无关,保证了电流源 I_0 的温度稳定性良好。

图 7.4.9 是国产集成电路双差分对模拟乘法器 XFC1596,作为构成双边带调幅电路的实例。接在①端的是调制信号 u_Ω;接在②端和③端的 1kΩ 电阻用作负反馈电阻,以扩大 u_Ω 的线性动态范围;接在④端 VT_5 和 VT_6 提供基极偏置电压,接在⑤端的 6.8kΩ

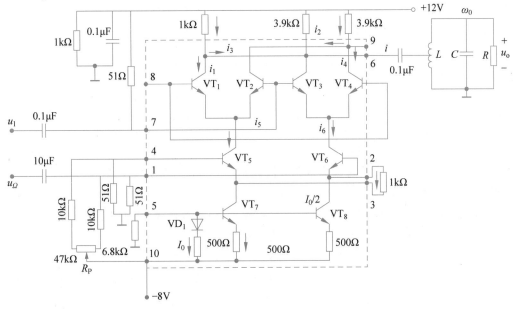

图 7.4.9　XFC1596 内部电路(虚线框内)及由它构成的双边带调幅电路

电阻用来控制电流源电路的电流值 I_0；接在⑥端和⑨端的 3.9kΩ 电阻为两管的集电极负载电阻；从+12V 电源到⑦端和⑧端的电阻为 $VT_1 \sim VT_4$ 提供基极偏置电压；⑦端输入载波电压 u_1；R_P 为载波调零电位器，其作用是：将 u_Ω 移去，只加载波电压 u_1；调节 R_P，使输出载波电压 $u_o=0$。双差分对的工作特性取决于载波输入电压振幅 V_{1m} 的大小。当 $V_{1m}>26mV$ 时，电路工作于开关状态；当 $V_{1m}<26mV$ 时，电路工作于线性状态。当同时加入 u_1 和 u_Ω 后，输出回路电压 u_o 即为载波被抑止的双边带调幅（DSB-SC）。若想获得标准的调幅波输出，则只要在 $u_\Omega=0$ 时，调整 R_P，使输出载波电压 u_o 为适当数值，则在加入 u_Ω 后，可获得标准的调幅输出。

7.5 双边带和单边带调幅信号

由 7.2 节的分析可知，在幅度调制中，载波并不含有信息信号，占用的功率却比较大，而抑制载波的双边带调幅可以节省能耗。

7.5.1 双边带调幅信号的表达方式

1. 双边带调幅信号数学表达式

在 AM 调制过程中，如果抑制载波信号，就可以形成抑制载波的双边带信号。双边带信号可以用载波和调制信号相乘直接得到，则

$$u_{DSB} = ku_\Omega(t)u_c(t) \tag{7.5.1}$$

式中，k 为载波信号与调制信号相乘时的系数。如果调制信号为单一频率信号 $u_\Omega = U_{\Omega m}\cos(\Omega t)$，载波信号为 $u_c = U_{cm}\cos(\omega_c t)$，则

$$u_{DSB} = kU_{\Omega m}U_{cm}\cos(\Omega t)\cos(\omega_c t)$$

$$= \frac{1}{2}kU_{\Omega m}U_{cm}\{\cos[(\omega_c+\Omega)t]+\cos[(\omega_c-\Omega)t]\} \tag{7.5.2}$$

如果调制信号为限带信号 $u_\Omega = \sum_{n=1}^{\infty}U_{\Omega m}\cos(\Omega_n t)$，则

$$u_{DSB} = kU_{cm}\left[\sum_{n=1}^{\infty}U_{\Omega m}\cos(\Omega_n t)\right]\cos(\omega_c t)$$

$$= \frac{1}{2}kU_{cm}\left\{\sum_{n=1}^{\infty}U_{\Omega m}\cos[(\omega_c+\Omega_n)t]+\sum_{n=1}^{\infty}U_{\Omega m}\cos[(\omega_c-\Omega_n)t]\right\} \tag{7.5.3}$$

2. 双边带调幅信号的波形与频谱

图 7.5.1(a)～(c)分别为双边带调幅波调制信号、载波信号、调制后的双边带信号波形图。它与 AM 波相比，有如下特点：

(1) 包络不同。AM 波的包络与调制信号 $u_\Omega(t)$ 呈线性关系，而 DSB 波的包络则正比于 $|u_\Omega(t)|$。当调制信号为零时，DSB 波的幅度也为零。

(2) DSB 波的高频载波相位在调制电压零交点处（调制电压正负交替时）要突变 $180°$。由图 7.5.1 可见，在调制信号正半周内，已调波与原载波同相，相位差为 0；在调制信号负半周内，已调波与原载波反相，相位差为 $180°$。由此表明，DSB 信号的相位反映了调制信号的极性。严格地说，DSB 信号不是单纯的振幅调制信号，它既是调幅信号又是

调相信号。

单频调制的 DSB 信号只有两个频率分量,它的频谱相当于从 AM 波频谱图中将载波分量滤除以后的频谱,如图 7.5.2(b)所示。如图 7.5.3 代表了限带信号调制的 DSB 频谱。从频域的角度看,DSB 实现了频谱结构的线性搬移。DSB 已调波的频带宽度是调幅前限带信号频带的 2 倍。由于 DSB 信号不含载波,它的全部功率为边带占有,所以发送的全部功率都载有信息。其功率利用率高于 AM 调制方式。由于边带所含信息全部相同,从信息传输的角度看,发送一个边带的信号即可,此种调制方式称为单边带调制。

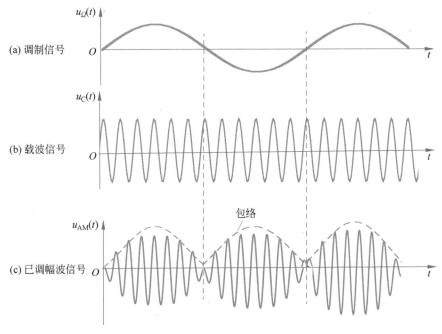

图 7.5.1 振幅调制信号波形图

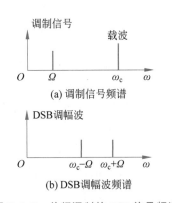

图 7.5.2 单频调制的 DSB 信号频谱

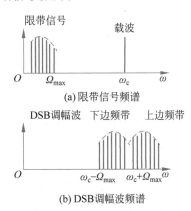

图 7.5.3 限带信号调制的 DSB 信号频谱

例 7.5.1 设两台收音机接收到的信号 $u_1(t)$、$u_2(t)$ 都是调幅波,并且 $u_1(t)$、$u_2(t)$ 已调幅波的数学表达式为 $u_1(t) = 2\cos(200\pi t) + 0.2\cos(190\pi t) + 0.2\cos(210\pi t)$ (V),$u_2(t) = 0.2\cos 1(90\pi t) + 0.2\cos(210\pi t)$ (V),判断 $u_1(t)$、$u_2(t)$ 各为何种已调波,分别计算消耗在单位电阻上的边频功率、平均总功率及频带宽度。

解：利用三角函数积化和差，$u_1(t)$ 的数学表达式为

$$u_1(t) = 2[1 + 0.2\cos(10\pi t)]\cos(200\pi t)(\text{V})$$

这是一个普通的调幅波。其消耗在单位电阻上的边频功率为

$$P_{SB} = 2P_{SB1} = \left(\frac{1}{2}m_a U_{cm}\right)^2 = 0.2^2\,\text{W} = 0.04\,\text{W}$$

载波功率为

$$P_c = \frac{1}{2}U_{cm}^2 = \frac{1}{2} \times 2^2\,\text{W} = 2\,\text{W}$$

$u_1(t)$ 的平均总功率为

$$P_{AM} = P_{SB} + P_C = (0.04 + 2)\text{W} = 2.04\,\text{W}$$

频谱宽度为

$$\text{BW} = 2F = 2 \times 10\pi/2\pi\,\text{Hz} = 10\,\text{Hz}$$

利用三角函数积化和差，$u_2(t)$ 的数学表达式为

$$u_2(t) = 0.4\cos(10\pi t)\cos(200\pi t)(\text{V})$$

可见，$u_2(t)$ 是抑制载波的双边带调幅波，调制频率 F 和载频 f_c 分别为

$$F = 10\pi/2\pi\,\text{Hz} = 5\,\text{Hz}$$

$$f_c = 100\pi/2\pi\,\text{Hz} = 50\,\text{Hz}$$

其边频功率为

$$P_{SB} = 2P_{SB1} = \left(\frac{1}{2}m_a U_{cm}\right)^2 = 0.2^2\,\text{W} = 0.04\,\text{W}$$

总功率 P_{DSB} 等于边频功率 P_{SB}，频带宽度为

$$\text{BW} = 2F = 2 \times 10\pi/2\pi\,\text{Hz} = 10\,\text{Hz}$$

从以上分析可知，在调制频率、载频、载波振幅一定时，若采用普通调幅，单位电阻所吸收的边频功率大约只占平均总功率的 1.96%，而不含信息的载频功率却占 98.04% 以上，在功率发射上是一种极大的浪费。而两种调幅波的频带宽度是一致的。

7.5.2　单边带调幅信号

双边带调制系统中所有的功率都被边带占有，由于所传输的信息全部包含在边带中，所以功率利用率高于 AM 调制方式。但由于上下边带包含的信息相同，两个边带都发射信息是多余的，会造成功率和频率的利用率低。在现代通信技术系统中，为节约频带，提高系统的功率和频带利用率，常采用单边带调制系统（SSB）。

1. SSB 信号的性质

如式(7.5.2)和式(7.5.3)所示的双边带调幅信号，只取其中任一个边带部分，即可称为单边带调幅信号。其单频调制时上、下边带信号的表达式分别为

$$u_{SSB1}(t) = \frac{1}{2}kU_{\Omega m}U_{cm}\cos(\omega_c + \Omega)t \qquad (7.5.4)$$

$$u_{SSB2}(t) = \frac{1}{2}kU_{\Omega m}U_{cm}\cos(\omega_c - \Omega)t \qquad (7.5.5)$$

从如图 7.5.4 所示的单边带调幅信号的频谱可以看出，单边带信号的频谱宽度是

Ω_{max}，仅为双边带调幅信号频带宽度的一半，从而提高频带利用率。由于只发射一个边带，所以可在很大程度上提高发射功率。与普通调幅波相比，在总功率相同的情况下，可使接收端信噪比明显提高，使通信距离大幅度提高。从频谱结构上看，单边带调幅信号包含的频谱结构仍与调制信号的频谱结构类似，也具有频谱线性搬移作用。从波形上看来，单频调制的单边带调幅信号为单一频率 $\omega_c + \Omega$ 或 $\omega_c - \Omega$ 的余弦波形，其包络已不能体现调制信号的变化规律。因此，单边带信号的解调比较复杂。

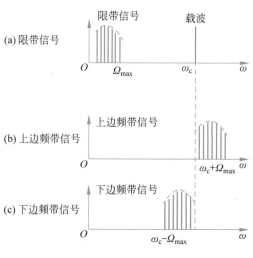

图 7.5.4　SSB 信号频谱

2. 实现单边带调幅信号的基本原理

由单边带调幅信号的表示式及频谱图可以看到，单边带调幅已不能由调制信号与载波信号的简单相乘实现。但从单边带信号的时域表示式和频谱特性，可以得到 3 种基本电路实现方法：滤波法、移相法和移相滤波法。

1）滤波法

比较双边带调幅信号和单边带调幅信号的频谱结构可知，实现单边带调幅最直观的方法是：先产生双边带调幅信号，再利用带通滤波器滤除其中的一个边带，保留另一个边带，即可实现单边带调幅。电路原理图如图 7.5.5 所示。

图 7.5.5 表示调制信号与载波信号经乘法器相乘后得到双边带信号，再由滤波器滤除 DSB 信号中的一个边带，在输出端即可得到单边带信号。滤波过程中的频谱如图 7.5.6 所示。滤波法的缺点是对滤波器的要求较高。对于要求保留的边带，滤波器应能使其无失真地完全通过，而对于要求滤

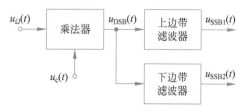

图 7.5.5　滤波法电路原理方框图

除的边带，具有很强的衰减特性。直接在高频上设计滤波器是比较困难的，原因是在很窄的范围内设计滤波特性非常好的滤波器是比较难的。这就要求在较低频率实现单边带调幅，然后向高频进行多次频谱搬移，直到满足所需要的频率值。

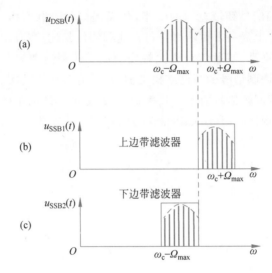

图 7.5.6　滤波法实现 SSB 信号频谱

2）移相法

如图 7.5.7 所示，将低频信号 $u_\Omega\cos(\Omega t)$ 送到 90°移相网络，如果调制信号是限带信号，要求此移相网络应对调制信号频带宽度内所有的频率分量都能产生 90°移相。另一条通路上的载波 $u_c\cos(\omega_c t)$ 同样移相 90°。如果能准确满足相位要求，而且两路相乘器的特性相同，那么通过把两路相乘器的输出相加或相减混合，合成的输出信号即可抵消一个边带，而输出另一个边带。即

$$u_{\mathrm{SSB1}}(t) = U\cos(\Omega t)\cos(\omega_c t) - U\sin(\Omega t)\sin(\omega_c t) \tag{7.5.6}$$

$$u_{\mathrm{SSB2}}(t) = U\cos(\Omega t)\cos(\omega_c t) + U\sin(\Omega t)\sin(\omega_c t) \tag{7.5.7}$$

故单边带调幅信号表示为

$$u_{\mathrm{SSB}}(t) = U\cos(\Omega t)\cos(\omega_c t) \mp U\sin(\Omega t)\sin(\omega_c t) \tag{7.5.8}$$

上式中取负号表示上边带信号，取正号表示下边带信号。

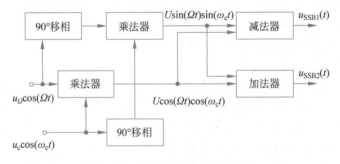

图 7.5.7　移相法电路原理方框图

移相法虽然不需要滤波器，但是要使移相网络对较低频率的调制信号在宽频带内能准确产生 90°相移，是有一定难度的。

3）移相滤波法

用移相法或滤波法实现单边带调幅都存在一定技术难题。移相法的主要缺点是要求移相网络实现准确 90°相移。但对于音频移相网络，要求在很宽的音频范围内准确移

相 $90°$ 是相当困难的。如果将移相和滤波两种方法结合起来,并且只需对某一固定的频率信号移相 $90°$,就可回避难以在宽带内实现准确移相 $90°$ 的难点。图7.5.8给出了运用移相滤波法实现单边带调幅的电路原理框图。

如图7.5.8所示,假定各信号电压的幅度都为1;乘法器的增益系数为1;低通滤波器的带内增益为2。电路中的相加器输出电压为

$$u_{SSB1} = u_5 + u_6 = \sin[(\omega_c + \omega_1 - \Omega)t] = \sin[(\omega_{c1} - \Omega)t] \qquad (7.5.9)$$

相减器输出电压

$$u_{SSB2} = u_5 - u_6 = \sin[(\omega_c - \omega_1 + \Omega)t] = \sin[(\omega_{c2} + \Omega)t] \qquad (7.5.10)$$

可以看出,式(7.5.9)代表载频 $\omega_{c1} = \omega_c + \omega_1$ 的下边带信号,式(7.5.10)代表载频为 $\omega_{c2} = \omega_c - \omega_1$ 的上边带信号。由图7.5.8可知,此方法所用的 $90°$ 移相网络分别工作在固定频率上,克服了移相法的缺点。移相滤波法设计、制作及维护都比较方便,适用于小型轻便的设备。

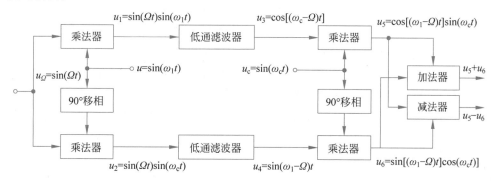

图7.5.8 移相法电路原理方框图

7.5.3 残留单边带调幅信号

单边带调幅有节约频带与发射功率两大优点,因而受到重视,可以说是最好的调制方式。但单边带的调制与解调比较复杂,而且不适合传送带有直流分量的信号。因此,在单边带调幅与双边带调幅之间有一种折中方式,即残留边带调幅(Vestigal SideBand Amplitude Modulation,VSBAM)。

图7.5.9为标准调幅制、载波被抑制的双边带调幅和残留边带调幅的频谱示意图。由图7.5.9(d)可以看出,残留边带调幅与单边带调幅的不同之处是:该调幅传送被抑制边带的一部分,同时又将被传送边带也抑制掉一部分。

为了保证信号无失真的传输,传送边带中被抑制部分和抑制边带中的被传送部分应满足互补对称关系。这一点在物理意义上很好理解。因为解调时,与载波频率 ω_0 对称的各频率分量正好叠加,从而恢复为原来的调制信号,没有失真。残留边带调幅所占频带比单边带略宽一些,因为 $\omega_0 \gg \Omega_1$,所以频宽增加很小。基本具有单边带调制的优点。由于它在 ω_0 附近的某段范围内具有两个边带。在调制信号含有直流分量时,可以使用这种调制方式。另外,残留边带滤波器对于带宽没有太苛刻的要求,品质因数就不需要太高,所以比单边带滤波器容易实现。

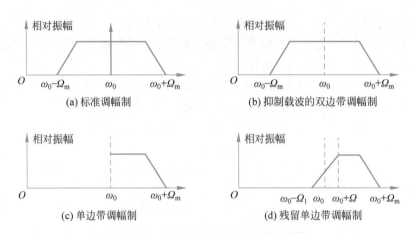

(a) 标准调幅制   (b) 抑制载波的双边带调幅制

(c) 单边带调幅制   (d) 残留单边带调幅制

图 7.5.9　各种调幅制式的频谱示意图

7.6　高电平调幅

高电平调制主要用在幅度调制中,这种调制是在高频功率放大器中进行的。通常分为基极调幅、集电极调幅,以及集电极和基极组合调幅。其基本原理就是利用改变某一电极的直流电压以控制集电极高频直流振幅。集电极(或阳极)调制就是调制信号控制集电极(阳极)电源电压,以实现调幅。基极(或控制栅极)调制就是调制信号控制基极(栅极)直流电源电压,以实现调幅。

7.6.1　集电极调幅电路

所谓集电极(阳极)调幅,就是用调制信号改变高频功率放大器的集电极(阳极)直流电源电源,以实现调幅。如图 7.6.1 所示,C_b 和 C_c 分别为高频旁路电容,同时 C_c 对调制信号呈高阻抗;R_b 为基极自给偏压电阻。放大器工作在丙类状态。

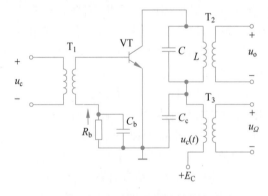

图 7.6.1　集电极调幅的基本电路

集电极电流中除直流电压 E_C 外,低频调制信号 $u_\Omega(t)=U_\Omega\cos(\Omega t)$ 通过低频变压器 T_3 加到集电极回路且与电源电压 E_C 串联。集电极有效动态电压为

$$u_c(t)=E_C+U_\Omega\cos(\Omega t) \qquad (7.6.1)$$

可见,集电极电源电压是随调制信号变化的。集电极调幅电路与谐振功率放大器的唯一区别是集电极有效电压不再是恒定的。集电极调幅的集电极效率高,晶体管获得充分的

应用。但其缺点是已调波的边频带功率 $P(\omega_0 \pm \Omega)$ 由调制信号供给,因而需要大功率的调制信号源。下面举例说明集电极调幅的功率与效率问题。

例 7.6.1 有一载波等于 12W 的集电极被调放大器,它在载波点(未调制时)的集电极效率 $\eta_T = 80\%$。试求各项功率。

解:直流输入功率为

$$P_{直流} = \frac{P_{oT}}{\eta_T} = \frac{12}{0.8} = 15(W)$$

未调幅时的集电极耗散功率为

$$P_{cT} = P_{直流} - P_{OT} = 15 - 12 = 3(W)$$

在 100% 调幅时,调幅器供给的调制功率为

$$P_{c\Omega} = 1/2 \times P_{直流} = 7.5(W)$$

边带功率为

$$P_{(\omega_0 \pm \Omega)} = 1/2 \times P_{OT} = 6(W)$$

总输出功率为

$$P_{oav} = P_{OT} + P_{(\omega_0 \pm \Omega)} = 12 + 6 = 18(W)$$

总输入功率为

$$P_{直流\text{-}av} = P_{直流}\left(1 + \frac{m_a^2}{2}\right) = 15 \times 1.5 = 22.5(W)$$

集电极平均效率为

$$\eta_{av} = \frac{P_{oav}}{P_{直流-av}} = \frac{18}{22.5} = 0.8 = 80\% = \eta_T$$

集电极平均耗散功率为

$$P_{cav} = P_{直流-av} - P_{oav} = 22.5 - 18 = 4.5(W)$$

可见,此时耗散功率比未调制时增加了,选管时应以此为准,即应选用负载输出功率 P_{cm} 大于集电极耗损功率 P_{cav}(即 $P_{cm} > P_{cav}$)的管子。

最大点(调幅峰)的功率与效率为

$$P_{直流max} = (1 + m_a)^2 P_{直流T} = 4 \times 15 = 60(W)$$

$$P_{omax} = (1 + m_a)^2 P_{OT} = 4 \times 12 = 48(W)$$

$$P_{cmax} = (1 + m_a)^2 P_{CT} = 4 \times 3 = 12(W)$$

$$\eta_{cmax} = \frac{P_{omax}}{P_{直流max}} = \frac{48}{60} = 80\% = \eta_{av} = \eta_T$$

从以上计算得出,不论调制与否,集电极效率总是维持不变。

7.6.2 基极调幅电路

基极调幅电路如图 7.6.2 所示。其中,L_c 为高频扼流圈,L_B 为低频扼流圈,C_{e1}、C_{e2}、C_2、C_3、C_4 和 C_c 为高频旁路电容,R_e 为发射极偏置电阻。高频载波 $u_c(t)$ 通过变压器 T_1 加到晶体管的基极,低频调制信号 $u_\Omega(t)$ 通过耦合电容 C_1 加在电感线圈 L_B 上,并与高频载波信号 $u_c(t)$ 串联。电源 E_c 加在 R_1、R_2 上,为基极提供直流偏置电压 U_{B0}。

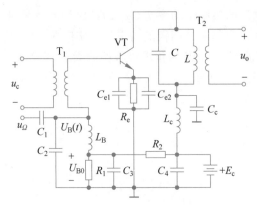

图 7.6.2　基极调幅电路

显然,基极的有效动态偏置电压为

$$U_B(t) = U_{B0} + u_\Omega(t) = \frac{R_1}{R_1 + R_2}E_C + U_\Omega\cos(\Omega t) \qquad (7.6.2)$$

由第 3 章高频功率放大器的分析可知,在调制过程中,如果保持电源 E_C 和负载电阻 R_P 不变,当基极有效偏置电压 $U_B(t)$ 随调制信号变化时,基极偏置电压幅值会相应随调制信号而变化,集电极尖顶余弦脉冲电流的幅度随调制信号而变化;通过集电极 L、C 选频回路输出的基波电流即为调幅波电流。在欠压区,集电极电流的基波分量振幅与基极偏置电压近似呈线性关系;在过压区,集电极电流的基波分量振幅几乎不随基极偏置电压变化。因此,基极调幅不能工作在过压区,要实现基极调幅,就必须工作在欠压区。

基极调幅的平均集电极效率不高,其主要优点是所需要的调制功率小,对整机的小型化有利。

7.7　包络检波

7.7.1　包络检波器的工作原理

调幅波的解调(检波)方法有包络检波、同步检波等。本节主要研究连续波串联式二极管大信号包络检波器。图 7.7.1(a)是包络检波器的原理性电路,它由输入回路、二极管 D 和 RC 低通滤波器组成。图 7.7.1(a)中 R 为负载电阻,它的数值较大;C 为负载电容,其阻抗值在高频时远小于 R,可视为开路。在超外差接收机中,检波器的输入回路通常就是末级中放的输出回路。二极管 D 相当于一个非线性元件,通常二极管选用导通电压和导通电阻 r_d 小的锗管。

图 7.7.1(b)是二极管包络检波器的波形图。当输入信号 v_i 为调幅波,且输入的高频信号电压 v_i 较大时,设低通滤波器 RC 上初始电压为零,由于负载电容 C 的高频阻抗很小,因此高频电压大部分加到二极管 D 上。在高频信号正半轴,二极管导电,并对电容器 C 充电,充电时间常数为 r_dC。由于二极管导通时的内阻很小,所以充电电流很大,充电方向如图 7.7.1(a)所示,充电很快,电容上电压 v_c 建立很快,v_c 在很短的时间内就接近高频电压的最大值。这个电压建立后,通过信号源电路,又反向地加到二极管 D 的两端,作用在二极管两端电压 $v_d = v_i - v_c$。这时二极管导通与否,由电容器 C 上的电压 v_c

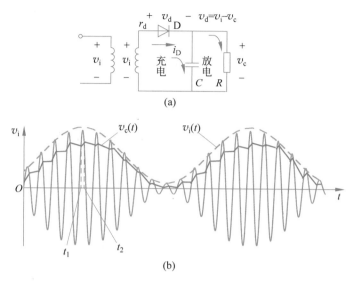

图 7.7.1 二极管包络检波器电路原理图和波形图

和输入信号电压 v_i 共同决定。当 $v_d = v_i - v_c > 0$ 时,二极管导通;当 $v_d = v_i - v_c < 0$ 时,高频电压由最大值下降到小于电容器上的电压,二极管截止,电容器就会通过负载电阻 R 放电。由于放电常数 RC 远大于高频电压的周期,故放电速度很慢。

下面分析如图 7.7.1(b) 所示的波形。一方面,首先是 v_i 上升,电容充电,由于 $r_d C$ 很小,充电很快,所以 v_c 迅速增大;当 v_i 达到峰值开始下降后,由于电容 C 的电压 v_c 不能突变,总是滞后于 v_i 的变化,所以随着 v_i 的下降,当 $v_i = v_c$ 时,即 $v_d = v_i - v_c = 0$ 时,二极管 D 截止。在二极管截止期间,电容 C 把导通期间存储的电荷通过 R 放电。而放电时间常数 $RC(RC \gg r_d C)$ 足够大,放电很慢。在电容器上的电压 v_c 下降不多时,v_i 的第二个正半周期的电压已到来,当其超过二极管上的负电压 v_c 时,$v_d = v_i - v_c > 0$,二极管又导通,就可以使 C 两端电压 v_c 的幅度与输入电压 v_i 的幅度相接近,即传输系数接近 1。另一方面,电压 v_c 虽然有些起伏不平,接近锯齿形状,但正向导电时间很短,放电时间常数又远大于高频电压周期(放电时 v_c 基本不变),所以输出电压 v_c 的起伏是很小的,可看成与高频调幅波包络基本一致,所以又称为峰值包络检波。图 7.7.1(b) 中 t_1 到 t_2 的时间为二极管导通时间,在此时间内又对电容器充电,电容器上的电压迅速接近第二个高频电压的最大值。这样不断循环往复,就得到图 7.7.1(b) 中电压 v_c 的波形。因此,只要适当选取 RC 和二极管 D,以使充电时间常数 $r_d C(r_d$ 为二极管导通时的内阻)足够小,充电很快;而放电时间常数 $RC(RC \gg r_d C)$ 足够大,放电很慢。大信号的包络检波过程,主要是利用二极管的单向导电性和检波负载 RC 的充放电过程。

通过以上分析可以总结以下几点:

(1) 检波过程就是输入的调幅信号通过二极管给电容 C 充电,以及电容 C 对电阻 R 放电的重复过程。

(2) 由于 RC 的放电时间常数远大于输入信号的载波周期,放电缓慢,使得二极管的负极永远处于较高的电位上,所以此时输出电压接近于输入高频正弦波的峰值。该电压对 D 形成一个较大负电压,从而使二极管只在输入电压的峰值附近才导通。

7.7.2 包络检波器的质量指标

检测包络检波器的主要技术指标有电压传输系数(检波效率)、输入电阻和失真。

1. 电压传输系数 K_d(检波效率)

检波电路的电压传输系数是指检波电路的输出电压和输入高频电压的振幅之比。当检波电路的输入信号为高频等幅波,即 $u_i(t) = U_{im}\cos(\omega_c t)$ 时,电压传输系数定义 K_d 为输出直流电压 U_o 与输入高频电压振幅 U_{im} 的比值,即

$$K_d = \frac{U_o}{U_{im}} \qquad (7.7.1)$$

当输入高频调幅波 $u_i(t) = U_{im}[1 + m_a\cos(\Omega t)]\cos(\omega_c t)$ 时,K_d 定义为输出低频信号(Ω 分量)$U_{\Omega m}$ 的振幅与输入高频调幅波包络变化的振幅 $m_a U_{im}$ 的比值,即

$$K_d = \frac{U_{\Omega m}}{m_a U_{im}} \qquad (7.7.2)$$

用第 3 章的折线近似分析法可以证明 $K_d = \cos\theta$,θ 为电流通角,大小为 $\theta \approx \sqrt[3]{\dfrac{3\pi r_d}{R}}$,$R$ 为检波器负载电阻,r_d 为检波器内阻。因此,大信号检波器的电压传输系数 K_d 是不随信号电压而变化的常数,它只由检波器内阻 r_d 与检波器负载电阻 R 的比值决定。当 $R \gg r_d$ 时,$\theta \to 0$,$\cos\theta \to 1$,即检波效率 K_d 接近 1,这是包络检波的主要优点。

2. 等效输入电阻 R_{id}

检波器一般与前级高频放大器的输出端相连,检波器的等效输入电阻将作为前级高频放大器的负载,会影响放大器的增益和通频带。实际上,一般检波器的输入阻抗为复数,可看作由输入电阻 R_{id} 和输入电容 C_{id} 并联组成的。通常 C_{id} 会影响前级高频谐振回路的谐振频率,而 R_{id} 会影响前级放大器的增益及谐振回路的品质因数。

检波器的等效输入电阻定义为

$$R_{id} = \frac{U_{im}}{I_{im}} \qquad (7.7.3)$$

式中,U_{im}、I_{im} 为输入高频电压的振幅;I_{im} 为输入高频电流的基波振幅。

由于二极管电流 i_d 只在高频信号电压为正峰值的一小段时间通过,电流通角 θ 很小,因此它的基频电流振幅为

$$I_{im} = \frac{1}{\pi}\int_{-\pi}^{\pi} i_d\cos(\omega t)\,d(\omega t) \approx \frac{1}{\pi}\int_{-\theta}^{\theta} i_d\,d(\omega t) = 2I_0 \qquad (7.7.4)$$

式中,I_0 为平均直流电流。

另外,负载 R 两端的平均电压为 $K_d U_{im}$,因此平均电流 $I_0 = K_d U_{im}/R$,代入式(7.7.3)和式(7.7.4),即得

$$R_{id} = \frac{U_{im}}{2K_d U_{im}/R} = \frac{R}{2K_d} \qquad (7.7.5)$$

因为 $K_d \approx 1$,所以 $R_{id} \approx R/2$,即大信号二极管的输入电阻约等于负载电阻的一半。由于二极管输入电阻的影响,使输入谐振回路的 Q 值降低,消耗一些高频功率。这是二极管检波器的主要缺点。

3. 失真

理想情况下,包络检波器的输出波形应与调幅波的包络形状完全一致。但二者之间存在差距,即检波器输出波形有某些失真现象存在。主要有以下几种失真:惰性失真、负峰切割失真、非线性失真、频率失真。

1) 惰性失真

惰性失真是由于负载电阻 R 与负载电容 C 的时间常数 RC 太大引起的。这时电容 C 上的电荷不能很快地随调幅波包络变化。如图 7.7.2 所示,在调幅波包络下降时,由于 RC 时间常数太大,在 $t_1 \sim t_2$ 时间内,输入电压 v_i 总是低于电容 C 上的电压 v_c,二极管始终处于截止状态,输出电压不受输入信号电压控制,而是取决于 RC 的放电情况,只有当输入信号电压的振幅重新超过输出电压时,二极管才重新导电。这个非线性失真是由于 C 的惰性太大,所以称为惰性失真。为了防止惰性失真,只要适当选择 RC 的数值,使 C 的放电加快,能跟上高频信号电压包络的变化即可。

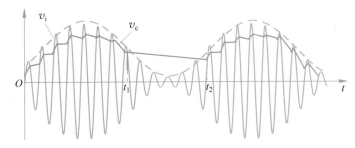

图 7.7.2 二极管包络检波器惰性失真波形图

若输入高频调幅波振幅按 $U'_{im} = U_{im}[1 + m_a \cos(\Omega t)]$ 变化,则其变化速度为

$$\frac{dU'_{im}}{dt} = -m_a U_{im} \sin(\Omega t) \tag{7.7.6}$$

电容器 C 通过电阻 R 放电,放电时通过 C 的电流 i_c 应等于电阻 R 的电流 i_R。

$$\begin{cases} i_c = \dfrac{dQ}{dt} = C\dfrac{dv_c}{dt} \\[2mm] i_R = \dfrac{v_c}{RC} \end{cases} \tag{7.7.7}$$

所以 $\dfrac{dv_c}{dt} = \dfrac{v_c}{RC}$。

对大信号检波来说,$K_d \approx 1$,所以,在二极管停止导电的瞬间(见图 7.7.1 中的 t_1),$v_c \approx U'_{imo}$,所以

$$\frac{dv_c}{dt} = \frac{U_{im}}{RC}[1 + m_a \cos(\Omega t)] \tag{7.7.8}$$

令

$$A = \frac{dU'_{im}}{dt} \Big/ \frac{dv_c}{dt} \tag{7.7.9}$$

将式(7.7.6)代入(7.7.8),得

$$A = RC\Omega \left| \frac{m_a \sin(\Omega t)}{1 + m_a \cos(\Omega t)} \right| \qquad (7.7.10)$$

显然,要不产生失真,必须使 $A < 1 \left(\dfrac{\mathrm{d}v_c}{\mathrm{d}t} > \dfrac{\mathrm{d}U'_{im}}{\mathrm{d}t} \right)$,即 v_c 变化的速度应比高频电压包络 v_i 的变化速度快。由式(7.7.10)可见,A 值是 t 的函数。在 t 为某一值时,A 值最大,等于 $A_{\max}$,只要 $A_{\max} < 1$,不管 t 为何值,就不会发生惰性失真。将 A 对 t 求导,并令 $\dfrac{\mathrm{d}A}{\mathrm{d}t} = 0$,可得

$$A_{\max} = RC\Omega \frac{m_a}{\sqrt{1 - m_a^2}} \qquad (7.7.11)$$

式中,Ω 是低频角频率,它包含一个频带范围。当 $\Omega = \Omega_{\max}$ 时,$A_{\max}$ 最大。为了保证在 $\Omega = \Omega_{\max}$ 时也不产生失真,必须满足

$$RC\Omega_{\max} \frac{m_a}{\sqrt{1 - m_a^2}} < 1 \qquad (7.7.12)$$

或写成

$$RC\Omega_{\max} < \frac{\sqrt{1 - m_a^2}}{m_a} \qquad (7.7.13)$$

式(7.7.12)和式(7.7.13)就是不产生惰性失真的条件。式中,m_a 是调制系数;$\Omega_{\max}$ 是被检信号的最高调制角频率。可见,m_a 越大,则 RC 时间常数应选择得越小。这是由于 m_a 越大,高频信号的包络变化越快,所以 RC 时间常数需要小一些,以缩短放电时间,才能跟得上包络的变化。同样,当最高调制角频率加大时,高频信号包络的变化也加快,所以 RC 时间常数也相应缩短。工程上一般要求

$$RC\Omega_{\max} \leqslant 1.5 \qquad (7.7.14)$$

2) 负峰切割失真(底边切割失真)

这种失真是由检波器的直流负载 R 与交流负载不相等,而且调制幅度 m_a 相当大时引起的。

如图 7.7.3 所示,检波器电路通过耦合电容 C_C 与输入电阻为 r_{i2} 的低频放大器相连接。C_C 的容量较大,对音频来说,可以认为是短路。因此交流负载电阻 R 等于直流电阻 R 与 r_{i2} 的并联值,即

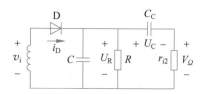

图 7.7.3 实际二极管包络检波器电路

$$R_\Omega = \frac{R r_{i2}}{R + r_{i2}} < R \qquad (7.7.15)$$

由于交流负载和直流负载的电阻不同,所以有可能产生失真。这种失真通常使检波器有音频输出电压的负峰被切割,称为负峰切割失真。

造成交、直流负载电阻不同的原因是隔直流电容 C_C 的存在。在稳定状态下,C_C 上有一个直流电压 U_C,其大小近似等于输入高频电压振幅 U_{im},即 $U_C \approx U_{im}$。由于 C_C 容量较大(几微法),在音频一周内,其上电压 U_C 基本不变,可把它看作一个直流电源。它

在电阻 R 和 r_{i2} 上产生分压,如图 7.7.4 所示,电阻 R 上所产生的分压为

$$U_R = U_C \frac{R}{R + r_{i2}} \approx U_{im} \frac{R}{R + r_{i2}} \qquad (7.7.16)$$

此电压对二极管而言是负的。

当输入调幅波的调制系数较小时,这个电压的存在不致影响二极管的工作。当调制系数较大时,输入调幅波低频包络的负半周可能低于 U_R,在这期间二极管将截止。直至输入调幅波包络负半周变到大于 U_R 时,二极管才能恢复正常工作。因此,产生了如图 7.7.4 所示的波形失真。它将输出低频电压负峰切割。r_{i2} 越小,则 U_R 分压值越大,这种失真越容易产生;另外,m_a 越大,则 $m_a U_{im}$ 调幅波振幅越大,这种失真也越容易产生。如图 7.7.4 所示,要防止这种失真,必须满足

$$(U_{im} - m_a U_{im}) > U_R$$

即

$$(U_{im} - m_a U_{im}) > U_{im} \frac{R}{R + r_{i2}} \qquad (7.7.17)$$

$$m_a < \frac{r_{i2}}{R + r_{i2}} = \frac{R_\Omega}{R} \qquad (7.7.18)$$

式(7.7.18)就是不产生负峰切割失真的条件。应对 R_Ω 和 R 差别提出要求,当 m_a 为 $0.8 \sim 0.9$ 时,R_Ω 和 R 差别不超过 $10\% \sim 20\%$。R 越大,这个条件越难满足。因此,直流负载电阻 R 的选择还受负峰切割失真的限制。通常 R 取 $5 \sim 10\mathrm{k}\Omega$。

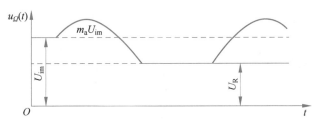

图 7.7.4　负峰切割失真波形

3)非线性失真

检波二极管伏安特性曲线的非线性会引起失真,检波器输出的音频电压不能完全和调幅波的包络成正比。但如果负载电阻 R 选得足够大,则检波管非线性特性影响越小,它所引起的非线性失真即可忽略。

4)频率失真

这种失真是由图 7.7.3 中的耦合电容 C_C 和滤波电容 C 引起的。C_C 的存在主要影响检波的下限频率 Ω_{min}。为使频率为 Ω_{min} 时,C_C 上的电压降不大,不会产生频率失真,必须满足下列条件:

$$\frac{1}{\Omega_{min} C_C} \ll r_{i2} \quad \text{或} \quad C_C \gg \frac{1}{\Omega_{min} r_{i2}} \qquad (7.7.19)$$

电容 C 的容抗应在上限频率是 Ω_{max},不产生旁路作用,即它应满足下列条件:

$$\frac{1}{\Omega_{min} C} \gg R \quad \text{或} \quad C \ll \frac{1}{\Omega_{min} R} \qquad (7.7.20)$$

在音频范围内,式(7.7.19)与式(7.7.20)很容易满足。C_C 约为几 μF,C 约为 0.01μF。

例 7.7.1 图 7.7.5 是某收音机二极管检波器的实际电路。低频电压由电位器 R_2 引出(音量控制)。C_1R_1 和 C_2R_2 组成检波负载,取出低频分量,滤除高频分量。电阻 $R_3'\left(R_3'=R_3+\dfrac{R_d(R_1+R_2)}{R_d+(R_1+R_2)}\right)$ 和 R_4 是确定自动增益控制(AGC)受控级(中放由 T_2 组成)工作点电流的基极分压电阻。电阻 R_3 和 R_4 也是共基二极管固定偏压的分压电阻。试分析:

(1) 检波电路中二极管的选择;

(2) 电阻 R_1 和 R_2 的选择;

(3) 负载电容 C_1 和 C_2 的选择。

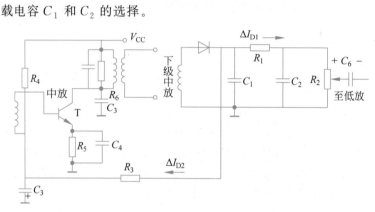

图 7.7.5 实际二极管检波器电路

解:

(1) 二极管的选择。选用点接触型二极管 2AP9。导通时的电阻 R_d 约为 100Ω,总等效电容 C_d 约 1pF。

(2) 电阻 R_1 和 R_2 的选择。检波后的低频放大器总输入电阻 r_{i2} 为 2~5kΩ。为了满足条件 $m_a<\dfrac{r_{i2}}{R+r_{i2}}=\dfrac{R_\Omega}{R}$,$R=R_1+R_2$ 不能选得太大,一般选 $R=5\sim10$kΩ。根据分负载条件,$R_1\approx(1/5\sim1/10)R_2$,现取 $R_2=5.1$kΩ、$R_1\approx\dfrac{1}{10}R_2=510\Omega$。这时,$R_\Omega=R_1+\dfrac{R_2r_{i2}}{R_2+r_{i2}}$,考虑 $R_2=5100\Omega$,取 r_{i2} 为 3kΩ,则

$$R_\Omega=510+\frac{5100\times3000}{5100+3000}=2400(\Omega)$$

所以

$$\frac{R_\Omega}{R}=\frac{2400}{R_1+R_2}=\frac{2400}{5100+510}=0.43$$

通常在接收机中调制幅度最大约为 0.8,平均为 0.3,取 $m_a=0.4$,满足 $m_a<\dfrac{R_\Omega}{R}$。如果 2AP9 导通时的电阻 $r_d\approx100\Omega$,可求出 $\theta\approx30°$,所以电压传输系数 $K_d=\cos\theta=0.86$。等效输入电阻 $r_{id}=\dfrac{1}{2}R=2.8$kΩ。

（3）负载电容 C_1 和 C_2 的选择。从不产生惯性失真条件出发 $RC\Omega_{max}\leqslant 1.5$，取 $\Omega_{max}=2\pi F_{max}=2\pi\times 4.5\times 10^3 (\mathrm{Hz})$，求出 C 小于 $0.01\mu\mathrm{F}$。所以，电容 C_1 和 C_2 采用 $0.01\mu\mathrm{F}$。

7.8 同步检波器

同步检波器用于对载波被抑制的双边带信号进行解调。它的特点是必须外加一个频率和相位都与被抑制的载波相同的电压。同步检波的名称由此而来。

同步检波器外加载波信号电压可以有两种方式：一种是将它与接收信号在检波器中相乘，经低通滤波器后，检出原调制信号，称为乘积型检波器；另一种是将它与接收信号相加，经包络检波器后取出原调制信号，称为叠加型检波器。图 7.8.1 为两种同步检波器的原理方框图。乘积型同步检波器由相乘器和低通滤波器两部分组成，主要用于对抑制载波的双边带调幅波和单边带调幅波进行解调，也可以用来解调普通调幅波。叠加型同步检波是将双边带信号和单边带信号插入恢复载波，使之成为或近似为调幅波信号，利用包络检波器将调制信号恢复出来。对于双边带信号而言，只要加入的恢复载波电压在数值上满足一定的关系，就可得到一个不失真的调幅波。

图 7.8.1(a) 为乘积型检波器。设输入的已调波为载波分量被抑制的双边带信号 u_1，即

$$u_1 = U_{1m}\cos(\Omega t)\cos(\omega_1 t) \tag{7.8.1}$$

本地载波电压为

$$u_0 = U_0(\cos\omega_0 t + \varphi) \tag{7.8.2}$$

本地载波的角频率 ω_0 等于输入载波信号的角频率 ω_1，即 $\omega_0 = \omega_1$，但二者的相位可能不同；这里 φ 表示它们的相位差。假定乘法器传输系数为 1，这时相乘输出电压为

$$u_2 = U_{1m}U_0[\cos(\Omega t)\cos(\omega_1 t)]\cos(\omega_1 t + \varphi)$$
$$= \frac{1}{2}U_{1m}U_0\cos\varphi\cos(\Omega t) + \frac{1}{4}U_{1m}U_0\cos[(2\omega_1+\Omega)t+\varphi] +$$
$$\frac{1}{4}U_{1m}U_0\cos[(2\omega_1-\Omega)t+\varphi] \tag{7.8.3}$$

低通滤波器滤除 $2\omega_1$ 附近的频率分量后，就得到频率为 Ω 的低频信号，有

$$u_\Omega = \frac{1}{2}U_{1m}U_0\cos\varphi\cos(\Omega t) \tag{7.8.4}$$

可见低频信号的输出幅度与 $\cos\varphi$ 成正比，当 $\varphi=0$ 时，低频信号电压最大，随着相位差 φ 加大，输出电压减弱。在理想情况下，除本地载波与输入信号载波的角频率必须相等外，希望二者的相位也相等。此时，乘积检波称为"同步检波"。

(a) 乘积型同步检波器　　　　(b) 叠加同步检波器

图 7.8.1　同步检波器的原理方框图

图 7.8.2 为输入双边带信号时,乘积检波器的有关波形和频谱。单边带信号解调过程与双边带信号解调过程相似。

若输入含有载波频率的已调波,则本地载波可用一个中心频率为 ω_0 的窄带滤波器直接从已调波信号中取得。

采用环形或桥形调制器电路,都可做成同步检波器,只是将调制电路中的音频信号输入改为双边带或单边带信号输入,即成为乘积检波电路。也可用模拟乘法器作为乘积检波器,同样将音频信号输入改为双边带或单边带信号输入即可。

下面讨论两信号相加后再通过包络检波器的解调过程,对于如图 7.8.1(b)所示的电

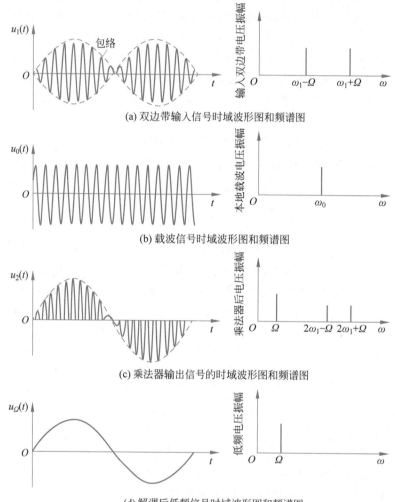

(a) 双边带输入信号时域波形图和频谱图

(b) 载波信号时域波形图和频谱图

(c) 乘法器输出信号的时域波形图和频谱图

(d) 解调后低频信号时域波形图和频谱图

图 7.8.2 输入双边带信号时乘积检波器的有关波形和频谱

路,合成输入信号为

$$u = u_1 + u_0 \tag{7.8.5}$$

此处 u_0 为本征电压 $u_0 \cos(\omega_0 t)$。设 u_1 为单边带信号 $U_{1m} \cos(\omega_0 + \Omega)t$,则

$$u = U_{1m} \cos[(\omega_0 + \Omega)t] + U_0 \cos(\omega_0 t)$$

$$= U_{1m}\cos(\omega_0 t)\cos(\Omega t) + U_0\cos(\omega_0 t) - U_{1m}\sin(\omega_0 t)\sin(\Omega t)$$
$$= U_m\cos(\omega_0 t + \theta) \tag{7.8.6}$$

式中,

$$U_m = \sqrt{[U_0 + U_{1m}\cos(\Omega t)]^2 + [U_{1m}\sin(\Omega t)]^2} \tag{7.8.7}$$

$$\theta = \arctan\frac{-U_{1m}\sin(\Omega t)}{U_0 + U_{1m}\cos(\Omega t)} \tag{7.8.8}$$

由此可知,合成信号的包络 U_m 和相角 θ 都受到调制信号的控制,因而由包络检波器构成的同步检波器检出的调制信号显然有失真。为使失真减少到允许值。就必须使 $U_0 \gg U_{1m}$。式(7.8.7)可改写为

$$U_m = U_0\left\{1 + 2\frac{U_{1m}}{U_0}\cos(\Omega t) + \left[\frac{U_{1m}}{U_0}\sin(\Omega t)\right]^2\right\}^{\frac{1}{2}}$$

$$\approx U_0\left[1 - \frac{1}{4}\left(\frac{U_{1m}}{U_0}\right)^2 + \frac{U_{1m}}{U_0}\cos(\Omega t) - \frac{1}{4}\left(\frac{U_{1m}}{U_0}\right)^2\cos(2\Omega t)\right] \tag{7.8.9}$$

式中二次谐波与基波振幅之比定义为

$$k_{f2} = \frac{U_{1m}}{4U_0} \tag{7.8.10}$$

若要求 $k_{f2} < 2.5\%$,则要求 U_0 比 U_{1m} 大 10 倍以上。

科普七　太赫兹通信技术

参考文献

思考题与习题

7.1　某发射机载波功率为 9kW。

(1) 当频率 Ω_1 信号调制载波幅值时,已调波发射功率为 10.125kW,试计算调制系数 m_1。

(2) 如果再加上另一个频率为 Ω_2 的正弦波对它进行 40% 调幅后再发射,试求这两个正弦波同时调幅时的总发射功率。

7.2　大信号二极管检波电路如图所示,若给定 $R = 5k\Omega$,输入调制系数 $m = 0.3$ 的调制信号。试求:

(1) 载波频率 $f_c = 465kHz$,调制信号最高频率 $F = 3400Hz$,电容 C 应如何选择?检

波器输入阻抗约为多少?

(2) 若 $f_c = 30\text{MHz}, F = 0.3\text{MHz}, C$ 应选为多少? 其输入阻抗大约是多少?

(3) 若 C 被开路,其输入阻抗是多少? 已知二极管导通电阻 $R_D = 80\Omega$。

7.3　在如图所示的检波电路中,$R_1 = 510\Omega, R_2 = 4.7\text{k}\Omega, C_C = 10\mu\text{F}, R_g = 1\text{k}\Omega$。输入信号 $u_s = 0.51[1 + 0.3\cos(10^3 t)]\cos(10^7 t)$(V)。可变电阻 R_2 的接触点在中心位置和最高位置时,问:会不会产生负峰切割失真?

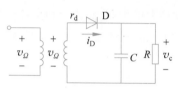

思考题与习题 7.2 图

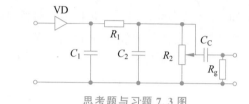

思考题与习题 7.3 图

7.4　有一调幅波的表达式为

$$u = 25[1 + 0.7\cos(2\pi 5000t) - 0.3\cos(2\pi 10\,000t)]\cos(2\pi 10^6 t)\text{(V)}$$

(1) 试求它所包含的各分量的频率与振幅;

(2) 绘出该调幅波包络的形状,并求出波峰值与波谷值幅度。

7.5　某发射机载波功率为 5kW。如调制系数 70%,被调级的平均效率为 50%。试求:

(1) 边频功率;

(2) 电路为集电极调幅时,直流电源供给被调级的功率;

(3) 电路为基极调幅时,直流电源供给被调级的功率。

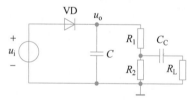

思考题与习题 7.6 图

7.6　已知二极管导通电阻 $R_d = 100\Omega, R_1 = 1\text{k}\Omega, R_2 = 4\text{k}\Omega$,输入调幅信号载频 $f_c = 4.7\text{MHz}$,调制信号频率范围为 $100 \sim 5000\text{Hz}, m_{max} = 0.8$。若使电路不产生惰性失真和底部切割失真,则对电容 C 和负载 R_L 的取值应有何要求?

7.7　某发射机输出级在负载 $R_L = 100\Omega$ 上的输出信号为 $u_s(t) = 4[1 + 0.5\cos(\Omega t)]\cos(\omega_c t)\text{(V)}$,请问:

(1) 该输出信号是什么已调信号? 该信号的调制系数 m 等于多少?

(2) 总的输出功率 P_{av} 等于多少?

(3) 画出该已调信号的波形、频谱图并求频带宽度 $BW_{0.7}$ 等于多少。

7.8　如图所示为一乘积型检波器方框图,相乘器特性为 $i = kv_1v_0$,其中 $v_0 = V_0\cos(\omega_0 t + \varphi)$。假设 $k \approx 1$,$Z_L(\omega_1) \approx 0, Z_L(\Omega) = R_L$。试求下列情况下输出电压 v_2 的表达式,并说明是否有失真。

(1) $v_1 = mV_{1m}\cos(\Omega t)\cos(\omega_1 t)$;

(2) $v_1 = \dfrac{1}{2}mV_{1m}\cos[(\omega_1 + \Omega)t]$。

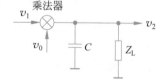

思考题与习题 7.8 图

第 8 章

角度调制与解调

内容提要

从频域的角度看,角度调制与解调属于频谱的非线性搬移电路(非线性调制)。本章主要介绍角度调制和解调的基本原理、基本概念与基本方法,以及实现频谱非线性搬移电路的基本特性及分析方法,并以实际通信设备电路为例进一步说明角度调制与解调的原理。本章的教学需要10～12学时。

8.1 概述

高频载波的振幅受调制信号的控制,使已调波的振幅按照调制信号的频率作周期性变化,已调波振幅变化的强度和调制信号的大小呈线性关系,但载波的频率和相位保持不变,不受调制信号的影响,高频振荡振幅的变化携带着信号所反映的信息。本章研究如何应用高频振荡的频率或相位变化来携带信息,这就是调频或调相。

对任意正弦高频载波信号,$u_0(t)=U_{om}\cos(\omega_0 t+\varphi_0)=U_{om}\cos[\varphi(t)]$,其中,$\varphi(t)$ 为总相角,U_{om} 为振幅,ω_0 为角频率,φ_0 为相角。如果利用调制信号 $u_\Omega(t)=U_{\Omega m}\cos(\Omega t)$ 线性控制高频载波信号 3 个参数 U_{om}、ω_0 和 $\varphi(t)$ 中的某一个,即可产生调制的作用。如果用调制信号 $u_\Omega(t)=U_{\Omega m}\cos(\Omega t)$ 线性控制高频载波信号的振幅,使已调波振幅与调制信号呈线性关系:$U_{om}(t)=U_{om}[1+k_a u_\Omega(t)]$,即实现了调幅;如果用调制信号 $u_\Omega(t)=U_{\Omega m}\cos(\Omega t)$ 线性控制高频载波信号的角频率,使已调波的角频率与调制信号成线性关系:$\omega(t)=\omega_0+k_f u_\Omega(t)$,即实现了频率调制,简称调频;如果用调制信号 $u_\Omega(t)=U_{\Omega m}\cos(\Omega t)$ 线性控制高频载波信号的相位角,使已调波的相位角与调制信号呈线性关系:$\varphi(t)=\varphi_0+k_p u_\Omega(t)$,即实现了相位调制,简称调相。

在调频或调相中,载波的瞬时频率或瞬时相位受调制信号的控制,作周期性的变化。变化的大小与调制信号的强度呈线性关系。变化的周期由调制信号的频率决定。但已调波的振幅则保持不变,不受调制信号的影响。无论是调频或调相,都会使高频载波的瞬时相位角发生变化,两者统称为角度调制,简称调角。

调频和调相在波形上是一致的,频率变动,相位必然变动;相位变动,频率也会跟着变动。角度调制属于频谱的非线性搬移电路(非线性调制),它们的信号频谱不是原调制信号的频谱在频率轴上的线性平移,已调波信号的频谱结构不再保持原调制信号频谱的内部结构,即不再保持线性关系,而且调制后的信号带宽要比原调制信号大得多。在同样的发送功率下,非线性调制把调制信息加载在已调波信号较宽的带宽内的各边频分量之中,因而能克服信道中噪声和干扰的影响。和振幅调制相比,角度调制的主要优点是抗干扰性强,调频主要应用于调频广播、电视、通信及遥测等;调相主要应用于数字通信系统中的相移键控。

调频波的几个技术指标如下：

(1) 频带宽度。

调频波的频谱从理论上讲，是无限宽的。但实际上，如果略去很小的变频分量，则它所占据的频带宽度是有限的。根据频带宽度的大小，可以分为宽带调频与窄带调频两大类。调频广播多用宽带调频，通信多用窄带调频。

(2) 寄生幅度。

从调制原理看，调频波应该是等幅波，但实际上在调频过程中，往往会引起不希望的振幅调制，称为寄生调幅。寄生调幅应该越小越好。

(3) 抗干扰能力。

与调幅方式相比，宽带调频的抗干扰能力要强很多。但在信号较弱时，则宜于采用窄带调频。在接收调频或调相信号时，必须采用频率检波器或相位检波器。本章重点讨论调频原理，调相与调频有密切关系，本书只略述调相，不重点讨论。频率检波器又称鉴频器，它要求输出信号与输入调频波的瞬时频率的变化成正比。这样，输出信号就是原来传送的信号。

鉴频的主要方法可以总结为下列几类：

(1) 第一类鉴频方法是先进行波形变换，将等幅调频波变换成幅度随瞬时频率变化的调幅波（即调幅-调频波），然后用振幅检波器将振幅的变化检测出来。用此原理构成的鉴频器称为振幅鉴频器。如图 8.1.1 所示方框图与波形图说明了它的工作原理。

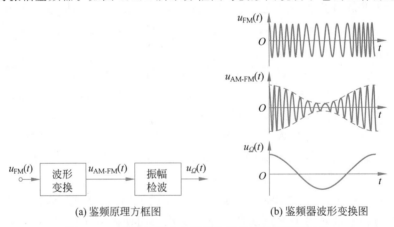

(a) 鉴频原理方框图   (b) 鉴频器波形变换图

图 8.1.1　运用波形变换进行鉴频的原理及变换过程

(2) 第二类鉴频方法是对调频波过零点的数目进行计数，其单位时间内的数目正比于调频波的瞬时频率，这种鉴频器称为脉冲计数式鉴频器。其最大优点是具有良好的线性特性。

(3) 第三类鉴频方法是利用移相器与与非门电路相配合实现的。移相器所产生的相移大小与频率偏移有关。这种与非门鉴频器最易于实现集成化，而且性能优良。

本章重点讨论第一类鉴频方法，第二类和第三类方法作简要介绍。通常，对鉴频器提出如下要求。

(1) 鉴频跨导：鉴频器的输出电压与输入调频波的瞬时频率偏移成正比，其比例系数称为鉴频跨导。图 8.1.2 为鉴频器输出电压 V 与调频波的频偏 Δf 之间的关系曲线，称为鉴频特性曲线。它的中部接近直线部分的斜率即为鉴频跨导。它表示每单位频偏所产生的输出电压大小。鉴频跨导越大，鉴频效果越好。

（2）鉴频灵敏度：使鉴频器正常工作所需的输入调频波的幅度，其值越小，鉴频器灵敏度越高。

（3）鉴频频带宽度：从图 8.1.2 可以看到，只有特性曲线中间一部分线性较好，$2\Delta f_m$ 则称为频带宽度。通常要求 $2\Delta f_m$ 大于输入调频波频偏的两倍，并留有裕量。

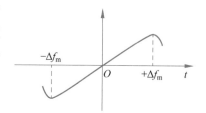

（4）对寄生振幅有一定抑制能力。

（5）尽可能减小产生调频波失真的各种因素的影响，提高对电源和温度变化的稳定性。

图 8.1.2　鉴频特性曲线

本章重点讨论调频波的原理和方法，然后研究调频波的解调技术。

8.2　调角信号的分析

8.2.1　瞬时频率和瞬时相位

假设高频载波信号为 $u_0(t)=U_{om}\cos(\omega_0 t+\varphi_0)=U_{om}\cos\varphi(t)$，当进行角度调制后，其已调波的角频率将是时间的函数，即角频率为 $\omega(t)$。图 8.2.1 中用旋转矢量表示已调波，设旋转矢量的长度为 U_{om}，围绕原点 O 逆时针方向旋转，角速度是 $\omega(t)$。当 $t=0$ 时，矢量与实轴之间的夹角为 φ_0；t 时刻，矢量与实轴之间夹角为 $\varphi(t)$。矢量在实轴上的投影为

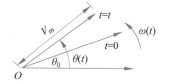

图 8.2.1　已调波相位变化矢量图

$$u_0(t)=U_{om}\cos[\varphi(t)] \tag{8.2.1}$$

式（8.2.1）为已调波表达式，其瞬时相角 $\varphi(t)$ 等于矢量在时间 t 内转过的角度与初始相角 φ_0 之和，即

$$\varphi(t)=\int_0^t \omega(t)\mathrm{d}t+\varphi_0 \tag{8.2.2}$$

式（8.2.2）中积分 $\int_0^t \omega(t)\mathrm{d}t$ 是矢量在时间间隔 t 内所转过的角度，将上式两边微分，得到瞬时频率与瞬时相位之间的关系

$$\omega(t)=\frac{\mathrm{d}\varphi(t)}{\mathrm{d}t} \tag{8.2.3}$$

瞬时频率即旋转矢量的瞬时角速度等于瞬时相位对时间的变化率。式（8.2.2）和式（8.2.3）是角度调制中的两个基本关系式。

8.2.2　调频波和调相波的数学表达式

设调制信号为 $u_\Omega(t)$，载波振荡电压或电流为

$$a(t)=A_0\cos[\varphi(t)] \tag{8.2.4}$$

调频时载波的瞬时频率 $\omega(t)$ 与 $u_\Omega(t)$ 呈线性关系，即

$$\omega(t) = \omega_0 + k_f u_\Omega(t) \tag{8.2.5}$$

式中，ω_0 是未调制时的载波中心频率；$k_f u_\Omega(t)$ 是瞬时频率相对于 ω_0 的偏移，称为瞬时频率偏移，简称频率偏移或频偏。频移以 $\Delta\omega(t)$ 表示，即

$$\Delta\omega(t) = k_f u_\Omega(t) \tag{8.2.6}$$

$\Delta\omega(t)$ 的最大值称为最大频移，以 $\Delta\omega$ 表示，即

$$\Delta\omega = k_f \mid u_\Omega(t) \mid_{\max} \tag{8.2.7}$$

式中，k_f 是比例常数，它表示单位调制信号所引起的频移，单位是 $\text{rad}/(\text{s} \cdot \text{V})$。把最大偏移称为频偏。

由式(8.2.2)中令初始相角 $\varphi_0 = 0$，求出调频波的瞬时相位为

$$\varphi(t) = \int_0^t \omega(t)\,\mathrm{d}t = \int_0^t (\omega_0 + k_f u_\Omega(t))\,\mathrm{d}t = \omega_0 t + \int_0^t k_f u_\Omega(t)\,\mathrm{d}t \tag{8.2.8}$$

将式(8.2.8)代入式(8.2.4)，得到

$$a(t) = A_0 \cos[\varphi(t)] = A_0 \cos\left(\omega_0 t + k_f \int_0^t u_\Omega(t)\,\mathrm{d}t\right) \tag{8.2.9}$$

这就是 $u_\Omega(t)$ 调制的调频波数学表达式。

如果用 $u_\Omega(t)$ 对式(8.2.4)的载波进行调相，载波的瞬时相位 $\varphi(t)$ 应随 $u_\Omega(t)$ 进行线性变化，即

$$\varphi(t) = \omega_0 t + k_p u_\Omega(t) \tag{8.2.10}$$

式中，$\omega_0 t$ 表示未调制时载波振荡的相位，$k_p u_\Omega(t)$ 表示瞬时相位中与调制信号成正比例变化的部分，称为瞬时相位频移，简称相位偏移或相移。

若相移以 $\Delta\varphi(t)$ 表示，即

$$\Delta\varphi(t) = k_p u_\Omega(t) \tag{8.2.11}$$

$\Delta\varphi(t)$ 的最大值叫作最大相移，或称调制指数。调相波的调制指数以 m_p 表示，即

$$m_p = k_p \mid u_\Omega(t) \mid_{\max} \tag{8.2.12}$$

式中，k_p 是比例常数。它表示单位调制信号所引起的相移，单位是 rad/V。

将式(8.2.11)代入式(8.2.4)得到调相波的数学表达式

$$a(t) = A_0 \cos[\varphi(t)] = A_0 \cos[\omega_0 t + k_p u_\Omega(t)] \tag{8.2.13}$$

根据式(8.2.3)，可得出调相波的瞬时频率为

$$\omega(t) = \frac{\mathrm{d}\varphi(t)}{\mathrm{d}t} = \omega_0 t + k_p \frac{\mathrm{d}u_\Omega(t)}{\mathrm{d}t} \tag{8.2.14}$$

式(8.2.14)等号右边第二项表示调相波的频移，$\Delta\varphi_p(t)$ 表示，即

$$\Delta\omega_p(t) = k_p \frac{\mathrm{d}u_\Omega(t)}{\mathrm{d}t} \tag{8.2.15}$$

对于调频波，式(8.2.9)等号右边第二项表示调频波的相移，以 $\Delta\varphi_f(t)$ 表示，即

$$\Delta\varphi_f(t) = k_f \int_0^t u_\Omega(t)\,\mathrm{d}t \tag{8.2.16}$$

$\Delta\varphi_f(t)$ 的最大值即调频波的调制指数，以 m_f 表示。

为了对比调频波和调相波的特性，表 8.2.1 给出了调频波和调相波信号特点。得出如下结论：无论是调频还是调相，瞬时频率和瞬时相位都在发生变化。在调频时，瞬时频率变化与调制信号呈线性关系，瞬时相位的变化与调制信号的积分呈线性关系。在调相

时,瞬时相位的变化与调制信号呈线性关系,瞬时频率变化与调制信号的微分呈线性关系。

表 8.2.1　调频波和调相波比较

调制信号为 $u_\Omega(t)$；载波振荡为 $A_0\cos(\omega_0 t)$		
	调频波	调相波
数学表达式	$A_0\cos\left(\omega_0 t + k_\mathrm{f}\int_0^t u_\Omega(t)\mathrm{d}t\right)$	$A_0\cos(\omega_0 t + k_\mathrm{p} u_\Omega(t))$
瞬时频率	$\omega_0 + k_\mathrm{f} u_\Omega(t)$	$\omega_0 + k_\mathrm{p}\dfrac{\mathrm{d}u_\Omega(t)}{\mathrm{d}t}$
瞬时相位	$\omega_0 t + k_\mathrm{f}\int_0^t u_\Omega(t)\mathrm{d}t$	$\omega_0 t + k_\mathrm{p} u_\Omega(t)$
最大频移	$k_\mathrm{f}\|u_\Omega(t)\|_{\max}$	$k_\mathrm{p}\left.\dfrac{\mathrm{d}u_\Omega(t)}{\mathrm{d}t}\right|_{\max}$
最大相移	$k_\mathrm{f}\left|\int_0^t u_\Omega(t)\mathrm{d}t\right|_{\max}$	$k_\mathrm{p}\|u_\Omega(t)\|_{\max}$

图 8.2.2 表示调频波与调相波的区别,其中的调制信号为矩形波。根据表 8.2.1 所表达的各式,在调频与调相两种情况下,频率变化与相位变化的波形。在调频时,频率变化反映调制信号的波形,相位变化为它的积分,成为三角波形;在调相时,相位变化反映调制信号的波形,频率变化为它的微分,成为一系列振幅为正、负无限大、宽度为零的脉冲。

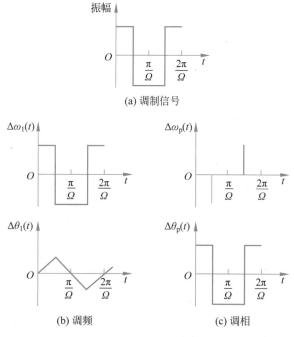

(a) 调制信号

(b) 调频　　　　　(c) 调相

图 8.2.2　已调波相位变化矢量图

若调制信号为 $u_\Omega(t)=U_\Omega\cos(\Omega t)$,未调制时的载波频率为 ω_0,则根据式(8.2.9)可写出调频波的数学表达式为

$$a_\mathrm{f}(t)=A_0\cos\left[\omega_0 t + \frac{k_\mathrm{f}U_\Omega}{\Omega}\sin(\Omega t)\right]=A_0\cos\left[\omega_0 t + m_\mathrm{f}\sin(\Omega t)\right] \quad (8.2.17)$$

根据式(8.2.13)可写出调相波的数学表达式

$$a_p(t) = A_0\cos[\omega_0 t + k_p U_\Omega\cos(\Omega t)] = A_0\cos[\omega_0 t + m_p\cos(\Omega t)] \quad (8.2.18)$$

上面两式中的下标 f 表示调频，p 表示调相，下同。由式(8.2.17)和式(8.2.18)可以得到调频波和调相波的调制指数分别为

$$\begin{cases} m_f = \dfrac{k_f U_\Omega}{\Omega} \\ m_p = k_p U_\Omega \end{cases} \quad (8.2.19)$$

调频波的最大频移为

$$\Delta\omega_f = k_f |u_\Omega(t)|_{\max} = k_f |U_\Omega\cos(\Omega t)|_{\max} = k_f U_\Omega \quad (8.2.20)$$

调相波的最大频移为

$$\Delta\omega_p = k_p \left|\frac{\mathrm{d}u_\Omega(t)}{\mathrm{d}t}\right|_{\max} = k_p \left|\frac{\mathrm{d}U_\Omega\cos(\Omega t)}{\mathrm{d}t}\right|_{\max} = k_p U_\Omega\Omega \quad (8.2.21)$$

以上公式表示，调频波的最大偏移 $\Delta\varphi_f$ 与调制频率 Ω 无关，调制指数 m_f 则与 Ω 成反比；调相波的最大频移 $\Delta\varphi_p$ 与调制频率 Ω 成正比，调制指数 m_p 则与 Ω 无关。这是两种调制的根本区别。因此，调频波对于不同的 Ω 频谱宽度基本维持不变。调相波的频谱宽度则随 Ω 不同而有剧烈变化。这也是下面要研究的问题。式(8.2.19)～式(8.2.21)说明，无论调频还是调相，最大频移与调制指数之间的关系都是相同的。

例 8.2.1 $u(t) = 12\sin[10^{12}t + 4\cos(10^6 t)]$，问 $u(t)$ 是调频波还是调相波？其载波频率与调制信号频率各是多少？

解：本题中载频 $f_0 = 10^{12}/2\pi(\mathrm{Hz})$；调制信号的频率 $F = 10^6/2\pi(\mathrm{Hz})$。只从 $u(t)$ 中的 $\Delta\varphi(t) = 4\cos(10^6 t)$ 看不出 $u(t)$ 是与调制信号 $u_\Omega(t)$ 成正比，还是与 $u_\Omega(t)$ 的积分成正比，因此不能确定 $u(t)$ 是调频波还是调相波。如果调制信号 $u_\Omega(t) = \cos(10^6 t)$，则 $\Delta\varphi(t) = 4\cos(10^6 t) = 4u_\Omega(t)$，$\Delta\varphi(t)$ 与 $u_\Omega(t)$ 成正比，$u(t)$ 为调相波。如果调制信号 $u_\Omega(t) = \sin(10^6 t)$，则 $\Delta\varphi(t) = 4\times10^6\displaystyle\int_0^t \sin(10^6 t)\mathrm{d}t = 4u_\Omega(t)$，$\Delta\varphi(t)$ 与 $u_\Omega(t)$ 的积分成正比，$u(t)$ 为调频波。因此，判断一调角波是调频还是调相，必须依照定义与调制信号对比。

例 8.2.2 一调角波受单频正弦 $u_\Omega(t) = U_{\Omega m}\sin(\Omega t)$ 调制，其瞬时频率为 $f(t) = 10^{12} + 10^7\cos(2\pi\times10^6 t)(\mathrm{Hz})$，设调角波的幅度为 12V。

(1) 此调角波是调频波还是调相波？写出其数学表达式；

(2) 求此调角波的最大频偏和调制指数。

解：

(1) 瞬时频率 $\omega(t) = 2\pi f(t) = 2\pi[10^{12} + 10^7\cos(2\pi\times10^6 t)](\mathrm{rad/s})$ 与调制信号 $u_\Omega(t) = U_{\Omega m}\sin(\Omega t)$ 形式不同，可判断此调角波不是调频波。其瞬时相位 $\varphi(t) = \displaystyle\int_0^t \omega(t)\mathrm{d}t = \displaystyle\int_0^t 2\pi[10^{12} + 10^7\cos(2\pi\times10^6 t)]\mathrm{d}t = 2\pi\times10^{12} + 10\sin(2\pi\times10^6 t)$，即 $\varphi(t)$ 与调制信号 $u_\Omega(t) = U_{\Omega m}\sin(\Omega t)$ 的函数形式一致（成正比），而 $\omega(t)$ 与 $\varphi(t)$ 是微分关系。可以确定此调角波是调相波，且载频为 $10^{12}\mathrm{Hz}$，调制频率为 $10^6\mathrm{Hz}$。调相波的数学表达式为

$$u_{\mathrm{PM}}(t)=U_{\mathrm{p}}\cos\varphi(t)=12\cos\left[(2\pi\times10^{12}t)+10\sin(2\pi\times10^{6}t)\right]。$$

（2）对于调相波，最大频偏 $\Delta\omega_{\mathrm{p}}=k_{\mathrm{p}}U_{\Omega\mathrm{m}}\Omega=m_{\mathrm{p}}\Omega$，所以

$$\Delta\omega_{\mathrm{p}}=k_{\mathrm{p}}U_{\Omega\mathrm{m}}\Omega=m_{\mathrm{p}}\Omega=10\times12\times2\pi\times10^{6}=24\pi\times10^{7}$$

其中，调制指数 $m_{\mathrm{p}}=k_{\mathrm{p}}U_{\Omega\mathrm{m}}=10$。

8.2.3　调频波和调相波的频谱和频带宽度

1. 调频信号的频谱

如果用 m 代替 m_{f} 或 m_{p}，把 FM 和 PM 信号用统一的调角信号来表示，则单一频率调制的调角信号统一表达式为

$$u(t)=U_{\mathrm{om}}\cos\left[\omega_{0}t+m\sin(\Omega t)\right] \tag{8.2.22}$$

上式可以写成

$$u(t)=U_{\mathrm{om}}\{\cos\left[m\sin(\Omega t)\cos(\omega_{0}t)-\sin\left[m\sin(\Omega t)\right]\sin(\omega_{0}t)\right\} \tag{8.2.23}$$

而 $\cos[m\sin(\Omega t)]$ 和 $\sin[m\sin(\Omega t)]$ 是周期 $T=2\pi/\Omega$ 的特殊函数，可展开成级数形式

$$\cos[m\sin(\Omega t)]=J_{0}(m)+2J_{2}(m)\cos(2\Omega t)+2J_{4}(m)\cos(4\Omega t)+\cdots$$

$$=J_{0}(m)+2\sum_{n=1}^{\infty}J_{2n}(m)\cos(2n\Omega t) \tag{8.2.24}$$

$$\sin[m\sin(\Omega t)]=2J_{1}(m)\sin(\Omega t)+2J_{3}(m)\sin(3\Omega t)+2J_{5}(m)\sin(5\Omega t)+\cdots$$

$$=2\sum_{n=0}^{\infty}J_{2n+1}(m)\sin[(2n+1)\Omega t] \tag{8.2.25}$$

式中，$J_{n}(m)$ 称为第一类贝塞尔函数。当 m、n 一定时，$J_{n}(m)$ 为定系数，其值可以由曲线和函数查出。图 8.2.3 展示了第一类贝塞尔函数的曲线。

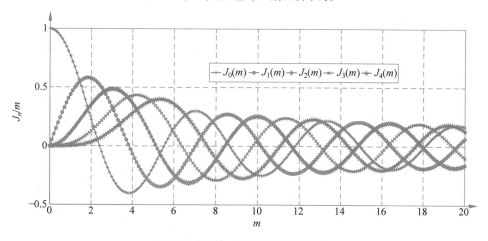

图 8.2.3　第一类贝塞尔函数曲线

将式（8.2.24）和式（8.2.25）代入式（8.2.22），得到

$$u(t)=U_{\mathrm{om}}\left[J_{0}(m)+2\sum_{n=1}^{\infty}J_{2n}(m)\cos(2n\Omega t)\right]\cos(\omega_{0}t)-$$

$$U_{\mathrm{om}}\left\{2\sum_{n=0}^{\infty}J_{2n+1}(m)\sin[(2n+1)\Omega t]\right\}\sin(\omega_{0}t) \tag{8.2.26}$$

令 $U_{om}=1$，所以调角信号的数学表达式为

$$
\begin{aligned}
u(t) &= J_0(m)\cos(\omega_0 t) & &\text{载频}\\
&+ J_1(m)\cos[(\omega_0+\Omega)t] - J_1(m)\cos[(\omega_0-\Omega)t] & &\text{第一对边频}\\
&+ J_2(m)\cos(\omega_0+2\Omega)t - J_2(m)\cos[(\omega_0-2\Omega)t] & &\text{第二对边频} \quad (8.2.27)\\
&+ J_3(m)\cos(\omega_0+3\Omega)t - J_3(m)\cos[(\omega_0-3\Omega)t] & &\text{第三对边频}\\
&+ \cdots
\end{aligned}
$$

由式(8.2.27)可以得出，由简谐信号调制的调频波或调相波，其频谱有如下特点：

（1）载频分量上、下各有无数个边频分量，它们与载频分量相隔都是调制频率的整数倍。载频分量与各次边频分量的振幅由对应的各阶贝塞尔函数值所确定。奇数次的上、下边频分量相位相反。

（2）由图8.2.3所示的曲线可以看出，调制指数 m 越大，具有较大振幅的边频分量就越多。这与调幅波不同，在简谐信号调幅的情况下，边频数目与调制指数 m 无关。

（3）在如图8.2.3所示的曲线中，对于某些 m 值，载频或某些变频振幅为零。利用这一现象可测定调制指数 m。

（4）根据式(8.2.27)，可计算调频波或调相波的功率为

$$
P = J_0^2(m) + 2(J_0^2(m) + J_1^2(m) + J_2^2(m) + \cdots + J_n^2(m) + \cdots) \quad (8.2.28)
$$

根据贝塞尔函数的性质，可得到：

① 对于任意的 m，各阶贝塞尔函数的平方和恒等于1，即 $\sum_{n=-\infty}^{\infty} J_n^2(m) = 1$，式(8.2.28)右边的值等于1，因此调频前后平均功率是一样的，且与调制指数 m 无关。在调制指数 m 增大时，$J_0(m)$ 变化总趋势将趋于减小，这表示载频分量 ω_0 的功率将减小。由于调角波携带的总功率是不变的，这说明减小了的载频分量的功率将被重新分配到各次边频分量上。但在调幅的情况下，调幅波的平均功率为 $\left(1+\dfrac{m_a^2}{2}\right)$，相对于调幅前的载波功率增加了 $\dfrac{m_a^2}{2}$。而在调频时，则只导致能量从载频向边频分量转移，总能量则不变。

② $J_{-n}(m) = (-1)^n J_n(m)$，所以有 $\begin{cases} J_n(m) = J_{-n}(m), & n\text{ 为偶数}\\ J_n(m) = -J_{-n}(m), & n\text{ 为奇数} \end{cases}$，即当 n 为偶数时，上、下边频分量符号相同；而当 n 为奇数时，上、下边频分量符号相反。

2. 调频信号的带宽

调角信号的频谱包含有无穷多个边频分量，在考虑调角信号的频带宽度时，如果忽略其高次边频分量，不会因此带来明显的信号失真。所以也可以把调频波和调相波看成具有有限带宽的信号，它与调制指数 m 密切相关。在决定调频波信号的带宽时，需要考虑到哪一高次数的边频分量，取决于实际应用中对解调后的信号允许失真的程度。

在要求严格的场合，调频信号的带宽应包括幅度大于未调载频振幅的 1% 以上的边频分量，即

$$
|J_n(m_f)| \geqslant 0.01 \quad (8.2.29)
$$

如果在满足上述条件下的最高边频次数为 n_{max}，则调频波信号的带宽 $B_{FM} = 2n_{max}\Omega$

或 $B_{FM}=2n_{max}F$，其中 $F=\Omega/2\pi$。只有当边频的振幅不小于未调制载波振幅的 1%（$|J_n(m_f)|\geqslant0.01$）时，可计频带内的边频分量。当 m 增大时，有效边频分量的数目也会增多。因此，调角波的带宽是调制指数 m 的函数。在工程上，为了便于计算不同 m 时的 B_{FM}，可采用以下近似公式

$$B_{FM}=2(m_f+\sqrt{m_f}+1)F \tag{8.2.30}$$

另一种在调频广播、移动通信和电视伴音信号的传输中常用的工程准则（Carson 准则）为：对于振幅小于未调载波振幅的 $10\%\sim15\%$ 的边频分量均可以忽略不计。即

$$|J_n(m_f)|\geqslant A,\quad 0.1<A<0.15 \tag{8.2.31}$$

在上述的要求下，Carson 准则定义的带宽能集中调频波总功率的 $98\%\sim99\%$，所以解调后信号的失真还是可以满足信号传输质量要求的。

单一频率调频波的带宽划分：

（1）当 $m_f\ll1$ 时，$B_{FM}\approx2F_{max}$（与调幅波频带相同，称为窄带调频）；

（2）当 $m_f>1$ 时，$B_{FM}=2(m_f+1)F_{max}$，称为宽带调频；

（3）当 $m_f>10$ 时，$B_{FM}\approx2m_fF=2\Delta f_m$，$\Delta f_m$ 为最大频偏。

实际中的调制信号都是有限带宽，即调制信号占有一定的频率范围 $F_{min}\sim F_{max}$，实际调频波的带宽为

（1）当 $m_f\ll1$ 时，$B_{FM}=2F_{max}$；

（2）当 $m_f>1$ 时，$B_{FM}=2(m_f+1)F_{max}$；

（3）当 $m_f>10$ 时，$B_{FM}=2\Delta f_m$，$\Delta f_m=m_fF_{max}$。

上面关于调频波带宽的讨论不仅适用于调频波，还适用于调相波。对调相波而言，由于 $m_p=k_pU_{\Omega m}$，当 m_p 即 $U_{\Omega m}$ 一定时，B_{PM} 应考虑的边频对数不变；随着调制频率 Ω 的升高，各边频分量的间隔 Ω 增大，因而 B_{PM} 将随着 Ω 的增大而明显变宽。可见，调相信号的带宽 B_{PM} 是随着调制频率的升高而相应增大的。Ω 越高，B_{PM} 就越大。如果按照最高调制频率设计带宽，则当调制频率较低时，带宽的利用不充分，这就是调相方式的缺点。

对于调频波，由于 $m_f=\Delta\omega_m/\Omega=\Delta f_m/F$，若调制频率 Ω 升高，调制指数 m_f 随 Ω 的升高而减小，这使 B_{FM} 应考虑的边频对数减小。尽管随着 Ω 升高，各边频分量的间隔 Ω 增大了，但因为要考虑的边频对数减少了，结果 B_{FM} 变化很小，只是略有增大。在调频中，即使调制频率成倍地变化，调频波信号的带宽变化也很小。有时也把调频制叫作恒定带宽调制。

8.3 调频方法

产生调频信号的电路叫作调频器。调频器的几个技术指标：已调波的瞬时频率 $\omega(t)$ 与调制信号 $u_\Omega(t)$ 成正比例地变化；未调制时的载波频率，即已调波的中心频率具有一定的稳定度；最大频移与调制频率无关；无寄生调幅或寄生调幅尽可能小。产生调频信号的方法很多，主要有两类：第一类主要是用调制信号直接控制载波的瞬时频率——直接调频。第二类是对调制信号积分，然后对载波进行调相，结果得到调频波，即由调相变调频——间接调频。

8.3.1 直接调频原理

直接调频的基本原理是用调制信号直接线性地改变载波振荡的瞬时频率。因此,只要能直接影响载波振荡瞬时频率的元件或参数,用调制信号去控制它们,并使载波振荡瞬时频率按调制信号变化规律线性地改变,就可以完成直接调频的任务。

如果载波由 LC 自激振荡器产生,则振荡频率主要由谐振回路的电感元件和电容元件所决定。因此,只要能用调制信号去控制回路的电感或电容,就能达到控制振荡频率的目的。

变容二极管或反向偏置的半导体 PN 结可作为电压控制可变电容元件。具有铁氧体磁芯的电感线圈可作为电流控制可变电感元件。方法是在磁芯上绕一个附加线圈,当这个线圈的电流改变时,它所产生的磁场随之改变,引起磁芯的磁导率改变,从而使主线圈的电感量改变,于是振荡频率随之发生变化。

8.3.2 间接调频原理

用调制信号 $u_\Omega(t)$ 对载波调频时,其相移 $\Delta\varphi(t)$ 与调制信号 $u_\Omega(t)$ 为积分关系,即

$$\Delta\varphi(t) = k_f \int_0^t u_\Omega(t)dt \tag{8.3.1}$$

式(8.3.1)告诉我们,如果将 $u_\Omega(t)$ 积分后,再对载波调相,则由式(8.2.13),所得到的调相信号是

$$a(t) = A_0 \cos\left(\omega_0 t + k_p \int_0^t u_\Omega(t)dt\right) \tag{8.3.2}$$

与式(8.2.10)相同。实际上,这就是 $u_\Omega(t)$ 积分后作为调制信号的调频波。间接调频正是根据上述原理提出来的,其原理方框图如图 8.3.1 所示。这样,就可以采用频率稳定度很高的振荡器,例如,石英晶体振荡器作为载波振荡器,然后在它的后级进行调相,因而调频波的中心稳定度很高。

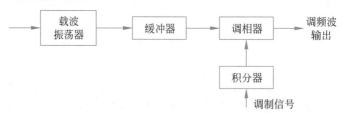

图 8.3.1 由调相器得到的调频波

视频

8.4 变容二极管调频

变容二极管调频的主要优点是能够获得较大的频移(相对于间接调频而言),线路简单,并且几乎不需要调制功率;其主要缺点是中心频率稳定度低。它主要用在移动通信以及自动频率微调系统中。

8.4.1 变容二极管工作的基本原理

变容二极管是利用半导体 PN 结的结电容随反向电压变化这一特性而制成的一种半导

体二极管。它是一种电压控制可变电抗元件，它的结电容 C_j 与反向电压 u_R 存在以下关系：

$$C_j = \frac{C_{j0}}{\left(1 + \dfrac{u_R}{V_D}\right)^{\gamma}}$$ (8.4.1)

式中，V_D 为 PN 结的势垒电压（内建电势差，锗管为 $0.1\sim0.2V$）；C_{j0} 为反向控制电压 $u_R=0$ 时的结电容；γ 为系数，它的值随半导体的掺杂浓度和 PN 结的结构不同而异，对于缓冲结，$\gamma=1/3$；对于突变结，$\gamma=1/2$；对于超突变结，$\gamma=1\sim4$，最大可达 6 以上。

图 8.4.1(a) 表示变容二极管结电容反向电压变化的关系曲线。加到变容二极管上的反向电压，包括直流偏压 U_0 和调制信号电压 $u_\Omega(t)=U_\Omega\cos(\Omega t)$，如图 8.4.1(a) 所示，即

$$u_R(t) = U_0 + U_\Omega\cos(\Omega t)$$ (8.4.2)

此处假定调制信号为单音频简谐信号。结电容在 $u_R(t)$ 的控制下随时间发生变化，如图 8.4.1(c) 所示。

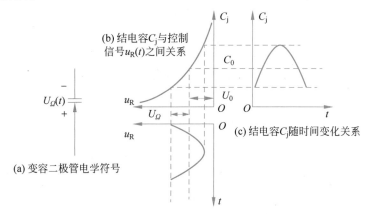

图 8.4.1 变容二极管电学符号及调制信号控制变容二极管结电容大小的工作原理图

8.4.2 变容二极管直接调频电路

直接调频具有获得较大频偏的优点，但是中心频率稳定性较差。一般可以采取自动频率控制电路和锁相环路稳频等技术保持频率稳定性。由变容二极管接入的调频电路可采用各种形式的三点式振荡电路。电路分析时可采用以下简化电路：晶体管直流偏置电路、振荡器高频交流通路、变容二极管直流偏置电路和变容二极管低频控制电路。变容二极管作为压控电容接入 LC 振荡器中，就组成了 LC 压控振荡器（VCO）。变容二极管在振荡器电路中能否正常工作，取决于是否正确给其提供静态负偏压和交流控制电压，是否采取抑制高频振荡信号对直流偏压和低频控制电压的干扰等措施。为此，在电路设计时要适当采用高频扼流圈、旁路电容、隔直流电容等。全面分析变容二极管调频电路，包括晶体管直流偏置电路、振荡器高频交流通路、变容二极管直流偏置电路和变容二极管低频控制电路等几方面。

（1）对于晶体管直流偏置电路，通常是保留直流电压，将晶体管周围的电阻保留、电容开路、电感短路。

（2）振荡器高频交流通路——以高频工作频率为条件简化以晶体管为核心的交流通路。保留晶体管周围的工作电容（小电容）、变容二极管、工作电感（小电感），而其他元件则是大电容以短路处理，大电感以开路处理，直流电源以接地处理；另外，一般情况无须画出电阻，相当于开路处理。

（3）变容二极管直流偏置电路——以直流工作条件简化变容二极管直流偏置通路：将与变容二极管相连的有关的电容开路、电感短路、晶体管可用一个等效电阻表示；另外，和变容二极管反向连接的电阻，可以忽略（由变容二极管反向电阻代替）。

（4）变容二极管低频控制电路——以低频工作条件简化变容二极管低频控制电路：将与变容二极管相连的有关小电感和高频扼流圈等效为短路（高频扼流圈对直流和低频信号提供通路，对高频信号起阻挡作用）；较大的电容以短路处理、较小的电容以开路处理和直流电源以接地处理。

图 8.4.2(a)为变容二极管直接调频电路原理图，它是把受到调制信号控制的变容二极管接入载波振荡器的振荡回路，使得调制信号可以控制回路振荡频率。适当选择变容二极管的特性和工作状态，可以使振荡频率的变化近似地与调制信号呈线性关系。这样就实现了调频。

根据以上分析方法，图 8.4.2(b)代表晶体管直流偏置回路，它构成了一个完整的直流电路，保证晶体管静态工作处于正常状态。图 8.4.2(c)代表整个电路的高频交流通路，虚线左边是典型的正弦波振荡器，右边是变容二极管，其中，$u_\Omega(t)$是低频交流通路电

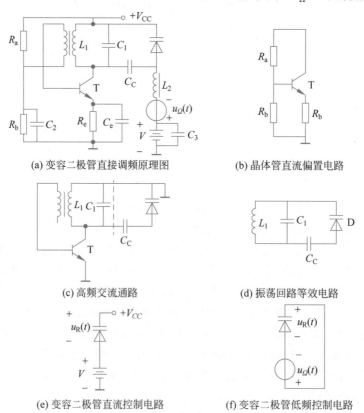

(a) 变容二极管直接调频原理图   (b) 晶体管直流偏置电路

(c) 高频交流通路   (d) 振荡回路等效电路

(e) 变容二极管直流控制电路   (f) 变容二极管低频控制电路

图 8.4.2   变容二极管直接调频电路

源电压,因为电容 C_C 对直流和低频信号的阻碍作用,所以 $u_\Omega(t)$ 对高频交流通路可以看成断路。图 8.4.2(d) 代表振荡回路等效电路。图 8.4.2(e) 为变容二极管的直流控制通路。图 8.4.2(f) 为变容二极管低频控制电路。加到变容二极管上的反向偏压为

$$u_R(t) = V_{CC} - V + U_\Omega \cos(\Omega t) = U_0 + u_\Omega(t) \tag{8.4.3}$$

式中,$U_0 = V_{CC} - V$ 是反向直流偏压。

　　在图 8.2.4 中,C_C 是变容二极管与 LC 回路之间的耦合电容,同时起到隔直流的作用;C_3 对调制信号起滤波和旁路电容作用;L_2 是高频扼流圈,但让调制信号通过。

8.4.3　变容二极管电路分析

　　变容二极管调频手段是利用调制信号控制反向偏置电压,从而控制结电容的变化,最终使电路的振荡频率发生变化。本节主要目的是找出 $\omega(t)$ 与 $u_\Omega(t)$ 之间的函数关系,并减小调制时产生的非线性失真。为了得到 $\omega(t)$ 与 $u_\Omega(t)$ 之间定量关系,首先确定振荡回路电容的变化量 $\Delta C(t)$ 与 $u_\Omega(t)$ 之间关系,然后根据 $\Delta \omega(t)$ 与 $\Delta C(t)$ 之间的关系求出 $\Delta \omega(t)$ 与 $u_\Omega(t)$ 之间的关系。

　　1) $\Delta C(t)$ 与 $u_\Omega(t)$ 之间的关系

　　图 8.4.3 是图 8.4.2(d) 振荡回路的等效电路。图中 C_j 表示加上反向电压 $u_R(t) = U_0 + u_\Omega(t)$ 的变容二极管电容。当调制信号 $u_\Omega(t) = 0$ 时,变容二极管结电容为常数 C_0,它对应于反向偏置电压 U_0 的结电容如图 8.4.1(b) 所示,由式(8.4.1),得

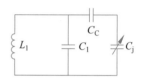

图 8.4.3　图 8.4.2 振荡回路的等效电路

$$C_j = \frac{C_{j0}}{\left(1 + \dfrac{U_0}{V_D}\right)^\gamma} \tag{8.4.4}$$

振荡回路总电容为

$$C = C_1 + \frac{C_C C_0}{C_C + C_0} = C_1 + \frac{C_C}{1 + \dfrac{C_C}{C_0}} \tag{8.4.5}$$

当调制信号为单音频简谐信号时,即 $u_\Omega(t) = U_\Omega \cos(\Omega t)$,变容二极管结电容随时间发生变化,如图 8.4.1(c) 所示。由式(8.4.1)得这时的结电容为

$$C_j = \frac{C_{j0}}{\left[1 + \dfrac{U_0 + U_\Omega \cos(\Omega t)}{V_D}\right]^\gamma} = \frac{C_{j0}}{\left(\dfrac{V_D + U_0}{V_D}\right)^\gamma \left[1 + \dfrac{U_\Omega \cos(\Omega t)}{V_D + U_0}\right]^\gamma} \tag{8.4.6}$$

将式(8.4.4)代入式(8.4.6),并令

$$m = \frac{U_\Omega}{V_D + U_0} \tag{8.4.7}$$

m 称为调制深度。于是,式(8.4.6)可转换为

$$C_j = C_0 \left[1 + m\cos(\Omega t)\right]^{-\gamma} \tag{8.4.8}$$

$$C' = C_1 + \frac{C_C C_j}{C_C + C_j} = C_1 + \frac{C_C}{1 + \dfrac{C_C}{C_j}} = C_1 + \frac{C_C}{1 + \dfrac{C_C}{C_0}\left[1 + m\cos(\Omega t)\right]^\gamma} \tag{8.4.9}$$

由式(8.4.9)和式(8.4.5),可求出由调制信号所引起的振荡回路总电容变化量为

$$\Delta C(t) = C' - C = \frac{C_C}{1 + \dfrac{C_C}{C_0}[1 + m\cos(\Omega t)]^\gamma} - \frac{C_C}{1 + \dfrac{C_C}{C_0}} \tag{8.4.10}$$

上式 $\Delta C(t)$ 中与时间有关的部分是 $[1 + m\cos(\Omega t)]^\gamma$。将其在 $m\cos(\Omega t) = 0$ 附近展开成泰勒级数,得到

$$[1 + m\cos(\Omega t)]^\gamma = 1 + \gamma m\cos(\Omega t) + \frac{1}{2}\gamma(\gamma - 1)m^2\cos^2(\Omega t) +$$

$$\frac{1}{6}\gamma(\gamma - 1)(\gamma - 2)m^3\cos^3(\Omega t) + \cdots$$

由于通常 $m < 1$,所以上列级数是收敛的。m 越小,级数收敛越快。可用少数几项例如前 4 项来近似表示函数 $[1 + m\cos(\Omega t)]^\gamma$。将三角恒等式

$$\cos^2(\Omega t) = \frac{1}{2}[1 + \cos(2\Omega t)]$$

$$\cos^3(\Omega t) = \frac{3\cos(\Omega t)}{4} + \frac{1}{4}\cos(3\Omega t)$$

代入近似式,整理后,得

$$[1 + m\cos(\Omega t)]^\gamma = 1 + \frac{1}{4}\gamma(\gamma - 1)m^2 + \frac{1}{8}\gamma m[8 + (\gamma - 1)(\gamma - 2)m^2]\cos(\Omega t) +$$

$$\frac{1}{4}\gamma(\gamma - 1)m^2\cos(2\Omega t) + \frac{1}{24}\gamma(\gamma - 1)(\gamma - 2)m^2\cos(3\Omega t) \tag{8.4.11}$$

$$\begin{cases} A_0 = \dfrac{1}{4}\gamma(\gamma - 1)m^2 \\[2mm] A_1 = \dfrac{1}{8}\gamma m[8 + (\gamma - 1)(\gamma - 2)m^2] \\[2mm] A_2 = \dfrac{1}{4}\gamma(\gamma - 1)m^2 \\[2mm] A_3 = \dfrac{1}{24}\gamma(\gamma - 1)(\gamma - 2)m^3 \end{cases} \tag{8.4.12}$$

并令

$$\Phi(m, \gamma) = A_0 + A_1\cos(\Omega t) + A_2\cos(2\Omega t) + A_3\cos(3\Omega t) \tag{8.4.13}$$

则式(8.4.12)可写成

$$[1 + m\cos(\Omega t)]^\gamma = 1 + \Phi(m, \gamma) \tag{8.4.14}$$

函数 $\Phi(m, \gamma)$ 的各项系数与 m 及 γ 有关。

将式(8.4.14)代入式(8.4.10),得

$$\Delta C(t) = \frac{C_C}{1 + \dfrac{C_C}{C_0}[1 + \Phi(m, \gamma)]} - \frac{C_C}{1 + \dfrac{C_C}{C_0}} = \frac{-\dfrac{C_C^2}{C_0}\Phi(m, \gamma)}{\left[1 + \dfrac{C_C}{C_0} + \dfrac{C_C}{C_0}\Phi(m, \gamma)\right]\left(1 + \dfrac{C_C}{C_0}\right)}$$

$$\tag{8.4.15}$$

通常下列条件是成立的:

$$\frac{C_C}{C_0}\Phi(m,\gamma) \ll 1 + \frac{C_C}{C_0}$$

式(8.4.15)可近似写成

$$\Delta C(t) = \frac{-\dfrac{C_C^2}{C_0}}{\left(1+\dfrac{C_C}{C_0}\right)^2}\Phi(m,\gamma) \tag{8.4.16}$$

式(8.4.16)说明了振荡回路电容的变化量 $\Delta C(t)$ 与调制信号之间的近似关系。表 8.4.1 列出了一些典型数据。

表 8.4.1 函数 $\Phi(m,\gamma)$ 各项系数值

系　　数	一　般　形　式	$\gamma=\dfrac{1}{2}$	$\gamma=\dfrac{1}{3}$
A_0	$\dfrac{1}{4}\gamma(\gamma-1)m^2$	$-\dfrac{1}{16}m^2$	$-\dfrac{1}{18}m^2$
A_1	$\dfrac{1}{8}\gamma m\left[8+(\gamma-1)(\gamma-2)m^2\right]$	$\dfrac{1}{16}m\left(8+\dfrac{3}{4}m^2\right)$	$\dfrac{1}{24}m\left(8+\dfrac{10}{9}m^2\right)$
A_2	$\dfrac{1}{4}\gamma(\gamma-1)m^2$	$-\dfrac{1}{16}m^2$	$-\dfrac{1}{18}m^2$
A_3	$\dfrac{1}{24}\gamma(\gamma-1)(\gamma-2)m^3$	$\dfrac{1}{64}m^3$	$\dfrac{5}{324}m^3$

系　　数	$m=0.5$		$m=1$	
	$\gamma=\dfrac{1}{2}$	$\gamma=\dfrac{1}{3}$	$\gamma=\dfrac{1}{2}$	$\gamma=\dfrac{1}{3}$
A_0	-0.0156	-0.01385	-0.0625	-0.056
A_1	0.2562	0.1745	0.547	0.38
A_2	-0.0156	-0.01385	-0.0625	-0.056
A_3	0.002	0.00193	0.0156	0.0154

2) $\Delta C(t)$ 引起振荡频率的变化

当回路电容有微量变化 ΔC 时,振荡频率产生 Δf 的变化,其关系如下:

$$\frac{\Delta f}{f_0} \approx -\frac{1}{2}\frac{\Delta C}{C} \tag{8.4.17}$$

式中, f_0 是未调制时的载波频率; C 是调制信号为零时的回路总电容。由于 $\dfrac{\Delta C}{C}$ 很小,所以 $\dfrac{\Delta f}{f_0}$ 亦很小,属于小频偏调频的情况。调频时, ΔC 随调制信号变化,因而 Δf 随时间变化,以 $\Delta f(t)$ 表示。将式(8.4.17)代入式(8.4.16)得

$$\frac{\Delta f(t)}{f_0} = \left(\frac{C_C}{C_C+C_0}\right)^2\frac{C_0}{2C}\Phi(m,\gamma) \tag{8.4.18}$$

令

$$\begin{cases} p = \dfrac{C_C}{C_C + C_0} \\[3mm] K = p^2 \dfrac{C_0}{2C} \end{cases} \tag{8.4.19}$$

式中，p 是变容二极管与振荡回路之间的接入系数，K 代表振荡回路之间的耦合强度。将式(8.4.13)和式(8.4.19)代入式(8.4.18)，得

$$\Delta f(t) = K f_0 [A_0 + A_1 \cos(\Omega t) + A_2 \cos(2\Omega t) + A_3 \cos(3\Omega t)] \tag{8.4.20}$$

上式说明，瞬时频率的变化中含有：

(1) 与调制信号呈线性关系的成分，其最大频移为

$$\Delta f_1 = K A_1 f_0 = \frac{1}{8} \gamma m [8 + (\gamma - 1)(\gamma - 2) m^2] K f_0 \tag{8.4.21}$$

(2) 与调制信号的二次、三次谐波呈线性关系的成分，其最大频移分别为

$$\Delta f_2 = K A_2 f_0 = \frac{1}{4} \gamma(\gamma - 1) m^2 K f_0 \tag{8.4.22}$$

$$\Delta f_3 = K A_3 f_0 = \frac{1}{24} \gamma(\gamma - 1)(\gamma - 2) m^3 K f_0 \tag{8.4.23}$$

(3) 中心频率相对于未调制时的载波频率产生的频移为

$$\Delta f_0 = K A_0 f_0 = \frac{1}{4} \gamma(\gamma - 1) m^2 K f_0 \tag{8.4.24}$$

Δf_1 是调频时所需要的频偏。Δf_0 是引起中心频率不稳定的一种因素。Δf_2 和 Δf_3 是频率调制的非线性失真。二次非线性失真系数为

$$k_2 = \frac{|\Delta f_2|}{|\Delta f_1|} = \left| \frac{A_2}{A_1} \right| = \left| \frac{2m(\gamma - 1)}{8 + (\gamma - 1)(\gamma - 2) m^2} \right| \tag{8.4.25}$$

二次非线性失真系数为

$$k_3 = \frac{|\Delta f_3|}{|\Delta f_1|} = \left| \frac{A_3}{A_1} \right| = \left| \frac{\frac{1}{3}(\gamma - 1)(\gamma - 2) m^2}{8 + (\gamma - 1)(\gamma - 2) m^2} \right| \tag{8.4.26}$$

总的非线性失真系数为

$$k = \sqrt{k_2^2 + k_3^2} \tag{8.4.27}$$

为了使调制线性良好，应尽可能减小 Δf_2 和 Δf_3 影响，即减小 k_2 和 k_3。为了使中心频率稳定度尽量少受变容二极管的影响，就应尽可能减小 Δf_0。如果选取较小的值，即调制信号振幅 U_Ω 较小，或者说变容二极管应用于 C_j-u_R 曲线比较窄的范围内，则非线性失真以及中心频率偏移均很小。但是，有用频偏 Δf_1 也同时减小。为了兼顾频偏 Δf_1 和非线性失真的要求，一般取 $m \approx 0.5$。

3) Δf 与调制信号 $u_\Omega(t)$ 成正比

若选取 $\gamma = 1$，则二次、三次非线性失真系数以及中心频率偏移均为零。当 $\gamma = 1$ 时，由式(8.4.10)可得出 $\Delta C(t)$ 与 $u_\Omega(t)$ 之间的关系

$$\Delta C(t) = \frac{C_C}{1 + \dfrac{C_C}{C_0} + \dfrac{C_C}{C_0} m \cos(\Omega t)} - \frac{C_C}{1 + \dfrac{C_C}{C_0}} \tag{8.4.28}$$

当 $\dfrac{C_{C}}{C_{0}}m\cos(\Omega t)\ll 1+\dfrac{C_{C}}{C_{0}}$ 时，上式近似为

$$\Delta C(t)=\frac{-\dfrac{C_{C}^{2}}{C_{0}}}{\left(1+\dfrac{C_{C}}{C_{0}}\right)^{2}}m\cos(\Omega t) \tag{8.4.29}$$

式 (8.4.29) 说明 $\Delta C(t)$ 与调制信号恰成正比。如果 $\Delta C(t)$ 很小，由式 (8.4.17) 可知，Δf 与 ΔC 成正比，最后必然得出 **Δf 与调制信号 $u_{\Omega}(t)$ 成正比**。

以上讨论的是 ΔC 相对于回路总电容 C 很小即频偏很小的情况。如果 ΔC 比较大，式 (8.4.17) 不再成立。只有当 $\gamma=2$ 时，才可能真正实现没有非线性失真的调频。在小频偏情况下，选择 $\gamma=1$ 的变容二极管可近似地实现线性调频；而在大频偏情况下，必须选择 γ 接近 2 的超突变结点容二极管，才能使调制具有良好的线性特性。

下面从振荡频率角度分析调频性能。由于 $C_{j}\gg\dfrac{C_{C}C_{1}}{C_{C}+C_{1}}$，则总电容 $C_{\Sigma}\approx C_{j}$。这样振荡频率只取决于 L 和 C_{j}。振荡频率为

$$\omega(t)=\frac{1}{\sqrt{LC_{j}}}=\frac{1}{\sqrt{LC_{j0}\left[1+m\cos(\Omega t)\right]^{-\gamma}}}=\omega_{0}\left[1+m\cos(\Omega t)\right]^{\frac{\gamma}{2}} \tag{8.4.30}$$

式中，$\omega=\dfrac{1}{\sqrt{LC_{j0}}}$ 为未加调制信号 ($u_{\Omega}(t)=0$) 时的振荡频率，它就是调频振荡器的中心频率 (载频)。调制后的变容二极管调频振荡频率包含两种情况。

(1) 当 $\gamma=2$ 时，振荡频率为

$$\omega(t)=\omega_{0}\left[1+m\cos(\Omega t)\right]=\omega_{0}+k_{f}\cos(\Omega t) \tag{8.4.31}$$

由 $m=\dfrac{U_{\Omega}}{V_{D}+U_{0}}$，故 $k_{f}=m\omega_{0}=\dfrac{\omega_{0}U_{\Omega}}{V_{D}+U_{0}}$。此时电路中振荡频率 $\omega(t)$ 在中心频率 ω_{0} 的基础上，随调制信号 $u_{\Omega}(t)$ 成正比，可获得线性调频。

(2) 当 $\gamma\neq 2$ 时，振荡频率为

$$\omega(t)=\omega_{0}\left[1+m\cos(\Omega t)\right]^{\frac{\gamma}{2}}=\omega_{0}\left[1+\frac{\gamma}{2}m\cos(\Omega t)+\frac{\gamma}{2!}\frac{\gamma}{2}\left(\frac{\gamma}{2}-1\right)m^{2}\cos^{2}(\Omega t)+\cdots\right] \tag{8.4.32}$$

忽略高次项，$\omega(t)$ 可近似表示为

$$\omega(t)=\omega_{0}\left[1+\frac{\gamma}{8}\left(\frac{\gamma}{2}-1\right)m^{2}\omega_{0}\right]+\frac{\gamma}{2}m\omega_{0}\cos(\Omega t)+\frac{\gamma}{8}\left(\frac{\gamma}{2}-1\right)m^{2}\omega_{0}\cos(2\Omega t)+\cdots$$
$$=(\omega_{0}+\Delta\omega_{0})+\Delta\omega_{m}\cos(\Omega t)+\Delta\omega_{2m}\cos(2\Omega t) \tag{8.4.33}$$

式中，$\Delta\omega_{0}=\dfrac{\gamma}{8}\left(\dfrac{\gamma}{2}-1\right)m^{2}\omega_{0}$，$\Delta\omega_{m}=\dfrac{\gamma}{2}m\omega_{0}$，$\Delta\omega_{2m}=\dfrac{\gamma}{8}\left(\dfrac{\gamma}{2}-1\right)m^{2}\omega_{0}$。

由式 (8.4.33) 可得出以下结论：

① 由于曲线 $C_{j}\sim u_{R}$ 的非线性，因此在调制信号的一个周期内，结电容的变化是不对称的，这使结电容的平均值比静态电容 C_{j0} 要大，且随 U_{Ω} 的大小而变化。从而使调频波的中心频率发生了偏移。偏移值 $\Delta\omega_{0}=\dfrac{\gamma}{8}\left(\dfrac{\gamma}{2}-1\right)m^{2}\omega_{0}$，与 γ、m 有关，γ、m 越大，

$\Delta\omega_0$ 越大。

② 调频器的最大频偏 $\Delta\omega_{\mathrm{m}} = \dfrac{\gamma}{2}m\omega_0$。显然选择 γ 大的变容二极管,提高调制深度和载波频率 ω_0,都会使调制信号的最大角频偏 $\Delta\omega_{\mathrm{m}}$ 增大。

③ $C_{\mathrm{j}} \sim u_{\mathrm{R}}$ 非线性作用使得 Ω 的谐波分量(2Ω)引起附加频偏 $\Delta\omega_{2\mathrm{m}}$,$C_{\mathrm{j}}$ 的非线性使频偏中增加了 2Ω、3Ω 等各次谐波分量引起的附加频偏。这样会导致调频接收机解调后的输出信号除了有用信号 Ω 分量外,还包含有其他谐波分量,造成调频接收机的非线性失真。实际中应尽量减小调频信号产生过程中 C_{j} 的非线性失真。

④ 为了衡量调频器中调制信号电压对角频偏的控制作用,可定义调制灵敏度 S_{f},即指单位调制信号电压振幅产生的最大角频偏值。其大小为

$$S_{\mathrm{f}} = \frac{\text{最大角频偏}}{\text{调制信号振幅}} = \frac{\Delta\omega_{\mathrm{m}}}{U_{\Omega}} = \frac{\gamma m\omega_0}{2U_{\Omega}} = \frac{\gamma\omega_0 U_{\Omega}}{2U_{\Omega}(V_{\mathrm{D}} + U_0)} = \frac{\gamma\omega_0}{2(V_{\mathrm{D}} + U_0)} \qquad (8.4.34)$$

因此,选择大的结电容指数、减小工作点反向偏置电压 U_0 的绝对值、提高载波频率 ω_0,都可以提高调频器的调制灵敏度。

在以变容二极管 C_{j} 构成的回路总电容的调频器中,变容二极管的静态电容 C_{j0} 直接决定了调频波的中心频率。因为 C_{j0} 是随着温度、电源电压和外在环境而改变的,C_{j} 的非线性变化导致调频波中心频率发生偏移。在要求中心频率比较高的场合,则需采用自动频率微调电路等稳频措施。

例 8.4.1　已知振荡器指标:频率 $f_0 = 50\mathrm{MHz}$,振幅为 5V,回路总电容 $C = 20\mathrm{pF}$,选用变容二极管 2CC1C,它的静态直流工作电压 $U_0 = 4\mathrm{V}$,静态点的电容 $C_0 = 70\mathrm{pF}$。设接入系数 $p = 0.2$,$\Delta f_1 = 75\mathrm{kHz}$,调制灵敏度 $U_{\Omega} \leqslant 500\mathrm{mV}$。试计算中心频率偏移和非线性失真。

解答:由式(8.4.19)可求出

$$K = p^2 \frac{C_0}{2C} = 0.2^2 \times \frac{70}{2 \times 20} = 0.07$$

由式(8.4.21)求出

$$A_1 = \frac{\Delta f_1}{K f_0} = \frac{75 \times 10^3}{0.07 \times 50 \times 10^6} = 0.02$$

2CC1C 为突变结变容二极管,$\gamma = 1/2$,查表 8.4.1 得到 A_1 为

$$A_1 = \frac{1}{16}m\left(8 + \frac{3}{4}m^2\right)$$

因为 $\dfrac{3}{4}m^2 \ll 8$,所以 $m \approx 2A_1 = 2 \times 0.02 = 0.04$。

由表 8.4.1 得到

$$A_0 = -\frac{1}{16}m^2 = -\frac{1}{16} \times 0.04^2 = -10^{-4}$$

$$A_2 = -\frac{1}{16}m^2 = -10^{-4}$$

$$A_3 = \frac{1}{64}m^3 = 10^{-6}$$

由式(8.4.21)~式(8.4.25)得到

$$\Delta f_2 = KA_2 f_0 = -0.07 \times 10^{-4} \times 50 \times 10^6 = -350(\text{Hz})$$

$$\Delta f_3 = KA_3 f_0 = 0.07 \times 10^{-6} \times 50 \times 10^6 = 3.5(\text{Hz})$$

中心频率偏移 $\Delta f_0 = KA_0 f_0 = -0.07 \times 10^{-4} \times 50 \times 10^6 = 350(\text{Hz})$

根据式(8.4.25)~式(8.4.27),可求出调频波的非线性失真系数

$$k_2 = \frac{|\Delta f_2|}{|\Delta f_1|} = \frac{350}{75 \times 10^3} = 0.005$$

$$k_3 = \frac{|\Delta f_3|}{|\Delta f_1|} = \frac{3.5}{75 \times 10^3} = 4.67 \times 10^{-5}$$

$$k = \sqrt{k_2^2 + k_3^2} \approx k_2 = 0.5\%$$

计算所需调制电压幅度,根据式 $U_\Omega = m(V_D + U_0)$,通常二极管势垒电势 V_D 比 U_0 小很多,可以忽略,所以 $U_\Omega \approx mU_0 = 0.04 \times 4 = 0.16\text{V} < U_\Omega = 0.5\text{V}$,因而能满足调制灵敏度高的要求。

例 8.4.2　如图 8.4.4 所示,调频振荡回路由电感 L 和变容二极管 C_j 组成。$L = 1\mu\text{H}$;变容二极管的参数为:$C_{j0} = 221\text{pF}$,$V_D = 0.7\text{V}$,$\gamma = 0.5$;$U_0 = -7\text{V}$,调制 $u_\Omega(t) = 2\sin(10^4 t)$ 输出FM波,求:

图 8.4.4　调频振荡回路

(1) 载波 f_c;

(2) 由调制信号引起的载波漂移 Δf_c;

(3) 最大频偏 Δf_m;

(4) 制灵敏度 k_f(调频系数)

(5) 二阶失真系数 k_{f2}。

解:

(1) 载波 f_c。

当 $u_\Omega(t) = 0$,$C_j = C_{j0} = 221\text{pF}$,$V_D = 0.7\text{V}$,$\gamma = 0.5$;$V_0 = -7\text{V}$ 时,

$$C_j = \frac{C_{j0}}{\left(1 + \dfrac{U_0}{V_D}\right)^\gamma} = \frac{221}{\left(1 + \dfrac{7}{0.7}\right)^{0.5}} = 67.0(\text{pF})$$

$$\omega_c = \frac{1}{\sqrt{LC_j}} = \frac{1}{\sqrt{1 \times 10^{-6} \times 67.0 \times 10^{-12}}} = 12.2 \times 10^7(\text{rad/s})$$

$$f_c = \frac{\omega_c}{2\pi} \approx 19.4\text{MHz}$$

(2) 由调制信号引起的载波漂移 Δf_c。

$$\omega(t) = \omega_c[1 + m\cos(\Omega t)]^{\frac{\gamma}{2}} \approx \omega_c + \Delta\omega_c + \Delta\omega_m\cos(\Omega t) + \Delta\omega_{2m}\cos(2\Omega t)$$

$$m = \frac{2}{7 + 0.7} \approx 0.26$$

$$\Delta\omega_c = \frac{1}{8}\gamma\left(\frac{\gamma}{2} - 1\right)m^2 \cdot \omega_c = \frac{1}{8} \times \frac{1}{2} \times \left(\frac{1}{4} - 1\right) \times \left(\frac{2}{0.7 + 7}\right)^2 \times 122 \times 10^6$$

$$= -0.4 \times 10^6 (\text{rad/s})$$

$$\Delta f_c = \frac{\Delta \omega_c}{2\pi} = -6.40 \times 10^4 \, \text{Hz}$$

（3）最大频偏 Δf_m。

$$\Delta \omega_m = \frac{\gamma m \omega_c}{2} = \frac{1}{2} \times 0.26 \times \frac{1}{2} \times 12.2 \times 10^7 \approx 7.9 \times 10^6 (\text{rad/s})$$

$$\Delta f_m = \frac{\Delta \omega_m}{2\pi} = 1.26 \times 10^6 \, \text{Hz}$$

（4）调制灵敏度 k_f。

$$k_f = \frac{\Delta f_m}{U_{\Omega m}} = \frac{1.26 \times 10^6}{2} = 6.30 \times 10^4 \, (\text{Hz/V})$$

（5）二阶失真系数 k_{f2}。

$$\Delta \omega_{2m} = \Delta \omega_c = \frac{1}{8} \gamma \left(\frac{\gamma}{2} - 1 \right) m^2 \cdot \omega_c = -0.4 \times 10^6 (\text{rad/s})$$

$$k_{f2} = \frac{\Delta \omega_{2m}}{\Delta \omega_m} = \left| \frac{m}{4} \left(\frac{\gamma}{2} - 1 \right) \right| \approx 0.05$$

8.4.4 双变容二极管直接调频电路

我们可以把变容二极管特性与之前学过的振荡器电路（如电容反馈式三点振荡器）结合起来。图 8.4.5 是一个变容二极管的实用电路。它的基本电路是电容反馈式三点振荡器，晶体管 T 集电极和基极之间的振荡回路由 3 个支路并联组成，它们分别是 C_1 和 C_2 的串联支路；电感 L_1，C_3；反向串接的两个变容二极管 C_{j1} 和 C_{j2}。电路满足电容反馈式三点振荡电路的组成原则。振荡电路的高频等效电路如图 8.4.5(b) 所示。

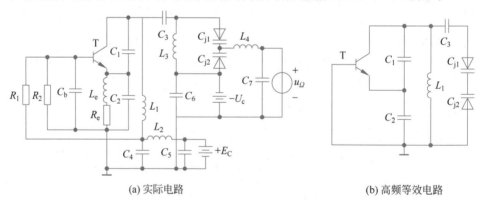

(a) 实际电路　　　　　　　　　　　　(b) 高频等效电路

图 8.4.5　变容二极管调频电路

在图 8.4.5(a) 中，直流偏置电压 $-U_C$ 同时加在两个反向串接的变容二极管 C_{j1} 和 C_{j2} 的正极，调制信号 $u_\Omega(t)$ 经扼流圈 L_4 加在两个变容二极管的负极上，这使得两个变容二极管都加有反向偏置电压 $u_d(t) = -U_c + u_\Omega(t)$。$C_{j1}$ 和 C_{j2} 将受控于调制信号电压 $u_\Omega(t)$。两管串联后的总电容 $C_j' = C_j/2$。C_j' 与 C_3 串联后接入振荡回路，所以，串联结电容 C_j' 对振荡回路是部分接入的。

（1）与单变容二极管直接接入相比，在要求最大频偏相同情况下，m 值可以降低，这

是由于 $C'_j = C_j/2$，使 C'_j 的接入系数 p 增大的结果。

（2）对高频信号而言，两管串联，加到两个变容二极管的高频电压降低一半，可减弱高频电压对结电容的影响。

（3）采用反向串联组态，这样在高频信号的任意半周期内，其中一个变容二极管的寄生电容增大，而另一个减小，使结电容的变化因不对称而相互抵消，从而削弱寄生调制。

在这个变容二极管调频器实用电路中，由于采用变容二极管 C'_j 的部分接入振荡回路的方式，使得 C'_j 对回路总电容的控制能力比全接入减弱了。显然，随着 C'_j 接入系数的减小，调频器的最大角频偏 $\Delta\omega_m$、调制灵敏度 m_f 都将相应地减小。由于 C'_j 的部分接入，使 C_{jQ} 随温度及电源电压变化的影响和 C'_j 的非线性导致的 $\Delta\omega_0$ 偏移都减小了，这有利于减小调频波中心频率的不稳定度。此外，C'_j 的部分接入，还有利于减小因高频电压加于变容二极管两端而造成的寄生振幅。因为变容二极管两端实际上加的有效电压为

$$u_d(t) = -U_c + u_\Omega(t) + 高频振荡电压$$

由于 C_j 的非线性特性，在高频电压一个周期内的结电容变化不对称，因此会造成整个周期内结电容平均值随着 $u_\Omega(t)$ 振幅和高频振幅而变化，从而造成寄生调制。C'_j 的部分接入方式有利于减弱寄生振幅的影响。C'_j 部分接入时调频特性分析方法与全接入时的分析方法基本相同。此处不再赘述。

8.4.5　晶体振荡器直接调频电路

直接调频的主要优点是可以获得较大的频偏，但是这种调节方式中心频率的稳定性（主要是长期稳定性）较差。很多情况下，对电路中心频率的稳定度提出比较严格的要求。石英晶体频率稳定度相对较高，可以采用变容二极管与石英晶体串联或者并联的方式，如图 8.4.6 所示。

但是无论哪一种方式，都会引起变容二极管的结电容发生变化，这样也会影响到回路振荡频率。变容二极管与晶体并联连接方式有一个较大的缺点，就是变容管参数的不稳定性直接严重地影响调频信号中心频率的稳定度。因而用得比较广泛的还是变容二极管与石英晶体相串联的方式。加大频偏的方法是：增加电感 L，扩展感性区串联和并联谐振频率差 $|f_s - f_p|$，以加大频偏 Δf；通过倍频加大 Δf。

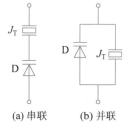

(a) 串联　　(b) 并联

图 8.4.6　变容二极管与晶体的两种连接方式

图 8.4.7(a) 是皮尔斯(Pierce)晶体振荡电路进行频率调制的典型电路，图 8.4.7(b) 是它的高频等效电路。其中 C_1、C_2 与石英晶体、变容二极管组成皮尔斯振荡电路；L_1、L_2 和 L_3 为高频扼流圈；R_1、R_2 和 R_3 是振荡管的偏置电路，C_3 对调制信号短路，当调制信号使变容二极管的结电容变化时，晶体振荡器的振荡频率就受到限制。

图 8.4.8 所示是 100MHz 晶体振荡器的变容二极管直接调频电路，组成无线话筒中的发射机。右边虚线框中 T_2 管构成皮尔斯晶体振荡电路，并由变容二极管直接调频。T_2 管集电极上的谐振回路调谐在晶体振荡频率的三次谐波上，完成三倍频功能。左边虚线框中 T_1 管为音频放大器，将话筒提供的语音信号放大后，经 $2.2\mu H$ 的高频扼流圈加到变容二极管上。同时 T_1 的电源电压也通过 $2.2\mu H$ 的高频扼流圈加到变容管上，作

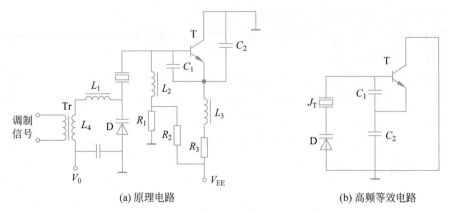

(a) 原理电路   (b) 高频等效电路

图 8.4.7　晶体振荡器直接调频电路

为变容二极管的偏置电压。

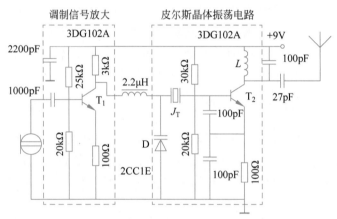

图 8.4.8　晶体振荡电路与变容二极管直接调频电路

8.5　间接调频方法——通过调相实现调频

8.5.1　间接调频的基本原理

上面提到为了提高直接调频时中心频率的稳定度,必须采取一些措施,比如采用自动频率控制电路和锁相环路稳频。间接调频是借助调相实现调频的。这种调制方式能够得到很高的频率稳定度主要由于 3 个原因:一是采用**高稳定的晶体振荡器**作为主振级;二是调制不在主振器中进行,而是在其后的某一级放大器中进行;三是将调制信号积分后对载波再进行调相。

图 8.5.1 为间接调频原理框图。它主要包含以下 3 个步骤:

(1) 对调制信号 $u_\Omega(t)$ 积分,产生 $\int u_\Omega(t)\mathrm{d}t$;

(2) 用 $\int u_\Omega(t)\mathrm{d}t$ 对载波调相,产生相对而言的窄带调频波 $u_{\mathrm{FM}}(t)$;

(3) 窄带调频波经多级倍频器和混频器后,产生中心频率范围和调频频偏都符合要求的宽带调频波输出。

要使间接调频实现线性调频,必须以线性调相为基础。实现线性调相时,要求最大瞬时相位偏移小于 30°,其线性调相范围有限,所以调频波的频偏范围也比较小,这是间接调频的主要缺点。

但鉴于间接调频方法能得到频率稳定度高的调频波,调相不仅是间接调频的基础,而且在现代无线电通信的遥测系统中得到了广泛应用,所以本节重点介绍各种调相方法。

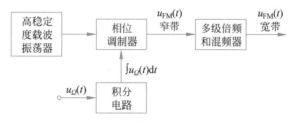

图 8.5.1 间接调频原理方框图

8.5.2 调相方法

调相的方法通常有 3 类:第一类是用调制信号控制谐振回路或移相网络的电抗或电阻元件以实现调相;第二类是矢量合成法调相;第三类是脉冲调相。本章主要讨论第一类调相方法。

1. LC 或 RC 等移相网络实现调相

1) 利用谐振回路调相

图 8.5.2 是使用可控相移网络实现的调相。晶体振荡器发出高频简谐波 $U_m\cos(\omega_c t)$,将调制信号输入可控相移网络,使原来载波信号发生一定的相移,载波信号相位变化是调制信号的函数,即 $\Delta\varphi(t)=f(u_\Omega)$。如果适当调整控制关系,使得两者之间满足线性关

图 8.5.2 可控相移网络间接调频原理方框图

系,那么

$$\Delta\varphi(t)=k_p u_\Omega=k_p U'_{\Omega m}\cos(\Omega t)=m_p\cos(\Omega t) \qquad (8.5.1)$$

得到输出电压

$$u_o=U_m\cos[\omega_c t+\Delta\varphi_m\cos(\Omega t)]=U_m\cos[\omega_c t+m_p\cos(\Omega t)] \qquad (8.5.2)$$

选取利用变容二极管来控制选频回路的谐振频率 ω_0 发生变化,使输入振荡信号经失谐回路后产生相移。

图 8.5.3 为单击 LC 谐振回路与变容二极管组合而成的调相回路的高频等效电路,设前级提供振荡信号 ω_c,输入信号电流为 $i_s(t)=I_{sm}\cos(\omega_c t)$,谐

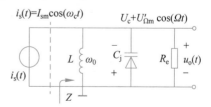

图 8.5.3 调相回路高频等效电路

振回路的输入阻抗为

$$Z(j\omega_c) = \frac{R_e}{1 + jQ_L\dfrac{2(\omega_c - \omega_0)}{\omega_0}} = |Z(\omega_c)e^{j\varphi_Z(\omega_c)}| \tag{8.5.3}$$

$$\varphi_Z(\omega_c) = -\arctan\left(Q_L\frac{2(\omega_c - \omega_0)}{\omega_0}\right) \tag{8.5.4}$$

其中, $Q_L = \dfrac{R_e}{\omega_0 L} \approx \dfrac{R_e}{\omega_c L}$, $\omega_c = \dfrac{1}{\sqrt{LC_{j0}}}$ 。

设振荡回路调谐角频率为 ω_0 ,当变容二极管 $C_j = C_{j0}$ 时,调谐在信号角频率 ω_c 。在调制信号 $u_\Omega(t)$ 的作用下,回路谐振频率的表达式为

$$\omega(t) = \omega_0[1 + m\cos(\Omega t)]^{\frac{\gamma}{2}} \approx \omega_0\left[1 + \frac{\gamma}{2}m\cos(\Omega t)\right] \tag{8.5.5}$$

所以,回路的频率偏移为

$$\Delta\omega(t) = \omega(t) - \omega_0 = \frac{\gamma}{2}\omega_0 m\cos(\Omega t) \tag{8.5.6}$$

由式(8.5.4)得到

$$\Delta\varphi_Z(\omega_c) = -\arctan\left(Q_L\frac{2(\omega(t) - \omega_0)}{\omega_0}\right) = -\arctan[Q_L\gamma m\cos(\Omega t)] \tag{8.5.7}$$

图8.5.4(a)为电容管高频回路的阻抗振幅与频率特性曲线;图8.5.4(b)为阻抗相位与频率特性曲线。当 $\Delta\varphi < \dfrac{\pi}{6}$ 时,

$$\tan(\Delta\varphi) \approx (\Delta\varphi)$$
$$\Delta\varphi \approx -Q_L\gamma m\cos(\Omega t) = m_p\cos(\Omega t) \tag{8.5.8}$$

式中, $m_p = -Q_L\gamma m (m_p < \pi/6)$ 。所以,电容管组成的单级谐振回路在满足 $\Delta\varphi < \dfrac{\pi}{6}$ 时,回路输出电压的相移与输入调制电压 $u_\Omega(t)$ 成正比。

$$u_o(t) = U_m\cos[\omega_c t + \Delta\varphi_m\cos(\Omega t)] = I_{sm}|Z(\omega_c)|\cos[\omega_c t + m_p\cos(\Omega t)]$$
$$= U_{om}\cos[\omega_c t - Q_L\gamma m\cos(\Omega t)] \tag{8.5.9}$$

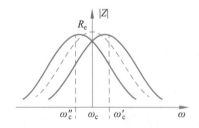

(a) 高频回路阻抗振幅与频率特性曲线

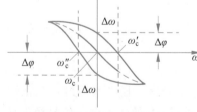

(b) 高频回路阻抗相位与频率特性曲线

图8.5.4　高频回路阻抗特性曲线

2) 利用变容二极管调相电路实现调相

图8.5.5是一个比较典型的变容二极管调相电路。晶体管 T 组成单 LC 回路调谐放大电路, L 、 C_C 和 C_j 组成并联谐振回路; C_1 、 C_2 和 C_3 为耦合电容; L_1 为高频扼流圈,

以防止高频载波 u_s 被调制信号源旁路；电源 V_{EE} 经 R_5 降压后为变容二极管提供静态偏置电压 V_0。放大的载波信号经 C_1 耦合输入 L、C_C 和 C_j 组成并联谐振回路。调制信号 u_Ω 经 RC 积分器先积分后输入 L、C_C 和 C_j 组成并联谐振回路。间接调频波经 C_4 耦合输出。如果单级相移不够，为增大 m_p，可采用多级单回路变容二极管调相电路级联。

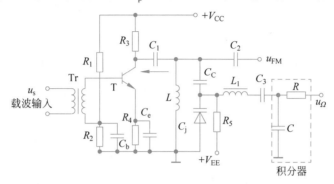

图 8.5.5　变容二极管调相电路

3) 利用移相网络调相

如图 8.5.6 所示是一个 RC 移相网络，载波电压经倒相器 T 在集电极上得到 V_i，在集电极上得到 $-V_i$，在发射机上得到 $\dot{V}_i$，于是加在移相网络 RC 上的电压为 $V_{AB} = -V_i - V_i = -2V_i$。

图 8.5.7 为矢量图。输出电压 V_0 是 V_R 与 V_i 的矢量和，V_i 它相对于 V_i 的相移为 $\pi + \varphi$。由矢量图可以求出

$$\varphi = 2\arctan\frac{V_c}{V_R} = 2\arctan\frac{1}{\omega_0 CR} \qquad (8.5.10)$$

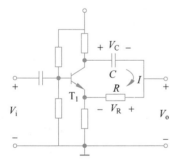

图 8.5.6　RC 移相网络

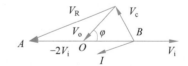

图 8.5.7　RC 移相网络矢量图

当 $\varphi \leqslant \dfrac{\pi}{6}$ 时，式(8.5.10)可近似为

$$\varphi \approx \frac{2}{\omega_0 CR} \qquad (8.5.10)$$

前面已经讨论变容二极管 PN 结电容 C_j 在一定范围内与反向偏置电压 v_R 呈线性关系。若将调制电压加于变容二极管，则图 8.5.6 可用变容二极管代替电容。因此，就有了变容二极管控制移相网络电抗以实现调相电路。图 8.5.7 为 RC 移相网络矢量图。

图 8.5.8 是阻容移相网络的实例。型号 3DG4T_1 为倒相器，型号 3DG4T_2 为射极跟

随器,所有 $0.015\mu F$ 的电容均起隔直流或高频旁路的作用。实现移相的方法还有很多,利用可控电抗或可控的电阻元件都能实现调相。

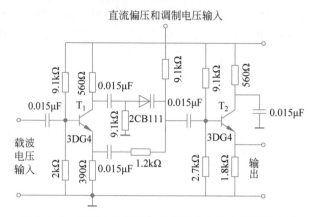

图 8.5.8　变容二极管改变移相网络电抗实现调相实例

2. 矢量合成调相法

将调相波的一般数学表达式 $a(t)=A_0\cos[\varphi(t)]=A_0\cos[\omega_0 t+k_p u_\Omega(t)]$ 展开,并以 A_p 代替 k_p,即得

$$a(t)=A_0\cos(\omega_0 t)\cos[A_p u_\Omega(t)]-A_0\sin(\omega_0 t)\sin[A_p u_\Omega(t)] \quad (8.5.12)$$

若最大相移很小,设 $|A_p u_\Omega(t)|_{\max}\leqslant\pi/6$,则上式可近似写为

$$a(t)\approx A_0\cos(\omega_0 t)-A_0 A_p u_\Omega(t)\sin(\omega_0 t) \quad (8.5.13)$$

调相波在调制指数小于 0.5rad 时,可以认为是两个信号叠加而成的:一个是载波振荡 $A_0\cos(\omega_0 t)$,另一个是载波被抑制的双边带调幅波 $-A_0 A_p u_\Omega(t)\sin(\omega_0 t)$,二者的相位差为 $\pi/2$。图 8.5.9 是它们的矢量图。矢量 A 代表 $A_0\cos(\omega_0 t)$,B 代表 $-A_0 A_p u_\Omega(t)\sin(\omega_0 t)$,$C$ 代表 $A+B$。A 与 B 互相垂直,B 的长度受到 $u_\Omega(t)$ 的调制,合成信号 A 与 B

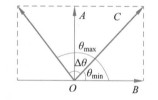

图 8.5.9　矢量合成调相法

之间的相角也受到调制信号 $u_\Omega(t)$ 的控制,即 C 代表一个调相调频波。在这个调制过程中,会产生寄生振幅,可以采用限幅技术控制寄生振幅。

根据以上分析,运用矢量合成实现调相方法的方框图如图 8.5.10 所示。结合我们之前学过的乘法器电路,可以用平衡调幅器代替乘法器,这样可进一步采用图 8.5.11 实现调相。

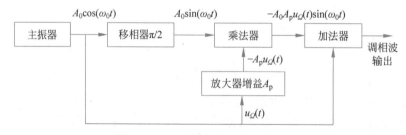

图 8.5.10　矢量合成调相法方框图

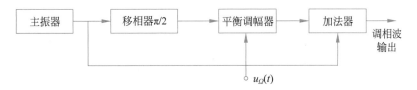

图 8.5.11 载波振荡与双边带调幅波叠加实现调相

3. 脉冲调相法

脉冲调相也称为脉冲调位,就是用调制信号控制脉冲出现的位置实现调相。图 8.5.12 代表脉冲调相的原理框图,图中的①、②、③、④、⑤和⑥代表图 8.5.13 相应各点的波形。其原理简述如下:由采样脉冲发生器产生稳定的采样脉冲③,在采样保持电路中对调制信号①进行采样,并将采样值②保持不变。在采样脉冲控制下,锯齿波发生器产生一系列锯齿波④。在每个采样脉冲到来时,锯齿波回到零电平。在阈值检测中,采样保持电压与锯齿波叠加,并与预先设置的门限值进行比较。当超过此阈值时,即产生一窄脉冲序列⑤,它的每一脉冲位置都受到调制信号的控制。脉冲序列经带通滤波器滤波后,即得到调相波⑥。脉冲调相有稳定的中心频率,而且能得到比较大的调制系数,已得到广泛应用与发展。

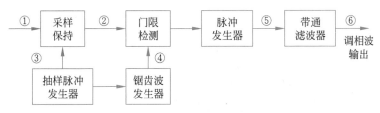

图 8.5.12 载波振荡与双边带调幅波叠加实现调相

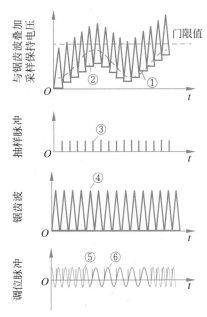

图 8.5.13 脉冲调相各部分的波形图

8.5.3　可变延时调频或调相

利用调制信号控制时延大小而实现调相。如图 8.5.14 所示,晶体振荡器所发出的载波信号为 $U_m \cos(\omega_0 t)$,调制信号 $u_\Omega(t)$ 控制可控延时网络,假设延时器件的延时是可控的,并且有

$$\tau = k_d u_\Omega(t) = k_d U'_{\Omega m} \cos(\Omega t) \tag{8.5.14}$$

其中,k_d 表示单位幅度信号所引起的延时时间。得到延时器件的输出信号

$$u_o(t) = U_m \cos[\omega_c(t - k_d u_\Omega(t))] = U_m \cos[\omega_c t - m_p \cos(\Omega t)] \tag{8.5.15}$$

$u_o(t)$ 为调相波,$m_p = \omega_c k_d U'_{\Omega m}$。进一步分析可知(这里不再证明,请参考相关资料),最大相移为

$$\Delta \varphi_m = m_p = 0.8\pi(2.5\text{rad} \text{ 或} 144°) \tag{8.5.16}$$

间接调频的最大频移 $\Delta f_m = m_p F_{min}$。

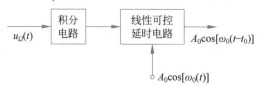

图 8.5.14　可变延时器件原理图

(1) 当采用单调谐回路变容二极管调相时,

$$\Delta \varphi_m = m_f < \frac{\pi}{6}$$

设 $F_{min} = 100\text{Hz}$,则

$$\Delta \varphi_m = m_f = \frac{\pi}{6} \doteq 0.52\text{rad}, \quad \Delta f_m = m_f \times F_{min} = \frac{\pi}{6} \times 100\text{Hz} = 52\text{Hz}$$

(2) 当采用脉冲调相时,

$$\Delta \varphi_m = m_f = 0.8\pi = 2.5\text{rad}, \quad \Delta f_m = m_f \times F_{min} = 2.5 \times 100\text{Hz} = 250\text{Hz}$$

间接调频法主要用于输出调频波的中心频率(载频)的稳定度很高的场合。用间接调频法生成窄带调频波时,除脉冲调相以外,其他调相法得到的最大频偏很小。例如,要求调制指数 $m \leqslant 0.5$ 才能保证一定的调制线性,如最低频率为 500Hz,则最大频移为 $\Delta f = m F_{min} = 0.5 \times 500\text{Hz} = 250\text{Hz}$,这在实际的应用是不够的。比如,调频广播所要求的最大频移是 75kHz。

8.5.4　扩大频移的方法

为克服最大频移过小的缺点,在实际应用中可通过倍频和混频相结合的方法实现。

(1) 多级倍频的方法获得符合要求的调频频移。利用倍频器可将调频信号的载波频率 f_0 和最大线性频移 Δf_m 同时增大 n 倍,即

$$\omega(t) = n[\omega_c + \Delta \omega_m \cos(\Omega t)] = n\omega_c + n\Delta \omega_m \cos(\Omega t) \tag{8.5.17}$$

调频电路的绝对频移和载波频率都扩展了,但是相对频移保持不变。

(2) 采用混频器变换频率可得到符合要求的调频波工作频率范围。通过混频器后,瞬时频率为

$$\omega(t) = (\omega_c \pm \omega_L) + \Delta\omega_m \cos(\Omega t) \tag{8.5.18}$$

混频器改变了相对频移,但绝对频移不变。

（3）倍频和混频结合使用。倍频器可以扩展调频波的绝对频移,混频器可以扩展调频波的相对频移。利用倍频器和混频器的上述特性,可以在载波频率上,通过倍频,把中心频率和绝对频率都提高,然后利用混频器降低中心频率,增大相对频移。

倍频也可以分散进行。图 8.5.15 为分散两次的例子。综上所述,间接调频电路一般比直接调频电路复杂。

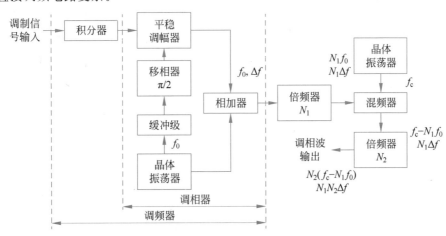

图 8.5.15　间接调频方框图

例 8.5.1　试画出间接调频广播发射机的组成框图。要求其载波频率为 900MHz,最大频移为 75kHz,调制信号频率范围为 100～1500Hz,采用一级单回路变容二极管调相电路。

解：采用单回路变容二极管调相电路时,在最低频率 100Hz 时,能产生的最大线性频移为 $\frac{\pi}{6} \times 100 = 52\text{Hz}$。为得到所要求的调频波,采用如图 8.5.16 所示方案。晶体振荡器频率为 300kHz。设单回路变容二极管调相电路产生的最大线性频移定为 50Hz,经多级总倍频次数为 100 倍频电路后,可得载频为 30MHz,最大线性频移为 5kHz 的调频波。再经 6MHz 本振信号与载波混频后将载波频率搬移到 36MHz,而其最大线性频移未变,又经总倍频次数为 25 倍的倍频器,就可获得调频波。最后经功率放大器发射到天线。

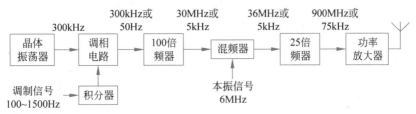

图 8.5.16　间接调频广播发射机组成方框图

8.6　调频波的解调原理及电路

在调频或调相信号中,调制信息寄存于已调波信号瞬时频率或瞬时相位的变化中,解调的基本原理就是把已调波信号瞬时频率或瞬时相位的变化不失真地转换成电压变化，即实现频率-电压转换或相位-电压转换，其相应的电路就称为频率解调器或相位解调器，简称鉴频器。

8.6.1　鉴频基本方法

调频波的解调可采用两种方法：一是利用锁相环路实现频率调制；二是将调频波进行特定的波形变化，使变换后的波形包含有反映调频波瞬时频率变化规律的某个参数（电压、电位或平均分量），再设法检测出这个参数，即可解调原始调制信号。根据波形变换特点的不同，又包含以下 4 种方法：

1. 振幅鉴频方法

将调频波通过频率-幅度线性变换网络，使变换后调频波的振幅能按瞬时频率的规律变化，即将调频波变换成调频-调幅波，再通过包络检波器检测出反映幅度变化的解调电压。这种鉴频器称为斜率鉴频器，或称振幅鉴频器，其电路实现方框图和波形变换过程分别如图 8.6.1 和图 8.6.2 所示。

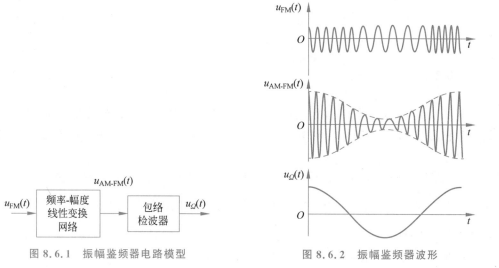

图 8.6.1　振幅鉴频器电路模型　　　　图 8.6.2　振幅鉴频器波形

2. 相位鉴频法

将调频波通过频率-相位线性变换网络，使变换后调频波的相位能按瞬时频率的规律变化，即将调频波变换成调频-调相波，再通过相位检波器检测出反映相位变化的解调电压。这种鉴频器称为相位鉴频器，它的电路如图 8.6.3 所示。

3. 移相乘积鉴频器

这种鉴频器在集成电路调频机中用得比较多。它是将输入调频信号经移相网络后生成与调频信号电压相正交的参考信号电压，它与输入的调频信号电压同时加入乘法器，乘法器输入再经低通滤波器滤波后，便可还原出原调制信号。它的电路模型如图 8.6.4 所示。

4. 脉冲计数式鉴频器

先将调频波通过合适特性的非线性变换网络，使它变换为调频脉冲序列。由于该脉冲

图 8.6.3 相位鉴频器电路模型

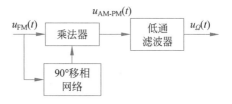

图 8.6.4 相位鉴频器电路模型

序列反映平均分量变化的解调电压,可将调频脉冲序列通过脉冲计数器,直接得到反映瞬时频率变化的解调电压,这种鉴频器称为脉冲计数式频率器。其电路模型如图 8.6.5 所示。

图 8.6.5 脉冲计数式鉴频器电路

8.6.2 限幅器

限幅器电路是限制输入信号振幅变化,在鉴频前剔除噪声和干扰信号,使输出信号保持等幅信号的一种非线性电路。限幅器的限幅特性可用输入电压 $u_i(t)$ 和输出电压 $u_o(t)$ 来表示。典型的限幅特性曲线如图 8.6.6 所示。输入电压的幅值超过 V_{th} 时,限幅器输出特性 $u_o(t)$ 随时间是一个恒定的值,即保持 V_0 不变。V_{th} 称为限幅器的限幅门限电压或限幅灵敏度,其值越小越好,越小对前级增益的要求越低。

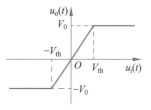

图 8.6.6 典型的限幅特性

限幅器分为瞬时限幅器和振幅限幅器两种。脉冲计数式鉴频器中的限幅属于瞬时限幅器,它的作用是将输入调频波变换为等幅方波。而斜率鉴频器和相位鉴频器前接入的限幅器属于振幅限幅器,它的作用是将具有寄生调幅的调频波变换为等幅的调频波。

1. 二极管限幅器

二极管限幅器属于瞬时双向限幅电路。如图 8.6.7 所示电路为 150MHz 晶体管调频接收机中的限幅器。信号频率(中频) $f_c = 2\text{MHz}$,选用截止频率 $f_T > (5\sim10)f_c$ 的晶体管,限幅二极管对 D_1、D_2 并联反接在回路两端,是一个零偏二极管限幅器。当信号电平小于 0.5V 时,二极管基本不导通,对回路影响很小,但当信号电平大于 0.5V 时,二极管导通,信号被二极管旁路,所以输出电压被限制在峰-峰电压 $V_{P-P} = 1\text{V}$ 上。

2. 晶体管限幅器

晶体管限幅器电路如图 8.6.8 所示,其电路形式与调谐放大器类似,在此作为限幅使用,工作点的设计应使放大器的线性范围小,使得调频信号正半周时的寄生调幅部分进入截止区,从而消除寄生振幅。

3. 差分对管限幅器

差分对管限幅器由单端输入-单端输出的差分放大器组成,如图 8.6.9(a)所示,其电流传输特性如图 8.6.9(b)所示,此电路具有双向限幅作用。

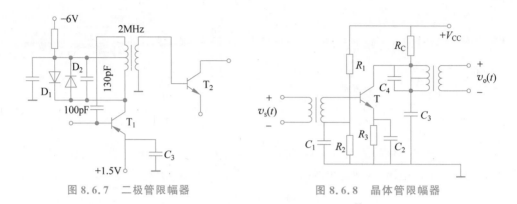

图 8.6.7　二极管限幅器　　　　　　　　　　图 8.6.8　晶体管限幅器

当输入信号的振幅大于门限电压 V_{th} 时，输出电流波形的上下端被削平，此后 V_{sm} 继续增大，i_{c2} 则趋近于恒定幅度的方波，因而其中包含的基波分量振幅也基本恒定。将 LC 并联谐振回路谐振在基频处，可在输出端得到已限幅的调频波。

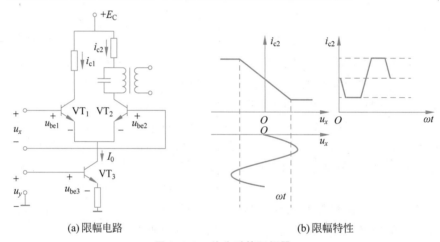

(a) 限幅电路　　　　　　　　　　　　　　(b) 限幅特性

图 8.6.9　差分对管限幅器

8.6.3　振幅鉴频器

1. 失谐回路斜率鉴频器

如图 8.6.10 所示电路为单失谐回路斜率鉴频器，由 LC 并联回路构成线性频幅转换网络，二极管 D 与 RC 构成包络检波器。下面定性讨论 LC 并联回路的幅频转换特性。

令 $i_s = I_{sm}\cos(\omega_c t)$，$I_s = I_s \mathrm{e}^{\mathrm{j}\varphi}$，则

$$V_i(\omega) = I_s Z(\mathrm{j}\omega) = I_s \frac{R_e}{1 + \mathrm{j}Q_e \dfrac{2(\omega - \omega_0)}{\omega_0}} = \frac{R_e}{\sqrt{1 + Q_e^2 \dfrac{4(\omega - \omega_0)^2}{\omega_0^2}}}\mathrm{e}^{\mathrm{j}(\varphi(\omega))} = V_i(\omega)\mathrm{e}^{\mathrm{j}(\varphi(\omega))}$$

$$(8.6.1)$$

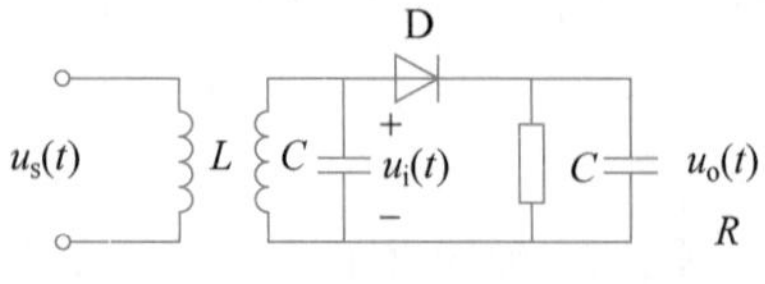

式中，$\varphi(\omega) = -\arctan\dfrac{2Q_e(\omega - \omega_0)}{\omega_0}$，$V_i(\omega)$ 为频率的函数。如图 8.6.11 为单失谐回路的波形变化与幅频特性曲线图，谐振回路两端的信号电压 $u_i(t)$

图 8.6.10　单失谐回路斜率鉴频器

的包络反映了瞬时频率的变化规律。单失谐回路斜率幅频特性不是理想的直线,因此,在频率-幅度变换中会造成非线性失真,即线性鉴频范围很小。

当 $i_s = I_{sm}\cos[\omega_c t + m_f \sin(\Omega t)]$ 为调频波,且 $f_c = \dfrac{\omega}{2\pi} = f_0 = \dfrac{1}{\sqrt{LC}}$ 时,回路谐振。此时 $f(t)$ 对 $V_i(f)$ 影响不大。

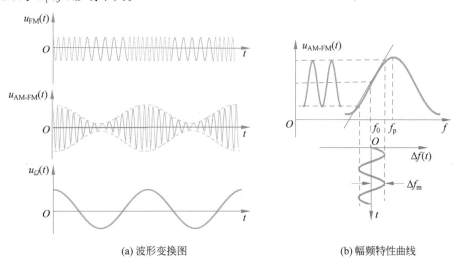

(a) 波形变换图 (b) 幅频特性曲线

图 8.6.11 单失谐回路振幅鉴频器幅频特性

当 $f_c = f_0 \pm \delta$ 时,取 $f_c = f_0 - \delta$,此时

$$V_{im}(t) = S_d[f_c + \Delta f_m \cos(\Omega t)] = V_{m0} + S_d \Delta f_m \cos(\Omega t)$$

式中,S_d 为 LC 并联回路幅频传输特性中上升段的斜率,即鉴频灵敏度。所以

$$v_i(t) = V_{im}(t)\cos[\omega_c t + m_f \sin(\Omega t)] = V_{m0} + S_d \Delta f_m \cos(\Omega t) \tag{8.6.2}$$

显然,$v_i(t)$ 为调频调幅(FM-AM)波。

2. 双失谐回路斜率鉴频器

双失谐回路斜率鉴频器又称为平衡斜率鉴频器。为了扩大线性鉴频范围,用两个特性完全相同的单失谐回路斜率鉴频器鉴频构成,如图 8.6.12 所示。其中,上、下两个回路各自谐振在 f_{01}、f_{02} 上。它们各自失谐在调频波中心频率(载波)f_c 的两侧,并且与 f_c 的间隔相等,均为 δf,即

$$\begin{cases} f_{01} = f_c \pm \delta f \\ f_{02} = f_c \mp \delta f \end{cases} \tag{8.6.3}$$

设上、下两回路的幅频特性分别为 $A_1(f)$ 和 $A_2(f)$,并认为上、下两包络检波器的检波电压传输系数均为 η_d,则双失谐回路斜率鉴频器的输出电压为

$$u_o(t) = u_{o1} - u_{o2} = \eta_d[V_{i1m}(t) - V_{i2m}(t)] = \eta_d V_{sm}[A_1(f) - A_2(f)] \tag{8.6.4}$$

$u_o(t)$ 随频率 f(或 ω)的变化特性就是将两个失谐回路的幅频特性相减后的合成特性如图 8.6.13 所示。合成鉴频特性曲线形状有关外,主要取决于 f_{01}、f_{02} 的配置。f_{01}、f_{02} 的配置恰当,两回路幅频特性曲线中的弯曲部分就可互相补偿,合成一条线性范围较大的鉴频特性曲线。否则,δF 过大时,合成的鉴频特性曲线就会在附近出现弯曲;过小时,合成的鉴频特性曲线线性范围就不能有效扩展。

图 8.6.14 是微波通信接收机平衡鉴频器电路原理图。电路中有 3 个谐振回路,回路Ⅰ调谐于输入调频信号的载波频率 35MHz,回路Ⅱ和Ⅲ分别调谐于 30MHz 和 40MHz。由于 3 个回路的谐振频率互不相同,为了减小相互之间的影响,便于调整,该电路没有采用互感耦合的方法,而是由两个共基放大器连接,两个共基放大器不仅可使 3 个回路相互隔离,而且不影响信号的传输。

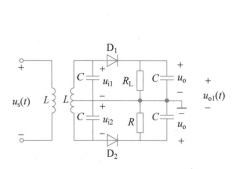

图 8.6.12　双失谐回路振幅鉴频器

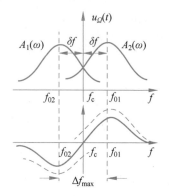

图 8.6.13　双失谐回路斜率振幅鉴频器鉴频特性曲线

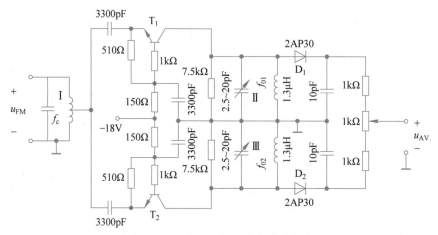

图 8.6.14　微波通信接收机平衡鉴频器电路图

3. 差分峰值斜率鉴频器

在集成电路中,如图 8.6.15 所示的差分峰值斜率鉴频器是广泛采用的斜率鉴频器电路之一。在图 8.6.15 中,L_1C_1 与 C_2 为实现幅频转换的线性网络。将输入调频波电压 $u_{FM}(t)$ 转换为两个幅度按瞬时频率变化的调频调幅波电压 u_1 和 u_2。u_1 和 u_2 分别通过射极跟随器 T_1、T_2 再分别加到由 T_3、C_3 和 T_4、C_4 组成的三极管射极包络检波器上,检波器的输出解调电压由差分放大器 T_5、T_6 放大后作为鉴频器的输出电压 $u_o(t)$。显然,其值与 u_1 和 u_2 的振幅差值$(V_{1m}-V_{2m})$成正比。

图 8.6.16 表示差分峰值斜率鉴频器中 L_1C_1 与 C_2 组成幅频转换网络功能的高频等效电路。

设 $X_1 = \mathrm{j}\omega L_1 /\!/ \dfrac{1}{\mathrm{j}\omega C_1} = \dfrac{\omega L_1}{1-\omega^2 L_1 C_1}$ 为 $L_1 C_1$ 回路的电抗,$X_2 = -\dfrac{1}{\omega C_2}$ 为 C_2 回路的电

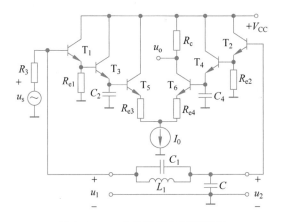

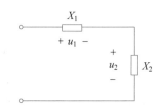

图 8.6.15　差分峰值斜率鉴频器　　　图 8.6.16　包络检波部分高频等效电路

抗，X_1+X_2 为 L_1C_1 与 C_2 串联后的电抗，$X_1/\!/X_2$ 为 L_1C_1 与 C_2 并联后的电抗。L_1C_1 回路的谐振角频率为 $\omega_1=\dfrac{1}{\sqrt{L_1C_1}}$，$\omega_2=\dfrac{1}{\sqrt{L_1(C_1+C_2)}}$ 为 L_1C_1 与 C_2 串（并）联后的谐振角频率。由于 T_1、T_2 的基极输入电阻很大，所以 u_s 在负载上产生的电压 u_1 的振幅主要由 X_1+X_2 决定。

（1）当 $\omega=\omega_2$ 时，L_1C_1 与 C_2 串谐，阻抗最小，V_{1m} 最小。

（2）当 $\omega=\omega_1$ 时，L_1C_1 与 C_2 并谐，阻抗最大，V_{1m} 最大。又因为 R_s 很小，C_2 上电压 u_2 的振幅 V_{2m} 主要由 $X_1/\!/X_2$ 决定。

（3）当 $\omega=\omega_2$ 时，L_1C_1 与 C_2 并谐，V_{2m} 最大。

（4）当 $\omega=\omega_1$ 时，L_1C_1 与 C_2 等效阻抗下降很小，V_{2m} 很小，如图 8.6.17 所示。

综上所述，V_{1m}、V_{2m} 随 ω 变化，使 u_1、u_2 均为条幅调频波，分别经包络检波器 T_3、T_4（三极管射极检波）检波后，经 T_5、T_6 放大，在 T_6 集电极输出。

当输入信号 u_s 的瞬时频率满足关系时，解调输出电压与调频信号瞬时频偏之间存在下列关系

$$u_0(t)=k(V_{1m}-V_{2m})\propto\Delta\omega(t)\qquad(8.6.5)$$

上式 k 为差分峰值斜率鉴频器的增益。

所以，调整 L_1C_1 与 C_2 可改变鉴频器特性曲线的鉴频灵敏度、线性范围、中心频率以及上下曲线的对称性等，一般固定 C_1、C_2，调整 L。

差分峰值斜率鉴频器具有良好的鉴频特性，鉴频线性范围可达 300kHz，因此在集成电路中得到广泛应用。

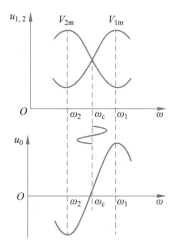

图 8.6.17　鉴频特性曲线

8.6.4　相位鉴频器

由图 8.6.3 可知，构成相位鉴相器的框图中包含两部分：一是鉴相器，二是能够实现频率-相位变换的线性网络。

1. 鉴相器

鉴相器即相位检波器,其功能是检测出两个信号之间的相位差,并将该相位差转换为相应的电压。鉴相器有乘积型(图 8.6.18)和叠加型(图 8.6.19)两种电路形式。

图 8.6.18　乘积型鉴相电路模型　　　　　　　图 8.6.19　叠加型鉴相电路模型

1) 乘积型鉴相器

乘积型鉴相器由模拟相乘器和低通滤波器构成。设鉴相器的两个输入信号分别为

$$v_1 = V_{1m}\cos(\omega_c t) \tag{8.6.6}$$

$$v_2 = V_{2m}\cos\left(\omega_c t - \frac{\pi}{2} + \Delta\varphi\right) = V_{2m}\sin(\omega_c t + \Delta\varphi) \tag{8.6.7}$$

v_2 与 v_1 二者之间除了有相位差 $\Delta\varphi$ 外,还有 $\pi/2$ 的固定相移。根据乘法器两个输入信号 v_2 和 v_1 幅度的大小不同,鉴相器的工作特点各不相同。当两个输入信号 v_2 与 v_1 的幅度均较小,为小信号时,相乘器的输出电压为

$$v_{o1} = A_m v_1 v_2 = A_m V_{1m} V_{2m}\sin(\omega_c t + \Delta\varphi)\cos(\omega_c t)$$

$$= A_m \frac{V_{1m} V_{2m}}{2}\left[\sin\Delta\varphi - \sin(2\omega_c t + \Delta\varphi)\right] \tag{8.6.8}$$

经过低通滤波器,滤除 v_{o1} 中的高频部分,得到的输出电压为

$$v_o = \frac{A_m V_{1m} V_{2m}}{2}\sin\Delta\varphi = A_d\sin\Delta\varphi \tag{8.6.9}$$

式(8.6.9)A_d 为鉴相特性直线段的斜率,称之为鉴相灵敏度,单位为 V/rad。输出电压

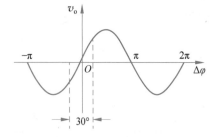

图 8.6.20　正弦鉴相特性

与两个输入信号的相位差的正弦值成正比,所对应的关系曲线即为鉴相器的鉴相特性曲线。如图 8.6.20 所示,这是一条正弦曲线,称为正弦鉴相特性。当 $|\Delta\varphi| \leqslant \frac{\pi}{6}$ 时,$\sin\Delta\varphi \approx \Delta\varphi$,所以

$$v_o = \frac{A_m V_{1m} V_{2m}}{2}\sin\Delta\varphi = A_d\sin\Delta\varphi \approx A_d\Delta\varphi$$
$$\tag{8.6.10}$$

乘积型鉴相器在输入信号均为小信号的情况下,只有当 $|\Delta\varphi| \leqslant \frac{\pi}{6}$ 时,才能够实现鉴相。此时,当鉴相器的输入为调相信号,即

$$v_2 = V_{2m}\cos\left(\omega_c t + \Delta\varphi - \frac{\pi}{2}\right) = V_{2m}\cos\left(\omega_c t + k_p v_\Omega(t) - \frac{\pi}{2}\right) \tag{8.6.11}$$

时,得到的鉴相器的解调输出电压 $v_o = \frac{A_m V_{1m} V_{2m}}{2}k_p v_\Omega(t) \propto v_\Omega(t)$。实现了对调相波的线性解调。

当 v_2 的幅度很小，为小信号，v_1 为大信号时，控制乘法器使之工作在开关状态，输出电压为

$$v_{o1} = A_m v_2 k_2(\omega_c t) = A_m V_{2m} \sin(\omega_c t + \Delta\varphi)\left[\frac{4}{\pi}\sin(\omega_c t) - \frac{4}{3\pi}\sin(3\omega_c t) + \cdots\right]$$

$$（8.6.12）$$

通过低通滤波器滤除高频分量得到的输出为

$$v_{o1} = \frac{2}{\pi} A_m V_{2m}\sin\Delta\varphi = A_d \sin\Delta\varphi$$

$$（8.6.13）$$

鉴相特性仍为正弦特性。

当两个输入信号 v_1 与 v_2 均为大信号时，

$$v_{o1} = A_m k_2\left(\omega_c t + \Delta\varphi - \frac{\pi}{2}\right) k_2(\omega_c t)$$

$$（8.6.14）$$

图 8.6.21 显示了两个开关信号相乘后的波形。由图可见，当 $\Delta\varphi = 0$ 时，相乘后的波形为上、下等宽的双向脉冲，且频率加倍，如图 8.6.21(a)所示，因而相应的平均分量为零。

当 $\Delta\varphi \neq 0$，设 $\Delta\varphi > 0$，相乘后的波形为上、下不等宽的双向脉冲，如图 8.6.21(b)所示，因而在 $|\Delta\varphi| < \frac{\pi}{2}$ 的范围内，经过低通滤波器，取出的平均分量（即解调输出）为

$$v_0(t) = A_m \frac{1}{\pi}\int_0^\pi v_c \mathrm{d}(\omega t)$$

$$= \frac{A_m}{\pi}\left(\int_0^\pi \mathrm{d}(\omega t) - \int_{\frac{\pi}{2}}^{\pi-\Delta\varphi} \mathrm{d}(\omega t) + \int_{\pi-\Delta\varphi}^\pi \mathrm{d}(\omega t)\right)$$

$$= \frac{2A_m}{\pi}\Delta\varphi \qquad （8.6.15）$$

相应的鉴相特性曲线如图 8.6.22 所示，在 $|\Delta\varphi| < \frac{\pi}{2}$ 范围内为一条通过原点的直线，并向两侧周期性重复。这种鉴相器是通过比较两个开关波形的相位差而获得所需的鉴相电压，因而又将它称为与非门鉴相器。

2）叠加型鉴相器

将两个输入信号叠加后加到包络检波器

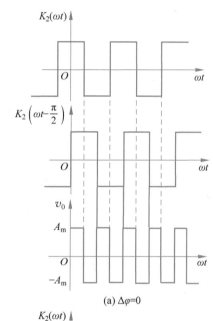

(a) $\Delta\varphi = 0$

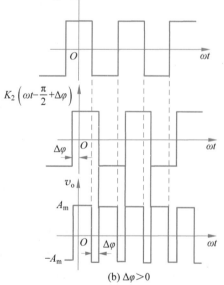

(b) $\Delta\varphi > 0$

图 8.6.21　开关信号相乘后的波形变化

而构成的鉴相器称为叠加型鉴相器。为了扩展线性鉴相范围，一般都采用两个包络检波器组成的平衡电路，如图 8.6.23 所示。由图可见，加到上、下两包络检波器的输入信号分别为

$$\begin{cases} v_{i1} = v_1 + v_2 \\ v_{i2} = v_1 - v_2 \end{cases} \tag{8.6.16}$$

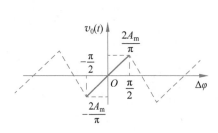

图 8.6.22　鉴相特性

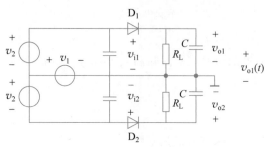

图 8.6.23　双失谐回路振幅鉴相器

假设 $v_2(t) = V_{2m}\cos\left(\omega t + \Delta\varphi - \dfrac{\pi}{2}\right)$，$v_1(t) = V_{1m}\cos(\omega t)$，$v_2(t)$ 超前 $v_1(t)$ 一个

$\Delta\varphi - \dfrac{\pi}{2}$ 的相角。此时可以矢量表示为 $V_{i1} = V_1 + V_2$，$V_{i2} = -V_2 + V_1$。$v_{i1}(t)$ 和 $v_{i2}(t)$ 可

分别表示为 $v_{i1}(t) = V_{i1m}(t)\cos(\omega t - \theta_1(t))$，$v_{i2}(t) = V_{i2m}(t)\cos(\omega t + \theta_2(t))$。式中

$V_{i1m}(t)$ 和 $V_{i2m}(t)$ 分别为合成矢量 V_{i1} 和 V_{i2} 的长度。根据矢量合成原理，可得到如

图 8.6.24 所示的矢量图。

(1) 当 $\Delta\varphi = 0$ 时，合成矢量长度 $V_{i1m}(t) = V_{i2m}(t)$；

(2) 当 $\Delta\varphi > 0$ 时，合成矢量长度 $V_{i1m}(t) < V_{i2m}(t)$；

(3) 当 $\Delta\varphi < 0$ 时，合成矢量长度 $V_{i1m}(t) > V_{i2m}(t)$

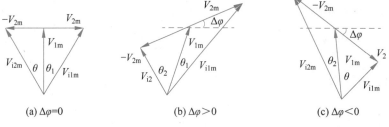

(a) $\Delta\varphi = 0$　　　　　　(b) $\Delta\varphi > 0$　　　　　　(c) $\Delta\varphi < 0$

图 8.6.24　$v_{i1}(t)$ 和 $v_{i2}(t)$ 矢量图

$v_{i1}(t)$ 和 $v_{i2}(t)$ 经包络检波器检波后，若包络检波器的检波电压传输系数为 η_d，则鉴

相器的输出电压为

$$v_o(t) = v_{o1}(t) - v_{o2}(t) = \eta_d(V_{i1m}(t) - V_{i2m}(t)) \tag{8.6.17}$$

所以，当 $\Delta\varphi = 0$ 时，鉴相器输出电压为

$$v_o(t) = v_{o1}(t) - v_{o2}(t) = \eta_d(V_{i1m}(t) - V_{i2m}(t)) = 0 \tag{8.6.18}$$

当 $\Delta\varphi > 0$ 时，鉴相器输出电压为

$$v_o(t) = v_{o1}(t) - v_{o2}(t) = \eta_d(V_{i1m}(t) - V_{i2m}(t)) > 0 \tag{8.6.19}$$

且 $\Delta\varphi$ 越大，输出电压 $v_o(t)$ 就越大。

当 $\Delta\varphi < 0$ 时，鉴相器输出电压为

$$v_o(t) = v_{o1}(t) - v_{o2}(t) = \eta_d(V_{i1m}(t) - V_{i2m}(t)) < 0 \tag{8.6.20}$$

且 $\Delta\varphi$ 负值越大,输出电压 $v_o(t)$ 负值就越大。

综上所述,叠加型平衡鉴相器能将两个输入信号的相位差变换为输出电压 $v_o(t)$ 的变化,实现了鉴相功能。可以证明,其鉴相特性也具有正弦鉴相特性,只有当 $\Delta\varphi$ 比较小时,才具有线性鉴相特性。

2. 频率-相位变换网络

目前经常采用的是 C_1 和 RLC 单谐振回路或耦合构成的频率-相位变换网络。这种电路设计比较简单,容易实现。

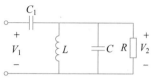

图 8.6.25　C_1 和 RLC 单谐振回路频相转换网络

1) C_1 和 RLC 单谐振回路频相转换特性

C_1 和 RLC 单谐振回路频相转换网络如图 8.6.25 所示。设输入电压为 V_1,RLC 回路两端的输出电压为 V_2,则回路的电压传输特性为

$$H(j\omega) = \frac{V_2}{V_1} = \frac{Z_p}{Z_p + \dfrac{1}{j\omega C_1}} \tag{8.6.21}$$

式中,$Z_p = \dfrac{1}{\dfrac{1}{R} + j\left(\omega C - \dfrac{1}{\omega L}\right)}$,代入上式并整理得到

$$H(j\omega) = \frac{j\omega C_1}{\dfrac{1}{R} + j\omega(C_1 + C) + \dfrac{1}{j\omega L}} \tag{8.6.22}$$

令 $\omega_0 = \dfrac{1}{\sqrt{L(C_1 + C)}}$,$Q_e = \dfrac{R}{\omega_0 L} \cong \dfrac{R}{\omega L} = \omega(C_1 + C)R$,在不失谐情况下,式(8.6.22)表示为

$$H(j\omega) = \frac{j\omega C_1 R}{1 + j\xi} = H(\omega)e^{j\varphi_H(\omega)} \tag{8.6.23}$$

其中,$\xi = Q_e \dfrac{2(\omega - \omega_0)}{\omega_0}$ 为广义失谐量,$H(\omega) = \dfrac{\omega C_1 R}{\sqrt{1 + \xi^2}}$ 为幅频特性,相位-频率关系为

$$\varphi_H(\omega) = \frac{\pi}{2} - \arctan\xi = \frac{\pi}{2} - \arctan\frac{2Q_e(\omega - \omega_0)}{\omega_0}$$

$$= \frac{\pi}{2} - \arctan\frac{2Q_e\Delta\omega(t)}{\omega_0} = \frac{\pi}{2} - \Delta\varphi(t) \tag{8.6.24}$$

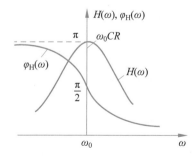

图 8.6.26　C_1 和 RLC 单谐振回路频率特性曲线

该电路幅频特性和相频特性曲线如图 8.6.26 所示。若 $|\Delta\varphi(t)| \leqslant \dfrac{\pi}{2}$,则有 $\Delta\varphi(t) \approx \dfrac{2Q_e\Delta\omega(t)}{\omega_0}$,于是 $\varphi_H(\omega) \approx \dfrac{\pi}{2} - \Delta\varphi(t)$,可近似认为 $\varphi_H(\omega)$ 在 $\dfrac{\pi}{2}$ 上下随 $\Delta\omega(t)$ 线性变化,在 $H(\omega)$ 近似为常量。由于 $\Delta\varphi(t) \approx \dfrac{2Q_e\Delta\omega(t)}{\omega_0} \propto \Delta\omega(t)$,实现了不失真频率-相位变换功能。

由于频率调制的调频信号 $v_1 = V_{1m}\cos[\omega_c t + m_f \sin(\Omega t)]$，其瞬时相位为

$$\varphi_i(t) = \omega_c t + k_f \int_0^t v_\Omega(t)\mathrm{d}t = \omega_c t + m_f \sin(\Omega t) \tag{8.6.25}$$

当 $\omega_0 = \omega_c$ 时，$\Delta\varphi(t) \approx \dfrac{2Q_e\Delta\omega(t)}{\omega_0}$。输出信号的相位为

$$\varphi_0 = \varphi_i + \varphi_H = \omega_c t + m_f \sin(\Omega t) + \frac{\pi}{2} - \Delta\varphi$$

$$= \omega_c t + m_f \sin(\Omega t) + \frac{\pi}{2} - \frac{2Q_e\Delta\omega(t)}{\omega_c}$$

$$= \omega_c t + m_f \sin(\Omega t) + \frac{\pi}{2} - \frac{2Q_e k_f v_\Omega(t)}{\omega_c} \tag{8.6.26}$$

所以，$v_2(t) = V_{2m}\cos\varphi_0 = V_{1m}H(\omega)\cos\left(\omega_c t + m_f \sin(\Omega t) + \dfrac{\pi}{2} - \dfrac{2Q_e k_f v_\Omega(t)}{\omega_c}\right)$，振幅 V_{2m} 的变化可由限幅器控制，得到 v_2 为调频-调相信号。

2）耦合回路频相变换网络

耦合回路频相变换网络有互感耦合回路和电容耦合回路两种形式，这里介绍互感耦合回路的频率相位变化特性。

图 8.6.27(a)为互感耦合回路频相转换网络，设初、次级回路参数相同，即 $C_1 = C_2 = C$，$L_1 = L_2 = L$。设两回路的损耗相同，耦合系数 $k = M/L$，初、次级回路的中心频率均为 $f_{01} = f_{02} = f_c$。为使分析简单，作如下假定：

（1）初次级回路的品质因数均较高；

（2）初次级回路之间的互感耦合比较弱；

（3）在耦合回路通频带范围内，当 V_{12} 保持恒定，V_{ab} 也保持恒定。

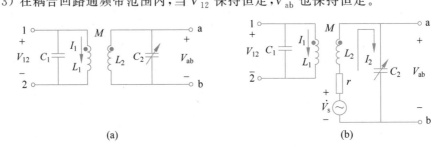

(a)   (b)

图 8.6.27　互感耦合回路频相转换网络

这样可近似绘出如图 8.6.27(b)所示的等效电路，图中 $I_1 = \dfrac{V_{12}}{\mathrm{j}\omega L_1}$，初级电流在次级回路中产生的感应串联电动势为 $V_s = \pm \mathrm{j}\omega M I_1$，正负取决于初次级线圈的绕向。假设线圈的绕向使该式取负号，即 $V_s = -\mathrm{j}\omega M\dfrac{V_{12}}{\mathrm{j}\omega L_1} = -\dfrac{M}{L_1}V_{12}$。串联电动势 V_s 在次级回路中产生的电流

$$I_2 = \frac{V_s}{r + \mathrm{j}\left(\omega L - \dfrac{1}{\omega C}\right)} \approx \frac{\dfrac{V_s}{r}}{1 + \mathrm{j}Q_e\dfrac{2\Delta\omega}{\omega_0}} = \frac{\dfrac{V_s}{r}}{1 + \mathrm{j}\xi} \tag{8.6.27}$$

式中，$\omega_0 = \dfrac{1}{\sqrt{LC}} = \omega_c$，$Q_e = \dfrac{\omega_0 L}{r} \approx \dfrac{\omega L}{r} = \dfrac{1}{\omega Cr}$，$\xi = Q_e \dfrac{2\Delta\omega}{\omega_0}$。

因此，I_2 在次级回路两端产生的电压为

$$V_{ab} = I_2 \frac{1}{j\omega C} = j \frac{kQ_e V_{12}}{1 + j\xi} = V_{12} \frac{kQ_e}{\sqrt{1 + \xi^2}} e^{j\left(\frac{\pi}{2} - \Delta\varphi\right)} \tag{8.6.28}$$

由此可得耦合回路的电压传输函数为

$$H(j\omega) = \frac{V_{ab}}{V_{12}} = \frac{kQ_e}{\sqrt{1 + \xi^2}} e^{j\left(\frac{\pi}{2} - \Delta\varphi\right)} = H(\omega) e^{j\varphi(\omega)} \tag{8.6.29}$$

式中，$H(\omega) = \dfrac{kQ_e}{\sqrt{1 + \xi^2}}$ 为幅频特性，$\varphi(\omega) = \dfrac{\pi}{2} - \Delta\varphi(\omega) = \dfrac{\pi}{2} - \arctan\xi$ 为相频特性。由电压传输函数知，当回路输入电压 V_{12} 的角频率 ω 变化时，次级回路电压 V_{ab} 超前 V_{12} 的相位为 $\dfrac{\pi}{2} - \Delta\varphi$，其中 $\Delta\varphi$ 由次级回路对信号角频率 ω_c 的失谐量决定，即 $\Delta\varphi = \arctan\xi = \arctan\left(Q_e \dfrac{2\Delta\omega(t)}{\omega_0}\right)$，当 $|\Delta\varphi(t)| \leqslant \dfrac{\pi}{2}$ 时，

$$\Delta\varphi = \arctan\left(Q_e \frac{2\Delta\omega(t)}{\omega_0}\right) \approx Q_e \frac{2\Delta\omega(t)}{\omega_0} \propto \Delta\omega(t) \tag{8.6.30}$$

即 $\Delta\varphi$ 与输入调频波的瞬时频偏成正比，回路实现了频率相位互相转换的功能。实际上，V_{ab} 的幅值也将随输入调频波的瞬时频率变化，这种变化也将被限幅器抑制。

3. 相位鉴频电路

根据鉴频器的不同，相位鉴频器分为乘积型和叠加型两种。下面分别阐述它们的电路。

1）乘积型相位鉴频器

乘积型相位鉴频器又称为集成差分峰值鉴频器或正交移相型鉴频器。例如，电视接收机伴音的集成电路是采用双差分对相乘器实现鉴频的，乘积型相位鉴频器的实现电路如图 8.6.28 所示。

设 $v_{FM} = V_{1m}\cos\left(\omega_c t + k_f \displaystyle\int_0^t v_\Omega(t)\mathrm{d}t\right)$，经 T_1 后，得到输出电压

$$v \approx v_{FM} = V_{1m}\cos\left(\omega_c t + k_f \int_0^t v_\Omega(t)\mathrm{d}t\right) \tag{8.6.31}$$

$$v_4 = \frac{50v_1}{450 + 50} = \frac{1}{10}v_1 = 0.1V_{1m}\cos\left(\omega_c t + k_f \int_0^t v_\Omega(t)\mathrm{d}t\right) \tag{8.6.32}$$

v_4 经 C_1、RLC 频相转移网络，输出 v_5 为调频调相信号。即

$$v_5 = V_{5m}\cos\left(\omega_c t + k_f \int_0^t v_\Omega(t)\mathrm{d}t + \frac{\pi}{2} - \Delta\varphi_1(t)\right) \tag{8.6.33}$$

v_5 经 T2 射极跟随器后得到

$$\begin{aligned}
v_2 &= V_{2m}\cos\left(\omega_c t + k_f \int_0^t v_\Omega(t)\mathrm{d}t + \frac{\pi}{2} - \Delta\varphi_1(t)\right) \\
&= -V_{2m}\sin\left(\omega_c t + k_f \int_0^t v_\Omega(t)\mathrm{d}t - \Delta\varphi_1(t)\right)
\end{aligned} \tag{8.6.34}$$

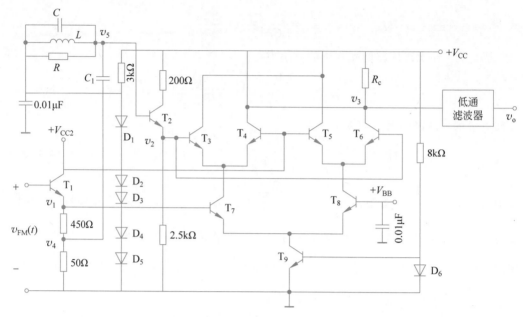

图 8.6.28　乘积型相位鉴频器

v_1、v_2 分别送入由 $T_3 T_4$、$T_5 T_6$ 及 $T_7 T_8 T_9$ 组成的双差分对电路中,在满足线性输入条件下,其单端输出电流为

$$i = \frac{I_0}{2} \frac{v_2}{2V_T} \tanh\left(\frac{V_1}{2_T}\right) = -\frac{I_0}{4V_T} V_{2m} \sin(\omega t - \Delta\varphi(t)) k_2(\omega t)$$

$$= -\frac{I_0}{4V_T} V_{2m} \sin(\omega t - \Delta\varphi(t))\left(\frac{4}{\pi}\cos(\omega t) - \frac{4}{3\pi}\cos3(\omega t) + \cdots\right) \quad (8.6.35)$$

得到输出电压为

$$v_3 = \frac{I_0}{4V_T} R_c V_{2m} \sin(\omega t - \Delta\varphi(t))\left[\frac{4}{\pi}\cos(\omega t) - \frac{4}{3\pi}\cos(3\omega t) + \cdots\right]$$

$$= \frac{I_0 R_c V_{2m}}{2\pi V_T}\left[\sin(-\Delta\varphi(t)) + 2\sin(\omega t - \Delta\varphi(t)) + \cdots\right] \quad (8.6.36)$$

式中,I_0 是恒流源 T_9 为差分对 $T_7 T_8$ 提供的电流。经过低通滤波器后,设低通滤波器增益为 1,则输出为

$$v_o = -\frac{I_0 R_c V_{2m}}{2\pi V_T}\sin\Delta\varphi(t) = A_d \sin\Delta\varphi(t) \quad (8.6.37)$$

式中,$\Delta\varphi = Q_e\dfrac{2\Delta\omega(t)}{\omega_c}$,$A_d = -\dfrac{I_0 R_c V_{2m}}{2\pi V_T}$。

当 $|\Delta\varphi(t)| \leqslant \dfrac{\pi}{12}$ 时,$\sin\Delta\varphi(t) \approx \Delta\varphi(t)$,输出电压为

$$v_o = A_d \Delta\varphi(t) = -\frac{I_0 R_c V_{2m}}{\pi V_T}\frac{Q_e}{\omega_c}\Delta\omega(t) \quad (8.6.38)$$

式中,$V_{2m} = \dfrac{H(\omega)}{10}V_{1m}$,$H(\omega)$ 为 C_1,RLC 频相转移网络的幅频特性。而对调频波,

$\Delta\omega(t)=k_f v_\Omega(t)$，实现了线性调频。

如图 8.6.29 所示为单片集成模拟相乘器 BG314 构成的相位鉴频电路。电路中晶体管 T 是射极跟随器作为隔离级，C_1、RLC 构成线性移相网络作为负载。运算放大器 A 作为双端输出转单端输出电路。R_{11}、C_3 组成低通滤波器。

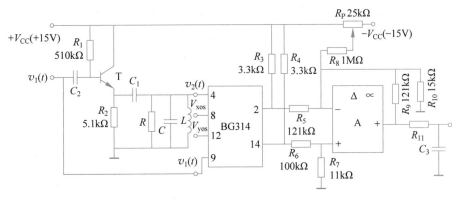

图 8.6.29　单位集成模拟相乘器 BG314 构成的相位鉴频电路

2）叠加型相位鉴频器

如图 8.6.30 所示为常用的叠加型相位鉴频器电路，称为互感耦合相位鉴频器。图中 L_1、C_1 和 L_2、C_2 均在调谐信号的中心频率 f_c 上，并构成互感耦合双调谐回路，实现频相转换。C_C 为隔直耦合电容，它对输入信号频率呈短路；L_3 为高频扼流圈，它在输入信号频率上的阻抗很大，近似开路，但对低频信号阻抗很小，近似短路。初级回路电压 $v_{12}(t)$ 通过 C_C 加到 L_3 上，由于 C_C 的高频容抗小于 L_3 的感抗，所以 L_3 上的压降近似等于 $v_{12}(t)$。D_1、C_3、R_1 及 D_2、C_4、R_2 构成两个包络检波电路。加到两个包络检波器上的输入电压为

$$\begin{cases} v_{i1}(t)=\dfrac{v_{ab}}{2}+v_{12} \\[3mm] v_{i2}(t)=-\dfrac{v_{ab}}{2}+v_{12} \end{cases} \tag{8.6.39}$$

如图 8.6.30 所示的叠加型相位鉴频器的等效电路可用图 8.6.31 表示。

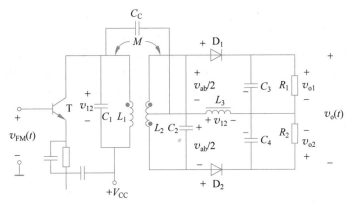

图 8.6.30　叠加型相位鉴频电路

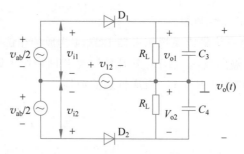

图 8.6.31　图 8.6.30 的等效电路

在集成电路中广泛采用相乘器作为鉴频和鉴相电路。相乘器实现两信号的理想相乘，输出端只出现两信号的和、差频分量。因此，相乘器鉴频、鉴相等频谱非线性变换电路中是有局限条件的，即相移量较小，只能不失真地解调相移变化量小的调频波和调相波。调频波的解调电路有许多种，本章介绍了斜率鉴频器、相位鉴频器、比例鉴频器、移相乘积鉴频器及脉冲计数式鉴频器。在实际应用中可根据具体情况选择。

科普八　宽带通信新技术

参考文献

思考题与习题

8.1　设载波振荡的频率为 $f_0 = 25\mathrm{MHz}$，振幅为 $V_0 = 4\mathrm{V}$；调制信号为单频正弦波，频率为 $F = 400\mathrm{Hz}$；最大频移为 $\Delta f = 10\mathrm{kHz}$。

（1）试分别写出调频波和调相波的数学表达式。

（2）若调制频率为 2kHz，所有其它参数不变，试写出调频波和调相波的数学表达式。

8.2　调频波的中心频率为 $f_0 = 10\mathrm{MHz}$，最大频移为 $\Delta f = 50\mathrm{kHz}$，调制信号为正弦波，其调制频率为 F_Ω。试求调频波在以下 3 种情况下的频带宽度（按 10% 的规定计算带宽）：

（1）$F_\Omega = 500\mathrm{kHz}$；

（2）$F_\Omega = 500\mathrm{Hz}$；

（3）$F_\Omega = 20\mathrm{kHz}$。

8.3　调角波 $v_i = V_0\cos[\omega_0 t + m\sin(\Omega t)]$，加在 RC 高通滤波器上。若在 v_i 频带内下式成立：$RC \ll \dfrac{1}{\omega}$。这里 ω_0 为 v_i 的瞬时频率。试证明 R 上的电压 v_R 是一个调角-调

相波,并求其调制幅度。

8.4 已知调制信号为 $v_\Omega(t)=U_\Omega\cos(2\pi\times10^4t)+3\cos(3\pi\times10^4t)$,载波为 $v_c(t)=5\cos(2\pi\times10^7t)$,调频灵敏度 $k_f=3\text{kHz/V}$。试写出调频波信号的表达式。

8.5 若调频波调制器的调制指数 $m_f=1$,调制信号 $v_\Omega(t)=U_\Omega\cos(2\pi\times1000t)$,载波为 $v_c(t)=10\cos(10\pi\times10^5t)$,求:

(1) 根据第一类贝塞尔函数数值表,求振幅明显的变频分量的振幅。

(2) 画出频谱,并标出振幅的相对大小。

8.6 变容二极管调相电路如图所示。图中 C_1、C_2 为耦合电容,C_3、C_4 为隔直电容;调制信号为 $u_\Omega(t)=u_\Omega\cos(\Omega t)$,变容二极管 $\gamma=2$,$V_D=1\text{V}$,回路等效品质因数 $Q_L=20$。试求下列情况时的调相指数 m_p 和最大频偏 Δf_m。

(1) $u_\Omega(t)=0.1\text{V}$,$\Omega=2\pi\times10^3\text{rad/s}$;

(2) $u_\Omega(t)=0.2\text{V}$,$\Omega=4\pi\times10^3\text{rad/s}$;

(3) $u_\Omega(t)=0.05\text{V}$,$\Omega=2\pi\times10^3\text{rad/s}$。

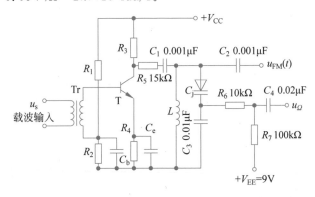

思考题与习题 8.6 图

8.7 调频振荡回路由电感 L 和变容二极管组成,$L=2\mu\text{H}$,变容二极管的参数为 $C_0=225\text{pF}$,$\gamma=1/2$,$V_D=0.6\text{V}$,静态电压 $V_0=-6\text{V}$。调制信号为 $u_\Omega(t)=5\sin(10^4t)$,求输出调频波时,求:

(1) 载波 f_0;

(2) 由调制信号引起的载频漂移 Δf_0;

(3) 调频灵敏度 k_f;

(4) 最大频偏 Δf_m;

(5) 二阶失真系数 k_2。

8.8 已知某鉴频器的输入信号为 $\upsilon_{FM}(t)=3\sin[\omega_c t+10\sin(2\pi\times10^3t)](\text{V})$,鉴频跨导为 $S_D=-5\text{m(V/kHz)}$,线性鉴频范围大 $2\Delta f_m$。求输出电压的 v_o 的表示式。

8.9 调频振荡器回路的电容为变容二极管,其压控特性为 $C_j=\dfrac{C_{j0}}{\sqrt{1+2u}}$。为变容二极管反向电压的绝对值。反向偏压 $E_Q=4\text{V}$,振荡中心频率为 10MHz,调制电压为 $v(t)=\cos(\Omega t)(\text{V})$。

(1) 求在中心频率附近的线性调制灵敏度;

（2）当要求 $Kf_2 < 1‰$ 时,求允许的最大频偏值。

8.10 振幅检波器必须有哪几个组成部分？各部分作用如何？下列各图能否检波？图中 R、C 为正常值,二极管为折线特性。

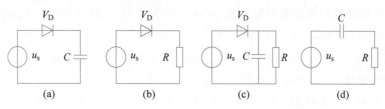

思考题与习题 8.10 图

反馈控制电路

内容提要

本章从反馈控制系统的基本原理和数学模型出发,探讨反馈控制的基本方法,以及实现反馈控制的几种基本类型的电路(主要是自动增益控制电路、自动频率控制电路和锁相环路)组成、工作原理、性能分析及其应用。由于锁相环技术在现代集成电子电路及通信设备的广泛应用,因此本章重点介绍锁相环和自动功率控制电路的工作原理及其应用。本章的教学需要 5~7 学时。

9.1 概述

前面章节所介绍的高功率放大器、谐振放大电路、振荡电路、混频电路、调制电路和解调电路等功能性电路,这些电路可以组成一个完整的通信系统。但是这些系统的组成不一定是完善的。比如,天线感应的信号由于传输距离、天气变化、空气传输介质的影响以及通信设备的增加、传输速度的提升、容量的扩展等原因,可能造成信号衰减、涨落(信号时强时弱),或者通信拥挤、堵塞等情况发生;当通信系统收、发两地的载频没有保持严格一致时,输出的中频很难稳定,使得系统不能同步,这样就会造成无法正确解调原始信号,特别是在航空航天领域,由于收发设备装载在不同的运载体上,两者之间存在相对运动(即多普勒效应),随机频差时有发生。这些都会造成通信系统不能高质量收发信号。因此,为了提高通信或电子系统的性能指标,必须采取自动控制方式,这样就出现了各种类型的反馈控制电路。在各种通信、雷达等电子系统中,广泛地采用各种类型反馈控制电路。

根据控制对象参数的不同,反馈控制电路分为以下 3 类:自动增益控制(AGC)电路、自动频率控制(AFC)电路和锁相环路(PLL)。

自动增益控制电路以电压或电流作比较量,误差元件多为电压比较器,执行元件一般为可控增益放大器,通过改变放大器的增益来稳定放大器的输出。其作用是使放大器的输出信号幅度稳定。自动增益控制电路又称自动电平控制电路。

自动频率控制电路以频率为比较量,误差元件多为鉴频器,执行元件一般为受控振荡器,通过改变振荡器电抗参数来稳定振荡器输出信号的频率。其作用是使振荡器输出信号的频率稳定。自动频率控制电路是一种可进行频率误差控制的电路。

锁相环路以相位为比较量,误差元件多为鉴相器,执行元件也是受控振荡器,通过改变振荡器电抗参数来锁定振荡器输出信号的相位。其作用是使振荡器输出信号的相位稳定。锁相环路可以实现无频率误差跟踪。锁相环路又称自动相位控制电路,是一种应用很广的反馈控制电路,利用锁相环路可以实现许多功能,例如,实现无误差频率跟踪、频率合成器等。

本章主要介绍自动增益控制电路(自动功率控制电路)、自动频率控制电路、锁相环路和频率合成器。

9.2 反馈控制电路的基本原理、数学模型及分析方法

9.2.1 基本工作原理

反馈控制是现实物理过程中的一个基本现象。反馈控制方法是为了准确地调整某一个系统或单元的某些状态参数,满足实时需求。如采用反馈控制方法稳定放大器增益、谐振器的振荡频率和鉴频器的相位是反馈控制在电子线路领域最典型的应用。为稳定系统状态而采用的反馈控制系统是一个负反馈系统。整个系统的功能就是使输出状态跟踪输入信号(基准)或它的平均值的变化。控制过程总是使调整后的误差以与起始误差相反的方向变化,结果逐渐减小绝对误差,最终趋向于一个极限值。

反馈控制电路由如图 9.2.1 所示的比较器、控制器、执行器和反馈网络 4 部分组成了一个负反馈闭合环路。比较器的作用是将外加参考信号 $x_r(t)$ 和反馈信号 $x_f(t)$ 进行比较,输出二者的差值即误差信号 $x_e(t)$,再经过控制器送出控制信号 $x_c(t)$,对执行器的某一特性或某个参数进行控制。对于执行器,输入信号 $x_i(t)$ 或输出信号 $x_o(t)$ 受控制信号 $x_c(t)$ 的控制(如可控增益放大器),或者是在不加输入信号的情况下,输出信号 $x_o(t)$ 的某一参数受控制信号 $x_c(t)$ 的控制(如压控振荡器)。反馈网络的作用是从输出信号 $x_o(t)$ 中提取所需要比较的分量作为反馈信号 $x_f(t)$,并反馈回比较器。

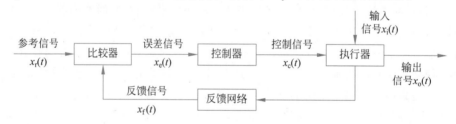

图 9.2.1　反馈控制电路基本组成

值得注意的是,图 9.2.1 中的各物理参数不一定是同一类型的参数,所以每个物理量的量纲不一定相同。根据输入比较器参数的不同,图 9.2.1 中的比较器可以是电压比较器、鉴频器或鉴相器,所对应的 $x_r(t)$ 和 $x_f(t)$ 可以是电压、频率或相位等参量。误差信号 $x_e(t)$ 和控制信号 $x_c(t)$ 一般是电压,当然也可以是其他的物理量。输出信号 $x_o(t)$ 的量纲可以是电压、频率或相位等。

如果参考信号不变,也就是电路趋于稳定状态,输出信号也会趋于原稳定状态,也就是预先规定的某个参数上。如果参考信号变化,无论输入信号或执行器本身特性有无变化,输出信号一般都会发生变化。因此,反馈控制电路中输出信号会实时跟踪参考信号的变化。

9.2.2 数学模型建立方法

反馈控制电路与负反馈放大器都是闭环控制系统,但二者的构成有区别。在模拟电

子技术中,我们学习过负反馈放大器一般是线性器件。在反馈控制电路中,比较器不一定是线性器件,很多情况下是非线性器件,其中锁相环中的鉴相器是非线性器件,当输入信号相位差较小时,可以把鉴相器作为线性器件处理。

由于反馈控制电路在某些条件下近似为一个线性系统,直接采用时域分析法比较复杂,所以,采用复频域分析方法,利用拉普拉斯(Laplace)变换与傅里叶变换求出频率响应,或利用拉普拉氏逆变换求出其频率响应。图 9.2.2 为反馈控制电路用拉普拉斯(Laplace)变换表达的数学模型。

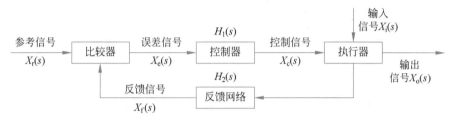

图 9.2.2 反馈控制电路的数学模型

在图 9.2.2 中,$X_r(s)$、$X_e(s)$、$X_c(s)$、$X_i(s)$、$X_o(s)$ 和 $X_f(s)$ 分别是 $x_r(t)$、$x_e(t)$、$x_c(t)$、$x_i(t)$、$x_o(t)$ 和 $x_f(t)$ 的拉普拉斯变换。比较器输出的误差信号 $x_e(t)$ 通常与 $x_r(t)$ 与 $x_f(t)$ 差值成正比,比例系数为 k_p,则

$$x_e(t) = k_p [x_r(t) - x_f(t)] \tag{9.2.1}$$

对上式进行拉普拉斯变换,则

$$X_e(s) = k_p [X_r(s) - X_f(s)] \tag{9.2.2}$$

将执行器作为线性器件处理,则

$$x_o(t) = k_c x_c(t) \tag{9.2.3}$$

其中,k_c 为比例系数,同样将上式进行拉普拉斯变换,则

$$X_o(s) = k_c X_c(s) \tag{9.2.4}$$

实际电路中都有滤波器,包含在控制信号或反馈网络中,将这两个环节看成线性网络,其传输函数分别为

$$H_1(s) = \frac{X_c(s)}{X_e(s)} \tag{9.2.5}$$

$$H_2(s) = \frac{X_f(s)}{X_o(s)} \tag{9.2.6}$$

通过以上各式可以求出整个系统的两个重要传递函数,即闭环传输函数

$$H_T(s) = \frac{X_o(s)}{X_r(s)} = \frac{k_p k_c H_1(s)}{1 + k_p k_c H_1(s) H_2(s)} \tag{9.2.7}$$

误差传输函数

$$H_e(s) = \frac{X_e(s)}{X_r(s)} = \frac{k_p H_1(s)}{1 + k_p k_c H_1(s) H_2(s)} \tag{9.2.8}$$

9.2.3 反馈控制系统特性分析

将反馈控制电路近似为一个线性系统,按照上述构建闭环传输函数和误差传输函数

的基本方法,可以进一步分析反馈控制电路的基本特性。

1) 瞬态和稳态特性

利用闭环传输函数 $H_T(s)$,在给定参考信号 $X_r(s)$ 的作用下,求出其输出函数 $X_o(s)$,再进行拉普拉斯变换,即可求出系统时域响应函数 $x_o(t)$,包括瞬态响应和稳态响应两部分。

2) 跟踪特性

利用误差传输函数 $H_e(s)$,在给定参考信号 $X_r(s)$ 的作用下,求出其误差函数 $X_e(s)$,再进行拉普拉斯变换,即可求出误差信号 $x_e(t)$,这就是跟踪特性。稳态误差值可利用拉普拉斯变换求得

$$x_{eo} = \lim_{t \to \infty} x_e(t) = \lim_{s \to 0} s X_e(s) \tag{9.2.9}$$

3) 频率特性

利用拉普拉斯变换与傅里叶变换的关系,将闭环传输函数 $H_T(s)$ 与误差传输函数 $H_e(s)$ 变换为 $H_T(j\omega)$ 和 $H_e(j\omega)$,即为闭环频率响应特性和误差频率响应特性。

4) 稳定性

根据线性系统稳定性理论,若闭环传输函数 $H_T(s)$ 中的全部极点都位于复平面的左半平面内,则环路是稳定的;若其中一个或一个以上极点位于复平面的右半平面或虚轴上,则环路是不稳定的。

5) 动态范围

组成反馈控制电路的各个环节均不可能具有无限宽的线性范围,当其中某个环节的工作状态进入非线性区后,系统的自动调节功能可能会被破坏,因此,每一反馈控制电路都是有实际应用范围的,称为控制范围或动态范围,其大小主要由各环节器件的非线性特性决定,一般用 $x_r(t)$、$x_i(t)$ 和 $x_o(t)$ 的取值范围表示。

9.3 自动增益控制电路

在通信、航空航天、导航、遥控遥测等系统中,由于受发射功率大小、传输距离远近、电磁波传播衰减、周围介质等影响,接收机能够接收的信号变化起伏会比较大,微弱时只有几微伏或几十微伏,强时可达几百毫伏,因此,接收机的最强信号和最弱信号电压相差几十分贝,这种变化范围称为接收机的动态范围。在此,必须设计可以控制电压增益大小的电路,使得接收机在弱信号下,增益增强;强信号下增益降低,不至于系统因为输入信号过强而使得接收机发生饱和或堵塞。这就是自动增益控制(AGC)电路所要达成的目标。

图 9.3.1 是具有 AGC 电路的接收机组成框图,通过检波器检测到的中频信号电压大小,与参考电压进行比较,然后依据具体情况对直流放大器的电压放大增益进行控制,再利用此输出电压进一步控制接收端的高频放大器和中频放大器的输出电压幅值,维持输出信号电平的稳定性。这种 AGC 辅助电路在接收机中是必不可少的。

9.3.1 AGC 基本工作原理

自动增益控制是用负反馈控制的方法动态地调整放大器的增益,使得输入电压幅度

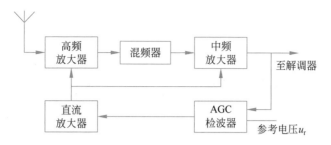

图 9.3.1　具有 AGC 电路的接收机组成框图

在相当大的范围内变化时,放大器输出电压振幅的平均值能基本保持恒定。

设输入信号振幅为 U_i,输出信号振幅为 U_o,可控增益放大器增益为 $A_g(u_c)$,它是控制电压 u_c 的函数,则有

$$U_o = A_g(u_c)U_i \qquad (9.3.1)$$

AGC 电路框图如图 9.3.2 所示。

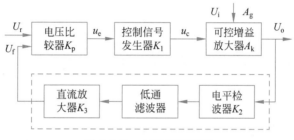

图 9.3.2　AGC 电路框图

1. 电压比较机制

如图 9.3.2 所示的 AGC 反馈电路中的参考信号 $x_r(t)$ 是用信号电压 U_r 表示,比较器所用的是电压比较器。反馈网络由电平检测器、低通滤波器和直流放大器组成。检测输出信号的振幅电平,滤除不需要的高频分量,进行适量放大后与恒定的参考电平 U_r 进行比较,产生一个误差信号 u_e,控制信号发生器在这里的作用是一个比例环节,其增益为 k_1,输出 $u_c = k_1 u_e$。若减小输入信号 U_i 使 U_o 减小时,环路产生的控制信号 u_c 将使可控放大器增益 A_g 增大,从而使 U_o 增大;若增大输入信号 U_i 致使 U_o 增大时,环路产生的控制信号 u_c 将使可控放大器增益 A_g 减小,从而使 U_o 减小。经过多次循环往复,输出信号振幅 U_o 保持基本恒定不变或者变化极小。

2. 低通滤波器的作用

环路中的低通滤波器是非常重要的。由于发射功率、距离远近和电磁波传播衰落等变化引起的信号强度变化比较缓慢,所以整个环路应具有低通传输特性,这样才能保证对信号电平的缓慢变化具有控制作用。为了使调幅波的有用幅值变化不会被 AGC 电路的控制作用所抵消,必须恰当选择环路的频率响应特性,也就是低通滤波器的截止频率,使对高于某一频率的调制信号的变化无响应,而对低于这一频率的缓慢变化才有控制作用,从而使输出信号质量得到提高。

3. 控制过程数学描述

设输出信号电压振幅 U_o 与控制电压振幅 U_c 的关系为线性函数

$$U_o = U_{o1} + kU_c = U_{o1} + \Delta U_o \tag{9.3.2}$$

其中,k 为比例系数。考虑到 AGC 电路的增益控制作用,U_o 还可以表示为

$$U_o = A_g(u_c)U_{io} = (A_g(0) + k_c u_c)U_{io} = U_{o1} + kU_c \tag{9.3.3}$$

式中,$A_g(u_c) = A_g(0) + k_c u_c$,反映了控制信号 u_c 对可控增益放大器增益的线性控制作用,k_c 为常数,表示线性控制。U_{o1} 代表误差信号与控制信号皆为零时对应的输出信号振幅,且

$$U_{o1} = A_g(0)U_{io} \tag{9.3.4}$$

U_{io} 和 $A_g(0)$ 是相应的输入信号振幅和放大器的增益。若低通滤波器对于直流信号的传输函数 $H_f(0) = 1$,当 $u_e = 0$ 时,由图 9.3.2 写出 U_r 和 U_{o1}、U_{io} 之间的关系为

$$U_r = K_2 K_3 U_{o1} = K_2 K_3 A_g(0)U_{io} \tag{9.3.5}$$

4. 主要性能指标

AGC 电路的主要性能指标有两个:一是动态范围,二是相应时间。设 m_0 是 AGC 电路限定的输出信号振幅最大值与最小值之比,即

$$m_o = U_{omax}/U_{omin} \tag{9.3.6}$$

m_i 是 AGC 电路限定的输入信号振幅最大值与最小值之比,即

$$m_i = U_{imax}/U_{imin} \tag{9.3.7}$$

则有

$$\frac{m_i}{m_o} = \frac{U_{imax}/U_{imin}}{U_{omax}/U_{omin}} = \frac{U_{omin}/U_{imin}}{U_{omax}/U_{imax}} = \frac{A_{gmax}}{A_{gmin}} = n_g \tag{9.3.8}$$

A_{gmax} 是输入信号振幅最小时可控增益放大器的增益,它表示 AGC 电路的最大增益。A_{gmin} 是输入信号振幅最大时可控增益放大器的增益,它表示 AGC 电路的最小增益。$n_g = m_i/m_o$ 代表可控增益放大器的控制倍数,表示控制电路增益动态范围,通常用分贝来表示。

例 9.3.1 某接收机输入信号振幅的动态范围是 47dB,输出信号振幅限定的变化范围为 30%。若单级放大器的增益控制倍数为 20dB,问需要多少级 AGC 电路才能满足要求。

解:$20\lg m_o = 20\lg U_{omax}/U_{omin} = 20\lg\left(1 + \dfrac{U_{omax} - U_{omin}}{U_{omin}}\right) = 20\lg(1 + 0.3) \approx 2.28(\text{dB})$

接收机 AGC 系统的增益控制倍数为

$$n_g = 20\lg\frac{m_i}{m_o} = 20\lg m_i - 20\lg m_o = 47 - 2.28 = 44.72(\text{dB})$$

AGC 电路的级数 $n = 44.72/20 \approx 2$。

9.3.2 AGC 电路

在延迟 AGC 电路里有一个启控阈值,即比较器参考电压 U_r,它对应的输入信号振幅 U_{imin},如图 9.3.3 为延迟 AGC 特性曲线。当输入信号 U_i 小于 U_{imin} 时,反馈环路断开,AGC 不起作用,放大器 K_v 不变,输出信号 U_o 与输入信号 U_i 呈线性关系。当 U_i 大

于 U_{imin} 后,反馈环路接通,AGC 电路才开始产生误差信号和控制信号,使放大器增益 K_v 有所减小,保持输出信号 U_o 基本恒定或仅有微小变化。这种 AGC 电路由于需要延迟到 $U_i > U_{imin}$ 之后才开始起控制作用,故称为延迟 AGC。但应注意,这里"延迟"二字不是指时间上的延迟。图 9.3.4 给出了一个延迟 AGC 电路。二极管 VD 和负载 $R_1 C_1$ 组成 AGC 检波器,检波后的电压经 RC 低通滤波器,供给 AGC 直流电压。另外,在二极管 VD 上加有一负电压(由负电源分压获得),称为延迟电压。当输入信号 U_i 很小时,AGC 检波器的输入电压也比较小,由于延迟电压的存在,AGC 检波器的二极管 VD 一直不导通,没有 AGC 电压输出,因此没有 AGC 作用。只有当输入电压 U_i 大到一定程度 $(U_i > U_{imin})$,使检波器输入电压的幅值大于延迟电压后,AGC 检波器才工作,产生 AGC 作用。调节延迟电压可改变 U_{imin} 的数值,以满足不同的要求。由于延迟电压的存在,信号检波器必然要与 AGC 检波器分开,否则延迟电压会加到信号检波器上,使外来信号小时不能检波,而信号大时又产生非线性失真。

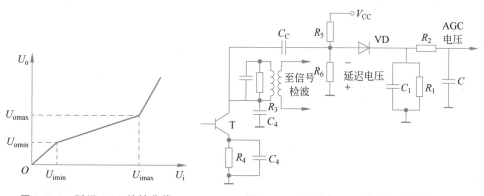

图 9.3.3　延迟 AGC 特性曲线　　　　图 9.3.4　延迟式 AGC 电路组成框图

AGC 分为前置 AGC、后置 AGC 与基带 AGC 3 种。前置 AGC 是指 AGC 处于解调以前,由高频(或中频)信号中提取检测信号,通过检波和直流放大,控制高频(或中频)放大器的增益。前置 AGC 的动态范围与可变增益单元的级数、每级的增益和控制信号电平有关,通常可以做得很大。后置 AGC 是从解调后提取检测信号来控制高频(或中频)放大器的增益。由于信号解调后信噪比较高,所以 AGC 可以对信号电平进行有效的控制。基带 AGC 是整个 AGC 电路均在解调后的基带进行处理。基带 AGC 可以用数字处理的方法完成,这将成为 AGC 电路的一种发展方向。除此之外,还可以利用对数放大、限幅放大、带通滤波等方式完成系统的 AGC。

9.3.3　AGC 电路性能指标

AGC 电路的主要性能指标有 3 个:一是动态范围,二是响应时间,三是增益控制。

1. 动态范围

AGC 电路是利用电压误差信号去消除输出信号振幅与要求输出信号振幅之间电压误差的自动控制电路。所以,当电路达到平衡状态后,仍会有电压误差存在。从对 AGC 电路的实际要求考虑,一方面希望输出信号振幅的变化越小越好,即要求输出电压振幅的误差越小越好;另一方面也希望容许输入信号振幅变化范围越大越好。因此,给定输出信号振幅变化越小,AGC 电路性能越好。例如,收音机的 AGC 指标为输入信号的强度变化 26dB 时,输出电压的变化不超过 5dB。在高级通信机中,AGC 指标为输入信号强度变化 60dB 时,输出电压的变化不超过 6dB;输入信号在 $10\mu\text{V}$ 以下时,AGC 不起作用。

2. 响应时间

AGC 电路通过对可控增益放大器增益的控制来实现对输出信号振幅变化的限制,而增益变化又取决于输入信号振幅的变化,所以要求 AGC 电路的反应既要能跟得上输入信号振幅的变化速度,又不会出现反调制现象,这就是响应时间特性。对 AGC 电路的响应时间长短的要求,取决于输入信号的类型和特点。根据响应时间长短分别有慢速 AGC 和快速 AGC 之分。而响应时间的长短的调节由环路带宽决定,主要是低通滤波器的带宽。低通滤波器带宽越宽,则响应时间越短,但容易出现反调制现象。所谓反调制,是指当输入调幅信号时,调幅波的有用幅值变化被 AGC 电路的控制作用所抵消。

3. 增益控制

根据第 3 章的讨论可知,高频放大器的谐振增益为

$$A_{\text{u0}} = \frac{p_1 p_2 \mid Y_{\text{fe}} \mid}{g_\Sigma} \tag{9.3.9}$$

上式说明,放大器的增益 A_{u0} 与晶体管的正向传输导纳 $\mid Y_{\text{fe}} \mid$ 成正比,而 $\mid Y_{\text{fe}} \mid$ 的大小与晶体管的工作点电流 I_Q 有关。因此,通过改变晶体管发射极电流 I_E,可以改变 $\mid Y_{\text{fe}} \mid$,从而可改变放大器的电压增益 A_{u0}。

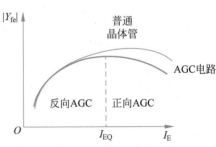

晶体管的 $\mid Y_{\text{fe}} \mid$-I_E 特性曲线如图 9.3.5 所示。从曲线可知,AGC 分正向 AGC 和反向 AGC,相应的电路中 AGC 控制电压应分别加在晶体管的基极和发射极,即可实现放大器的增益控制。

图 9.3.5　晶体管 $\mid Y_{\text{fe}} \mid$-I_E 特性曲线

9.4　自动频率控制电路

频率源是通信和电子系统的心脏,频率源的频率经常受各种因素的影响而发生变化,偏离了标称的数值。频率源性能的好坏,直接影响到通信的质量和各项性能指标。频率源的性能不佳会使系统性能恶化,信号失真,更严重的情况是引起整个通信系统瘫痪。第 5 章已经讨论了引起频率不稳定的各种因素,以及稳定频率的各种措施,本节讨论采用自动频率控制方法达到稳频的效果,这种方法可以使频率源的频率自动锁定到近似等于预期的标准频率上。

9.4.1　工作原理

自动频率控制(AFC)电路由频率比较器、低通滤波器和可控频率器件 3 部分组成,如图 9.4.1 所示。

图 9.4.1 AFC 电路组成框图

1. 频率比较器

加到频率比较器上的信号,一个是参考信号,另一个是反馈信号。它的输出电压 u_c 与这两个信号的频率差有关,而与它们的幅度无关,即误差信号为

$$u_e = k_p (\omega_r - \omega_y) \tag{9.4.1}$$

k_p 在一定频率范围内为常数,实际上就是鉴频跨导。能检测出信号频率差并转换成电压的电路都可构成频率比较器。通常是鉴频器,无须外加信号,参考频率 ω_r 与鉴频器的中心角频率 ω_0 相等。另一种是混频-鉴频型,其原理框图如图 9.4.2 所示。常用于参考频率不变的情况,鉴频器的中心频率为 ω_0,当 ω_r 与 ω_y 之差等于 ω_0 时输出为零,否则就有误差信号输出。其鉴频特性如图 9.4.3 所示。

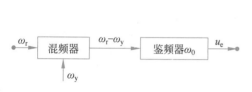

图 9.4.2 混频-鉴频比较器

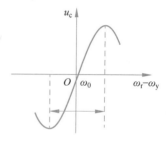

图 9.4.3 混频-鉴频特性曲线

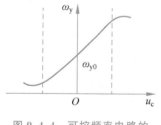

图 9.4.4 可控频率电路的
控制特性

2. 可控频率电路

可控频率器件通常是压控振荡器(VCO)在控制信号 u_c 的作用下,可以改变输出信号频率的电路。其典型特性如图 9.4.4 所示,其电压-频率一般是非线性关系,但在一定范围内,其输出振荡角频率可写成

$$\omega_y = \omega_{y0} + k_c u_c \tag{9.4.2}$$

式中,ω_{y0} 是控制电压 $u_c = 0$ 时压控振荡器固有频率;k_c 为常数,实际就是压控灵敏度,这一特性称为可控频率电路的控制特性。

3. 滤波器

AFC 电路中的滤波器同样也是低通滤波器,由频率比较器的基本原理可以得出,误差信号 u_e 的大小与极性反映了 $\Delta\omega = \omega_r - \omega_y$ 的大小与极性,而 u_e 的频率反映了频率差 $\Delta\omega$ 随时间变化的快慢。滤波器的作用是限制反馈环路中流通的频率差的变化频率,只允许频率变化较慢的信号通过,并实施反馈控制,而滤除频率变化较快的信号,使它不产生反馈作用。设图 9.4.1 中滤波器的传递函数为

$$H(s) = \frac{U_c(s)}{U_e(s)} \tag{9.4.3}$$

如果滤波器是单节积分电路,则上式变为

$$H(s) = \frac{1}{1+sRC} \tag{9.4.4}$$

当为慢变化的电压时,滤波器的传递函数可认为是 1。频率比较器和可控频率电路是惯性器件,即误差信号的输出相对于频率信号的输入有一定的延时,输出频率的改变相对于误差信号也有延时,在设计滤波器时应考虑这些延时效应。

9.4.2 主要性能指标

AFC 电路中的暂态和稳态响应,以及频率跟踪特性都是非常重要的指标。

1. 暂态和稳态响应

AFC 的闭环传递函数为

$$H_T(s) = \frac{\Omega_y(s)}{\Omega_r(s)} = \frac{k_p k_c H(s)}{1+k_p k_c H(s)} \tag{9.4.5}$$

其中,$\Omega_y(s)$ 及 $\Omega_r(s)$ 分别为 ω_y 与 ω_r 的拉普拉斯变换。输出频率拉普拉斯变换为

$$\Omega_y(s) = \frac{k_p k_c H(s)}{1+k_p k_c H(s)}\Omega_r(s) \tag{9.4.6}$$

对上式求拉普拉斯变换,即可得到 AFC 电路的暂态和稳态的时域响应。

2. 跟踪特性

AFC 的误差传递函数为

$$H_e(s) = \frac{\Omega_e(s)}{\Omega_r(s)} = \frac{1}{1+k_p k_c H(s)} \tag{9.4.7}$$

其中,$\Omega_r(s)$ 为 ω_r 的拉普拉斯变换。$H_e(s)$ 是误差角频率 $\Omega_e(s)$ 与参考角频率 $\Omega_r(s)$ 之比,不是鉴相器输出的误差电压之比,AFC 电路主要关心的是角频率。求出 AFC 电路中误差角频率 ω_e 的时域稳态误差值为

$$\omega_{e0} = \lim_{s \to 0} s\Omega_e(s) = \lim_{s \to 0} \frac{s}{1+k_p k_c H(s)}\Omega_r(s) \tag{9.4.8}$$

在稳态情况下,滤波器的传递函数假定为 1,ω_r 的变化量为 $\Delta\omega$,其拉普拉斯变换为 $\Omega_r(s) = \Delta\omega/s$,据式(9.4.8)可以得到

$$\omega_{e0} = \frac{\Delta\omega}{1+k_p k_c} \tag{9.4.9}$$

当参考信号的频率变化量为 $\Delta\omega$ 时,输出信号的角频率即使稳定,但也有误差 $\omega_{e0} = \frac{\Delta\omega}{1+k_p k_c}$。所以,AFC 电路是有频率误差的频率控制电路。另外,增大鉴频器和压控振荡器的控制特性斜率值 k_p 和 k_c,是提高鉴频系数和压控灵敏度,减小稳态误差及改善跟踪性能的重要途径。鉴频系数和压控灵敏度受器件性能的影响,除了选好器件以外,在低通滤波器和压控振荡器之间加直流放大器,或选择电压增益大于 1 的有源低通滤波器,可达到减小稳态误差的目的。

9.4.3 自动频率微调电路

图 9.4.5 是一个调频通信机的自动频率微调电器(简称 AFMC 电路)的方框图。这

里是以固定中频 f_I 作为鉴频器的中心频率,亦作为 AFMC 系统的标准频率。

当混频器输出差频 $f_I = f_s - f_0$ 不等于 f_I 时,鉴频器即有误差电压输出,通过低通滤波器,得到直流电压输出,用来控制本振 f_0(压控振荡器),从而使 f_0 改变,直到 $f_I' - f_I$ 减小到等于剩余频差为止。这固定的剩余频差叫作剩余失谐。

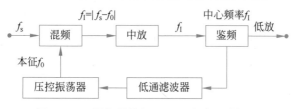

图 9.4.5　调频通信机 AFMC 电路组成框图

由于中频频率变化信号电压比较慢,而调频解调信号电压变化比较快。因此,在鉴频器和压控振荡器之间必须加入低通滤波器,以便取出反映中频频率变化的慢变化信号控制压控振荡器。

要进一步提高接收机灵敏度,可采用调频负反馈解调电路,通过解调器降低解调门限值。如图 9.4.6 所示,该解调电路与普通调频接收机相比,不同之处在于它将低通滤波器取出的解调信号又反馈给压控振荡器,作为控制电压,使压控振荡器的振荡角频率按调制信号变化。要求低通滤波器的带宽足够宽,以便调制信号不失真通过。设混频器输入调频信号的瞬时角频率为 $\omega_r(t) = \omega_{r0} + \Delta\omega_r\cos(\Omega t)$,压控振荡器在 u_c 的作用下,产生调频振荡瞬时角频率 $\omega_y(t) = \omega_{y0} + \Delta\omega_y\cos(\Omega t)$,则混频器输出中频信号瞬时角频率,该电路产生的角频率比较小,需要的门限电压比较小。这种自动频率控制电路的输入输出有一定的剩余频差。频率完全相同时,此系统无法工作,必须采用锁相环路才能满足要求。

$$\omega_I(t) = (\omega_{r0} - \omega_{y0}) + (\Delta\omega_r - \Delta\omega_y)\cos(\Omega t) \tag{9.4.10}$$

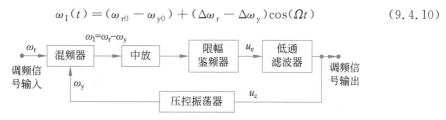

图 9.4.6　调频负反馈解调电路方框图

9.5　锁相环路性能分析

9.5.1　基本环路方程

若因为某种因素(如温度、开启电源等变化)使压控振荡器的振荡频率 f_0 偏离输入频率 f_i,则输入到鉴相器的电压 $u_i(t)$ 和 $u_0(t)$ 之间势必产生相位误差,鉴相器将输出一个与相位误差成比例的误差电压 $u_e(t)$,经环路滤波器后输出的误差控制电压 $u_c(t)$ 控制压控振荡器输出信号的频率和相位,使得 $u_i(t)$ 和 $u_0(t)$ 之间的相位误差减小,直到压控振荡器输出信号的频率等于输入信号频率,相位误差等于常数,锁相环路进入锁定状态为止。自动相位控制(APC)电路是一种无误差的频率跟踪系统(存在相位误差)。

图 9.5.1 采用旋转矢量法描述锁相环路的控制过程,当输入信号与输出信号频率不一致时,两者相位变化不能同步,造成环路失锁;当输入信号与输出信号频率严格保持一致时,相位变化时刻同步,环路得到锁定。

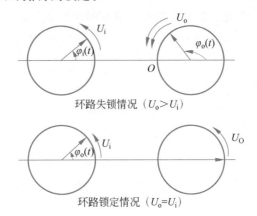

图 9.5.1 用旋转矢量说明锁相环路的控制过程

1. 鉴相器

鉴相器的作用是检测出两个输入电压之间的瞬时相位差,产生相应的输出电压 $u_d(t)$。图 9.5.2 表示鉴相器的数学模型。

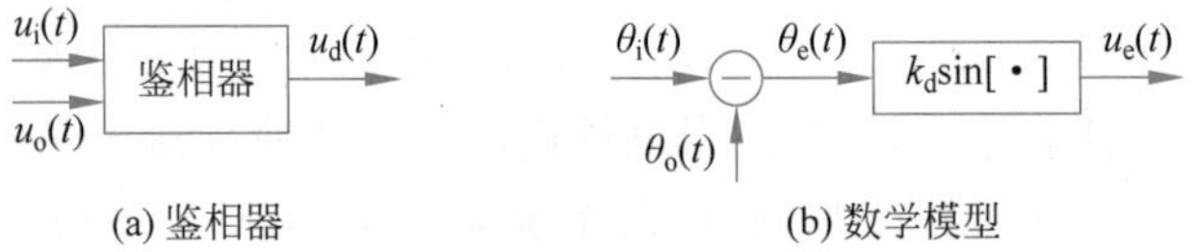

(a) 鉴相器

(b) 数学模型

图 9.5.2 鉴相器的数学模型

鉴相器的输出信号 $u_e(t)$ 是两个输入信号 $u_r(t)$ 与 $u_o(t)$ 的相位差 $\theta_e(t)$ 的函数,即

$$u_e(t) = f(\theta_e(t)) = f(\theta_r(t) - \theta_o(t)) \tag{9.5.1}$$

一个理想的模拟乘法器和低通滤波器就可构成鉴相器。通常鉴相器特性有几种,如正弦特性、三角波特性及锯齿波特性等。

如果鉴相器的输入参考信号电压 $u_r(t)$ 和压控振荡电压 $u_o(t)$ 分别为

$$u_r(t) = U_m \sin(\omega_r t + \theta_r(t)) \tag{9.5.2}$$

$$u_o(t) = U_{om} \sin\left(\omega_0 t + \theta_o(t) + \frac{\pi}{2}\right) = U_{om} \cos(\omega_0 t + \theta_o(t)) \tag{9.5.3}$$

式中,ω_r 为输入参考信号的角频率,$\theta_r(t)$ 为输入信号 $u_r(t)$ 以其载波相位 $\omega_r t$ 为参考的瞬时频率相位;ω_0 为压控振荡器输出信号的中心角频率;$\theta_o(t)$ 为压控振荡器输出信号以其相位 $\omega_0 t$ 为参考的瞬时频率相位。

通常两个信号频率不相等,为了便于比较两个信号的相位差,通常以控制电压 $u_c(t) = 0$ 时的振荡角频率 ω_0 所确定的相位 $\omega_0 t$ 作为参考相位。式(9.5.2)可写成

$$u_r(t) = U_m \sin(\omega_0 t + (\omega_r - \omega_0)t + \theta_r(t))$$
$$= U_m \sin(\omega_0 t + \Delta\omega_0 t + \theta_r(t)) = U_m \sin(\omega_0 t + \theta_1(t)) \tag{9.5.4}$$

式中,$\theta_1(t) = (\omega_r - \omega_0)t + \theta_r(t)$,称为输入信号相对于参考相位 $\omega_0 t$ 的瞬时相位。

$u_r(t)$ 与 $u_o(t)$ 相乘后,经低通滤波器滤除和频分量,可得输出电压为

$$u_e(t) = \frac{1}{2}KU_mU_{om}\sin(\omega_0 t + \theta_1(t) - \omega_0 t - \theta_o(t)) = k_d\sin\theta_e \qquad (9.5.5)$$

式中,$k_d = \frac{1}{2}KU_mU_{om}$,$\theta_e = \theta_1(t) - \theta_o(t)$ 为输入信号瞬时相位差。乘法器作为鉴相器时的输出特性是正弦特性。

2. 压控振荡器

压控振荡器的作用是产生频率随控制电压变化的振荡电压,是一种电压-频率变换器。不论以何种振荡电路和何种控制方式构成的振荡器,其控制特性总可以用角频率与电压的关系特性描述,压控振荡器的频率 $\omega_c(t)$-电压 $u_c(t)$ 的关系在一定范围内可近似表述为

$$\omega_c(t) = \omega_0 + k_c u_c(t) \qquad (9.5.6)$$

式中,ω_0 是压控振荡器的固有振荡频率,k_c 是压控振荡器控制特性曲线线性部分的斜率,表示单位控制电压产生的压控振荡器角频率变化的大小,通常用压控灵敏度(rad/(s·V))表示。锁相环路中,压控振荡器的输出电压作用于鉴相器,其作用的直接对象是瞬时相位的变化,就整个锁相环路来说,压控振荡器以其输出信号的瞬时相位为输出量,对式(9.5.6)积分得到

$$\int_0^t \omega_c(t)\,\mathrm{d}t = \omega_0 t + k_c\int_0^t u_c(t)\,\mathrm{d}t \qquad (9.5.7)$$

压控振荡器输出信号以 $\omega_0 t$ 为参考相位的瞬时相位为

$$\theta_0(t) = k_c\int_0^t u_c(t)\,\mathrm{d}t \qquad (9.5.8)$$

$\theta_0(t)$ 正比于控制电压 $u_c(t)$ 的积分。压控振荡器在锁相环路中的作用是积分环节,若用微分算子 $p = \mathrm{d}/\mathrm{d}t$ 表示,则式(9.5.8)变为

$$\theta_0(t) = \frac{k_c}{p}u_c(t) \qquad (9.5.9)$$

其数学模型可用图 9.5.3 表示。

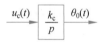

图 9.5.3 压控振荡器的数学模型

3. 环路低通滤波器

环路低通滤波器的作用是滤除鉴相器输出电流中的无用组合频率分量及其他干扰分量,以保证环路所要求的性能,提高环路的稳定性。锁相环路中常用的滤波器有 RC 积分滤波器、无源比例积分滤波器和有源比例积分滤波器。图 9.5.4 是常用的环路滤波器电路图。

1) RC 积分滤波器

图 9.5.4(a)是一阶 RC 积分滤波器,其传输函数为

$$K_F(S) = \frac{u_c(S)}{u_e(S)} = \frac{\dfrac{1}{SC}}{R + \dfrac{1}{SC}} = \frac{1}{1 + S\tau} \qquad (9.5.10)$$

式中,$\tau = RC$。

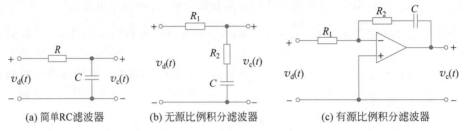

(a) 简单RC滤波器　　　(b) 无源比例积分滤波器　　　(c) 有源比例积分滤波器

图 9.5.4　常用的环路滤波器

2）无源比例积分滤波器

图 9.5.4(b)是无源比例积分滤波器，其传输函数为

$$K_F(S) = \frac{R_2 + \dfrac{1}{SC}}{R_1 + R_2 + \dfrac{1}{SC}} = \frac{1 + S\tau_2}{1 + S(\tau_1 + \tau_2)} \tag{9.5.11}$$

式中，$\tau_1 = R_1 C$，$\tau_2 = R_2 C$。

3）有源比例积分滤波器

图 9.5.4(c)是有源比例积分滤波器，运算放大器是理想运放，其传输函数为

$$K_F(S) = -\frac{R_2 + \dfrac{1}{SC}}{R_1} = -\frac{1 + S\tau_2}{S\tau_1} \tag{9.5.12}$$

式中，$\tau_1 = R_1 C$，$\tau_2 = R_2 C$。

如果将 $K_F(S)$ 中的 S 算子用微分算子 p 替代，得出滤波器的输出电压 $u_c(t)$ 与输入信号 $u_e(t)$ 之间的微分方程为

$$u_c(t) = K_F(p) u_e(t) \tag{9.5.13}$$

式中，$p = \dfrac{\mathrm{d}}{\mathrm{d}t}$ 为微分算子。环路滤波器的数学模型如图 9.5.5 所示。

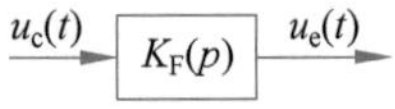

图 9.5.5　环路滤波器的
数学模型

9.5.2　锁相环路的相位模型和基本方程

将鉴相器、环路滤波器和压控振荡器的数学模型按如图 9.5.6 所示的方框图连接起来，能得到锁相环路的相位模型。

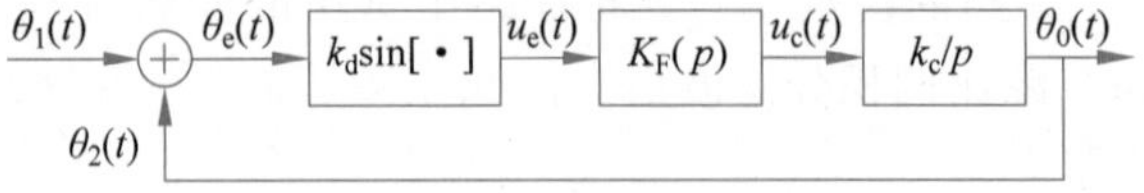

图 9.5.6　锁相环路的相位模型

根据图 9.5.6 可直接得到锁相环路的基本方程

$$\theta_e(t) = \theta_1(t) - \theta_2(t) = \theta_1(t) - k_c \frac{u_c(t)}{p} = \theta_1(t) - \frac{1}{p} k_c k_d K_F(p) \sin\theta_e(t) \tag{9.5.14}$$

式(9.5.14)的物理意义如下：

（1）$\theta_e(t)$ 是鉴相器的输入信号与压控振荡器输出信号之间的相位差。

（2）$\dfrac{1}{p} k_c k_d K_F(p) \sin\theta_e(t)$ 称为控制相位差，它是 $\theta_e(t)$ 通过鉴相器、环路滤波器等逐级处理后得到的相位控制量。

（3）相位控制方程描述了环路相位的动态平衡关系。即在任何时刻，环路的瞬时相位差和控制相位差的代数和等于输入信号以相位 $\omega_0 t$ 为参考的瞬时相位。式（9.5.14）对时间求微分，可得锁相环路的频率动态平衡关系。因为 $p = \mathrm{d}/\mathrm{d}t$ 是微分算子，所以

$$p\theta_e(t) = p\theta_1(t) - k_c k_d K_F(p)\sin\theta_e(t) \tag{9.5.15}$$

$$p\theta_e(t) + k_c k_d K_F(p)\sin\theta_e(t) = p\theta_1(t) \tag{9.5.16}$$

式中，$p\theta_e(t)$ 是压控振荡器振荡角频率偏离输入信号角频率的数值，称为环路的瞬时角频差；$k_c k_d K_F(p)\sin\theta_e(t)$ 是压控振荡器在 $u_c(t) = k_d K_F(p)\sin\theta_e(t)$ 作用下，振荡角频率 $\omega_c(t)$ 偏离 ω_0 的数值，称为控制角频率；$p\theta_1(t)$ 是输入信号角频率偏离 ω_0 的数值，称为输入固有角频率。式（9.5.16）表明：闭合环路在任何时刻，瞬时角频率和控制角频率之代数和恒等于输入固有角频差。

9.5.3　环路锁定原理

当环路输入一个频率和相位不变的信号时，即

$$u_r(t) = U_m \sin(\omega_{r0} t + \theta_{r0}) \tag{9.5.17}$$

式中，ω_{r0} 和 θ_{r0} 为不随时间变化的量。根据

$$\theta_1(t) = (\omega_r - \omega_0) t + \theta_r(t) \tag{9.5.18}$$

上述条件下输入信号以相位 $\omega_0 t$ 为参考的瞬时相位为

$$\theta_1(t) = (\omega_r - \omega_0) t + \theta_{r0} \tag{9.5.19}$$

$$p\theta_1(t) = (\omega_{r0} - \omega_0) t = \Delta\omega_0 \tag{9.5.20}$$

式中，ω_0 为没有控制电压的压控振荡器的固有振荡频率，$\Delta\omega_0$ 为环路的固有角频率。

将（9.5.20）代入式（9.5.16），得到环路方程为

$$p\theta_e(t) + k_c k_d K_F(p)\sin\theta_e(t) = \Delta\omega_0 \tag{9.5.21}$$

对应的各角频率关系为

$$(\omega_{r0} - \omega_c(t)) + (\omega_c(t) - \omega_0) = (\omega_{r0} - \omega_0) \tag{9.5.22}$$

式中，$\omega_{r0} - \omega_c(t)$ 为瞬时角频差；$\omega_c(t) - \omega_0$ 为控制角频差；$\omega_{r0} - \omega_0$ 为输入角频差，$\omega_c(t)$ 为压控振荡器在控制电压作用下信号的角频率。假定通过环路的作用，使瞬时角频差为零，即

$$\lim p\theta_e(t \to \infty) = 0 \tag{9.5.23}$$

这时 $\theta_e(t)$ 不再随时间变化，是一个固定的值，且能一直保持下去，这时候锁相环路进入锁定状态。此时，锁相环路的特点是：

（1）压控振荡器受环路的控制，其振荡频率从固有角频率 ω_0 变为

$$\omega_c(t) = \omega_0 + k_c k_d K_F(p)\sin\theta_e(t) = \omega_0 + \Delta\omega_0 = \omega_{r0} \tag{9.5.24}$$

即压控振荡器输出信号的角频率 $\omega_c(t)$ 能跟踪输入信号角频率 ω_{r0}。

（2）环路进入锁频状态后，没有剩余的频差。

（3）此时，鉴相器的输出电压为直流，即 $u_e(t) = k_d \sin\theta_{e\infty}$。

（4）环路进入锁频状态后，由式（9.5.22）可求出 $\Delta\omega_0 = k_c k_d K_F(p)\sin\theta_{e\infty}$。因为 $u_e(t)$ 是直流，对于环路滤波器来说，对应直流状态下的传递函数 $K_F(0)$，则有

$$\Delta\omega_0 = k_c k_d K_F(0)\sin\theta_{e\infty} \tag{9.5.25}$$

$$\theta_{e\infty} = \arcsin\frac{\Delta\omega_0}{k_c k_d K_F(0)} = \arcsin\frac{\Delta\omega_0}{K_p} \tag{9.5.26}$$

式中，$K_p = k_c k_d K_F(0)$ 为环路直流总增益，单位为 rad/s。锁相环路的同步带（跟踪带）$\Delta\omega = \pm K_p$。所以，增大环路直流总增益可以增大锁相环路的同步带。

9.5.4　锁相环路捕捉过程的定性分析

由于环路方程为非线性微分方程，定量求解困难，因此这里仅定性分析锁相环路捕捉过程。未加输入信号，压控振荡器无控制信号，振荡角频率为 ω_r，锁相环路加输入信号 ω_i，鉴相器输出角频率为 $\Delta\omega_i = \omega_i - \omega_r$，锁相环瞬时相位为

$$\theta(t) = \int_0^t \Delta\omega_i \mathrm{d}t = \Delta\omega_i t \tag{9.5.27}$$

鉴相器输出角频率为 $\Delta\omega_i$ 的正弦控制电压 $u_d(t) = k_d\sin(\Delta\omega_i t) = k_d\sin\theta_e(t)$。锁相环路的捕获过程如图 9.5.7 所示。

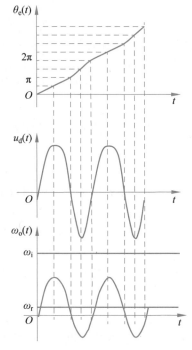

图 9.5.7　锁相环路捕获过程示意图

9.5.5　锁相环路的基本应用

1. 锁相调频电路

用锁相环调频，能够得到中心频率高度稳定的调频信号，图 9.5.8 是这种方法的方框图。

实现锁相调频的条件是：

（1）调制信号的频谱要处于低通滤波器通频带之外，并且调频指数不能太大。其目的是使调制信号不能通过低通滤波器，在环路内不能形成交流反馈，调制信号的频率对环路无影响，即环路对调制信号的频率变化不灵敏，几乎不起作用。但调制信号能使压控振荡器的振荡频率受调制，从而输出调频波。

（2）利用满足上述调制条件的调制信号去线性控制压控振荡器输出信号的瞬时频率，同时其中心频率通过窄带滤波器精确锁定于晶振的频率，而不受调制信号的影响，从而在压控振荡器的输出端可以得到中心频率高度稳定的调频信号。

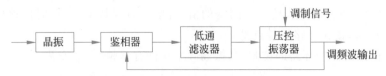

图 9.5.8　锁相调频电路组成方框图

2. 锁相调频解调电路

调制跟踪锁相环本身就是一个调频解调器。将环路滤波器带宽设计成调制信号带

宽,它利用锁相环路良好的调制跟踪特性,使锁相环路跟踪输入调频信号瞬时相位的变化,即跟踪调频信号中反映调制规律变化的瞬时频偏,从而使压控振荡器控制端获得解调输出。锁相环鉴频器的组成如图9.5.9所示。

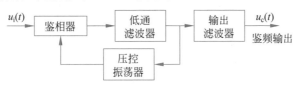

图 9.5.9 锁相调频电路组成方框图

3. 锁相分频

在锁相环路中插入倍频器就可构成锁相分频电路,如图9.5.10所示。当环路锁定时,$\omega_i = N\omega_o$,即 $\omega_o = \dfrac{\omega_i}{N}$,$N$ 为倍频器的倍频次数。

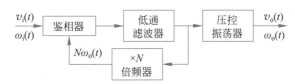

图 9.5.10 锁相分频电路组成方框图

4. 锁相倍频

在锁相环路中插入分频器就可构成锁相倍频电路,如图9.5.11所示。当环路锁定时,$\omega_i = \omega_o/N$,即 $\omega_o(t) = N\omega_i(t)$,$N$ 为分频器的分频次数。

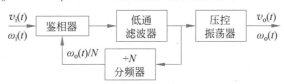

图 9.5.11 锁相倍频电路组成方框图

与普通倍频器相比,锁相倍频器的优势在于:

(1) 锁相倍频具有良好的滤波特性,容易得到高纯度的频率输出,而普通倍频器的输出中经常出现谐波干扰;

(2) 锁相环路具有良好的跟踪特性和滤波特性,锁相倍频器特别适合于输入信号频率在较大范围内漂移,并同时伴有噪声的情况,这样的环路兼有倍频和跟踪滤波的双重作用。

5. 锁相混频器

如图9.5.12所示,设输入鉴相器和混频器的信号角频率分别为 $\omega_i(t)$ 和 $\omega_L(t)$,混频器的本地振荡信号由压控振荡器输出角频率 $\omega_o(t)$ 提供,若混频器中的输出取差频,则为 $|\omega_L(t) - \omega_o(t)|$,若锁相环锁定后无剩余频差,即

$$\omega_i(t) = |\omega_L(t) - \omega_o(t)| \tag{9.5.28}$$

当 $\omega_o(t) > \omega_L(t)$,则 $\omega_o(t) = \omega_L(t) + \omega_i(t)$;当 $\omega_o(t) < \omega_L(t)$,则 $\omega_o(t) = \omega_L(t) -$

$\omega_i(t)$。即压控振荡器输出的是和频还是差频,仅由 $\omega_o(t) > \omega_L(t)$ 或 $\omega_o(t) < \omega_L(t)$ 决定。

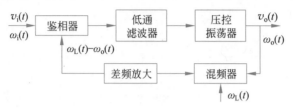

图 9.5.12　锁相混频电路组成方框图

6. 锁相同步检波电路

假定锁相环路的输入信号是调幅波,由于锁相环路只能跟踪相位变化,环路输出端只能得到等幅波。用锁相环路对调幅波进行解调,实际上是给锁相环路一个稳定度高的载波信号电压,与输入调幅信号共同加到同步检波器上,就可得到所需要的载波信号电压。采用同步检波器解调调幅信号或带有导频的单边带信号时,必须从输入信号中恢复出同频同相的载波信号,作为同步检波器的同步信号。采用锁相环路可以从所接收的信号中获得同步信号,实现调幅波的同步检波。图 9.5.13 是锁相同步检波电路的方框图,鉴于压控振荡器输出信号与输入参考信号(已调幅波)的载波分量之间有固定的 90° 的相移,必须经过移相器将其变成与已调波载波分量同相的信号,并与已调波共同加到同步检波器上,才能得到所需的解调信号。

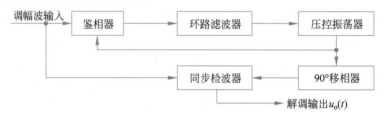

图 9.5.13　锁相同步检波电路方框图

7. 锁相接收机——窄带跟踪接收机

在卫星通信中,测速与测距是其重要的任务。由于卫星距离地面很远,且发射功率有限,因此地面接收机能捕获的信号比较微弱。同时卫星在环绕地球运行的过程中,存在多普勒效应,频率将偏移原来的发射信号,假设接收机本身只有几十赫兹到几百赫兹,而它的频率偏移可以达到几千赫兹到几十千赫兹,如果采用普通的外差式接收机,中频放大器的带宽就要大于这一变化范围,宽频带会引起大的噪声功率,导致接收机的输出信噪比严重下降,无法接收有用的信号。锁相接收机又称为窄带跟踪接收机,带宽很窄,又能准确跟踪信号,比普通接收机信噪比提高 30～40dB。

图 9.5.14 为锁相接收机简化后的方框图。设环路输入信号频率为 $f_i \pm f_d$,其中,f_d 为多普勒频移,参考信号 u_r 的频率为 f_r,可由晶振产生。当环路锁定后,混频器输出的中频信号的频率 f_I 应与参考信号的频率 f_r 相等,即 $f_I = f_r$。因此,不论输入信号频率如何变化,混频器输出的中频总是自动地维持在 f_r 上。这样,中频放大器的通频带就可以做得很窄,从而保证鉴相器输入端有足够的信噪比,提高了接收机的灵敏度。但对

于比较中心频率大范围变化的输入信号,单靠环路自行进行捕捉是比较困难的。因此,通常在锁相接收机中加上频率捕捉电路,当环路失锁时,频率捕捉装置生成锯齿扫描电压,加到环路滤波器产生控制电压,控制压控振荡器频率在较大范围内变化,只要它的频率接近输入信号频率,环路就会自动切断扫描电压,进入正常状态。

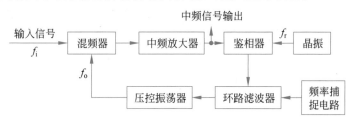

图 9.5.14　锁相接收机组成方框图

8. 频率合成器

频率合成器(频率综合器)是利用一个或几个标准信号源的频率产生一系列所需频率的技术。锁相环路加上一些捕捉电路后,就可以实现对一个标准频率进行加、减、乘、除运算而产生所需的频率信号,这可以用混频、倍频和分频等电路来实现。而且,合成后的信号频率与标准信号频率具有相同的长期频率稳定度和较好的频率纯度,结合单片机技术,可实现自动选频和频率扫描。锁相式单环频率合成器的基本组成如图 9.5.15 所示。

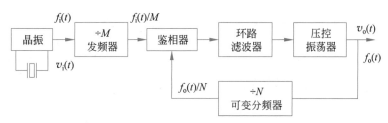

图 9.5.15　频率合成器组成方框图

在环路反馈支路中,加入具有高分频比的可变分频器,通过控制它的分频比就可得到若干标准频率输出。频率合成器的电路构成和锁相倍频电路是一致的。频率合成器的主要技术指标有:

(1) 频率范围。频率范围是指频率合成器输出的最低频率 f_{omin} 和最高频率 f_{omax} 之间的变化范围,也可用覆盖系数 $k = f_{omax}/f_{omin}$ 表示(k 又称为波段系数)。如果覆盖系数 k 超出 2～3 的范围,则整个频段可以划分为几个分波段,分波段的覆盖系数一般取决于压控振荡器的特性。而且频率合成器在指定的频率点上都能正常工作,能满足质量指标的要求。

(2) 频率间隔(频率分辨率)。频率合成器的输出是不连续的,两个相邻频率之间的最小间隔,就是频率间隔。频率间隔又称为频率分辨率。不同用途的频率合成器,对频率间隔的要求是不相同的。对短波单边带通信来说,现在多取频率间隔为 100Hz,有的甚至取 10Hz、1Hz,乃至 0.1Hz。对超短波通信来说,频率间隔多取 50kHz、25kHz 和 10kHz 等。在一些测量仪器中,其频率间隔可达兆赫兹量级。

当环路锁定后,鉴相器两路输入频率相等,即

$$\frac{f_i}{M} = \frac{f_o}{N} \Rightarrow f_o = \frac{N}{M} f_i$$

当 N 改变时,输出信号频率相应为 f_i 的整数倍变化。

例 9.5.1 图 9.5.16 为三环式频率合成器方框图,已知 $f_i = 100\text{kHz}, 300 \leqslant N_A \leqslant 399, 351 \leqslant N_B \leqslant 397$。求输出信号频率范围及频率间隔。其中,PD 代表鉴相器,LF 代表低通滤波器,VCO 代表压控振荡器,N_A、N_B 分别代表环 1 和环 2 的分频比。

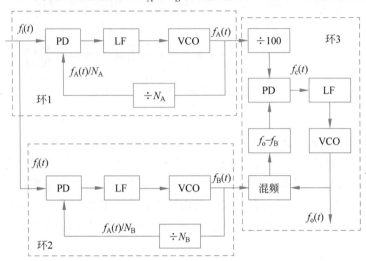

图 9.5.16 三环式频率合成器组成方框图

解:因为 $f_o = f_c + f_B = \left(\dfrac{N_A}{100} + N_B \right) f_i$,所以当 $N_A = 399, N_B = 397$ 时输出频率最高。

$$f_{omax} = \left(\frac{399}{100} + 397 \right) \times 100\text{kHz} = 40\ 099\text{kHz}$$

所以当 $N_A = 301, N_B = 351$ 时输出频率最低。

$$f_{omin} = \left(\frac{301}{100} + 351 \right) \times 100\text{kHz} = 35\ 400\text{kHz}$$

所以,合成器的频率范围为 $35.4 \sim 40.099\text{MHz}$,因此,合成频率间隔为 $\Delta f = f_o - f_{omin} = 1\text{kHz}$。

9.6 单片集成锁相环路典型电路

利用线性电路集成技术,可方便地把锁相环路制成单片形式,集成式锁相环具有体积小、重量轻、调整方便,且能提高锁相环路的标准性、可靠性和多用途性。按其组成部件的电路形式可分为模拟锁相环路和数字锁相环路。模拟锁相环路大都是双极型的,国外主要产品有 NE560、NE561、NE562、NE565 等,国内产品有 L562、L564、SL565、KD801、KD802、KD8041 等。数字锁相环路大部分采用 TTL(Transistor Transistor Logic,TTL)电路或 ECL(Emitter Coupled Logic,ECL)电路,并发展了 CMOS(Complementary Metal Oxide Semiconductor,CMOS)锁相环路,如国内的 J961、

5G4046、CC4046 和国外的 BG322、X38、CD4046、MC14046。

9.6.1 NE562

NE562(国内同类产品 L562、KD801、KD8041)是目前广泛应用的一种多功能单片锁相环路。NE562 是最高工作频率可达 30MHz 的通用型集成锁相环。它可以构成数据同步器、调频调制与解调器、FSK(Frequency Shift Keying, FSK)解调器、遥测解调器、音质解调器及频率合成器。NE562 组成框图如图 9.6.1(a)所示,图 9.6.1(b)是 NE562 的引脚图。NE562 的极限参数为:最高电源电压 30V(通常用 18V),最大电源电流 14mA,最低工作频率 0.1Hz,最高工作频率 30MHz,输入电压 3V(第 11、12 脚间的均方值),跟踪范围 $\pm15\%$(输入 200mV 方波),允许功耗 300mV(25℃),工作温度 0℃～70℃。

1. NE562 的组成

NE562 内部包含有鉴相器(PD)、环路滤波器(LF)、压控振荡器(VCO)、3 个放大器 $A_1 \sim A_3$、限幅器以及稳压、偏置和温度补偿等辅助电路。

(1) PD 采用双平衡模拟乘法器,外输入信号从第 11、12 脚引入,由 VCO 产生的方波从第 3、4 脚输出,经过外电路后从第 2、15 脚重新输入。作为 PD 的比较信号;PD 输出的误差从第 13、14 脚间差分输出,经 LF 滤波后,再经放大器 A_1 隔离、缓冲放大,最后经限幅后送到 VCO。

(2) LF 由 NE562 内部双平衡差分电路集电极电阻 R_C($2\times6\text{k}\Omega$)和第 13、14 脚外接 R、C 元件构成。

(3) VCO 采用射极定时的压控多谐振荡器,第 5、6 脚外接定时电容 C_T。放大器 A_3 既可以保证 VCO 的频率稳定度,又放大了 VCO 的输出电压,使第 3、4 脚输出的电压幅度增大到约 4.5V,以满足 PD 对 VCO 信号电压幅度的要求。VCO 经 A_3 放大输出,可外接其他部件以发挥多功能作用。

(4) 限幅器与 VCO 串接构成一级控制电路。NE562 内部限幅器的集电极电流受第 7 脚外接电路的控制,一般第 7 脚注入电流增大,则内部限幅器集电流减小,VCO 跟踪范围变小;反之,跟踪范围变大。当第 7 脚注入电流大于 0.7mA 时,内部限幅器截止,VCO 的控制被截断,VCO 处于失控的自由振荡工作状态(系统失锁)。

(5) 当 NE562 用作调频信号的解调时,解调信号由 9 脚输出,此时 9 脚需外接一个电阻到地(或负电源)作为 NE562 内部电路的射极负载,电阻数值要合适(常取 15kΩ)以确保内部射极输出电流不超过 5mA,另外,10 脚应外加重电容。

2. NE562 的调整方法。

(1) 输入信号 $v_i(t)$ 从第 11、12 脚输入时,应采用电容耦合,以避免影响输入端的直流电位,要求容抗即 $1/\omega C$ 远远小于输入电阻(2kΩ)。$v_i(t)$ 可以双端输入,也可单端输入。单端输入时,另一端应交流接地,以提高 PD 增益。

(2) 环路滤波的设计。LF 由 NE562 内部双平衡差分电路集电极电阻 R_c($2\times6\text{k}\Omega$),第 13、14 脚的外接电路,以及 NE562 内部的 PD 负载电阻 R_c 共同构成积分滤波器。图 9.6.2 为常用的 LF 电路 4 种连接方式。

对应于图 9.6.2 中(a)～(d)的传递函数 $H_{F1}(s)$、$H_{F2}(s)$、$H_{F3}(s)$ 和 $H_{F4}(s)$ 分别为

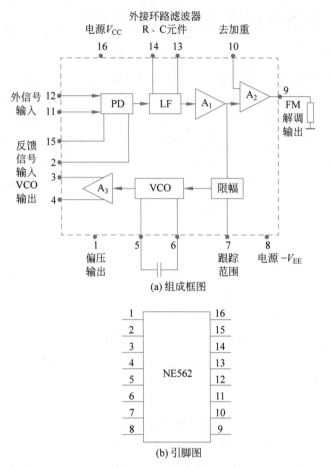

外接环路滤波器
电源V_{CC} R、C元件   去加重

(a) 组成框图

(b) 引脚图

图 9.6.1   NE562 组成框图及引脚

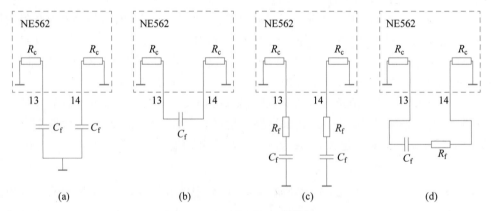

(a)   (b)   (c)   (d)

图 9.6.2   NE562 常用环路滤波器

$$
\begin{cases}
H_{F1}(s) = \dfrac{1}{sR_cC_f + 1} \\[3mm]
H_{F2}(s) = \dfrac{1}{s(2R_cC_f) + 1}
\end{cases}
\qquad (9.6.1)
$$

$$\begin{cases} H_{F3}(s) = \dfrac{1+sR_fC_f}{s(R_c+R_f)C_f+1} \\[3mm] H_{F4}(s) = \dfrac{1+sR_fC_f}{s(2R_c+R_f)C_f+1} \end{cases} \tag{9.6.2}$$

一般已知 $R_c=6\mathrm{k\Omega}$，R_f 通常选 $50\sim200\Omega$，根据所要求设计的 LF 截止频率 ω_c 可分别计算出图 9.6.2(a)～(d)的 C_f 值：

$$C_f = \frac{1}{\omega_c R_c} = \frac{1}{2\pi f_c R_c} \tag{9.6.3}$$

$$C_f = \frac{1}{2\omega_c R_c} = \frac{1}{4\pi f_c R_c} \tag{9.6.4}$$

$$C_f = \frac{1}{\omega_c(R_c+R_f)} = \frac{1}{2\pi f_c(R_c+R_f)} \tag{9.6.5}$$

$$C_f = \frac{1}{\omega_0(2R_c+R_f)} = \frac{1}{2\pi f_c(2R_c+R_f)} \tag{9.6.6}$$

当 VCO 的固有振荡频率 $f_0<5\mathrm{MHz}$ 时可选用图 9.6.2(a)和(b)的电路，当 VCO 的固有振荡频率 $f_0\geqslant5\mathrm{MHz}$ 时，可选用图 9.6.2(c)和(d)的电路。

（3）VCO 的输出方式与频率调整。

VCO 信号输出端第 3、4 脚与地之间应当接上数值相等的射极电阻，阻值一般为 $2\sim12\mathrm{k\Omega}$，使内部射极输出器的平均电流不超过 $4\mathrm{mA}$。

当 VCO 输出需与逻辑电路连接时，必须外接电平移动电路，使 VCO 输出端 12V 的直流电平移到某一低电平值上，并使输出方波符合逻辑电路。图 9.6.3(a)为实用的单端输出的电平移动电路；图 9.6.3(b)为双端驱动的电平移动电路，其工作频率可到 20MHz。

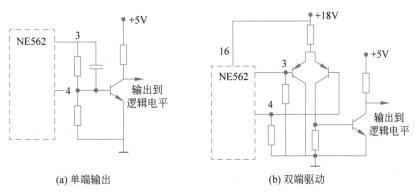

(a) 单端输出　　　　　　(b) 双端驱动

图 9.6.3　**NE562 VCO 输出端逻辑接口电路**

VCO 的频率及其跟踪范围能调整与控制。VCO 频率的调整，除采用直接调节与定时电容并联的微变电容外，还有如图 9.6.4 所示的 3 种方法。

图 9.6.4(a)电路中 VCO 的工作频率为

$$f'_0 = f_0\left(1+\frac{E_A-6.4}{1.3R}\right) \tag{9.6.7}$$

其中，f_0 为 $E_A=6.4\mathrm{V}$ 时，VCO 的振荡频率相对变化。改变 E_A，振荡频率相对变化为

$$\Delta f = \frac{f_0' - f_0}{f_0} = \frac{E_A - 6.4}{1.3R} \tag{9.6.8}$$

对于图 9.6.4(b)、(c)，可将 VCO 频率扩展到 30MHz 以上，图 9.6.4(c)可用外接电位器 R_P 微调频率。

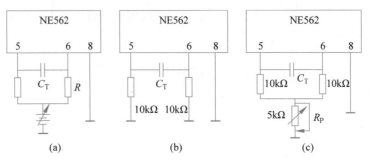

图 9.6.4　NE562 VCO 频率调整电路

PD 的反馈输入与环路增益控制方式。PD 的反馈输入方式一般采用单端输入工作方式，如图 9.6.5 所示，其中，1 脚的输出 +7.7V 偏置电压经 R(2kΩ)分别加到反馈输入端的第 2、15 脚作为 IC 内部电路基极的偏压，而且第 1 脚到地接旁路电容 C_B，反馈信号从 VCO 的第 3 脚输出，并经分压电阻取样后，通过耦合电容 C_C 加到第 2 脚构成闭环系统。对环路总增益 G_L 的控制，还普遍采用在第 13、14 脚并接电阻 R_f 的方式，以抵消因 f_0 上升而使 G_L 过大造成的工作不稳定性。此时的环路总增益降低为

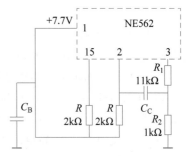

图 9.6.5　NE562 反馈输入方式

$$G_{LF} = G_L \frac{R_f}{1200 + R_f} = G_L \alpha \tag{9.6.9}$$

R_f 的单位为 Ω，$\alpha = R_f/(1200 + R_f)$ 称增益减小系数。

3. NE562 的应用

集成锁相环路已经应用于现代电子技术的各个领域，可以实现以下功能。

(1) 稳频——输入一个高稳定度的标准频率，通过锁相环路实现分频、倍频与频率合成。

(2) 调制——利用锁相环路控制电压对 VCO 振荡频率的控制特性。

(3) 解调——利用锁相环路对载波调制跟踪的控制特性，实现对调频或 FSK 输入信号的解调。

(4) 利用锁相环路实现载波同步和位同步，实现相干解调和构成数字滤波器。

(5) 利用锁相环路实现对电机转速控制、自动频率校正、天线调谐及相位自校等功能。

(6) 测量——利用锁相环路可实现对两信号频差及相差测量的特点，实现卫星测距和相位噪声测试。

下面简单介绍 NE562 在解调及倍频等方面的基本应用电路。

1）NE562 解调电路

图 9.6.6 为 NE562 构成的宽频偏解调电路。C_s 为调频信号输入耦合电容，要求其容抗远小于 PD 的差模输入阻抗（4kΩ），以减小 C_s 对调频信号的相移。定时电容 C_T 应确保 VCO 的中心频率 f_0 等于调频信号的载频。C_C 为 VCO 信号耦合电容，对载频的容抗尽可能小，以减小对载频信号的相移。R_f、C_f 组成比例积分式 LF，其带宽应根据环路对调制信号跟踪的要求，即根据调频信号的最大频偏合理设计。C_D 为去加重电容，解调信号由第 9 脚输出。内部限幅器集电极电流受第 7 脚外接电路的控制，一般第 7 脚注入电流增加，则内部限幅器集电流减少，VCO 跟踪范围小；反之跟踪范围增大。当第 7 脚注入电流大于 0.7mA 时，内部限幅器截止，VCO 的控制被截断，VCO 处于失控自由振荡工作状态（系统失锁）。

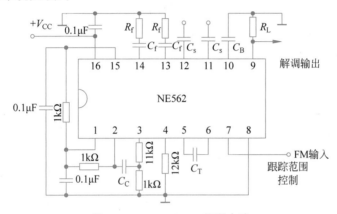

图 9.6.6　NE562 FM 解调电路

2）NE562 倍频器

在锁相环路的反馈通路中接入分频器，可构成锁相倍频器。

图 9.6.7 是通用型单片集成锁相环 NE562（L562）和国产 T216 可编程除 N 分频器构成的单环锁相环频率合成器，它可完成 10 以内的锁相倍频，即可得到 1～10 倍的输入信号频率输出。定时电容 C_r 决定 NE562 的振荡频率 f_0，C_f 与芯片内部电阻构成环路

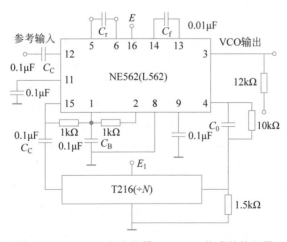

图 9.6.7　NE562 和分频器 T216 FM 构成的倍频器

滤波器。频率为 f_i 的参考信号经耦合电容 C_C 送到第 12 脚单端输入,第 11 脚、第 1 脚和第 9 脚均经电容高频接地。VCO 信号由第 4 脚经电阻($10k\Omega$、$1.5k\Omega$)、电容($0.1\mu F$)耦合电路送到分频器 T216 的输入端,经 N 分频以后通过耦合电容($0.1\mu F$)单端输入第 15 脚,与外输入参考信号进行相位比较。当电路锁定时,VCO 输入信号的频率为 $f_0 = Nf_i$,即实现了 N 倍频。

9.6.2 模拟集成锁相环 SL565

SL565 的组成方框图如图 9.6.8 所示。它的主要组成部分仍是 PD 和 VCO。PD 都是采用双差分对相乘器的乘积型鉴相器。SL565 的工作频率可达 500kHz,VCO 采用积分-施密特触发型多谐振荡器,它由压控电流源 I_0、施密特触发器、开关转换电路、电压跟随器 A_1 和放大器 A_2 组成。其中,压控电流源 I_0 轮流地向外接电容 C 进行正向和反向充电,产生对称的三角波电压,施密特触发器将它变换为对称方波电压,通过 A_1 和 A_2 去控制开关 S,实现 I_0 对 C 轮流充电。

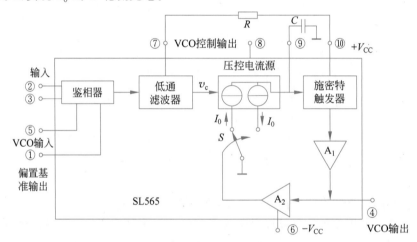

图 9.6.8　SL565 的组成方框图

9.6.3 模拟集成锁相环 NE564

NE564 的工作频率可达 50MHz,最大频率锁定范围为 $\pm 12\% \, f_0$,输入阻抗大于 50Ω,电源电压为 5～12V,由 1 端供给除 VCO 外的全部用电,典型工作电流为 60mA。其 VCO 采用的是射极多谐振荡器。NE564 实现调制的条件是,调制信号的频谱要处于输入低通滤波器通带之外,并且调频指数不能太大。这样,调制信号不能通过低通滤波器,因而在锁相环路形成交流反馈,调制频率对锁相环路无影响,锁相环只对 VCO 平均中心频率不稳定引起的分量起作用(处于低通滤波器通带之内),使它的中心频率锁定在晶振频率上,输出调频波的中心频率稳定度高。NE564 更适合用作调频信号和移频键控信号解调器的通用器件,如图 9.6.9 所示,在输入端增加了振幅限幅器,以消除输入信号中的寄生调幅,输出端增加了直流恢复和施密特触发电路,用来对 FSK 信号进行整形。为便于使用,VCO 的输出通过电平变换电路产生 TTL 和 ECL 兼容的电平。

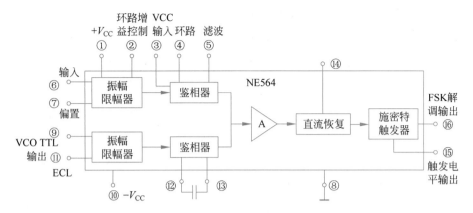

图 9.6.9　NE564 模拟集成锁相环原理框图

科普九　卡尔曼滤波器的基本原理与核心技术

参考文献

思考题与习题

9.1　在如图所示的频率合成器中,两个固定分频器的 $M=10$,若可变分频器的分频比 $N=900\sim1000$,试求输出频率 f_o 的范围及相邻频率的间隔。

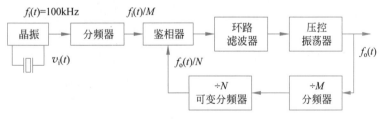

思考题与习题 9.1 图

9.2　锁相环路如图所示,环路参数为 $k_d=1\mathrm{V/rad}$,$k_c=5\times10^4\,\mathrm{rad/s\cdot V}$。LF 采用如图 9.5.4(c)所示的有源比例积分滤波器,其参数为 $R_1=125\mathrm{k\Omega}$,$R_2=1\mathrm{k\Omega}$,$C=10\mu\mathrm{F}$。设参考电压 $v_R(\mathrm{t})=V_{Rm}\sin[10^6t+0.5\sin(2\omega t)]$,VCO 的初始角频率为 $1.005\times10^6\,\mathrm{rad/s}$,PD 具有正弦鉴相特性。

试求:

(1)环路锁定后的 $u_c(t)$ 的表达式；

(2)捕捉带 $\Delta\omega_p$、快捕带 $\Delta\omega_L$ 和快捕时间 τ。

思考题与习题 9.2 图

9.3　调频负反馈解调电路如图所示,已知低通滤波器增益为1,当环路输入单音调制的调频波 $u_i(t)=U_m\cos[\omega_i t+m_f\sin(\Omega t)]$,要求加到中频放大器输入端调频波的调频指数为 $m_f=0.1$。试求乘积 $k_d k_0$ 的值。

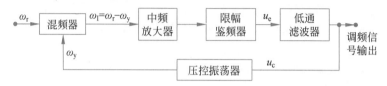

思考题与习题 9.3 图

9.4　锁相环路稳频与自动频率微调在工作原理上有哪些相同点和不同点?

9.5　试从物理上解释为什么锁相环路传输特性 $H(s)$ 具有低通特性,而误差函数 $H_e(s)=1-H(s)$ 具有高通特性。

9.6　三环式频率合成器方框图如图所示,已知 $f_i=150\text{kHz},400\leqslant N_A\leqslant499,450\leqslant N_B\leqslant490$。求输出信号频率范围及频率间隔。其中,PD 代表鉴相器,LF 代表低通滤波器,VCO 代表压控振荡器,N_A、N_B 分别代表环 A 和环 B 的分频比。

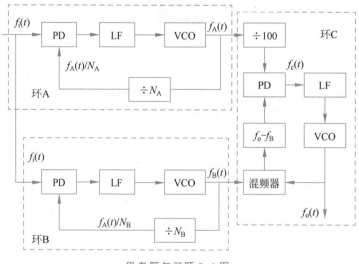

思考题与习题 9.6 图

第 10 章

视频

传输线理论、史密斯圆图和宽带通信

内容提要

本章介绍了均匀传输线的基本概念、传播常数、输入阻抗等关键参数,以及它们在微波传输中的应用。重点分析了传输线在不同条件下的工作状态,如行波状态和驻波状态,并利用传输线理论解释了这些现象的物理意义及其在现代通信系统中的重要性。详细讲解了史密斯圆图的构造原理和应用方法,包括阻抗和导纳的图形表示、匹配网络设计以及复杂负载的分析。通过实例,展示了如何使用史密斯圆图简化射频电路设计和分析过程,特别是在处理复杂的阻抗匹配问题时的有效性。介绍了宽带技术的基础知识和关键技术,如 OFDM、MIMO 以及智能超表面等新兴技术。探讨了这些技术如何支持高速、高效的数据传输,强调了宽带通信在解决覆盖范围广、传输速率高等挑战中的作用。最后介绍了 NI Multisim 14.0 仿真软件在高频电路中的具体应用。旨在为学生提供一个关于现代通信技术全面视角,帮助他们理解和掌握传输线理论、史密斯圆图分析以及宽带通信技术的核心概念和应用。教学时间预计为 8～10 学时。

10.1 传输线基础知识

视频

10.1.1 微波传输线基本概念

微波传输线由于线长与其工作波导波长相比拟而称为长线。因为微波频段的传输线上的趋肤效应、变化电流,导线间电压及漏电流等引起分布参数效应,即微波传输线特性可以用等效的集总参数电路表示。传输线理论是场分析和基本电路理论之间的桥梁,在电磁学和微波科学技术的研究中有重要的意义。

1. 基本定义

微波传输线是用于传输微波信息和能量的各种形式的传输系统的总称,它的作用是引导电磁波沿一定方向传输,因此又称为导波系统,其所导引的电磁波被称为导行波。

2. 传输线的基本结构形式

传输线本质上是能引导电磁波传递的装置,因此传输线的类型非常多,按基本结构形式主要可分为以下三大类:TEM 或准 TEM 传输线、金属波导以及表面波波导。TEM 波传输线,如双导线、同轴线、带状线和微带线(严格地讲,是准 TEM 波传输线)等,属于双导体传输系统。TE 波和 TM 波传输线,如矩形、圆形、脊形和椭圆形波导等,由空心金属管构成,属于单导体传输系统。表面波传输线,如介质波导等,电磁波聚集在传输线内部及其表面附近沿轴线方向传播,一般是混合波形(TE 波和 TM 波的叠加),也可传播 TE 波或 TM 波。

3. 微波传输线分布参数

低频电路分析中任意网络的尺寸比工作波长小得多,因而在电路中可以不考虑各点电压、电流的幅度和相位变化,沿线电压、电流只与时间因子有关,而与空间位置无关,分布参数产生的影响可以忽略。

在微波下工作的传输线,其几何长度 l 比工作波长 λ 还长,或者两者可以相比拟。我们把 l/λ 称为传输线的电长度,通常认为 $l/\lambda > 0.1$ 的传输线为长线。因此,长线是一个相对的概念,它指的是电长度而不是几何长度。例如,当 $f = 10\,\text{GHz}(\lambda = 3\,\text{cm})$ 时,几厘米的传输线就应视为长线;但当 $f = 50\,\text{Hz}(\lambda = 6000\,\text{km})$ 时,即使长为几百米的线也仍是短线。因此,电路理论和传输线理论之间的关键差别是电尺寸。

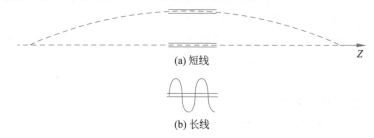

(a) 短线

(b) 长线

图 10.1.1 长线与短线示意图

当高频信号通过传输线时,会产生下列分布参数:导线流过电流时,周围会产生高频磁场,因而沿导线各点会存在串联分布电感;两导线间加上电压时,线间会存在高频电场,于是线间会产生分布电容;电导率有限的导线流过电流时会发热,而且高频时由于趋肤效应,电阻会加大,即表明导线本身有分布电阻;导线间介质非理想时有漏电流,这就意味着导线间有分布漏电导。这些分布参数在低频时的影响较小,可忽略;而在高频时引起的沿线电压、电流幅度变化、相位滞后是不能忽略的,这就是所谓的分布参数效应。

在低频时,传输线分布参数的阻抗影响,远小于线路中集中参数元件(电感、电容和电阻)的阻抗影响。例如,对于常见的平行双线来说,假设它单位长度上电感为 L_1,电容为 C_1。在低频情况下单位长度上的串联阻抗 Z_1 很小,并联导纳 Y_1 也很小。完全可以忽略分布参数的影响,认为传输线本身没有串联阻抗和并联导纳,所有阻抗都集中在电感、电容和电阻等元件中。我们把这样的电路称为集中参数电路。但是,同样是平行双线,当把它用在微波波段时,单位长度上的串联阻抗 Z_1 和并联导纳 Y_1 则不能忽略不计。这时就必须考虑传输线的分布参数效应,也就是说,传输线的每一部分都存在着电感、电容、电阻和漏电导。

(1) 由于电流流过导线,而构成导线的导体为非理想的,所以导线就会发热,这表明导线本身具有分布电阻(单位长度传输线上的分布电阻用 R 表示)。

(2) 由于导线间绝缘不完善(即介质不理想)而存在漏电流,这表明导线间处处有分布电导(单位长度分布电导用 G 表示)。

(3) 由于导线中通过电流,其周围就有磁场,因而导线上存在分布电感的效应(单位长度分布电感用 L 表示)。

(4) 由于导线间有电压,导线间便有电场,于是导线间存在分布电容的效应(单位长度分布电容 C 用表示)。

这样，根据上述分析可以将传输线等效为如图 10.1.2 所示的电路。

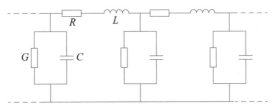

图 10.1.2　微波传输线的等效电路

通过精确求解微波传输线中电磁波在空间中产生的电磁场，可获得微波传输线的分布参数理论公式，如表 10.1.1 所示。

表 10.1.1　传输线的分布参数计算公式

形　式	结　构	$L_0/\text{H} \cdot \text{m}^{-1}$	$C_0/\text{F} \cdot \text{m}^{-1}$	$R_0/\Omega \cdot \text{m}^{-1}$	$G_0/\text{S} \cdot \text{m}^{-1}$
平行双线	D d	$\dfrac{\mu}{\pi}\ln\left(\dfrac{2D}{d}\right)$	$\dfrac{\pi\varepsilon}{\ln\dfrac{2D}{d}}$	$\dfrac{2}{\pi d}\sqrt{\dfrac{\omega\mu_0}{\sigma_0}}$	$\dfrac{\pi\sigma}{\ln\dfrac{2D}{d}}$

10.1.2　微波传输线等效电路及电报方程

1. 等效电路

对于均匀传输线，如果在线上任取一段线元 dz(dz≪λ)，其等效电路图如图 10.1.3 所示。

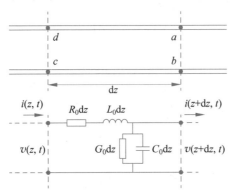

图 10.1.3　均匀传输线等效电路

根据基尔霍夫电压、电流定律，线元 dz 段上电压、电流的变化为

$$\begin{cases} v(z,t) - (R_0\mathrm{d}z)i(z,t) - \dfrac{\partial i(z,t)}{\partial t}(L_0\mathrm{d}z) - v(z+\mathrm{d}z,t) = 0 \\ i(z,t) - (G_0\mathrm{d}z)v(z+\mathrm{d}z,t) - \dfrac{\partial v(z+\mathrm{d}z,t)}{\partial t}(C_0\mathrm{d}z) - i(z+\mathrm{d}z,t) = 0 \end{cases}$$

$$(10.1.1)$$

因为 dz≪λ，电压和电流的变化量可以用偏微分表示为

$$\begin{cases} v(z+\mathrm{d}z,t) - v(z,t) = \dfrac{\partial v(z,t)}{\partial z}\mathrm{d}z \\ i(z+\mathrm{d}z,t) - i(z,t) = \dfrac{\partial i(z,t)}{\partial z}\mathrm{d}z \end{cases}$$

$$(10.1.2)$$

联立上述两组方程,可得到

$$\begin{cases} -\dfrac{\partial v(z,t)}{\partial z}=R_0 i(z,t)+L_0\,\dfrac{\partial i(z,t)}{\partial t} \\ -\dfrac{\partial i(z,t)}{\partial z}=G_0 v(z,t)+C_0\,\dfrac{\partial v(z,t)}{\partial t} \end{cases} \tag{10.1.3}$$

对于输线上的电压和电流以简谐形式随时间变化,即 $v=V\mathrm{e}^{\mathrm{j}\omega t}$,$i=I\mathrm{e}^{\mathrm{j}\omega t}$,可得到

$$-\frac{\partial V(z)}{\partial z}=(R_0+\mathrm{j}\omega L_0)I(z)$$

$$-\frac{\partial I(z)}{\partial z}=(G_0+\mathrm{j}\omega C_0)V(z) \tag{10.1.4}$$

式中,V 和 I 分别表示传输线上的电压和电流幅值。令阻抗 $Z=R_0+\mathrm{j}\omega L_0$ 和导纳 $G_0+\mathrm{j}\omega C_0$,它们分别称为传输线单位长度的串联阻抗和并联导纳。因此式(10.1.4)可进一步写成

$$\begin{cases} -\dfrac{\mathrm{d}V(z)}{\mathrm{d}z}=ZI(z) \\ -\dfrac{\mathrm{d}I(z)}{\mathrm{d}z}=YV(z) \end{cases} \tag{10.1.5}$$

这就是一般传输线方程,也称为电报方程。

2. 电报方程及其通解

将式(10.1.5)两边对 z 进行微分,可得

$$\begin{cases} \dfrac{\mathrm{d}^2V(z)}{\mathrm{d}z^2}+Z\,\dfrac{\mathrm{d}I(z)}{\mathrm{d}z}=0 \\ \dfrac{\mathrm{d}I^2(z)}{\mathrm{d}z^2}+Y\,\dfrac{\mathrm{d}V(z)}{\mathrm{d}z}=0 \end{cases} \tag{10.1.6}$$

将式(10.1.5)代入式(10.1.6),可得

$$\begin{cases} \dfrac{\mathrm{d}^2V(z)}{\mathrm{d}z^2}-\gamma^2 V(z)=0 \\ \dfrac{\mathrm{d}I^2(z)}{\mathrm{d}z^2}-\gamma^2 I(z)=0 \end{cases} \tag{10.1.7}$$

式中,$r=\sqrt{ZY}=\sqrt{(R_0+\mathrm{j}\omega L_0)(G_0+\mathrm{j}\omega C_0)}=\alpha+\mathrm{j}\beta$,$\gamma$ 定义为传输线的传播常数,α 为衰减常数,β 为相位常数。

式(10.1.7)是经典的亥姆霍兹(Helmholtz)方程,可求得其通解为

$$\begin{cases} V(z)=V_0^+\mathrm{e}^{-\gamma z}+V_0^-\mathrm{e}^{+\gamma z} \\ I(z)=I_0^+\mathrm{e}^{-\gamma z}+I_0^-\mathrm{e}^{+\gamma z} \end{cases} \tag{10.1.8}$$

式(10.1.8)所描述的物理含义为传输线上电压和电流为传输线上入射波与反射波的叠加。且根据式(10.1.5),电流还可表示为

$$I(z)=-\frac{1}{Z}\frac{\mathrm{d}V(z)}{\mathrm{d}z}=\frac{\gamma}{Z}(V_0^+\mathrm{e}^{-\gamma z}-V_0^-\mathrm{e}^{+\gamma z})=\frac{1}{Z_0}(V_0^+\mathrm{e}^{-\gamma z}-V_0^-\mathrm{e}^{+\gamma z}) \tag{10.1.9}$$

式中,

$$Z_0 = \frac{R + j\omega L}{\gamma} = \sqrt{\frac{R + j\omega L}{G + j\omega C}} \qquad (10.1.10)$$

因此,传输线上电压和电流的通解可表示为

$$\begin{cases} V(z) = V_0^+ e^{-\gamma z} + V_0^- e^{+\gamma z} \\ I(z) = \dfrac{1}{Z_0}(V_0^+ e^{-\gamma z} - V_0^- e^{+\gamma z}) \end{cases} \qquad (10.1.11)$$

10.1.3 微波传输线的特征参数

1. 传播常数

微波传输线的传播常数(γ)是描述电磁波在传输介质中的变化特性的参数,通常是一个复数。这个复数的实部表征衰减常数(α),虚部表征相位常数(β)。其中,衰减常数(α)表示单位长度行波振幅衰减的倍数,其单位为奈培/米(Np/m)或分贝/米(dB/m)。相位常数(β)表示单位长度行波相位滞后的弧度数,其单位为弧度/米(rad/m)。需要注意的是,传播常数(γ)一般是频率的复杂函数,应用起来可能不太方便。

大多数微波传输线的损耗是非常小的,当损耗较小时,可以做出一些近似来简化普通的传输线参数 $\gamma = \alpha + j\beta$ 的表达式:

$$\gamma = \sqrt{(j\omega L_0)(j\omega C_0)\left(1 + \frac{R_0}{j\omega L_0}\right)\left(1 + \frac{G_0}{j\omega C_0}\right)} = j\omega\sqrt{L_0 C_0}\sqrt{1 - j\left(\frac{R_0}{\omega L_0} + \frac{G_0}{\omega C_0}\right) - \frac{R_0 G_0}{\omega^2 L_0 C_0}} \qquad (10.1.12)$$

如果传输线是低损耗的,即制作传输线的导体材料自身损耗很小($R_0 \ll \omega L_0$),电介质的损耗也很小($G_0 \ll \omega C_0$),则

$$R_0 G_0 \ll \omega^2 L_0 C_0 \qquad (10.1.13)$$

因此,式(10.1.12)可以近似为

$$\gamma = j\omega\sqrt{L_0 C_0}\sqrt{1 - j\left(\frac{R_0}{\omega L_0} + \frac{G_0}{\omega C_0}\right)} \qquad (10.1.14)$$

为了保留传播常数的实部和虚部部分,我们采用泰勒级数展开,并取前两项一级实数项,可得

$$\gamma = j\omega\sqrt{L_0 C_0}\left[1 - \frac{j}{2}\left(\frac{R_0}{\omega L_0} + \frac{G_0}{\omega C_0}\right)\right] \qquad (10.1.15)$$

因此,衰减常数(α)和相位常数(β)可近似表示为

$$\begin{cases} \alpha = \dfrac{1}{2}\left(R_0\sqrt{\dfrac{C_0}{L_0}} + G_0\sqrt{\dfrac{L_0}{C_0}}\right) \\ \beta \approx \omega\sqrt{L_0 C_0} \end{cases} \qquad (10.1.16)$$

作为传输线的一种理想模型,无耗传输线在理论研究与实际工程应用中都具有重要研究意义和价值。对于无耗传输线,即 $R_0 = 0, G_0 = 0$,因此

$$\gamma = j\omega\sqrt{L_0 C_0} = j\beta \qquad (10.1.17)$$

$$Z_0 = \sqrt{\frac{L_0}{C_0}} \qquad (10.1.18)$$

因此,在无耗传输线上电压和电流的计算式可表示为

$$V(z) = V_0^+ e^{-j\beta z} + V_0^- e^{+j\beta z}$$

$$I(z) = \frac{1}{Z_0}(V_0^+ e^{-j\beta z} - V_0^- e^{+j\beta z}) \tag{10.1.19}$$

2. 输入阻抗

在微波传输线上,电压和电流为传输线上入射波与反射波的叠加。输入阻抗用来描述传输线上由反射波和入射波叠加组成的合成波的阻抗特性。如图 10.1.4 所示,传输线上任一点的输入阻抗相当于由该点向负载看去所呈现的阻抗。换句话说,它是负载经一段长为 l 的传输线变换后在该点的反应阻抗。因此,在传输线上的某一点,其右端的一段传输线及负载的作用,可以用在该点接一个其值等于该处输入阻抗 Z_{in} 的集总阻抗来等效。

传输线上任意位置 z 处的输入阻抗 Z_{in} 定义为该点合成波电压与合成波电流之比,即

$$Z_{in}(z) = \frac{V(z)}{I(z)} \tag{10.1.20}$$

为了获得传输线上任意位置 z 处的输入阻抗 Z_{in},首先需要求出任意位置 z 处的电压和电流。设传输线终端接负载 Z_L,其负载电压为 V_L,如图 10.1.5 所示。

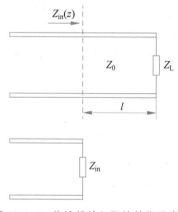

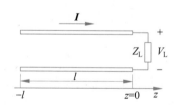

图 10.1.4　传输线输入阻抗的物理意义　　　图 10.1.5　传输线终端接负载模型

根据如图 10.1.5 所示的模型,可得终端边界条件:

$$\begin{cases} V(0) = V_L \\ I(0) = I_L \end{cases} \tag{10.1.21}$$

即 $Z_L = V_L / I_L$。将式(10.1.21)代入式(10.1.19),可求出系数为

$$\begin{cases} V_0^+ = \dfrac{1}{2}(V_L + I_L Z_0) \\ V_0^- = \dfrac{1}{2}(V_L - I_L Z_0) \end{cases} \tag{10.1.22}$$

于是,传输线上距离负载 $z = -l$ 处电压和电流可表示为

$$\begin{cases} V(-l) = \dfrac{V_L + I_L Z_0}{2} \mathrm{e}^{+\gamma l} + \dfrac{V_L - I_L Z_0}{2} \mathrm{e}^{-\gamma l} \\[4mm] I(-l) = \dfrac{V_L + I_L Z_0}{2 Z_0} \mathrm{e}^{+\gamma l} - \dfrac{V_L - I_L Z_0}{2 Z_0} \mathrm{e}^{-\gamma l} \end{cases} \qquad (10.1.23)$$

利用双曲函数表达式,可将上式化简为

$$\begin{cases} V(-l) = V_L \mathrm{ch}(\gamma l) + I_L Z_0 \mathrm{sh}(\gamma l) \\[4mm] I(-l) = I_L \mathrm{ch}(\gamma l) + \dfrac{V_L}{Z_0} \mathrm{sh}(\gamma l) \end{cases} \qquad (10.1.24)$$

将式(10.1.24)代入式(10.1.20),可求出传输线上距离负载长度为 l 处的输入阻抗 Z_{in}:

$$Z_{\mathrm{in}}(-l) = \frac{V_L \mathrm{ch}(\gamma l) + I_L Z_0 \mathrm{sh}(\gamma l)}{I_L \mathrm{ch}(\gamma l) + \dfrac{V_L}{Z_0} \mathrm{sh}(\gamma l)} = Z_0 \frac{Z_L + Z_0 \mathrm{th}(\gamma l)}{Z_0 + Z_L \mathrm{th}(\gamma l)} \qquad (10.1.25)$$

对于均匀无耗传输线,$\alpha = 0$,$\gamma = \mathrm{j}\beta$,$\mathrm{th}(\mathrm{j}\beta l) = \mathrm{j}\tan(\beta l)$,即无耗传输线上距离终端 l 长度处的输入阻抗为

$$Z_{\mathrm{in}} = Z_0 \frac{Z_L + \mathrm{j} Z_0 \tan(\beta l)}{Z_0 + \mathrm{j} Z_L \tan(\beta l)} \qquad (10.1.26)$$

这个公式显然与输入阻抗的求解和坐标无关,而只与特征阻抗 Z_0、负载阻抗 Z_L 及观察点与负载之间的距离 l 有关。因此,只要改变连接它的传输线的长度 l,即可改变输入端的阻抗 Z_{in},表 10.1.2 汇总了特殊长度传输线的输入阻抗计算公式及其在微波电路中的应用。

表 10.1.2 $\lambda/4$ 和 $\lambda/2$ 传输线的阻抗变换特性

线长 l	计 算 公 式	负载阻抗 Z_L	输入阻抗 Z_{in}	变 换 作 用
$\dfrac{\lambda}{4}$	$Z_{\mathrm{in}} = \dfrac{Z_0^2}{Z_L}$	0	∞	短路变开路
		∞	0	开路变短路
		R_L	Z_0^2 / R_L	电阻变换器
		$\mathrm{j} X_L$	$-\mathrm{j} Z_0^2 / X_L$	电容(感)变电感(容)
$\dfrac{\lambda}{2}$	$Z_{\mathrm{in}} = Z_L$	Z_L	Z_L	阻抗还原

四分之一波长和二分之一波长阻抗变换器具有特殊的实用价值。在工程中,四分之一阻抗变换器具有"阻抗倒置"的作用;二分之一阻抗变换器具有"阻抗还原"的作用。

3. 反射系数

在微波传输线上,电压和电流为传输线上入射波与反射波的叠加。与电磁场理论中对空间电磁波传播时反射系数的定义相同,我们定义传输线上任意位置 z 的电压反射系数 $\Gamma_V(z)$ 为该点的反射电压波与入射电压波之比,即

$$\Gamma_V(z) = \frac{V^-(z)}{V^+(z)} \qquad (10.1.27)$$

同样,定义传输线上任意位置 z 的电流反射系数 $\Gamma_I(z)$ 为该点的反射电流波与入射电流波之比,即 $\Gamma_I(z) = \dfrac{I^-(z)}{I^+(z)}$。

由式(10.1.27)可以发现，$\Gamma_V(z)=-\Gamma_I(z)$，即电压反射系数与电流反射系数幅值相等，但相位相反。因此通常采用电压反射系数就可以完整地表征传输线的反射特性。本书中，如无特殊说明，反射系数均表示电压反射系数。

根据式(10.1.26)，可求得传输线上任意位置 z 处反射系数的表达式为

$$\Gamma(z)=\frac{Z_L-Z_0}{Z_L+Z_0}e^{2\gamma z}=\Gamma_L e^{2\alpha z}\,e^{j2\beta z} \tag{10.1.28}$$

式中，Γ_L 表求在负载终端处($z=0$)的反射系数，也称为终端反射系数，即

$$\Gamma_L=\frac{Z_L-Z_0}{Z_L+Z_0}=\mid\Gamma_L\mid e^{j\phi_L} \tag{10.1.29}$$

因此，传输线上任意位置 $z=-l$ 处的反射系数表达式可表示为

$$\Gamma(-l)=\mid\Gamma_L\mid e^{-2\alpha l}\,e^{j(\phi_L-2\beta l)} \tag{10.1.30}$$

4. 驻波比

在微波测量中，直接测量反射系数通常是不方便的，因为我们不易分别测出线上某一点的入射波电压和反射波电压及它们的相位差，但测量沿线各点的电压(或电流)的大小分布，即线上入射波和反射波合成的驻波图形是很方便的。因此，我们引入另一个便于直接测量的量——驻波比 ρ 来描述传输线上的反射情况。传输线上的驻波比 ρ 定义为传输线上电压振幅的最大值与最小值之比，即

$$\rho=\frac{\mid V\mid_{\max}}{\mid V\mid_{\min}} \tag{10.1.31}$$

由式(10.1.31)可知，$1\leqslant\rho\leqslant\infty$。因为传输线任一点上的电压是由入射波电压与反射波电压叠加而成的，所以当入射波电压与反射波电压同相位时，电压出现最大值；当入射波电压与反射波电压反相位时，电压出现最小值。因此对于无耗传输线，有

$$\begin{cases}\mid V\mid_{\max}=\mid V^+(z)\mid+\mid V^-(z)\mid=\mid V^+(z)\mid[1+\mid\Gamma\mid]\\\mid V\mid_{\min}=\mid V^+(z)\mid-\mid V^-(z)\mid=\mid V^+(z)\mid[1-\mid\Gamma\mid]\end{cases} \tag{10.1.32}$$

由此，可得到驻波比与反射系数之间的关系为

$$\rho=\frac{1+\mid\Gamma\mid}{1-\mid\Gamma\mid}=\frac{1+\mid\Gamma_L\mid}{1-\mid\Gamma_L\mid} \tag{10.1.33}$$

$$\mid\Gamma\mid=\frac{\rho-1}{\rho+1} \tag{10.1.34}$$

同时，还可以得到输入阻抗与反射系数之间的关系为

$$Z_{in}=\frac{V(z)}{I(z)}=\frac{V^+(z)+V^-(z)}{I^+(z)+I^-(z)}=\frac{V^+(z)[1+\Gamma]}{I^+(z)[1-\Gamma]}=Z_0\frac{1+\Gamma}{1-\Gamma} \tag{10.1.35}$$

$$\Gamma=\frac{Z_{in}-Z_0}{Z_{in}+Z_0} \tag{10.1.36}$$

综上，传输线的特征参数间存在一定的关联，其转换关系如图10.1.6所示。

10.1.4 微波传输线的工作状态

传输线的工作状态是指传输上电压电流的分布状态，根据其端接负载阻抗的不同，

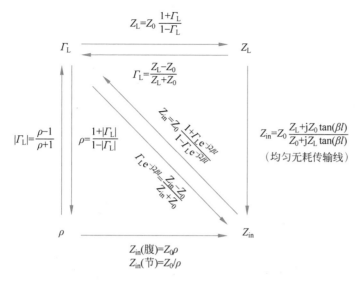

图 10.1.6 传输线特征参数间的关系图谱

传输线可具有 3 种不同的工作状态,即行波、驻波和行驻波状态。

1. 行波状态

行波状态是指传输线上无反射波的工作状态,此时终端反射系数 $\Gamma_L = 0$,传输线上各点的反射系数 $\Gamma_L(z) = 0$。

由式(10.1.29)可知,传输线处于行波状态的条件是:$Z_L = Z_0$。即终端负载阻抗与传输线的特性阻抗相等,也称终端匹配,此时的负载称为匹配负载。此时,传输线上任意位置处的输入阻抗均等于传输线的特征阻抗 Z_0。

由式(10.1.33)可知,行波状态下的驻波比 $\rho = 1$。

传输线在行波状态下任意位置 z 处的电压和电流为

$$V(z) = V^+(z) = V_0^+ e^{-\gamma z}$$

$$I(z) = I^+(z) = \frac{V_0^+}{Z_0} e^{-\gamma z} \tag{10.1.37}$$

对于均匀无耗传输线而言,$\alpha = 0$,$\gamma = j\beta$,式(10.1.37)可进一步化简为

$$\begin{cases} V(z) = V^+(z) = V_0^+ e^{-j\beta z} \\ I(z) = I^+(z) = \dfrac{V_0^+}{Z_0} e^{-j\beta z} \end{cases} \tag{10.1.38}$$

由式(10.1.38)可以看出,传输线上任意点电压与电流同相位,振幅保持不变,如图 10.1.7 所示。传输线不消耗能量,全部入射功率都被负载吸收,即行波状态能最有效地传输功率。

2. 驻波状态

驻波状态是指传输线处于全反射状态,此时终端反射系数 $|\Gamma_L| = 1$,即驻波比 $\rho \to \infty$。根据终端反射系数计算公式(10.1.29),传输线处于行波状态的条件可以分为 3 种情况。

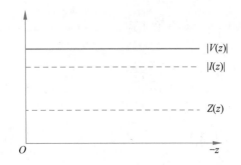

图 10.1.7 传输线行波状态电压和电流幅值曲线

（1）终端短路。

$$\begin{cases} Z_L = 0 \\ \Gamma_L = -1 \end{cases} \tag{10.1.39}$$

传输线上的电压电流可表示为

$$\begin{cases} V(z) = V^+(z) + V^-(z) = V_0^+ e^{-j\beta z}[1 + \Gamma_L e^{j2\beta z}] = V_0^+ e^{-j\beta z}[1 - e^{j2\beta z}] = -j2V_0^+ \sin(\beta z) \\ I(z) = I^+(z) - I^-(z) = \dfrac{V_0^+}{Z_0} e^{-j\beta z}[1 - \Gamma_L e^{j2\beta z}] = \dfrac{V_0^+ e^{-j\beta z}}{Z_0}[1 + e^{j2\beta z}] = \dfrac{2V_0^+}{Z_0} \cos(\beta z) \end{cases}$$

$$\tag{10.1.40}$$

在终端负载位置 $z=0$ 处，$V(0)=0$，$I(0)=\dfrac{2V_0^+}{Z_0}$。

式（10.1.40）表明，终端短路时，无耗传输线上电压和电流振幅按余弦规律变化，根据 $\lambda/2$ 周期性可得，在距离负载 $l=\lambda/2$ 的整数倍处电压为零，而电流振幅最大，这些点称为电压波节点或电流波腹点。根据 $\lambda/4$ 倒置性可得，在 $l=\lambda/4$ 的奇数倍时电压振幅最大，电流总是为零，这些点称为电压波腹点或电流波节点（如图 10.1.8 所示）。此时，传输线上任意位置 z 处的输入阻抗为

$$Z_{in}(z) = -jZ_0 \tan(\beta z) \tag{10.1.41}$$

即传输线任意位置处的阻抗均呈现电抗性。

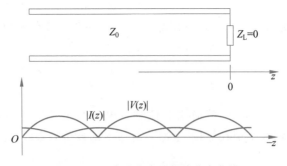

图 10.1.8 电压和电流幅值分布曲线

当位置 $z=0$ 时，输入阻抗 $Z_{in}(0)=0$，等效为串联谐振电路（如图 10.1.9 所示）；

当 $-\dfrac{\lambda}{4} < z < 0$ 时，输入阻抗为纯电感；

当 $z=-\lambda/4$ 时，$z_{\mathrm{in}}(\lambda/4)\to\infty$，等效为并联谐振；

当 $-\dfrac{\lambda}{2}<z<-\dfrac{\lambda}{4}$ 时，输入阻抗为纯电容。

根据输入阻抗的周期性，输入阻抗按以上规律进行周期重复。

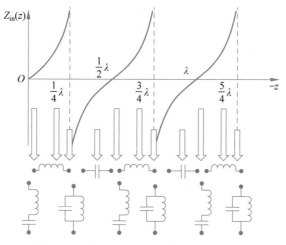

图 10.1.9　输入阻抗分布曲线及等效电路

（2）终端开路。

$$\begin{cases}Z_{\mathrm{L}}\to\infty\\ \varGamma_{\mathrm{L}}=1\end{cases}\tag{10.1.42}$$

传输线上的电压电流可表示为

$$\begin{cases}V(z)=V^{+}(z)+V^{-}(z)=V_{0}^{+}\mathrm{e}^{-\mathrm{j}\beta z}[1+\varGamma_{\mathrm{L}}\mathrm{e}^{\mathrm{j}2\beta z}]=V_{0}^{+}\mathrm{e}^{-\mathrm{j}\beta z}[1+\mathrm{e}^{\mathrm{j}2\beta z}]=2V_{0}^{+}\cos(\beta z)\\ I(z)=I^{+}(z)-I^{-}(z)=\dfrac{V_{0}^{+}}{Z_{0}}\mathrm{e}^{-\mathrm{j}\beta z}[1-\varGamma_{\mathrm{L}}\mathrm{e}^{\mathrm{j}2\beta z}]=\dfrac{V_{0}^{+}\mathrm{e}^{-\mathrm{j}\beta z}}{Z_{0}}[1-\mathrm{e}^{\mathrm{j}2\beta z}]=-\mathrm{j}2V_{0}^{+}\dfrac{\sin(\beta z)}{Z_{0}}\end{cases}\tag{10.1.43}$$

传输线上的功率为

$$P(z)=\frac{1}{2}\mathrm{Re}[V(z)I^{*}(z)]=0\tag{10.1.44}$$

说明驻波状态下微波传输线功率为 0，而电压、电流和阻抗在传输线任意位置的分布曲线与终端短路情况下相同，但相位偏移了 $\lambda/4$ 距离。

（3）终端接纯电抗负载。

$$\begin{cases}Z_{\mathrm{L}}=\pm\mathrm{j}X\\ \varGamma_{\mathrm{L}}=\mathrm{e}^{\mathrm{j}\varphi}\end{cases}\tag{10.1.45}$$

当传输线接纯电抗负载时传输线上也会产生全反射，处于驻波状态，但与终端短路或开路的情况不同，在负载位置处既不是电压波节点（$\phi_{\mathrm{L}}=\pm\pi$）也不是电压波腹点（$\phi_{\mathrm{L}}=0$）。此时，传输线上的电压、电流和阻抗的分布情况与终端短路和开路时也是相位偏移一定距离，如图 10.1.10 所示。

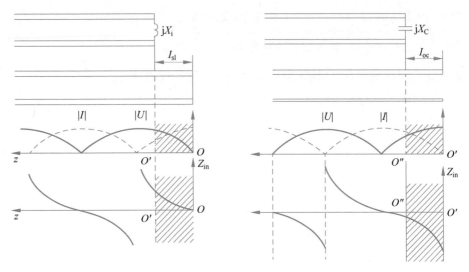

图 10.1.10　传输线终端接纯电抗负载时电压和电流分布曲线

3. 行驻波状态

当传输线终端接一般性负载 $Z_L = R_L + jX_L$ 时,传输线上既存在行波,又存在驻波,其中入射波的一部分能量被负载吸收,一部分能量被反射。在行驻波状态下,反射系数:

$$\Gamma_L = \frac{(R_L + jX_L) - Z_0}{(R_L + jX_L) + Z_0} = |\,\Gamma_L\,|\,e^{j\phi_L} \tag{10.1.46}$$

而传输线上任意位置处的电压、电流振幅可表示为

$$|V(z)| = \frac{|\,V_0^+\,|}{Z_0}\sqrt{1 + |\,\Gamma_L\,|^2 + 2\,|\,\Gamma_L\,|\cos(2\beta z + \phi_L)}$$

$$|I(z)| = \frac{|\,V_0^+\,|}{Z_0}\sqrt{1 + |\,\Gamma_L\,|^2 - 2\,|\,\Gamma_L\,|\cos(2\beta z + \phi_L)} \tag{10.1.47}$$

由它们可以确定线上行驻波电压、电流腹点和节点的位置及振幅的大小;它们都呈非正弦周期分布,周期为 $\lambda/2$。

10.2　用史密斯圆图进行阻抗和导纳分析

史密斯(P. H. Smith)在 20 世纪 30 年代提出了一种图解方法,以图的形式来求解阻抗(导纳)与反射系数之间的映射关系,即史密斯圆图。虽然史密斯圆图最初是为了简化反射系数的计算,但是鉴于这种图解方法的直观性,现在史密斯圆图被广泛应用在射频和微波系统的阻抗分析、Q 值判别、匹配网络设计,以及增益和稳定性判别圆、噪声系数圆的计算中。

本节简要介绍如何利用史密斯圆图来简化复杂电路的计算,并以典型的 π 型和 T 型网络为例,求解电路的输入输出阻抗或者导纳。

10.2.1　阻抗圆图

传输线上某位置的反射系数 Γ 可以表示为此位置上的输入阻抗 Z 与传输线的特性

阻抗 Z_0 的表达式，由于阻抗为复阻抗，所以反射系数 Γ 也可以表示为实部 Γ_r 和虚部 Γ_i 两部分。

$$\Gamma = \frac{Z - Z_0}{Z + Z_0} = \Gamma_r + j\Gamma_i \tag{10.2.1}$$

对式(10.2.1)进行变形，将 Z 用 Γ 表示。

$$\frac{Z}{Z_0} = \frac{1 + \Gamma}{1 - \Gamma} = \frac{1 + \Gamma_r + j\Gamma_i}{1 - \Gamma_r - j\Gamma_i} \tag{10.2.2}$$

$Z/Z_0 = z = r + jx$ 是 Z 对 Z_0 进行归一化后的阻抗，将式(10.2.2)也分成实部和虚部两部分，可得

$$r = \frac{1 - \Gamma_r^2 - \Gamma_i^2}{(1 - \Gamma_r)^2 + \Gamma_i^2} \tag{10.2.3}$$

$$x = \frac{2\Gamma_i}{(1 - \Gamma_r)^2 + \Gamma_i^2} \tag{10.2.4}$$

将式(10.2.3)和式(10.2.4)变形为平方式，即

$$\left(\Gamma_r - \frac{r}{r+1}\right)^2 + \Gamma_i^2 = \left(\frac{1}{r+1}\right)^2 \tag{10.2.5}$$

$$(\Gamma_r - 1)^2 + \left(\Gamma_i - \frac{1}{x}\right)^2 = \left(\frac{1}{x}\right)^2 \tag{10.2.6}$$

式(10.2.5)和式(10.2.6)完成了归一化阻抗 z 从 (r, x) 坐标系到 (Γ_r, Γ_i) 坐标系的映射。

当 z 的电阻部分 r 为某一定值，电抗部分 x 为任意值时(即 z 为垂直于 r 轴的一条直线，称为等电阻线)，位于等电阻线上所有的、无穷多个 z 被映射为 $(\Gamma_r、\Gamma_i)$ 坐标系中的一个圆，圆心位于 $\left(\frac{r}{r+1}, 0\right)$，半径为 $\left(\frac{1}{r+1}\right)$，称为等电阻圆。不同的 r 值对应了一系列的等电阻圆。$r = 0$ 时，圆心位于 $(0, 0)$，半径为1，称为单位圆；r 值越大，圆心从左侧趋近于 $(1, 0)$，半径趋近于0，且都位于单位圆内。很显然，单位圆表示纯电抗。图 10.2.1 画出了 $r = 0$、$r = 0.5$、$r = 1$、$r = 2$ 的等电阻圆。

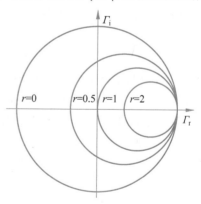

图 10.2.1　等电阻圆

当 z 的电阻部分 r 为任意值，电抗部分 x 为某一定值时(即 z 为垂直于 x 轴的一条直线，称为等电抗线)，位于等电抗线上所有的、无穷多个 z 被映射为 (Γ_r, Γ_i) 坐标系中的一个圆，圆心位于 $\left(1, \frac{1}{x}\right)$，半径为 $\left|\frac{1}{x}\right|$，称为等电抗圆。不同的 x 值对应了一系列的等电抗圆。电抗有正有负，正的电抗即 $x > 0$ 代表电感，相应的等电抗圆位于上半平面；负的电抗即 $x < 0$ 代表电容，相应的等电抗圆位于下半平面。$|x|$ 越大，圆心趋向于 $(1, 0)$，半径趋向于0。$|x|$ 越小，等电抗圆趋向于横轴即 Γ_r 轴；特别地，当 $x = 0$ 时，等电抗圆就是横轴。很显然，横轴表示纯电阻。图 10.2.2 画出了 $x = 0$、$x = \pm 0.5$、$x = \pm 1$、$x = \pm 2$ 的等电抗圆。

大多数情况下，如果不考虑 $r<0$，就只需要考虑单位圆上以及单位圆内的等电阻圆和等电抗圆。(Γ_r,Γ_i) 坐标系中单位圆内等电阻圆与等电抗圆的交点，对应着 (r,x) 坐标系中等电阻线与等电抗线的交点，即 z。这样，等电阻圆与等电抗圆结合起来，完成了 z 从 (r,x) 坐标系到 (Γ_r,Γ_i) 坐标系的一对一映射。图 10.2.3 以 $z=1+2\mathrm{j}$ 为例，画出了阻抗在 (τ_r,τ_i) 坐标系中的表示方法。

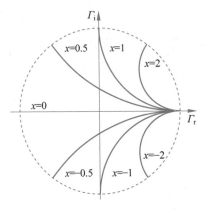

图 10.2.2　等电抗圆

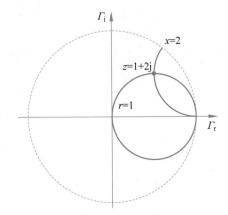

图 10.2.3　用等电阻圆与等电抗圆的交点表示阻抗

10.2.2　导纳圆图

归一化输入导纳 $y=Y/Y_0=Z_0/Z=1/z$，根据式(10.2.2)，可得

$$y=\frac{1-\Gamma}{1+\Gamma}=\frac{1+\mathrm{e}^{-\mathrm{j}\pi}\Gamma}{1-\mathrm{e}^{-\mathrm{j}\pi}\Gamma} \tag{10.2.7}$$

用 $\mathrm{e}^{-\mathrm{j}\pi}$ 乘以归一化阻抗表达式中的反射系数，即把 z 的反射系数在 (τ_r,τ_i) 坐标系中顺时针旋转 $180°$，旋转后的位置是 z 所对应的导纳 $y=z'$（形式表现为阻抗）在阻抗圆图上的反射系数，读出过此位置的等电阻圆与等电抗圆的值，即是 y 的归一化电导 g 和归一化电纳 b 的值。图 10.2.4 还是以 $z=1+2\mathrm{j}$ 为例，画出了如何在阻抗圆图中求解其对应的导纳 $y=z'=0.2-0.4\mathrm{j}$ 的位置。

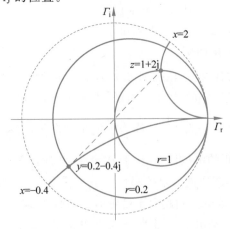

图 10.2.4　阻抗的位置旋转 $180°$ 得到对应的导纳在阻抗圆图中的位置

换一个角度,上述旋转操作也可以等效为阻抗的位置不动,而把整个坐标系即把原坐标系中每一个坐标点(所形成的阻抗圆图)逆时针旋转 180°,旋转后的圆图称为导纳圆图。相应地,旋转后等电阻圆变为等电导圆,等电抗圆变为等电纳圆;单位圆表示纯电纳,横轴表示纯电导。需要注意的是,负的电纳表示电感,所以旋转后表示电感的等电纳圆位于上半平面,表示电容的等电纳圆位于下半平面,这一点依然与阻抗圆图相同。图 10.2.5 画出了 $g=0$、$g=0.5$、$g=1$、$g=2$ 的等电导圆。图 10.2.6 画出了 $b=0$、$b=\pm 0.5$、$b=\pm 1$、$b=\pm 2$ 的等电纳圆。

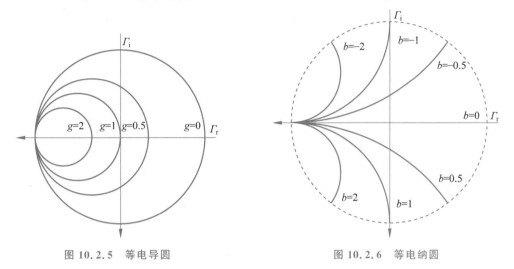

图 10.2.5　等电导圆　　　　　　　　　图 10.2.6　等电纳圆

与阻抗圆图中等电阻圆与等电抗圆的交点表示阻抗同理,在导纳圆图中,等电导圆与等电纳圆的交点表示导纳,读出经过此交点的等电导圆的值与等电纳圆的值,即可知道 $y=g+\mathrm{j}b$ 的值。图 10.2.7 以 $y=0.2-0.4\mathrm{j}$ 为例,画出了导纳在旋转后的 $(\tau_\mathrm{r}, \tau_\mathrm{i})$ 坐标系的表示方法。

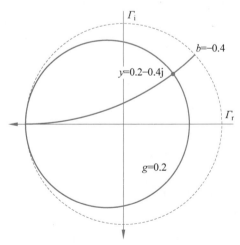

图 10.2.7　用等电导圆与等电纳圆的交点表示导纳

10.2.3 阻抗-导纳圆图

观察图 10.2.3 阻抗圆图中的 $z=1+2j$、图 10.2.7 导纳圆图中的 $y=0.2-0.4j$,把两张图叠加在一起,二者的位置会重合。事实上,阻抗和导纳分别从不同角度对同一个电路特性进行描述,对于所描述的电路而言,虽然其阻抗值与导纳值不同,但是电路是同一个电路、电路特性也没有变化,所以可以忽略两种圆图中坐标系的旋转变化,忽略反射系数由于坐标系旋转所产生的相位变化(在两种圆图的坐标系中,反射系数的模值相同),将两种圆图绘制在一起。如图 10.2.8 所示,将 $r=1$、$x=2$ 与 $g=0.2$、$b=-0.4$ 画在同一张图中,并忽略坐标系的方向。

将阻抗圆图与导纳圆图叠加在一起的圆图称为阻抗-导纳圆图。在阻抗-导纳圆图上,可以方便地进行阻抗和导纳的相互转换。阻抗-导纳圆图上的某一个点既可以放在阻抗圆图上理解为阻抗,也可以放在导纳圆图上理解为导纳。比如阻抗圆图上的某一个点,放在导纳圆图中可以立刻读出它的导纳值;反之亦然。

因用阻抗来计算串联电路比较方便,用导纳计算并联电路比较方便,所以对于复杂的串并联电路,使用阻抗-导纳圆图进行分析可以简化计算,并且可以清晰地看到阻抗(导纳)变换的过程。图 10.2.9 给出了一个阻抗-导纳圆图的示例。

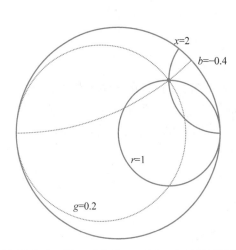

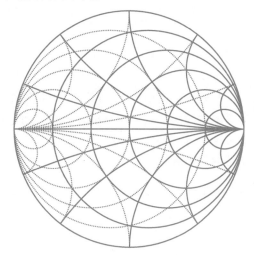

图 10.2.8　将 $z=1+2j$、$y=0.2-0.4j$ 同时画在　　　　　　　图 10.2.9　阻抗-导纳圆图
　　　　　　阻抗圆图与导纳圆图中

10.2.4 用阻抗-导纳圆图分析电路

图 10.2.10 是一个 π 型 LC 电路,其中,$R_L=125\Omega$,$C_L=4\text{pF}$,$C_1=20\text{pF}$,$C_2=12\text{pF}$,$L_1=75\text{nH}$ 信号频率为 1GHz,利用阻抗-导纳圆图求其输入阻抗 z_1。

设 $z_0=50\Omega$,图 10.2.10 中虚线位置的归一化输入阻抗或者导纳分别为 z_1、z_2、z_3、y_4。由于 y_4 与 C_2 并联、z_3 与 L_1 串联、y_2 与 C_1 并联,所以用 y_2、y_4 表示归一化输入导纳、z_3 表示归一化输入阻抗可以方便地在圆图中处理它们与其他电路的串并联关系。计算得到各个元件的归一化阻抗或者导纳分别为 $y_4=y_L=0.4+0.2j$,$y_{C2}=0.6j$,$z_{L1}=$

$1.5\mathrm{j}$，$y_{C1}=1\mathrm{j}$。

如图 10.2.11 所示，y_4 位于 $g=0.4$ 的等电导圆与 $b=0.2$ 的等电纳圆的交点上。

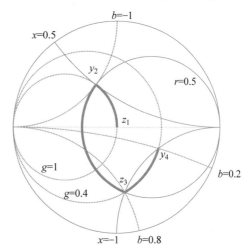

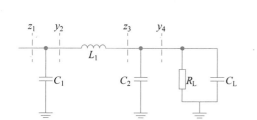

图 10.2.10 π 型 LC 电路

图 10.2.11 对图 10.2.10 中电路进行阻抗和导纳变换

y_4 与 C_2 并联，$y_{C2}=0.6\mathrm{j}$，$y_4+y_{C2}=0.4+0.2\mathrm{j}+0.6\mathrm{j}=0.4+0.8\mathrm{j}$，即并联后电导不变，电纳增加到 $0.8\mathrm{j}$，所以 y_4 与 C_2 并联反映在导纳圆图上即沿着 $g=0.4$ 的等电导圆向电纳增大的方向移动，移动的长度为 y_{C2}，即移动到与 $b=0.8$ 的等电纳圆的交点。

读出过此交点的等电阻圆的值 $r=0.5$、等电抗圆的值 $x=-1$，即得到此处的输入阻抗 $z_3=0.5-1\mathrm{j}$。

z_3 与 L_1 串联，$z_{L1}=1.5\mathrm{j}$，$z_3+z_{L1}=0.5-1\mathrm{j}+1.5\mathrm{j}=0.5+0.5\mathrm{j}$，即串联后电阻不变，电抗增加到 $0.5\mathrm{j}$，所以 z_3 与 L_1 串联反映在阻抗圆图上即沿着 $r=0.5$ 的等电阻圆向电抗增大的方向移动，移动的长度为 z_{L1}，即移动到与 $x=0.5$ 的等电抗圆的交点。

读出过此交点的等电导圆的值 $g=1$、等电纳圆的值 $b=-1$，即得到此处的输入导纳 $y_2=1-1\mathrm{j}$。

y_2 与 C_1 并联，$y_{C1}=1\mathrm{j}$，$y_2+y_{C1}=1-1\mathrm{j}+1\mathrm{j}=1$，即并联后电导不变，电纳增加到 0，所以 y_2 与 C_1 并联反映在导纳圆图上即沿着 $g=1$ 的等电导圆向电纳增大的方向移动，移动的长度为 y_{C1}，即移动到与 $b=0$ 即横轴的交点。

此处为原点，所以过此点的等电阻圆 $r=1$、等电抗圆 $x=0$，即电路的归一化输入阻抗 $z_1=1$。

对 z_1 进行反归一化，可得电路的输入阻抗为 50Ω。

下面是一个设计实例。

电磁场设计软件 Ansys EM 中提供了 HFSS 工具，可以形象地利用史密斯圆图来进行电磁系统分析。某近场天线在 5MHz 时的输入阻抗是 $0.26+158.675\mathrm{j}\Omega$，使用 HFSS 可以方便地将此输入阻抗变换到 50Ω 的匹配电路。图 10.2.12 中的 DP1 到 TP2，以及 TP2 到 TP3，画出了一种匹配路径，从中可以得出二元件匹配电路的结构为 50.4Ω 电阻与 $200.6\mathrm{pF}$ 电容并联，如图 10.2.13 所示。在工程上可以取 50Ω 电阻与 $200\mathrm{pF}$ 电容并联。

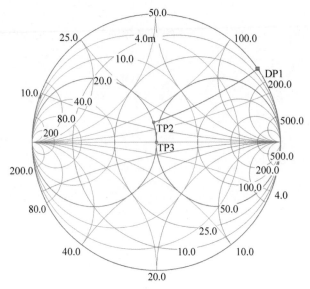

图 10.2.12　某近场天线的一种输入阻抗匹配过程

图 10.2.13　某近场天线的一种二元件输入阻抗匹配电路结构

10.3　宽带通信

10.3.1　宽带通信技术原理

宽带通信是一种高速、高效的信息传输方式,具有显著的技术特点和应用优势。

1. 技术原理

1) 调制解调器技术

宽带通信中的关键设备,主要作用是将数字数据转换为模拟信号进行传输,再将接收到的模拟信号转换为数字数据。通过调制技术将数字信号和载波信号合并,实现在同一信道中传输多路信号的目的。

2) 频分复用技术

将若干不同频率的信号同时传输在同一信道中,通过不同的频率区分不同的信号。这种技术可以提高带宽利用率,提升信号传输速度。

3) 编码解码技术

为了提高数据传输的可靠性和抗干扰能力,宽带通信中常采用编码解码技术。该技术通过添加冗余信息,实现数据的纠错和恢复。

4) 光纤通信技术

利用光纤传输介质,通过光的折射和反射实现信号的传输。光纤通信具有高带宽、低损耗、抗干扰等优点,是宽带通信的重要组成部分。

2. 技术特点

1)传输速率高

宽带无线通信技术的设计科技含量高,使用的带宽可以达到几个 GHz,有效提高数据的信息传输速度,大大节省信息输送时间。

2)抗干扰性强

宽带无线通信技术具有很强的抗干扰性,能够将无线电脉冲信号在范围较广的频带中分散开来,有效保证信息传输的安全性。

3)耗能较低

由于宽带无线通信技术的信号发射功率低,在信息传输过程中不需要使用载波,只在工作需要时发出瞬间脉冲电波,节省能源并降低工作成本。

3. 应用领域

可重构智能超表面(Reconfigurable Intelligent Surface,RIS)技术的兴起带来了"智能无线环境"的新兴概念。在传统无线网络中,电磁环境不受网络控制,而在智能无线环境中,RIS 将环境转变为一个智能可重构电磁空间,为信息传输和处理带来范式转变。RIS 未来应用场景主要分为两类:一类为传统通信场景的应用,另一类为垂直行业以及其他新型应用。伴随着低频资源的日益枯竭,未来无线网络也需要向更高的频段范围开拓可用的频谱资源。与此同时,低频频谱在通信的广域覆盖中扮演着主要角色,网络的覆盖能力依然是通信系统的最重要和基本的能力之一。5G 基站的部署成本、运营成本相比于 4G 网络进一步增加,单是 5G 基站的电费开销已经给运营商带来了不小的负担。低成本、低功耗的解决机制对于 6G 移动通信系统而言将更加重要。

1)克服覆盖空洞

传统的蜂窝部署可能存在覆盖空洞区域,如在高大建筑物的阴影区域(如图 10.3.1 所示),在密集城区场景下的街道信号覆盖,或者室内外和公共交通工具内外的信号接驳等场景下,通信链路被阻挡,基站信号不容易到达,用户不能获得较好的服务。RIS 可部署在基站与覆盖盲区之间,通过有效的反射/透射使传输信号到达覆盖空洞中的用户,从而为基站和用户之间建立有效连接,保证空洞区域用户的覆盖。

高频毫米波和太赫兹是 6G 应用的潜在工作频段。高频信号最明显的特征就是路径损耗较大、小区半径较小,受障碍物遮挡、雨雪天气、环境吸收等影响大。由于高频信号的电磁特性,高频通信必将面临覆盖半径小、盲区多、部署运维成本高的严峻形势。在这种情况下,通过在基站和终端用户之间部署智能超表面设备,能够在视距通信不可达或信号质量较差的盲区或小区边缘,按需动态建立视距链路,提升网络覆盖质量,减少覆盖盲区。未来,随着超材料天线的应用推广,智能超表面设备形态将更加丰富多样,例如,建筑物外墙装饰层,低成本、低功耗、易部署的智能超表面设备将成为基站提供有效的补充和延伸。

2)边缘覆盖增强

传统蜂窝小区的覆盖范围受到基站发射功率的限制,小区边缘用户的接收信号质量较差。仅通过网络规划和调参很难实现无缝覆盖,总会出现零星的弱覆盖区。RIS 可部署在基站和边缘用户或弱覆盖区之间,接力反射基站的传输信号,提高边缘用户的信号质量。在基站和小区边缘用户间部署 RIS,既可以调整电磁单元的相位进行波束赋形来增强信号,又可以增加反射路径来提高信号质量。

3）室内覆盖增强

统计结果表明,目前 4G 移动网络中超过 80% 的业务发生于室内场景中。随着 5G 时代的到来,各种新型业务层出不穷,业界预测将来超过 85% 的移动业务将发生于室内场景中。室内墙壁和家具的信号阻挡导致存在较多的覆盖空洞和盲区。RIS 可以针对目标用户进行重新配置,有利于增强室内覆盖效果。如图 10.3.1 的左图所示,信号由于折射、反射和扩散而经历路径损耗和穿透损耗,目标用户的接收信号较弱。而如图 10.3.1 的右图所示,信号传播可以通过 RIS 进行重构,使得到达目标用户的接收信号得以增强。

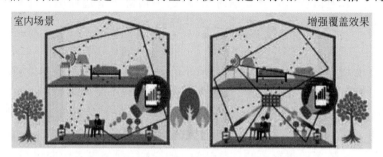

图 10.3.1　智能超表面用于室内通信场景

4）小区边缘速率提升与干扰抑制

对于小区边缘的用户,一方面,边缘用户接收到的服务小区信号较弱;另一方面,边缘用户会受到邻小区的干扰。此时,可以通过在合适的位置部署 RIS,通过波束赋形,将边缘用户的信号传输至目标用户所在区域,这在提高有用信号的接收功率的同时,可以有效地抑制对邻小区的干扰,相当于在边缘用户周围构建了一个"信号热点"和"无干扰区域",如图 10.3.2 所示。另外,由于用户发送功率受限,小区边缘用户的上行信道将成为业务传输的瓶颈,在合适的位置部署 RIS,定向增强基站侧的接收信号强度并抑制干扰,可以有效提升终端上行速率。

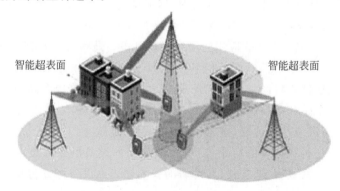

图 10.3.2　智能超表面提升小区边缘速率与抑制干扰

5）热点增流和视距多流传输

对于业务密集的热点区域,可以通过 RIS 增加额外的无线通信路径与信道子空间,从而提高信号传输的复用增益。尤其在视距传输场景中,引入基于 RIS 的可控信道,则收发天线阵列间信道的空间相关特性将会得到很大的改善,可用于数据传输的子空间数目得到增加,极大地提升系统及用户的传输性能。

6) 大规模天线收发机

RIS 技术可以与大规模 MIMO 天线技术相结合。通过超表面引入的一定相移可以实现任意方向的聚焦波束发射。这类天线可以克服收发天线数量增加带来成本和功耗增大的问题,在降低设备成本的同时提升 MIMO 的空间分集增益,且聚焦波束的灵活性更强,未来在波束扫描、极化切换、波束赋形等方面有着极大的应用潜力。

传统的发射机主要是通过基带 IQ 数据操控载波信号的幅度和相位,而基于 RIS 的发射机的每个电磁单元都可以基于特定的控制信号实现独立的灵活控制,如利用 PIN/变容二极管进行电磁单元设计,实现调频、调幅、调相和信道调制功能。一种可能的发射机结构如图 10.3.3 所示,RIS 是基于变容二极管的可编程超表面,该发射机可实现QAM 调制。基于 RIS 的发射机的最大优势是可以实现低功耗,同时可以实现信号的灵活控制。

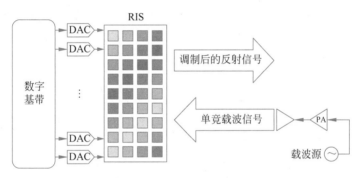

图 10.3.3　智能超表面发射机

7) 用户中心网络

用户中心网络(User-Centric Network,UCN)通过部署大量无线接入点(Access Point,AP)来代替基站服务于用户,如图 10.3.4 所示。UCN 通过这些 AP 分组来为用户提供高质量的服务,并且确保让每一个用户都感觉到自己是服务网络的中心。然而,在这样复杂的网络环境中,无线信道的动态变化、无线传播环境被障碍物阻挡等问题,都给 UCN 的系统性能提升带来了极大的影响。另外,大量 AP 部署带来的成本和能源消耗、复杂网络中的干扰管理等问题同样是 UCN 中的关键挑战。

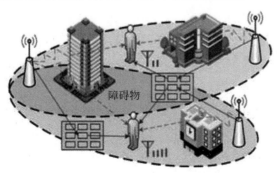

图 10.3.4　智能超表面用于用户中心网络

由于 RIS 低功耗、低成本、可重配的特性,因此将 RIS 部署在 UCN 中,能够很好地解决上述问题。借助 RIS,传输信号能够绕开障碍物,且不会带来较高的能耗和硬件成本。通过对 RIS 元件的合理配置,可以适应无线信道的动态性,且可进一步解决干扰管理的问题并提升通信系统的整体性能。

8) 基于 RIS 辅助的全双工通信

全双工技术有助于打破传统双工机制对收发信机频谱资源利用的限制,进一步提高频谱效率和系统的灵活性,理论上同时同频全双工可提升一倍的频谱效率。但是,基于传统基站设计理念的上下行链路同时同频传输信号会存在严重的自干扰和交叉干扰问题,需要在设备和网络部署时采取一定的干扰抑制和消除手段。与传统的基站或中继设备相比,基于智能超表面的无线设备能够在不引入自干扰的情况下实现全双工模式的传输。

9) 高精度定位

传统的蜂窝网络提供了无线定位功能,它的定位精度受到有限的基站部署位置和定位基站数量的限制。RIS 可灵活部署在基站服务区域的内部,辅助基站进行定位,提高定位精度。通过测量基站和 RIS 参考信号的到达时间差,在已知基站和 RIS 位置的情况下可计算出手机所在的位置。与传统多基站定位相比,一方面,RIS 具有较大的天线孔径,空间分辨率更高;另一方面,RIS 可以泛在部署,可以解决定位覆盖盲区问题,例如,室内场景的高精度定位问题。

10) 通信感知一体化

移动通信系统正朝着更加智能化和软件化的方向发展,有望通过融合环境感知技术、用户定位功能和智能无线环境新范式,来进一步拓展其网络能力和应用场景,如图 10.3.5 所示。

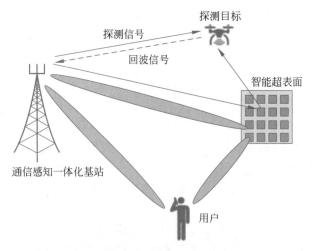

图 10.3.5　智能超表面使能通信感知一体化

11) 车联网通信

车联网作为产业变革创新的重要催化剂,正推动着汽车产业形态、交通出行模式、能源消费结构和社会运行方式的深刻变化。智能交通和自动驾驶对车联网的通信速率、时延和可靠性等系统性能提出了更加严苛的要求。由于车辆动态性强,车联网的距离有限,所以使得车辆之间的有效通信难以保障。而基于 RIS 的车联网系统可以提升车辆的覆盖范围,如图 10.3.6 所示,通过一种类中继的作用提升了车辆之间的有效通信距离,同时可以减少车联网的覆盖盲区,为车联网的发展提供了新的解决思路与可行方法。

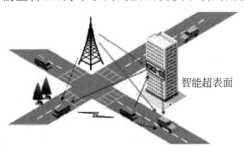

图 10.3.6　基于智能超表面的车联网系统

12) 无人机通信

对高速率和高质量的无线通信服务的需求增长促使无人飞行器(Unmanned Aerial Vehicle,UAV)通信成为热点,如图 10.3.7 所示。得益于 UAV 的高机动性,UAV 可以快速部署在目标区域,从而建立可靠的通信链接。将 RIS 加装在 UAV 作为低空平台可以在热点地区或覆盖盲区为人们提供很好的通信链路,同时利用 UAV 的灵活性可以实现快捷的部署。无人机基站不受灾害地区基础通信设施的限制,可以快速为灾害地区提供大范围的可靠通信,结合 RIS 可以实现对灾区的更广覆盖和更高能效的通信。RIS 还可以用于辅助航路覆盖,将 RIS 部署在合适的地面、楼宇侧面或顶部等位置,将地面基站的信号反射至 UAV 空中航线上。由于 RIS 的低成本、易部署特性,有望实现大范围的航路信号覆盖。

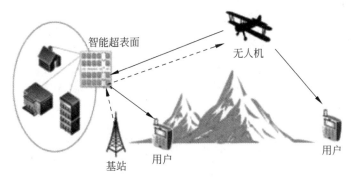

图 10.3.7　基于智能超表面辅助的无人机网络应用场景

13) 卫星通信

在卫星通信网络中,由于卫星链路传输距离较远,需要足够的发射功率与天线增益才能抵消信号传播过程中的路径。然而,为了避免对其他区域造成干扰,又需要目标区域以外的信号增益足够低。由于 RIS 具备体积小、重量轻、效能高、成本低等特点,因此将 RIS 用在卫星上具备极大的优势。可将 RIS 放在卫星的太阳能电池板下方,或者直接用具备储能功能的 RIS 取代太阳能电池板。使用 RIS 进行波束赋形可以减轻长距离传输带来的路径损耗。具备储能功能的 RIS 还可以存储日照辐射的能量,用于信号发射。

除此之外,RIS 还可以用于增强毫米波卫星通信系统的信号覆盖效果,毫米波 GEO 卫星通信系统包括 GEO 卫星、RIS、用户设备(UE)和网关。卫星和网关之间有一条馈线,网关可以向卫星发送控制信号。RIS 通过有线链路与网关连接,网关可以实时更改 RIS 的参数。RIS 配备了多个反射元件,可以被动地反射入射信号。RIS 的每个组成部分都作为入射信号的移相器,由网关独立控制。

14) 能量收集与传输

无线携能通信(Simultaneous Wireless Information And Power Transfer,SWIPT)是一种新型的无线通信类型,区别于传统无线通信仅仅传播信息,无线携能通信可以在传播传统信息类无线信号时,同时向无线设备传输能量信号。由于 RIS 反射面属于无源设备,因此其可以起类中继的作用,将信息与能量混合的信号进行反射,目的是保障传输信号较弱的用户服务质量,结合能量收集可以有效延长用户设备运行的寿命,进而提高能量效率。

10.3.2 宽带天线

1. 宽带天线概述

作为无线通信系统中不可或缺的设备,天线的功能是将传输线上的导波与自由空间中的电磁波进行转换,其性能的好坏直接影响着整个无线通信系统的性能。

天线的带宽是一个非常重要的参数,它是指某一电参数的波动在允许范围之内时天线的工作频带。常用的电参数有驻波比、增益、方向图、主瓣宽度、输入阻抗等。天线的带宽会根据规定参数的不同而有所不同,由某一个电参数决定的天线的带宽不一定满足另外一个电参数的要求。不同的应用场合对天线的要求有所不同,在没有特殊说明的情况下,天线的带宽一般指的是天线的阻抗带宽或者驻波比带宽。下面分别对表示带宽常用的 2 种方式进行介绍。

1) 绝对带宽

天线的绝对带宽可以表示为

$$B = f_{\text{high}} - f_{\text{low}} \tag{10.3.1}$$

式中,f_{high} 和 f_{low} 分别表示的是工作频带内的最高频率和最低频率。

2) 相对带宽

$$B = \frac{f_{\text{high}} - f_{\text{low}}}{f_{\text{o}}} = \frac{f_{\text{high}} - f_{\text{low}}}{\left(\dfrac{f_{\text{high}} + f_{\text{low}}}{2}\right)} \tag{10.3.2}$$

其中,f_{o} 表示的是该工作频带的中心频率。

通常,将相对带宽 $B < 1\%$ 的天线称为窄带天线,$1\% < B < 20\%$ 的天线称为宽带天线,而 $B > 20\%$ 的天线称为超宽带天线。

2. 正交频分复用

正交频分复用(Orthogonal Frequency Division Multiplexing,OFDM)实际上是多载波调制(Multi-Carrier Modulation,MCM)的一种。其主要思想是:将信道分成若干正交子信道,将高速数据信号转换成并行的低速子数据流,调制到每个子信道上进行传输。正交信号可以通过在接收端采用相关技术来分开,这样可以减少子信道之间的相互干扰。每个子信道上的信号带宽小于信道的相关带宽,因此每个子信道上的可以看成平坦性衰落,从而可以消除符号间干扰。而且由于每个子信道的带宽仅仅是原信道带宽的一小部分,因此信道均衡变得相对容易。同时,OFDM 的子载波利用正交复用技术,大大减少了保护带宽,提高了频谱利用率,节省了大量的频带宽度,如图 10.3.8 所示。

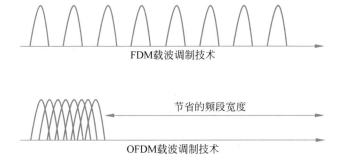

图 10.3.8　FDM 和 OFDM 技术带宽利用率的比较

OFDM 技术最早源于 20 世纪 50 年代中期,在 60 年代已经形成了使用并行数据传输和频分复用的概念,目前已经被广泛应用于广播式的音频和视频领域以及民用通信系统中,主要的应用包括非对称的数字用户环路(ADSL)、ETSI 标准的数字音频广播(DAB)、数字视频广播(DVB)、高清晰度电视(HDTV)、无线局域网(WLAN)等。

OFDM 技术的基本思想是在发送端将高速串行数据经过串并变换形成多路低速数据,分别对多个正交的子载波进行调制,叠加后构成发送信号。在接收端,用同样数量的载波进行相干解调,获得低速率数据流,经过并串变换形成高速数据流,其工作原理如图 10.3.9 所示。一个 OFDM 符号之内包含多个经过相移键控(PSK)或者正交幅度调制(QAM)的子载波。考虑到 $\cos t$ 与 $\sin t$ 是正交的,$\cos t$ 也与整个 $\sin(kt)$ 的正交族相正交,$\cos(kt)$ 也与整个 $\sin(kt)$ 的正交族相正交。在实际中,一般是将信号与相应子载波的 $\cos$ 分量和 $\sin$ 分量相乘,构成最终的子信道信号和合成的 OFDM 符号。

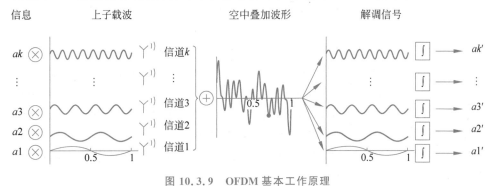

图 10.3.9　OFDM 基本工作原理

随着下一代移动通信技术的发展,OFDM 系统的关键技术主要包含以下几方面:

1) 时域和频域同步

OFDM 系统对定时和频率偏移非常敏感,特别是在实际应用中可能与 FDMA、TDMA 和 CDMA 等多址方式结合使用时,时域和频率同步显得尤为重要。与其他数字通信系统一样,同步分为捕获和跟踪两个阶段。在下行链路中,基站向各个移动终端广播同步信号,所以下行链路同步相对简单,较易实现。在上行链路中,来自不同移动终端的信号必须同步到达基站,才能保证子载波间的正交性。基站根据各移动终端发来的子载波携带信息进行时域和频域同步信息的提取,再由基站发回移动终端,以便让移动终端进行同步。

2) 信道估计

在 OFDM 系统中,信道估计器的设计主要有两个关键问题。一是导频信息的选择。由于无线信道常常是衰落信道,需要不断对信道进行跟踪,因此必须不断地传送导频信息。二是既有较低的复杂度又有良好的导频跟踪能力的信道估计器的设计。在实际设计中,导频信息选择和最佳估计器的设计通常是相互关联的。

3) 信道编码和交织

为了提高数字通信系统性能,信道编码和交织是通常采用的方法。对于衰落信道中的随机错误,可以采用信道编码;对于衰落信道中的突发错误,可以采用交织技术。在实际应用中,通常同时采用信道编码和交织,以进一步改善整个系统的性能。在 OFDM 系统中,如果信道衰落不是太深,那么均衡是无法再利用信道的分集特性来改善系统性能的。因为 OFDM 系统自身具有利用信道分集特性的能力,一般的信道特性信息已经被 OFDM 这种调制方式本身所利用了。但是 OFDM 系统的结构为在子载波间进行编码提供了机会,形成了 COFDM 方式。编码可以采用各种码,如分组码、卷积码等。

4) 降低峰均功率比

由于 OFDM 信号时域上表现为 N 个正交子载波信号的叠加,当这 N 个信号恰好以峰值相加时,OFDM 信号也将产生最大峰值,该峰值功率是平均功率的 N 倍。尽管峰值功率出现的概率较低,但为了不失真地传输这些高峰均功率比的 OFDM 信号,发送端对高功率放大器(HPA)的线性度要求很高且发送效率极低。因此,高的 PAPR(Peak to Average Power Ratio,峰值平均功率比)使得 OFDM 系统的性能大大下降甚至会直接影响实际应用,为了解决这个问题,最新发展了基于信号畸变技术、信号扰码技术和基于信号空间扩展等降低 OFDM 系统 PAPR 的方法。

5) 均衡

一般衰落环境下,在 OFDM 系统中进行均衡不是有效改善系统性能的方法。因此,均衡的本质是补偿多径信道引起的码间干扰,而 OFDM 技术本身已经利用了多径信道的分集特性,因此一般情况下 OFDM 系统是不必再做均衡的。在高度散射的信道中,信道记忆长度很长,循环前缀 CP 的长度必须很长,才能够使 ISI 尽量不出现。但是 CP 过长必然导致能量大量损失,尤其对子载波个数不是很大的系统。这时,可以考虑加均衡器以使 CP 长度适当减小,即通过增加系统的复杂性换取系统频带利用率的提高。

3. 多输入多输出

香农定理指出,传统的单输入单输出(Single Input Single Output,SISO)系统、单输入多输出(Single Input Multiple Output,SIMO)系统以及多输入单输出(Multiple Input Single Output,MISO)系统的信道容量可以通过增加信道带宽和增大发射功率来实现。而在实际中,频谱资源的大部分频段都已被开发利用,频谱资源十分紧张,无法任意拓宽带宽;另外,增加发射功率会增加射频前端设计难度,同时也不符合节能降耗的要求,且发射功率过高将会对人体健康造成威胁。

$$C = B\log_2\left(1 + \frac{P}{\sigma^2}\right)$$

$$C = \min(M,N)\log_2\left(1 + \frac{P}{\sigma^2}\right) \tag{10.3.3}$$

其中,C 表示信道容量,B 表示信道带宽,P 表示发射功率,σ^2 表示接收天线的噪声,M 和 N 分别表示发射端和接收端天线的数量。

为了在不增加信道带宽和天线发射功率的前提下实现信道容量的增加,多输入多输出(MIMO)天线技术成为解决该问题的首选方案。MIMO 天线系统如图 10.3.10 所示,其充分利用多径效应,在系统的发射端和接收端都配置有多个天线,结合空时处理技术获得分集增益或者复用增益,从而在不增加频带宽度和天线发射功率的条件下,大幅度地提高频谱利用率和系统的可靠性。经过十多年的发展,MIMO 天线技术成为第四代移动通信系统的核心技术之一。而对于 5G 通信,MIMO 和 Massive MIMO 天线技术仍然是核心技术。

图 10.3.10 MIMO 无线通信系统图

MIMO 天线系统提升信道容量的原理为:假设 MIMO 天线系统中各个天线单元彼此相互独立,那么其信道容量可由式(10.3.1)计算获得。在天线之间相互独立的前提下,信道容量与发射天线和接收天线的最小数目呈线性关系,从而通过增加天线的数目就可以获得较高的信道容量。随着 5G 时代的到来,用户数目明显增加,为了应对海量的设备连接需求,需要进一步增加系统的数据传输能力,鉴于 MIMO 多用户传输的用户配对数目会随着天线数目的增加而增加,有必要增加天线的数目来提高频谱效率。

MIMO 天线的特有工作特性参数有包络相关系数(Envelope Correlation Coefficient,ECC)以及全反射系数(Total Active Reflection Coefficient,TARC)。

1) 包络相关系数

包络相关系数 ECC 是衡量 MIMO 天线性能非常重要的一个指标。为了得到较高的信道容量,MIMO 系统要求各个信道之间相互独立,这就要求位于系统最前端的天线之间相互独立。然而在现实中,天线之间很难做到绝对独立,这就需要一个参数指标来衡量两个天线之间的独立程度,这个参数就是我们所说的包络相关系数。对于具有较好的分集性能的 MIMO 系统,包络相关系数的最大值应该小于 0.5。

为方便起见,以二元天线系统为例,常见的包络相关系数的计算方法有两种。第一种就是通过 S 参数来计算,如下:

$$\rho_e = \frac{|\,s_{11}^* s_{12} + s_{21}^* s_{22}\,|}{(1 - |\,s_{11}\,|^2 - |\,s_{21}\,|^2)(1 - |\,s_{22}\,|^2 - |\,s_{12}\,|^2)\eta_1\eta_2} \tag{10.3.4}$$

s_{11} 和 s_{22} 分别为二元天线系统的端口 1 和端口 2 的反射系数,s_{12} 和 s_{21} 分别为两个端口之间的耦合系数,η_1 和 η_2 分别为两个天线单元的辐射效率。工程上一般会使用 s_{12}

或 s_{21} 来表示两个天线端口之间的耦合系数,但是它们没有涵盖所有的 s 参数对耦合的影响。

第二种方法就是通过 MIMO 天线的远场来计算得到。

$$\rho_e = \frac{\left| \iint_{4\pi} d\Omega F_1(\theta,\varphi)^* \cdot F_2(\theta,\varphi) \right|^2}{\iint_{4\pi} d\Omega \mid F_1(\theta,\varphi) \mid^2 \cdot \iint_{4\pi} d\Omega \mid F_2(\theta,\varphi) \mid^2} \tag{10.3.5}$$

式中,$F_1(\theta,\varphi)$ 和 $F_2(\theta,\varphi)$ 分别表示第一个天线和第二个天线的辐射场。

2) 全反射系数

全反射系数 TARC 是衡量 MIMO 天线带宽和辐射性能的另一个重要技术指标。TARC 把输入功率和辐射功率联系起来,具体可以定性地表示成式(10.3.6)。TARC 包含了随机信号及其相位角的信息,用于衡量 MIMO 天线的辐射性能。

$$\Gamma = \sqrt{\frac{P_{in} - P_r}{P_{in}}} \tag{10.3.6}$$

其中,P_{in} 和 P_r 分别表示输入功率和辐射功率。

对于多元天线系统,TARC 的完整计算公式为

$$\Gamma_a^t = \sqrt{\frac{\sum_{i=1}^{N} \mid b_i \mid^2}{\sum_{i=1}^{N} \mid a_i \mid^2}} \tag{10.3.7}$$

式中,a_i 和 b_i 分别表示入射信号和反射信号,对于两端口 MIMO 天线系统,式(10.3.7)可进一步表示为

$$\begin{bmatrix} b_1 \\ b_2 \end{bmatrix} = \begin{bmatrix} s_{11} & s_{12} \\ s_{21} & s_{22} \end{bmatrix} \cdot \begin{bmatrix} a_1 \\ a_2 \end{bmatrix} \tag{10.3.8}$$

假设信号的幅值相等,但相位具有随机特性,TARC 可以表示为

$$\Gamma_a^t = \sqrt{\frac{\mid s_{11} + s_{12} e^{j\theta} \mid^2 + \mid s_{21} + s_{22} e^{j\theta} \mid^2}{2}} \tag{10.3.9}$$

10.3.3　超表面宽带通信技术

视频

高速泛在、智能敏捷、绿色低碳、安全可控的智能化综合性数字信息基础设施是支撑社会经济发展的信息大动脉和数字新底座。但高度复杂的网络、高成本的硬件和日益增加的能源消耗成为了未来无线通信面临的关键问题。研究创新、高效、频谱及资源友好的未来无线网络解决方案势在必行。在候选新技术中,可重构智能超表面(Reconfigurable Intelligent Surface,RIS)以其独特的低成本、低能耗、可编程、易部署等特点脱颖而出。RIS 引入无线网络使得无线传播环境从被动适应变为主动可控,从而构建了智能无线环境。RIS 通过构建智能可控无线环境,将给 6G 应用带来一种全新的通信网络范式,满足未来移动通信需求。

1. 基础原理

从广义上来说,RIS 是超材料(也称为电磁超材料)的一个分支。超材料可分为三维

超材料和二维超表面,而超表面可分为固定参数超表面和动态可调超表面。RIS 一般被认为属于动态可调超表面。

早期的超表面在其物理结构固定后,功能和性能也随之确定。因其不支持按需动态调节,故使用的灵活性受限。之后出现的可调超表面成为了研究的主流。RIS 在超表面上集成有源元件(如开关二极管、变容二极管等)或可调节材料(如液晶、石墨烯等),通过改变外部激励,固定物理结构的超表面可以呈现动态可调或可重构的电磁特性,实现电磁单元状态的动态调控,从而将物理世界和数字世界有机地联系起来。

RIS 主要包括超材料表面和控制模块两部分。超材料表面由大量亚波长尺寸的阵元组成,通常由金属、介质或可调元件等人工二维材料构成,可以等效表征为 RLC 电路。通过具有可编程能力的控制模块,可以动态调整超材料表面电磁单元的物理性质,如容抗、阻抗或感抗,进而改变 RIS 的辐射特性,实现非常规的物理现象,诸如非镜面反射、负折射、吸波、波束赋形以及极化转换等,最终实现对电磁波的动态调控。

传统等效介质参数(介电常数和磁导率)可用来描述三维超材料的电磁特性,但不适用于分析二维超表面。针对超表面的二维结构特性,研究人员陆续提出了多种理论进行分析和建模。其中,最具代表性的是 2011 年由 F. Capasso 教授团队提出的广义斯涅耳定律(Generalized Snell's law)。广义斯涅耳定律的提出,极大地推动了电磁超表面的发展。2016 年,杨帆教授及其课题组首次提出了"界面电磁学"的概念,通过采用建立在著名的麦克斯韦方程组上的现代电磁学对超表面的二维结构特性进行分析,指导 RIS 超材料表面的设计与优化。假设在如图 10.3.11 所示的两种界面分界面,蓝色线代表的是电磁波的实际传播路径,黑色线代表无限接近真实电磁波传输路径,则两者之间的相位差为

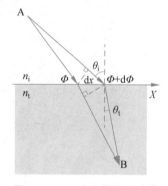

图 10.3.11　广义斯涅耳定律

$$[k_{0}n_{i}\sin\theta_{i}\mathrm{d}x+(\varPhi+\mathrm{d}\varPhi)]-[k_{0}n_{t}\sin\theta_{t}\mathrm{d}x+\varPhi]=0$$

$$(10.3.10)$$

式中,n_i 和 n_t 分别为入射介质和出射介质的折射率,θ_i、θ_r、θ_t 分别为入射电磁波、反射电磁波和透射电磁波与界面法线的夹角。如果沿着界面方向相位梯度为常数,则由以上公式可以推导出广义斯涅耳定律:

$$(\sin\theta_t)n_t-(\sin\theta_i)n_i=\frac{\lambda_0}{2\pi}\frac{\mathrm{d}\varPhi}{\mathrm{d}x}$$

$$(10.3.11)$$

式中,$\mathrm{d}\varPhi/\mathrm{d}x$ 为超表面引入的相位梯度,$k_0=2\pi/\lambda_0$ 为真空波数。在交界面沿着界面方向,通过引入合适的相位梯度,折射光束就具有"任意"的方向。

从材料设计角度,可以用离散的数字状态表征超材料的电磁特性,用数字化的方式实现电磁信息的调控。由于数字编码序列既可以是操控电磁波不同辐射和散射行为的控制码,也可以是数字信息本身。因此,RIS 不但可以调控电磁波,也可以调制信息,而且采用数字化方式的电磁单元能直接处理数字信息,结合人工智能可以对信息进行感知、理解、记忆和学习。崔铁军院士团队进一步提出了数字编码超材料(图 10.3.12)和可编程超材料的概念,这一概念不再仅仅考虑等效介质参数,尽管是同样的离散数字状态,此时的含义则是反射或透射系数的相位或幅度。数字编码超表面可以实现单比特或多

比特的信息调控,例如,单比特数字编码超表面的数字状态 0 和 1 分别代表 0 和 π 的反射或透射相位响应,而多比特可以实现更灵活的电磁信息调控。数字编码超表面的研究并不局限于探索编码单元特性,也可利用数字信息理论中的方法对编码图样进行操控。数字编码超表面构建起物理空间和信息空间的桥梁,为通信、成像、雷达、电子对抗等信息系统提供了新机制和新体系。因此,通过将香农信息熵的概念引入数字编码超表面中,可利用编码图样和电磁波远场方向图所涵盖的信息量来调控几何信息熵和物理信息熵。

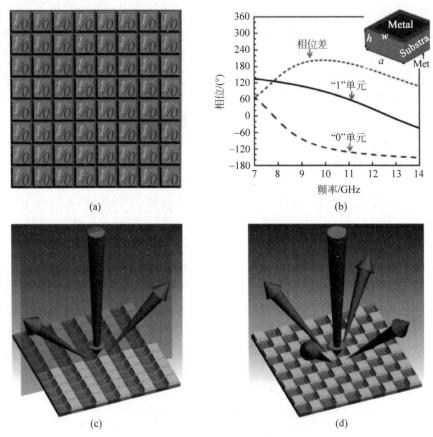

图 10.3.12　数字编码超材料

　　RIS 旨在作为具有可重构特性的空间电磁波调控器,智能地重构收发机之间的无线传播环境。相比于传统 MIMO 以及 3GPP Rel-18 正在研究的网络控制中继,RIS 的核心特征体现在如下几方面:

　　(1) 准无源——RIS 表面的电磁单元可采用无源或近无源人工电磁材料,对电磁单元的调节需要有源控制。

　　(2) 连续孔径——RIS 表面可采用连续材料或紧密排布的电磁单元,可实现或近似实现连续孔径。

　　(3) 软件可编程——RIS 具有可编程物理特性,可对超表面的电磁单元编程控制,实现对电磁响应实时调控,从而实现对电磁波的动态控制。

　　(4) 宽频响应——RIS 可以工作在声谱、微波频谱、太赫兹谱或光谱等频段上。

（5）低热噪声——RIS 利用对人工电磁材料物理特性的调控实现对电磁波的无源控制，通常不需要放大器、下变频等射频器件对接收信号进行处理，不会引入额外的热噪声。

（6）低功耗——RIS 利用对人工电磁材料物理特性的调节实现对电磁波的控制，一般不需要射链路等高功耗器件。以 PIN 二极管为例，当 PIN 二极管导通时，其耗电仅为毫瓦或微瓦级。

（7）易部署——作为二维平面结构，RIS 的形状具有可塑性，结构简单、易扩展。RIS 无需大带宽回传链路，重量较轻，对供电要求低，因此易部署于无线传播环境中的各种散射体表面。

随着 RIS 在无线通信领域的发展和应用拓展，RIS 也经历了从传统无源被动 RIS (Passive RIS) 向有源主动 RIS (Active RIS)，再向可同时透射和反射智能超表面 (Simultaneously Transmitting and Reflecting RIS，STAR-RIS) 的发展历程。如图 10.3.13 所示，传统的 RIS 要发挥作用，其发射器和接收器必须始终在同一侧，因为它只能反射入射的无线信号。这导致了半空间 SRE(Smart Radio Environment) 的开发。通常，用户位于 RIS 的两侧，这极大地限制了它的适应性和有效性。为了克服这一问题，提出了利用 STAR-RIS 同时反射和传输信号的创新方法。STAR-RIS 表面将输入信号分成两个不同的部分。为了实现 360° 覆盖，信号的一部分在反射区反射，其余部分被传输。从信号处理的角度来看，该 RIS 符合"单输入双输出"系统的要求。

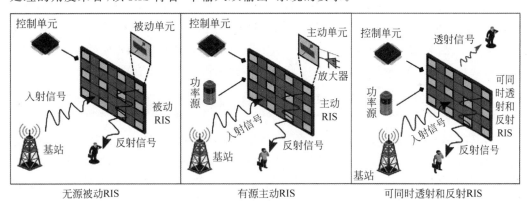

图 10.3.13　RIS 发展历程图

2. 通信模型

RIS 的应用场景包括非视距场景增强、解决局部覆盖空洞、边缘用户传输性能增强、减小电磁污染、安全通信、无源物联网、高精度定位以及通信感知一体化等。为了更好地发挥 RIS 通信系统的潜力，真实的信道测量、通信性能分析、准确的信道估计、灵活的波束赋形以及 AI 使能设计都至关重要。为不失一般性，考虑一个三节点通信系统，该系统由一个发射机、一个接收机和具有大规模电磁单元的 RIS 组成。

对于如图 10.3.14 所示的系统，其传输模型通常采用两路信号叠加的建模方式，其中一路信号经直连信道 H_{BS_UE} 直接到达用户，另一路经信道 H_{BS_RIS} 到 RIS 表面，通过 RIS 反射/透射再经信道 H_{BS_UE} 到达用户，此时接收信号 y 可以表示为

$$y = (H_{BS\_UE} + H_{RIS\_UE}\Phi H_{BS\_RIS})x + n \qquad (10.3.12)$$

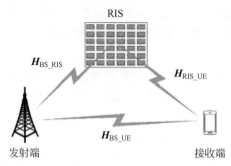

图 10.3.14 智能超表面辅助的通信系统模型

其中,$\boldsymbol{\Phi} = \mathbf{diag}(\xi_1 \mathrm{e}^{\mathrm{j}\alpha_1}, \xi_2 \mathrm{e}^{\mathrm{j}\alpha_2}, \cdots, \xi_M \mathrm{e}^{\mathrm{j}\alpha_M})$ 为一对角矩阵,表征 RIS 对入射电磁波的幅度和相位调整,n 为高斯白噪声。传输中历经的信道可以建模为莱斯信道,以 $\boldsymbol{H}_{\mathrm{BS\_UE}}$ 为例,通信模型如下:

$$\boldsymbol{H}_{\mathrm{BS\_UE}} = \sqrt{\frac{k_{\mathrm{BS\_UE}}}{k_{\mathrm{BS\_EE}} + 1}} \, \overline{\boldsymbol{H}}_{\mathrm{BS\_UE}} + \sqrt{\frac{1}{k_{\mathrm{BS\_UE}} + 1}} \boldsymbol{R}_{\mathrm{BS\_UE}}^{\frac{1}{2}} \widetilde{\boldsymbol{H}}_{\mathrm{BS\_UE}} \qquad (10.3.13)$$

其中,$k_{\mathrm{BS\_UE}}$ 为基站和用户之间信道的莱斯因子,$\overline{\boldsymbol{H}}_{\mathrm{BS\_UE}}$ 为确定性的视距信道,$\widetilde{\boldsymbol{H}}_{\mathrm{BS\_UE}}$ 为非视距信道,$\boldsymbol{R}_{\mathrm{BS\_UE}}$ 为非视距径的空间相关性矩阵,当各非视距径不具备空间相关性时,$\boldsymbol{R}_{\mathrm{BS\_UE}}$ 可视为单位矩阵。

一种可能的优化机制是设计 RIS 的相移矩阵使得 RIS 的反射信号在用户端同相叠加,优化用户端接收的信噪比,从而提高了系统的传输速率。类似地,该模型可以很容易推广至多基站、多 RIS 的场景中。得益于 RIS 提供的信道自由度,根据不同场景的需求,未来需要定制设计 RIS 调控矩阵,进一步实现多种场景下传输性能的提升。

10.4 无线通信系统设计仿真案例:超外差式调幅接收机设计

由于高频电路工作于较高频率之上,且多数是非线性的,内容抽象难掌握;再加上分析电路时往往要进行复杂的数学推导,给教师的教和学生的学带来了一定的困难。解决这一问题的有效途径是引入计算机辅助分析与仿真技术,本节结合"超外差式调幅接收机设计"案例,介绍 NI Multisim 14.0 仿真软件在高频电路中的具体应用。本案例在介绍电路结构和工作原理的同时,以提问的方式引导学生进一步探究电路,这种以问题为导向的方式可以为教师开展 PBL 教学或项目式教学提供帮助。

10.4.1 仿真软件 Multisim 14.0 简介

Multisim 仿真软件是一款由美国 NI 公司开发的电路设计和电子教学仿真软件。应用它在计算机上仿真模拟电路,能直观、快捷地展示教学内容,通过调整电路参数的变化和相应的仿真结果加深学生对课程内容的理解。学生亦可以在软件上创建、模拟和分析电子电路,自主学习和探索。

该软件提供了丰富的电子元件库,可通过添加元件、连接导线和定义电路参数来定制电路。进行电路仿真时,可以模拟各种不同类型的电路行为,包括直流稳态、交流响应等;还可以进行频谱分析、信号采样等操作。Multisim 的虚拟测试仪器种类齐全,有实验室常见的仪器,如示波器、万用表、信号发生器等;也有实验室少见或没有的仪器,如频谱分析仪、网络分析仪、波特图仪等。

Multisim 14.0 是目前较新的版本,包括超过 17 000 多种元件,新增了主动分析模式和 Multisim Touch 功能。除了基本应用外,它还提供了许多高级功能,如使用 LabVIEW 和 Multisim 实现数字电路和模拟电路的联合仿真、使用片段分享电路文件等。

使用 Multisim 的基本步骤如下:

(1) 用虚拟器件在设计区创建电路图,确定元件参数值和标号;

(2) 连接信号源等虚拟仪器,单击仿真按钮进行电路仿真;

(3) 参数分析:根据 Multisim 14.0 提供的强大参数分析功能,通过改变元件参数来观察电路性能变化;

(4) 仿真完成后,保存电路图和仿真结果;将仿真结果导出为报告,以便对电路进行分析和评估。

10.4.2 设计内容和主要技术指标

超外差式调幅接收机利用本地产生的振荡波与输入的调幅信号混频,将输入信号频率变换为某个预先确定的频率(我国为 465kHz)。这种接收方式的性能优于高频直接放大式接收,广泛应用于远程信号的接收和测量技术等方面。

1. 设计内容

(1) 根据设计指标确定超外差式调幅接收机的设计方案,通过对所选方案进行理论分析,设计出各单元电路,最后搭建系统电路。

(2) 利用 Multisim 仿真软件,对设计电路进行仿真和参数调整,以达到主要技术指标要求。

2. 主要技术指标

(1) 接收信号为 AM 调幅信号,其载波振幅为 5mV、频率为 1MHz,调制信号频率为 1kHz,调制度为 50%。

(2) 输出功率 100mW,负载为 8Ω/0.25W 扬声器。

(3) 混频器输出信号的中心频率为 465kHz。

10.4.3 工作原理和设计方案分析

超外差式调幅接收机由天线、高频放大电路、本振、混频器、中频放大电路、检波电路、低频功率放大器、终端 8 部分组成,组成框图如图 10.4.1 所示。

图 10.4.1 超外差式调幅接收机的组成框图

1. 工作原理

接收机中本振器产生的本地振荡电波与从天线接收到的经调谐放大后的调幅信号经过混频器混频后,转换成一个中频信号,该中频信号仍然是一个调幅波,只是波形输出的载体变得稀疏,中心频率变成了 465kHz;然后将该中频信号经过中频放大器放大,再输入检波电路中进行检波;最后将检波电路恢复的低频调制信号经过低频功率放大器放大,得到足够大的电平强度,驱动终端负载(本例的终端为 8Ω 扬声器)。

2. 方案多样化

框图中的单元电路有多种实现方案,因此系统电路也有多种组合方式。

(1)高频放大电路为小信号调谐放大电路,选择单调谐电路或双调谐电路;

(2)本振电路可选择 LC 振荡器或晶体振荡器等;

(3)混频电路可选择二极管混频器、晶体管混频器或场效应管混频器;

(4)检波电路可选择包络检波器或乘积型检波器等。

为使电路简单易学,案例中的高频电路多采用书中提到的结构简单的、由分立元件构成的电路。其中,高频放大采用单调谐小信号放大电路,本振采用改进型的三点式电容振荡电路——西勒振荡电路,混频采用环形二极管混频电路,检波采用包络检波电路。下面将从单元电路入手,以问题为导向,着重讨论电路中重要元件的参数设置和如何使用虚拟仪器来协助进行参数修改,以达到设计指标。

10.4.4 单元电路设计与探索

1. 单调谐小信号放大电路设计

高频放大电路采用单调谐小信号放大电路,如图 10.4.2 所示。

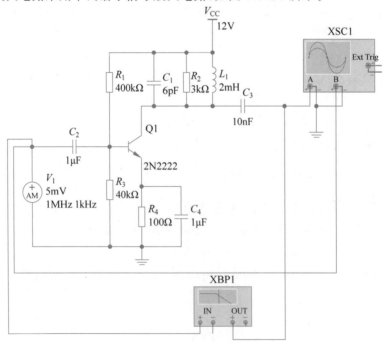

图 10.4.2 单调谐小信号放大电路

1）电路结构及基本原理分析

从天线接收进来的信号通常是小信号，需要被放大；在众多接收信号中，只有频率与高频小放调谐回路的谐振频率相同的信号才能进入收音机。因此高频放大电路需要同时具备放大和选频功能。

在如图 10.4.2 所示的电路中，R_1、R_3、R_4 为直流偏置电阻，为晶体管 Q_1 提供合适的静态工作点。L_1、C_1、R_2 构成并联谐振回路，C_2、C_3 分别为输入和输出耦合电容，C_4 为旁路电容。输入信号采用振幅为 5mV，载波频率为 1MHz、调制信号为 1kHz、调制度为 0.5 的 AM 调幅信号源模拟从天线接收到的信号。

2）电路探究

问题一：电路如何调谐振？

谐振频率由谐振电感 L_1，谐振电容 C_1、晶体管结电容和下一级负载电容共同决定。但考虑到晶体管结电容和下一级负载电容不容易确定，可以先粗略地根据谐振频率计算公式（10.4.1）确定 L_1、C_1，再通过波特图调整 L_1、C_1 的取值。

当谐振电容 C 取 C_1 的取值 6pF，谐振电感 L 取 L_1 的取值 4.2mH 时，由式（10.4.1）计算出的谐振频率 f_o 刚好等于输入信号的载频 1MHz。

$$f_o = \frac{1}{2\pi\sqrt{LC}} \tag{10.4.1}$$

此时，用波特测试仪测出调谐回路的中心频率为 704.773kHz，小于 1MHz，选频特性如图 10.4.3 所示。由式（10.4.1）可知，减小 L_1 可调整谐振频率到 1MHz。借助波特图调整，最终确定 L_1 取 2mH，选频特性如图 10.4.4 所示。

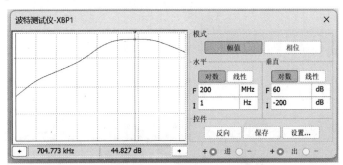

图 10.4.3　L_1 调整前的选频特性

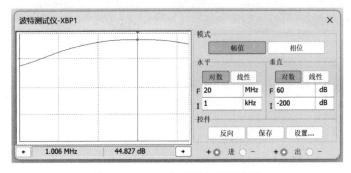

图 10.4.4　L_1 调整后的选频特性

问题二：电路的增益如何调整？

在如图 10.4.2 所示的电路中，用示波器同时观察输入输出电压波形如图 10.4.5 所示，上方波形为输出电压波形，输出波形未失真。电压增益约为 170 倍。

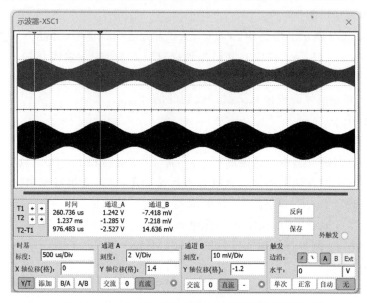

图 10.4.5 R_2 取 3kΩ 时输入输出电压波形对比

由谐振时电压增益计算公式(10.4.2)，增大电阻 R_2 可以降低 g_Σ，从而提高电压增益。

$$A_{uo} = \frac{-p_1 p_1 y_{fe}}{g_\Sigma} \tag{10.4.2}$$

将电阻 R_2 取值增加到 6kΩ 时，用示波器观察输入输出图形如图 10.4.6 所示，电压增益提高到 280 倍左右。

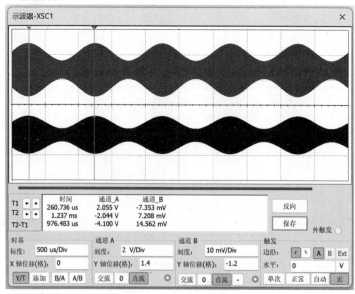

图 10.4.6 R_2 取 6kΩ 时输入输出电压波形对比

2. 本振电路设计

本振电路采用改进型的三点式电容振荡电路——西勒振荡电路,为了减少下级电路对本振电路的影响,西勒振荡电路后面加入了缓冲隔离电路——射极跟随器,如图 10.4.7 所示。

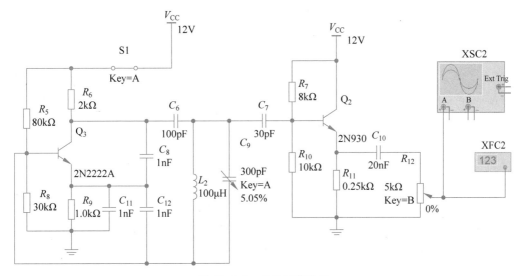

图 10.4.7 本地振荡电路

1) 电路结构及基本原理分析

图 10.4.7 所示电路中,R_5、R_6、R_8、R_9 为直流偏置电阻,为晶体管 Q_3 提供合适的静态工作点;C_7 为耦合电容,将振荡器与后面的射极跟随器相连;C_{11} 为旁路电容;C_6、C_8、C_{12}、C_9 和 L_2 构成振荡器的谐振回路。晶体管 Q_2,偏置电阻 R_7、R_{10}、R_{11},电容 C_{10},可调电阻 R_{12}(控制本振输出电压振幅)构成射极跟随器。

2) 电路探究

问题一:如何调整振荡频率?

调节电容 C_9 可以调整振荡频率。

由于电容 C_8、C_{12} 的取值远大于 C_6、C_9 的取值,电路中 C_6、C_8、C_{12} 串联再与 C_9 并联后的总电容近似等于 C_6 加 C_9 的值。固定 L_2 取值为 $100\mu H$,C_6 取值为 100pF,设置 C_9 电容值为 $0\sim300$pF 可调,由式(10.4.3)计算出该振荡器的振荡频率可调范围为 796kHz$\sim$1.59MHz。当 C_9 调到约 15pF 时,用频率计数器观测到本振输出信号频率为 1.465MHz,如图 10.4.8 所示。

$$f_o = \frac{1}{2\pi\sqrt{LC_\Sigma}} \approx \frac{1}{2\pi\sqrt{L_2(C_6+C_9)}} \tag{10.4.3}$$

问题二:耦合电容 C_7 的取值如何确定?

用 1.465MHz 的正弦波信号源模拟前一级西勒振荡电路的输出信号,耦合电容 C_7 与射极跟随器的输入电阻 R_i 构成高通滤波器,如图 10.4.9 所示。R_i 为图 10.4.7 中 R_7、R_{10} 以及晶体管输入电阻的并联。晶体管输入电阻为 $\beta\cdot(R_{11}//R_{12})$,查晶体管 2N930 元件参数知正向放大倍数 β 为 611。根据电路中的元件取值,计算出 R_i 为

图 10.4.8 频率计数器观测本振输出信号频率

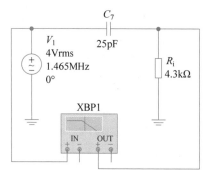

图 10.4.9 高通滤波电路

照此思路，后面不再重复说明。

4.3kΩ。

根据高通滤波器截止频率计算公式（10.4.4），截止频率 f_L 取 1.465MHz，R_i 取 4.3kΩ 时，算得 C 为 25pF。如图 10.4.10 所示，当 C_7 取 25pF 时，用波特测试仪可测出截止频率约为 1.465MHz。

$$f_L = \frac{1}{2\pi R_i \cdot C} \quad (10.4.4)$$

为使 1.465MHz 的信号通过此高通滤波器而无衰减，C_7 的取值应大于或等于 25pF，实际电路可做适当调整。本案例电路中的耦合电容设计可参

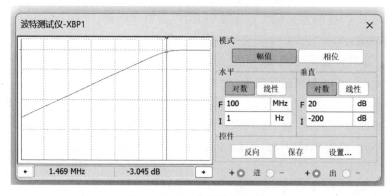

图 10.4.10 高通选频曲线

3. 混频电路设计

混频电路采用的是二极管环形混频器，如图 10.4.11 所示。环形混频器的输出电压是平衡式混频器输出电压的两倍，且输出信号中的组合频率干扰更少。与其他（晶体管和场效应管）混频器相比，二极管混频器具有更大的动态范围、使用频率高、线性特性好、产生的噪声小、可减少本振辐射等优点；但是，二极管混频器没有变频增益，后面需要接放大电路。

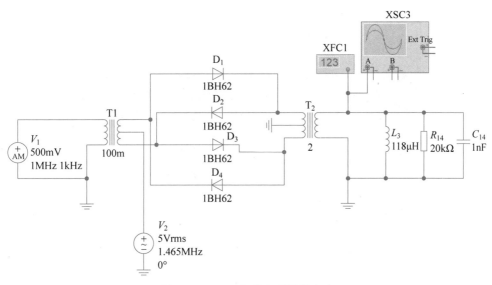

图 10.4.11 二极管环形混频电路

1) 电路结构及基本原理分析

在如图 10.4.11 所示的电路中，D_1、D_2、D_3、D_4 按正偏方向首尾相接，构成环形。当 D_1、D_3 导通时，D_2、D_4 截止，反之亦成立。因此环形二极管电路可看作是两个平衡二极管电路的组合，4 个二极管的导通主要受振幅大的信号 V_2 的控制。用振幅为 500mV、载波频率为 1MHz、调制信号为 1kHz、调制度为 0.5 的 AM 调幅信号源模拟前一级高频放大电路的输出，经变压器 T_1 耦合输入，作为混频器的第一路输入信号；用振幅为 5V、频率为 1.465MHz 的正弦波信号源模拟本振电路的输出，作为混频器的第二路输入信号。两路信号经二极管混频后通过变压器 T_2 输出，该输出信号的频谱中除了包含载频为 465kHz、调制信号为 1kHz 的中频调幅信号，还包括其他组合频率分量；后面通过由 L_3、C_{14}、R_{14} 构成的选频网络，选出中频调幅信号。由于混频电路与下一级中频放大电路相连，中频放大电路的选频回路与该选频网络一致。L_3、C_{14} 的参数调整可以参考本节"单调谐小信号放大电路设计"问题一的解答中提到的方法，此处不重复说明。

2) 仿真结果

该二极管环形混频电路的输出信号波形如图 10.4.12 所示，仍是一个 AM 调幅波。混频后的输出信号频率在 465kHz 附近，如图 10.4.13 所示。

4. 中频放大电路设计

中频放大电路采用的是小信号调谐放大器，工作在甲类状态，以谐振回路为负载，如图 10.4.14 所示。

1) 电路结构及基本原理分析

中频放大电路的输入信号是混频器输出的中频信号，中心频率为 465kHz。在经过固定调谐的中频放大器放大后，不需要的干扰信号会被滤除。

用振幅为 2mV、载波频率为 465kHz、调制信号为 1kHz、调制度为 0.5 的 AM 中频调幅信号源模拟前一级混频器输出。在如图 10.4.14 所示的电路中，R_{13}、R_{15}、R_{16} 为直流偏置电阻，为晶体管 Q_4 提供合适的静态工作点。L_3、C_{14}、R_{14} 构成并联谐振回路，C_{16}、

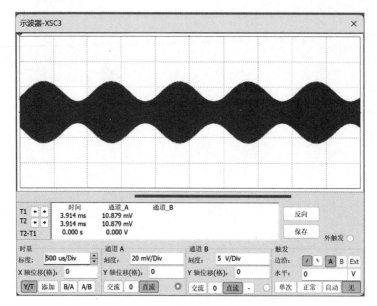

图 10.4.12　混频电路输出波形

图 10.4.13　混频输出信号频率检测结果

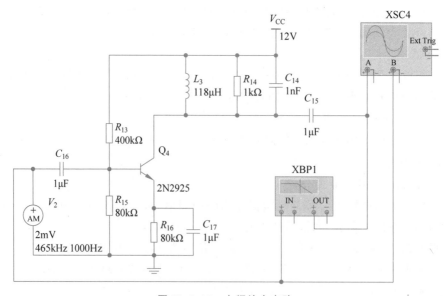

图 10.4.14　中频放大电路

C_{15} 分别为输入和输出耦合电容，C_{17} 为旁路电容。

2）仿真结果

用示波器观察中频放大电路的输入输出波形，如图 10.4.15 所示，下方波形为输出波形，输出波形未失真。由示波器可测出电压增益约为 190 倍。

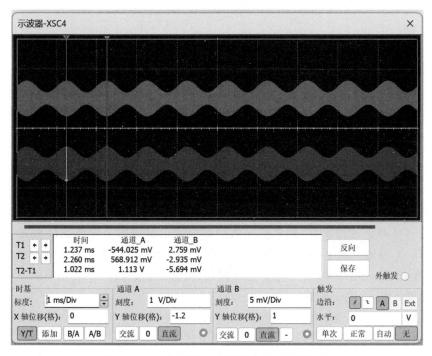

图 10.4.15　中频放大电路输入输出波形对比

在图 10.4.15 中，C_{14} 取 1nF 时，借助波特测试仪调整 L_3 为 118μH，中频放大电路的选频特性曲线如图 10.4.16 所示，此时，选频回路的中心频率已调整在 465kHz 附近。

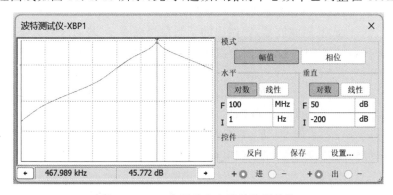

图 10.4.16　中频放大电路的选频特性

5. 检波电路设计

检波电路采用的是二极管包络检波器，如图 10.4.17 所示。与模拟乘法器检波电路相比，该电路结构简单，一般适用于输入信号振幅在 500mV 之上的 AM 调幅信号的检波。模拟乘法器检波电路难以搭建，电路复杂，但检波线性特性要好一些。

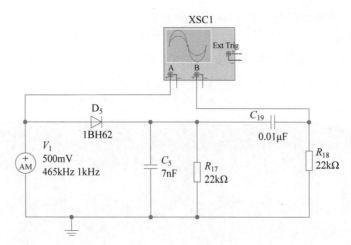

图 10.4.17　二极管包络检波电路

1）电路结构及基本原理分析

在图 10.4.17 中，用振幅为 500mV、载波频率为 465kHz、调制信号为 1kHz、调制度为 0.5 的 AM 调幅信号源 V_1 模拟前一级中频放大电路输出。在该 AM 调幅波的正半周，二极管 D_5 导通并对电容 C_5 充电，输入电压 V_1 和电容 C_5 上的电压共同决定二极管 D_5 的导通；当输入电压 V_1 小于电容电压时，二极管截止，电容 C_5 对电阻 R_{17} 放电。检波过程就是充电、放电交替重复的过程。

此电路中，二极管 D_5 是非线性元件，具有频率变换的作用；R_{17}、C_5 构成低通滤波器，滤除掉不需要的高频分量。R_{17} 上的信号为解调出的包络，它是低频调制信号叠加上一个直流信号，可通过电容 C_{19} 隔离直流，使 R_{18} 上的输出信号为低频调制信号。

2）电路探究

问题一：如何设置 C_5、R_{17}，避免失真？

为避免失真，需要元件参数满足以下条件：

（1）R_{17}、C_5 构成低通滤波器，解调出的调制信号频率 f（若为限带信号，频率 f 取最大值 $f_{\max}$）应小于或等于低通滤波器的截止频率（避免频率失真），因此满足式（10.4.5）。

$$f \leqslant \frac{1}{2\pi R_{17} C_5} \quad 或 \quad R_{17} \cdot C_5 \leqslant \frac{1}{2\pi f} \tag{10.4.5}$$

因调制信号频率 f 为 1kHz，故推出

$$R_{17} \cdot C_5 \leqslant 0.16 \times 10^{-3}$$

（2）为避免惰性失真，应满足式（10.4.6）。

$$R_{17} C_5 \leqslant \frac{\sqrt{1-m_a^2}}{2\pi f m_a} \tag{10.4.6}$$

由设计要求可知 m_a 取 0.5，f 取 1kHz，推出

$$R_{17} \cdot C_5 \leqslant 1.7 \times 10^{-3}$$

（3）为避免负峰切割失真，应满足式（10.4.7）。

$$m_a \leqslant \frac{R_{17} \mathbin{/\mkern-5mu/} R_{18}}{R_{17}} \quad 或 \quad R_{17} \leqslant \frac{1-m_a}{m_a} \cdot R_{18} \tag{10.4.7}$$

因 R_{18} 为检波电路后一级低频功放电路的输入电阻，该电阻近似取 $22\text{k}\Omega$，故推出

$$R_{17} \leqslant 22\text{kHz}$$

综合以上 3 方面，为避免负峰切割失真，R_{17} 取 $22\text{k}\Omega$；为避免频率失真和惰性失真，$R_{17} \cdot C_5$ 取值应小于 0.16×10^{-3}，算得 C_5 取值应小于 7.27nF。电路中 C_5 取 7nF。

问题二：C_{19} 的取值对电路结果有什么影响？

在图 10.4.17 中，C_{19} 和 R_{18} 构成高通滤波电路。参照高通滤波电路截止频率的计算公式(10.4.4)，当 R_i 取 $22\text{k}\Omega$ 时，由式(10.4.4)计算出的 C 值为 7.2nF 左右，因此 C_{19} 取值应大于 7.2nF。当 C_{19} 取值为 10nF 时，检波电路能较好地解调出 1kHz 的调制信号，如图 10.4.18 所示。

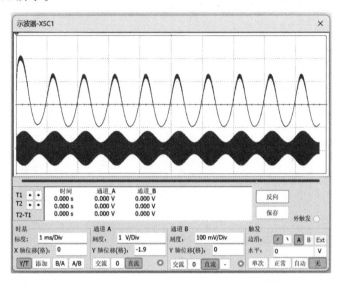

图 10.4.18　C_{19} 取 10nF 时的输入输出波形

若 C_{19} 取值小于 7.2nF，则当它取 1nF 时，经检波电路解调出的信号振幅大大衰减，且纹波大，如图 10.4.19 所示。

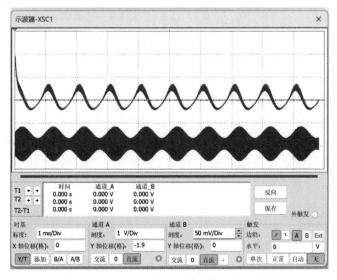

图 10.4.19　C_{19} 取 1nF 时的输入输出波形

若 C_{19} 取值远大于 7.2nF,则当它取 100nF 时,解调出的信号有一段叠加的直流信号逐渐减小至 0 的过程,如图 10.4.20 所示。

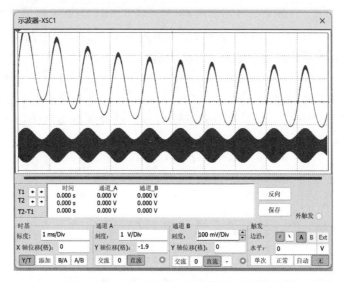

图 10.4.20 C_{19} 取 100nF 时的输入输出波形

6. 低频功放设计

检波电路输出的低频调制信号振幅通常较小,需要经过低频功率放大电路放大才能推动终端负载工作。本低频功放电路采用 TDA2030 芯片设计,如图 10.4.21 所示。TDA2030 是一款音频功放集成电路,它是由一对互补对称的 NPN 和 PNP 晶体管组成,具有外围元件少、频率响应宽、速度快等优点。

1) 电路结构及基本原理分析

在如图 10.4.21 所示的电路中,用振幅为 50mV、频率为 1kHz 的正弦波信号源 v_1 模拟前一级检波电路的输出。正电源 V_{CC} 旁的 C_{13}、C_{18},负电源旁的 C_{22}、C_{23} 为去耦电容,目的是去除电源带来的干扰和稳定电源;用 8Ω 的电阻模拟终端负载喇叭;R_{22} 用来调节输出到负载的信号功率大小;负载旁的 R_{20} 和 C_{21} 串联组成 RC 消振电路,减小自激振荡;D_8、D_9 是保护二极管,防止输出电压峰值损坏 TDA2030;R_{21}、R_{23} 和 C_{20} 构成负反馈回路,电压增益 A_V 为

$$A_V = 1 + \frac{R_{21}}{R_{23}} \tag{10.4.8}$$

2) 仿真结果

低频功放电路的输入、输出仿真波形如图 10.4.22 所示。当 R_{21} 取 44kΩ,R_{23} 取 680Ω 时,由式(10.4.8)计算出电压增益为 65.7 倍,与仿真结果一致(仿真波形算出的增益约为 65 倍)。

10.4.5 整体电路设计及仿真结果展示

将以上 6 个单元电路按照图 10.4.1 连接,得到超外差式调幅接收机的总电路,如图 10.4.23 所示。

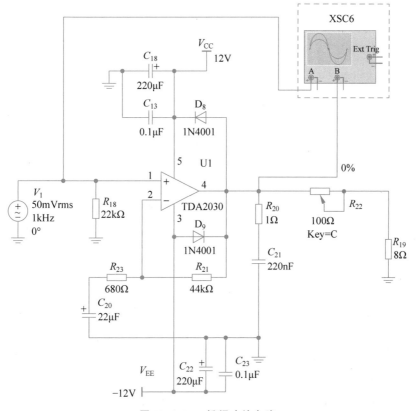

图 10.4.21 低频功放电路

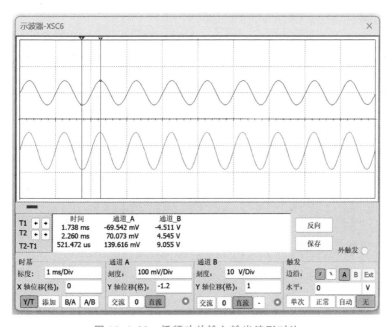

图 10.4.22 低频功放输入输出波形对比

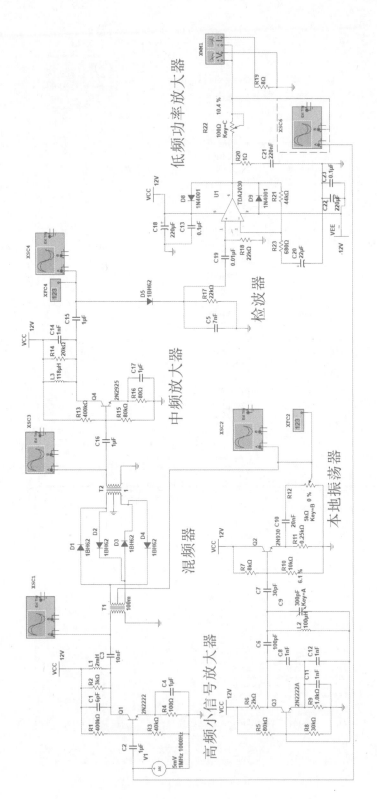

图 10.4.23　超外差式调幅接收机总设计图

在负载处接入瓦特计,测得负载上的功率为 109.354mW,如图 10.4.24 所示,满足 100mW 的设计要求。用示波器观察接收机的输入调幅波和输出的低频调制信号,如图 10.4.25 所示,该接收机无失真地解调出了调制信号。

图 10.4.24　瓦特计测负载功率

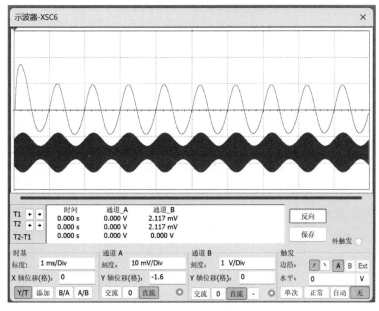

图 10.4.25　接收机输入输出波形对比

科普十　芯片制作基本原理与核心技术

参考文献

思考题与习题

10.1　微波无耗传输线具有哪几种工作状态？分别具有什么特性？

10.2　简述 OFDM 和 MIMO 天线技术，及其在宽带通信中的应用。

10.3　用于作阻抗变换的史密斯圆图的本质是什么？

10.4　某天线在 20MHz 时的输入阻抗是 $83.145-1002.895j\,\Omega$，如果用二元件匹配电路把此输入阻抗变换为 50Ω，那么所需的匹配电路结构和元件值是怎样的？

高频电路新技术简介

内容提要

随着无线电通信系统基本带宽的变化、物理层技术的更新,基于电子设备实现技术的特点以及收发信设备的新技术,高频电路正在朝着宽带化、集成化、单片化、模块化和软件化等方向发展。集成电路(IC)是整个电子信息产业的基础。随着微电子技术和计算机技术的进步,高频电路的集成化已经成为高频电路发展的一个重要方向。本章简要阐述高频电路与系统设计技术要点及设计方法,旨在抛砖引玉,激发读者对集成电路设计的兴趣。本章的教学需要2~4学时。

11.1 概述

前面章节所介绍都是单元电路,本章将对电子线路集成化技术和软件无线电技术作简要介绍。随着电子系统集成化技术的发展,通信系统基本带宽需求从数十千赫兹扩展到数兆赫兹;工作频率已经从数百兆赫兹提高到数吉赫兹。物理层的新技术主要包括以正交频分复用技术(OFDM)为代表的高效抗衰落调制技术、以多输入多输出(MIMO)为代表的分集与合作技术、低密度校验码(LDPC)、Turbo等接近香农极限的信道编码技术、射频和基带智能天线技术、认知无线电技术和软件无线电(SDR)、中频可编程、滤波与调制解调等都可以通过软件算法实现。新技术下的电子设备的特点体现在如下方面:微带与分布参数电路,微波单片集成电路(MMIC),计算机辅助设计手段和工具,低功耗、免调试、密集装配工艺,以频谱分析仪为核心的测试方法和智能化综合测试仪器。收发通信设备电路呈现新特点:一般是由宽带低噪声放大器(LNA)、低噪声混频器、宽带线性功放、直接数字频率合成器(DDS)、高速高分辨模数转换器(ADC)和数模转换器(DAC)、数字上变频器(DUC)和数字下变频器(DDC)集成的。随着高频集成电路技术和数字信号处理(DSP)技术的发展,高频电路甚至高频系统都可以实现软件化。高频电路的集成设计、高频电路的仿真、软件无线电技术等是高频电子线路课程未来的关注点之一。

11.2 高频电路集成化技术简介

11.2.1 高频集成电路分类

为了实现信号采集、传输、处理和计算等功能,电子元器件通过一定的线路连接方式构成各种不同的功能器件。随着微电子技术的发展,以特定的工艺在单独的基片上或基片内形成并互连有关元器件,从而构成的微型电子电路,能够完成特定功能。集成电路是微电子技术的一个方面,也是它的一个发展阶段,并且在按照自己的规律发展着。高频集成电路就是集成电路技术高度发展的产物。近年来,随着高频固态器件技术和微电子技术的发展,各种高频集成电路层出不穷。这些高频集成电路可以归纳为以下几种类型:

(1) 按照频率来划分,有高频集成电路、甚高频(VHF)集成电路和微波集成电路(MIC)等几种。当然,根据频段的详细划分,高频集成电路也可以分得更细致。微波集成电路又可以分为集中参数集成电路和分布参数集成电路两种。

(2) 高频集成电路可分为单片高频集成电路(MHIC)和混合高频集成电路(HHIC)。HHIC 是将多种不同类型的集成电路(如单片电路、普通集成电路甚至分立元件等)混合而成的高频集成电路,其集成技术简单,制作容易,因此,初期的高频集成电路多为HHIC。MHIC 则是将所有的有源器件(如晶体三极管或场效应管等)和无源元件(如电阻、电容和电感等)都沉积或生长在同一块半导体基片上或基片内。MHIC 在初期主要是单元高频集成电路(如高频单片集成放大器、高频单片集成混频器、高频单片集成振荡器等)。随着技术的进步,MHIC 的发展十分迅速,逐渐形成了各种不同功能的高频单片集成电路、单片集成前端,甚至单片集成系统(包含高频前端)。

(3) 从功能或用途上来分,高频集成电路有高频通用集成电路和高频专用集成电路(HFASIC)两种。高频通用集成电路主要有高频集成放大器[包括宽带放大器、功率放大器、低噪声放大器(LNA)、对数放大器和可控增益放大器等]、高频集成混频器(mixer)、高频集成乘法器、高频集成振荡器、高频开关电路、分频与倍频器、锁相环、频率合成器,以及上述集成电路的相互组合等。高频专用集成电路是用于专门用途的高频集成电路或系统,如正交调制解调器、单片调幅/调频接收机等。实际上,通用与专用并不一定有严格的界限。

应当指出,有些电路,如高频变压器、高频滤波器、平衡/双平衡混频器等,严格来讲不是高频集成电路(而是高频组件),但不论从内部功能上还是从外部封装上来看,它们都与高频集成电路有相同的特点,因此,也可以把它们归入高频集成电路之列。

11.2.2 高频集成电路发展趋势

20 世纪 60 年代出现的集成电路是电子技术发展史上的里程碑。从集成电路诞生之日到现在,在大约 60 年的时间里,经历了电路集成(CI)、功能集成(FI)、技术集成(TI)和知识集成(KI)4 个阶段。每个阶段都有其本身的标志和特征。现在正处在技术集成(TI)和知识集成(KI)时期,但并不是现在所有的集成电路都具有这一时期的特征。也就是说,目前的集成电路是各个阶段、各种类型并存。

1. 高集成度

集成电路(IC)发展的核心是集成度的提高。从电路集成开始,IC 的发展基本上是按照摩尔(Moore)定律进行的,芯片的集成度由十几万个晶体管到几十万、几百万个甚至达到上千万个晶体管;封装的引脚多达几百个,集成在一块芯片上的功能也越来越多,甚至集成电路的设计与制造模式也发生了很大的变化,出现了设计、制造、封装、测试等相对独立的技术。集成度的提高依赖于工艺技术的提高和新的制造方法。21 世纪的 IC 将冲破来自工艺技术和物理因素等方面的限制,继续高速发展。

(1)(超)微细加工工艺。微细加工的关键是形成图形的曝光方式和光刻方法。当前主流技术仍然是光学曝光,光刻方法已从接触式、接近式、反射投影式、步进投影式发展到步进扫描投影式。采用减少光源波长(由 436nm 和 365nm 的汞弧灯缩短到 248nm 的 KrF 准分子激光源,再到 193nm 的 ArF 准分子激光源)的方法可以将微细加工工艺从 $1\mu m$、$0.8\mu m$ 发展到 $0.5\mu m$、$0.35\mu m$、$0.25\mu m$,再提高到 $0.18\mu m$、$0.15\mu m$,甚至 $0.13\mu m$ 的水平。采用 157nm 的氟气(F_2)准分子激光光源进一步结合离轴照明以及移相掩膜(PSM)等技术,将使光学的曝光方法扩展到 $0.1\mu m$ 分辨率。对小于 $0.1\mu m$ 的光刻将采用新的方法,如极紫外线(EUV)光学曝光法、X 射线曝光法、电子投影曝光(EPL)法、离子投影曝光(IPL)法、电子束直写光刻(EBDW)等。

(2)铜互连技术。长期以来,芯片互连金属化层采用铝材质。器件与互连线的尺寸和间距不断缩小,互连线的电阻和电容急剧增加,对于 $0.18\mu m$ 宽、$43\mu m$ 长的铝和二氧化硅介质的互连延迟(大于 10ps)已超过了 $0.18\mu m$ 晶体管的栅延迟(5ps)。除了时间延迟以外,还产生了噪声容限、功率耗散和电迁移等问题。因此研究导电性能好、抗电迁移能力强的金属和低介电常数($K<3$)的绝缘介质一直是一个重要的课题。1997 年 9 月,IBM 公司和 Motorola 公司相继宣布开发成功以铜代铝制造 IC 的新技术,即用电镀方法把铜沉积在硅圆片上预先腐蚀的沟槽里,然后通过化学机械抛光(CMP)使之平坦化。1998 年末,两公司先后生产出铜布线的商用高速 PC 芯片。铜互连的优点为电阻率较铝低 40%,在保持同样的 RC 时间延迟下,可以减少金属布线的层数,而且芯片面积可缩小 20%～30%,其性能和可靠性均获得提高。铜互连还存在一些问题,如铜易扩散入硅和大多数电介质中,因此需要引入适当的阻挡层等。

(3)低 K 介电材料技术。由于 IC 互连金属层之间的绝缘介质采用二氧化硅或氮化硅,其介电常数分别接近 4 和 7,造成互连线间较大的电容。因此研究与硅工艺兼容的低 K 介质也是重要的课题之一。

2. 更大规模和单片化

集成工艺的改进和集成度的提高直接导致 IC 规模的扩大。实际上,改进集成工艺和提高集成度的目的也正是为了制作更大规模的 IC。20 世纪 90 年代的硅工艺技术发展到现在的深亚微米工艺,芯片的集成度已远远超过 1000 万,已经足以将各种功能电路[ADC、DAC 和射频(RF)电路等]甚至整个电子系统集成到单一芯片上,成为单片集成的片上系统(System on Chip,SoC)。当前,单片化的大规模集成电路的热点之一就是高频电路或射频电路的单片集成化。而这些 IC 在过去大多是用双极工艺或砷化镓工艺制作、以薄/厚膜技术实现的,现在基本上可以用 CMOS 工艺来实现,如用 $0.5\mu m$ 的标准 CMOS 工艺可以为全球定位系统(GPS)接收机和全球移动通信系统(GSM)手机提供性能/价格比优于砷化镓的射频器件,工作频率可达 1.8GHz。当然,在 IC 向单片化方向发展的同时,并不妨碍高频 IC 的独立发展。

3. 更高频率

随着无线通信频段向高端的扩展,势必也会开发出频率更高的高频 IC。下面举几个实例说明我国通信系统频率划分波段。

(1)中波调幅广播设备标准频率范围:535～1606.5kHz。

（2）调频广播发射机标准频率范围：87～108MHz。

（3）电视发射设备标准频率范围。VHF 频段：48.5～72.5MHz、76～84MHz、167～223MHz。超高频（UHF）频段：470～566MHz、606～806MHz。

（4）调频收发信机标准频率范围：31～35MHz、138～167MHz、358～361MHz、361～368MHz、372～379MHz、379～382MHz、382～389MHz、403～420MHz、450～470MHz。

（5）模拟集群基站和移动台标准频率范围。移动台：351～358MHz、372～379MHz、806～821MHz；基站：361～368MHz、382～389MHz、851～866MHz。

（6）点对点扩频通信设备标准频率范围：336～344MHz、2.4～2.4835MHz、5.725～5.850MHz。

（7）多点传输服务宽带无线接入通信设备标准频率范围：上行 25.757～26.765GHz、下行 24.507～25.515GHz。

4. 数字化与智能化

随着数字技术和数字信号处理技术的发展，越来越多的高频信号处理电路可以用数字和数字信号处理技术来实现，如数字上/下变频器、数字调制/解调器等。这种趋势也表现在高频 IC 中。从无线通信的角度来讲，高频 IC 数字化的趋势将越来越向天线端靠近，这与软件无线电的发展趋势是一致的。所谓软件无线电，就是用软件来控制无线电通信系统各个模块（放大器、调制/解调器、数控振荡器、滤波器等）的不同参数（频率、增益、功率、带宽、调制解调方式、阻抗等），以实现不同的功能。片上系统或大规模的单片 IC 中通常不仅有高频 IC 的成分，而且包含大量的其他数字型和模拟型电路，使整个 IC 的"硬件"很难区分出高频 IC 和其他 IC。在此片上系统或大规模的单片 IC 中还经常嵌入有系统运行涉及的算法、指令、驱动模式等"软件"，配合"硬件"中的数字信号处理器、微处理器（MPU）、各种存储器（如 ROM、RAM、E^2ROM、Flash ROM）等单元或模块，可以实现智能化。

高频电路集成化存在的主要问题是：除了一般 IC 都存在的工艺、成本和功耗、体积问题之外，电感、大电容、选择性滤波器等很难集成。对于无线通信，理想的集成化收发信机，应该是除天线、收发和频道开关/音量电位器、终端设备及选择性滤波器之外，其他电路都由 IC 或单片 IC 来完成。当然，目前要做到这一点还是有一定困难的。但是，随着技术的发展，收发信机的完全集成化并不是不能实现的。

11.2.3 几种典型的高频集成电路

高频单元 IC 是指完成某一单一功能的高频 IC 如集成高频放大器（低噪声放大器、宽带高频放大器、高频功率放大器）、高频集成乘法器（可用作混频器、调制解调器等）、高频混频器、高频集成振荡器等，其功能和性能通常具有一定的通用性。

高频组合 IC 是集成了某几个高频单元 IC 和其他电路而完成某种特定功能的 IC。比如 MC13155 是一种宽带调频中频 IC，它是为卫星电视、宽带数据和模拟调频应用而设计的调频解调器，具有很高的中频增益（典型值为 46dB 功率增益），12MHz 的视频/基带解调器，同时具有接收信号强度指示（RSSI）功能（动态范围约 35dB）。MC13155 的内部框图如图 11.2.1 所示，图 11.2.2 是芯片引脚接法。其他还有 ML13156、MC13155DR2、

MC14008BF 等系列芯片,更多了解请查看网站 https://pdf.114ic.com/mc13155.html。

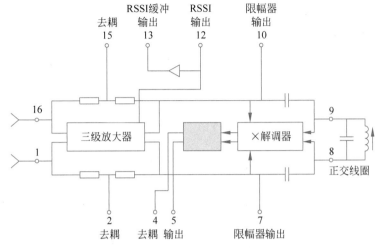

图 11.2.1　MC13155 内部电路框图

另一款用于接收机中频子系统的芯片是 AD607,其引脚如图 11.2.3 所示。

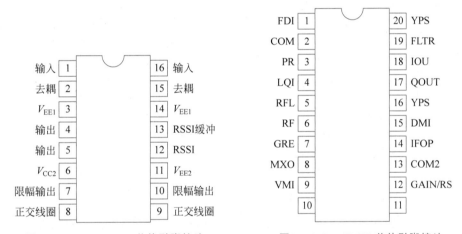

图 11.2.2　MC13155 芯片引脚接法　　　图 11.2.3　AD607 芯片引脚接法

AD607 的内部电路框图如图 11.2.4 所示。AD607 为一种 3V 低功耗的接收机中频子系统芯片,它带有自动增益控制(AGC)的接收信号强度指示功能,可广泛应用于全球移动通信、码分多址(CDMA)、时分多址(TDMA)和泛欧集群无线电(TETRA)等通信系统的接收机、卫星终端和便携式通信设备中。它提供了实现完整的低功耗、单变频接收机或双变频接收机所需的大部分电路,其输入频率最大为 500MHz,中频输入为 400kHz～12MHz。它包含了一个可变增益超高频混频器和线性四级带负载的功率或电压(IF)放大器,可提供的电压控制增益范围大于 90dB。混频级后是双解调器,各包含一个乘法器,后接一个双极点 2MHz 的低通滤波器,由一个锁相环路驱动,该锁相环路同时提供同相和正交时钟。内部 I/Q 解调器和相应的锁相环路可提供载波恢复,并支持多种调制模式,包括 n-PSK、n-QAM 和 AM。在中等增益时,使用 3V 的单电源(最小 2.7V,最大 5.5V)的典型电流消耗为 8.5mA。

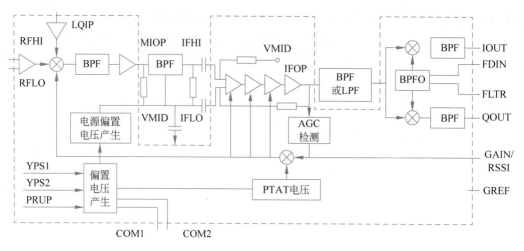

图 11.2.4　AD607 的内部电路框图

AD607 各引脚参数物理含义如表 11.2.1 所示。

表 11.2.1　中频子系统芯片 AD607 引脚描述

引　脚	名称缩写	名　称	描　述
1	FDIN	频率检测器输入	I/Q 解调器正交振荡器的 PLL 输入端,为来自外部振荡器的 ±400mV 电平,偏置为 $V_p/2$
2	COM1	公共端 1 号	射频前端和主偏置的电源公共端
3	PRUP	Power-up 控制输入	3V/5V 兼容的功耗控制端,逻辑 1 对应高功耗,最大输入电平＝VPS1＝VPS2
4	LQIP	本振输入	交流耦合本振输入
5	RFLO	RF 低输入端	通常连接到交流地
6	RFHI	RF 高输入端	交流耦合的射频输入,最大电平 ±54mV
7	GREF	增益参考输入	高阻抗输入,通常为 1.5V,用于设定增益
8	MXOP	混频器输出	高阻抗,单边电流输出,最大输出电流为 ±6mA(最大输出电压 ±1.3V)
9	VMID	电源中点偏置电压	电源中点偏置产生器的输出端(VMID＝CPOS/2)
10	IFHI	IF 高输入	交流耦合中频输入,最大电平 ±54mV
11	IFLO	IF 低输入	IF 输入的参考点
12	GAIN/RSSI	增益控制输入/RSSI 输出	高阻抗输出,使用 3V 电源时输出为 0～2V,使用内部的 AGC 检测器时可提供 RSSI 输出,RSSI 电压为连接该端的 AGC 电容两端电压
13	COM2	公共端 2 号	IF 级和解调器的电源公共端
14	IFOP	IF 输出	低阻抗单边电压输出,最大 +5dBm
15	DMIP	解调器输入	到 I/Q 解调器的输入,当 IF＞3MHz 时,最大输入为 ±150mV;当 IF＜3MHz 时,最大输入为 ±75mV
16	VPS2	VOPS 电源 2 号	高电平 IF、PLL 和解调器的电源
17	QOUT	正交输出	低阻抗 Q 路基带输出,采用交流耦合,20kΩ 负载时的满幅输出为 ±1.23V

引　脚	名称缩写	名　称	描　述
18	IOUT	同相输出	低阻抗 I 路基带输出,采用交流耦合,20kΩ 负载时的满幅输出为 ±1.23V
19	FLTR	PLL 环路滤波	串联 RC PLL 环路滤波,连接到地
20	VPS1	VPOS 电源 1 号	混频器,低电平 IF、PLL 和增益控制的电源

UHF 混频器采用改进型的 Gilbert 类型单元设计,可在低频到 500MHz 的频率范围内工作。混频器输入端动态范围的高端由 RFHI 和 RFLO 间的最大输入信号电平确定,而低端则由噪声电平确定。混频器的射频输入端是差分的,因此 RFLO 端和 RFHI 端在功能上是完全相同的,这些节点在内部予以偏置,一般假定 RFLO 交流耦合到地。RF 端口可建模为并联 RC 电路。

MXOP 端的最大可能电平由电压和电流限制共同决定。使用 3V 的电源和 VMID＝1.5V 时,最大摆幅为 ±1.3V。要在负载为 165Ω 的标准滤波器中得到 ±1V 的电压摆幅,需要的峰值驱动电流为 ±6mA。但是电压和电流的下限不应与混频器增益相混淆。在实际的系统中,AGC 电压将决定混频增益,从而决定 IF 输入端 IFHI 脚的信号电平,它总是小于 ±56mV,这是 IF 放大器的线性范围限制的结果。

AD607 的总增益以分贝表示时,相对于 GAIN/RSSI 端的 AGC 电压 V_G 是线性的。当 V_G 为零时,所有单元的增益为零。各级的增益是并行变化的。AD607 内含增益定标的温度补偿电路。当增益由外部控制时,GAIN/RSSI 端是 MGC 输入;当使用内部的 AGC 检测器时,GAIN/RSSI 端是 RSSI 输出。增益控制定标因子正比于施加在 GREF 引脚的参考电压。当该脚连接到电源的中点时,标度是 20mV/dB(V_P＝3V)。在这些条件下,增益的低 80dB 对应的控制电压为 $0.4V<V_G<2.0V$。另外,GREF 引脚还可连接到外部电压参考 V_R 上,使用 AD1582 或 AD1580 作电压参考可以提供与电源无关的增益标度,当使用 AD7013 和 AD7015 基带转换器时,外部参考也可由基带转换器的参考输出提供。

MRFIC1502 是一个用于 GPS 接收机的下变换器,内部不仅集成有混频器,而且还集成有压控振荡器、分频器、锁相环和环路滤波器,如图 11.2.5 所示。MRFIC1502 具有 65dB 的变换增益、功能强大。

初期的调频接收机的集成化,主要是单元电路的集成化。接收机分低放、中放限幅及鉴频、本振及前端电路三大部分。低放集成块有很多,如国内产品有 5G31、X73 等。中放集成块也不少,如 5G3Z、X723、6520 等。它们主要是供调频广播接收机、电视伴音中放、高质量调频接收机及电台应用。为了减少外接元件及由本振、混频带来的不便,通信机集成中放一般采取一次变频方案。常用的中频数值为 10.7MHz。在集成电路中,放大部分都采用差分电路,用射极跟随器实现级间直接耦合。这种放大兼有限幅功能,在限幅电平以上,输出电压极其平稳。调频广播及电视伴音都属宽带调频,其鉴频器回路 Q 值要求较低。但对于窄带调频接收机,回路 Q 值应较高,且应有较高的标准性,并采取温度补偿,如能采用晶体鉴频器或锁相解调更好。

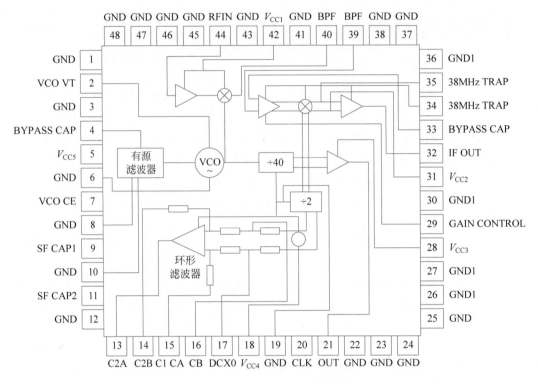

图 11.2.5　MRFIC1502 内部框图

11.3　软件无线电技术简介

11.3.1　软件无线电概述

（1）定义。软件无线电（Software Defined Radio，SDR）是一种无线电广播通信技术，它基于软件定义的无线通信协议而非通过硬连线实现。频带、空中接口协议和功能可通过软件下载和更新来升级，而不用完全更换硬件。新的无线技术的涌现迫使人们使用多标准多频段无线电，因此软件无线电将在未来的无线电结构中起到关键的作用。软件无线电只采用一个硬件前置端，但可以通过调用不同的软件算法来改变它的工作频率、所占据的带宽，以及所遵守的无线技术标准。这种方案能够实现在现有标准和频段之间经济高效的互操作性。

（2）关键思想。软件无线电的关键思想是构造一个具有开放性、标准化、模块化的通用硬件平台。在尽可能靠近天线处采用宽带 A/D 和 D/A 转换器，各种功能如工作频段、调制解调类型、数据格式、加密模式、通信协议等尽可能用软件实现，从而设计出具有高度灵活性、开放性的新一代无线通信系统。可以说这种平台是可用软件控制和再定义的平台，选用不同的软件模块就可以实现不同的功能，通过算法可以升级更新软件。其硬件也可以像计算机一样不断更新和升级换代。由于它能形成各种调制波形和通信协议，所以这样的无线电台既可以与现有的其他无线电台进行通信，兼容旧体制的各种电台通信，延长电台的使用寿命，也可以节约成本和开支。由于软件无线电的各种功能是用软件实现的，如果要实现新的业务或调制方式，只需要增加一个新的软件模块。软件模块还能在不同的无线电系统之间起到"无线电网关"的作用,保证各种无线通信业务的无缝集成。

(3) 软件无线电具有可编程性、模块化结构、可重构性、分层性和开放性等特点。

(4) 软件无线电的主要研究内容包括:系统软件设计技术、多信道数据交换技术、高速数字信号处理技术、多信道数字交换技术、高速 A/D、D/A 技术、宽带射频和模块化技术、嵌入式开放系统控制技术等。

(5) 软件无线电的发展目标。根据无线电环境变化而自适应地配置收/发信机的数据速率、信道编写和译码方式、调制/解调方式,甚至调整信道频率、带宽以及无线接入方式的智能化高品质无线通信系统,并更充分地利用频谱资源。

11.3.2 软件无线电体系结构

软件无线电的体系结构经历了两代演化过程。图 11.3.1 是传统的硬件无线电接收机的框图,其中 RF 处理器、IF 滤波器、OSC 振荡器的功能都是依靠硬件电路单元实现。图 11.3.2 代表软件无线电体系基本结构,它主要由宽带射频前端、高速 A/D 和 D/A 转换器以及高速数字信号处理(DSP)等软件处理为基础的单元组成。前端即射频处理部分包括射频模拟器件、中频基带处理部分,主要完成数字化处理任务;而后端是控制管理和支持部分,它完成整个系统的运行维护、提高服务质量以及新业务开发等任务。

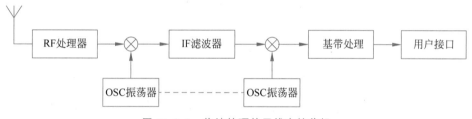

图 11.3.1 传统的硬件无线电接收机

图 11.3.2 软件无线电接收机

图 11.3.3 为标准软件无线电台的结构,它由基站与移动终端组成。基站部分由天线和多路耦合器、RF 转换器、宽带 A/D 和 D/A 转换器、可编程处理器和实时软件、可编程处理器和在线软件、业务开发工作站与脱机软件组成;移动终端由天线和耦合器、RF 转换器、宽带 A/D 和 D/A 转换器、可编程处理器和实时软件、窄带 A/D 和 D/A 转换器(可编程信源编码)以及电话、电视、传真、数据等终端组成。

从图 11.3.4 可以看出,软件无线电具有模块化结构和可重构性、分层性、开放性特点。纵观近年来的发展历史,未来软件无线电发展必然朝着软件无线电结构数学分析化、面向对象化、认知化、智能化、计算机化、网络化以及信息安全化方向发展。

11.3.3 软件无线电关键技术

(1) 宽带/多频段天线技术。理想的软件无线电系统的天线部分应该能够覆盖全部

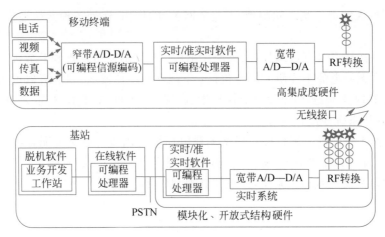

图 11.3.3　标准软件无线电台的结构

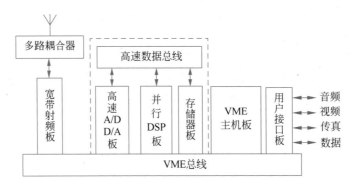

图 11.3.4　软件无线电台开放式结构

无线通信频段。由于内部阻抗不匹配,因此不同频段电台的天线是不能混用的。软件无线电台覆盖的频段为 2～2000MHz,研制一种全频段的天线就目前技术而言做不到,大多数系统只能覆盖不同频段的几个窗口,不必覆盖全部频段,采用组合式多频段天线即可。

（2）高速宽带 A/D、D/A 转换技术。数字化是软件无线电的基础。在软件无线电通信系统中,要尽可能多地以数字形式处理无线信号,必须把 A/D 转换尽可能地向天线端推移,要求 A/D 转换器性能指标更高。A/D、D/A 转换器件技术特性的一些参数包括量化信噪比（Signal Noise Ratio,SNR）、无杂散动态范围（Spurious Free Dynamic Range,SFDR）、噪声功率比（Noise Power Ratio,NPR）和全功率模拟输入带宽等。使 A/D、D/A转换器的位置越来越接近天线,最终达到理想软件无线电的目标。

（3）高速数字信号处理技术。理想的软件无线电中 DSP 要处理直接对射频信号的A/D 转换数据并完成通信所要求的各种功能。这对 DSP 的性能要求非常高,即使采用中频软件无线电结构,要完成包括数字滤波、调制解调、信道编码、同步、通信协议等功能,对 DSP 性能的要求也是非常高的。研制速度更快、功能更强大的 DSP 芯片已经成为影响软件无线电发展的关键。

（4）关键算法技术。用软件实现设备各种功能,首先把对设备各功能的物理描述转换为对各功能的数学描述,即建立系统及各功能模块的数学模型;其次把数学模型转换为用计算机语言描述的算法；最后把算法转换成用计算机语言编制成的程序，使计算机可以实现相应的功能。为了实现软件接收系统的多种多样的功能，各种软件算法是软件无线电的关键。主要算法包括数字信道处理、全数字同步算法和一些基本信号的调制解调算法。各种准确、高效的算法将被逐步提出，这将推动软件无线电的发展。

11.3.4 软件无线电的设计和测试

下面简单介绍软件无线电技术中几种接收机和发射机可能的实现方法，以及这类器件的测量和表征方法。软件无线电通常是同时工作在模拟和数字域中的，因此有必要采用混合域的设备来进行测量。

图 11.3.5 为典型软件无线电系统方案图。在接收链路，天线接收到的信号经环行器按规定路线送至低噪声放大器（LNA），再经过模/数转换器（ADC）将该信号转换为数字信号。采用数字信号处理器（DSP）可以完成若干种调制格式和接入模式的解调和编码。而发射链路则采用相反的过程：基带信号是在 DSP 模块中产生和向上变频的，经数/模转换器（DAC）转换为模拟波形，该模拟信号经功率放大器（PA）及带通滤波送到环行器，最后通过天线发射。

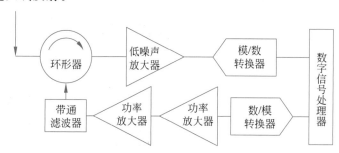

图 11.3.5 典型软件无线电系统方案图

软件无线电前置端由在大多数接收/发射机中所使用的标准子系统组成：调制器和解调器、频率转换器、功率放大器以及低噪声放大器。然而，调制和编码以及工作频率则是由软件控制的。这样的无线电一般是依赖于数字信号处理器实现其灵活性的。软件无线电可以根据传输的条件进行自我调节，从而将空气界面中所存在的其他信号产生的干扰减到最小程度。这种系统的实施要求能够用软件从低频到高频进行频谱扫描。软件无线电通过优化载波频率，选择调制方案和无线电标准进行自我调节以适应所处的空气界面条件，从而在给定的条件下将干扰减到最小并且保持通信畅通。

软件无线电技术还可以提高频谱占有率，无线电软件通过频谱分析和算法处理能够全面了解在特定时刻所处环境完整的频谱或通信状态，并有效利用未被其他无线电系统所占用的频谱。软件无线电可使前置端调制模式、信道带宽或载波频率具有高度灵活性，通过使用全数字系统还可能节省成本。

1. 软件无线电接收机的结构设计

图 11.3.6 给出了 3 种不同软件无线电接收机的结构。其中，ADC 为模/数转换器，BPF 为带通滤波器，FIR 为有限脉冲响应滤波器，I 为同相分量，LNA 为低噪声放大器，LO 为本振源，LPF 为低通滤波器，Q 为正交分量，VGA 为可变增益放大器。其中 I 和 Q

是两个相互正交的解调分量。

$$f_1 = \begin{cases} \text{rem}(f_c, f_s), & f_1 \text{ 为偶数} \\ f_s - \text{rem}(f_c, f_s)', & f_1 \text{ 为奇数} \end{cases} \tag{11.3.1}$$

其中,f_c 是载波频率,f_s 是采样频率,$f_1(a)$ 是截取参数 a 和参数 b 的小数部分后所得到的值;$\text{rem}(a, b)$ 是 a 除以 b 的余数。

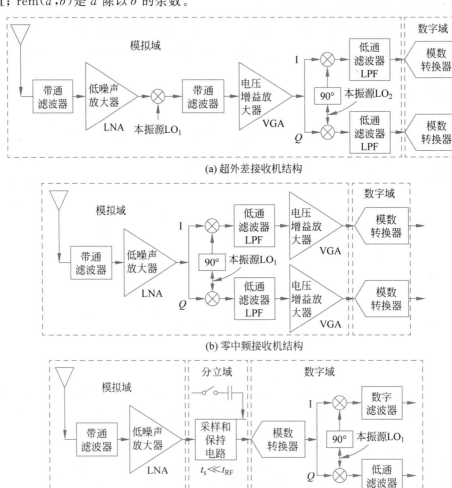

(a) 超外差接收机结构

(b) 零中频接收机结构

(c) 带通采样接收机结构

图 11.3.6　3 种不同结构接收机

第一种结构是如图 11.3.6(a)所示的超外差接收机。其中,由天线接收到的信号被两个下变频混频器转换到基带,进行带通滤波及放大。基带信号被转换到可以进行处理的数字域内。由于从射频到中频是第一个混频过程,在混频器前必须使用镜像抑制滤波器。目前,这种结构大多数用在较高的射频频段和毫米波频段的设计中,如点对点的无线链接。实际上,超外差式接收机在用于软件无线电时存在着许多实质性的问题。由于制造技术限制,很难实现这种结构全部元件的片上集成。另外,这种方法通常被限制在一个特定的信道(或特定的无线标准中),阻止了接收频段的扩展,因而不能适应具有不同调制格式和带宽占据的通信系统。由于在多频段接收时的扩展很复杂,因此超外差式结构难以得到实际应用。

第二种结构是如图 11.3.6(b)所示的零中频接收机,是一个简化版超外差结构。与前一种结构一样,整个接收机的射频频段由带通滤波器选择,并且由低噪声放大器放大。随后与混频器直接向下变频到直流,并且由模/数转换器转换到数字域。与外差结构相比,这种方法明显地减少了模拟元件的数量,并且其允许使用的滤波器不像镜像抑制滤波器那样要求得那么严格。因此,这种结构可以有较高的集成度,这种结构是多频段接收机中常用的结构。然而,由于元件的性能要求,有些元件很难设计出来。同样,将信号直接转换到直流会产生一些问题,如直流偏移(offset)问题难以解决。还有其他一些问题是与直流附近的二阶交调产物相关的,因为混频器的输出是基带信号,很容易遭到混频器大的闪烁噪声的破坏。

与零中频结构类似的是低中频接收机。所不同的是,这种接收机中没有直接把射频信号变为直流,而是将射频信号向下变频到非零的较低的或中等的中频信号。射频信号经带通滤波器处理后,再放大,由性能较强的模数转换器转换到数字域,最后经数字信号处理器滤波以选通信道并消除正交解调器中同相正交(I/Q)失衡的问题。这个结构仍然允许有较高的集成度,由于所需要的信号不在直流附近,所以不存在零中频结构所存在的困扰。但是带来了镜像频率问题,因为具有较高的转换速率,所以提高了模数转换器的功耗。

第三种结构是带通采样接收机,如图 11.3.6(c)所示。在这个结构中,接收到的信号由射频带通滤波器进行滤波,这个滤波器可以是调谐滤波器或一个滤波器组。信号经过宽带低噪声放大器进行放大。由一个高采样率的模数转换器对信号进行采样,并将其转换到数字域,然后进行数字处理。这种结构利用采样和保持电路的优点,无须进行任何向下变频,就能使模数转换器中的采样和保持电路中的工作频率落入第一个奈奎斯特区 $[0, f_s/2]$。

在这种情况下,射频带通信号滤波器起着一个重要的作用,因为它必须将所期望频段的奈奎斯特区以外所有的信号能量(基本上是噪声)降低,否则,它们会与信号相混叠。如果不进行滤波,那么在所要求的奈奎斯特区外的信号能量(噪声)将与所期望的信号一起被折回进入第一个奈奎斯特区,从而产生信噪比的劣化。这种方法的好处是所需的采样频率和随后的处理速度是与信号带宽而不是与载波频率成正比,这确实减少了元件的数量,但存在一些关键性的要求。例如,采样和保持电路(通常在模数转换器内)的模拟输入信号的带宽必须要将射频载波频率包含在内,也就是提高模数转换器的采样率;另外还要关注时钟抖动的问题。基于离散时间模拟信号处理的射频信号直接采用射频带通滤波以避免信号的交叠,在可重构接收机中具有潜在的效率,还是值得深入研究的。

下面讨论两种软件无线电系统的发射机结构。一个发射机并不仅仅是功率放大器,而且有其他各种不同的电路元件,统称为前置端。功率放大器的设计是发射机设计中最具有挑战性的,它对无线系统的覆盖面积、产品成本和功耗有很大的影响,它是与软件无线电密切相关的。

图 11.3.7 中 BPF 为带通滤波器,DAC 为数模转换器,DPA 为驱动功率放大器,I 为同相分量,LO 为本振源,LPF 为低通滤波器,PA 为功率放大器,Q 为正交分量。

图 11.3.7(a)是通用超外差发射机,它是图 11.3.6(a)所示的超外差接收机的对偶系统。该发射机信号是在数字域内产生的,随后由简单的采样数模转换器转换到模拟域。信号在中频下进行调制,此时进行放大和滤波以消除在调制过程中所生成的谐波。最后,采用本振源(LO$_2$)将信号向上变频为射频信号,通过滤波剔除不期望出现的镜像边带,由射频放大器进行放大并馈入发射天线。I/Q 调制是在中频下进行的,这意味着硬件元件的设计比起采用射频调制要容易一些。最后,整体增益是在中频波段控制的,此时,比较容易制作高质量的可变增益放大器。此种发射机和接收机一样有类似的问题,适用于微波点对点无线连接,由于较多的电路单元和低的集成度,以及功率放大器所要求良好线性度,且多模式操作比较困难,因此通常会阻碍超外差发射机在软件无线电中的应用。

如图 11.3.7(b)所示的发射机是直接转换结构,其中 I/Q 数字信号经由数模转换器传递到模拟域,经过滤波,然后直接在所要求的射频频率上进行调制。此后,射频信号经过滤波,并且由功率放大器放大。这种结构减少了所要求电路的数量,可以高度集成,并降低了可能的载波泄漏、相位与增益的失配等问题。在射频频段也需要进行增益控制,这种结构同样要求功率放大器具有较好的线性度。通过精心设计,直接转换发射机结构可以用于软件无线电。

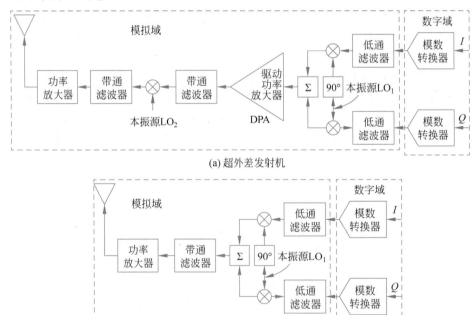

(a) 超外差发射机

(b) 模数直接转换发射机

图 11.3.7　两种不同结构的接收机

再讨论功率放大器部分。射频功率放大器(功率放大器模块)包括 A 类、AB 类或 B 类。采用 Kahn 技术有效地发射一个高峰均功率比(PAPR)信号,并将其运用于新的发射机结构中。由 Kahn 所建议的包络分离和恢复(EER)技术是对极度非线性化、效率极高的发射机进行线性化处理的一种方法。在这些系统中,通过对射频输出功率放大器的电源电压进行动态调节来将信号的幅值恢复到相位调制信号表征状态。

图 11.3.8 展示了 Kahn 功率放大器的包络分离和恢复结构。其中射频输入信号被

分配到两个支路：一个分支是经过了延迟的带有相位信息的恒定包络射频载波（是由一个限制器和一条延迟线组成的）；另一个分支承载着要进行放大的信号包络幅值信息，即偏置电压支路，并且随后馈入射频功率放大器的漏极电压端。实际上，设计一条完美的延迟线、一个准确的限制器、一个允许高 PAPR 值的宽带偏置电路，以及包含相位调制信号所能覆盖的带宽是非常具有挑战性的。随着数字信号处理器容量的极大提高，采用数字方法实施包络检测器、限制器和延迟线是非常有利的。比较好的解决方案是采用脉宽调制生成全数字式发射机。它具有极高的发射效率，并且可使直流功耗变得很低。为了开发全数字化发射机，研究数字信号处理器在射频频率提供射频信号智能算法（特别是对开关放大器来说，其输入是数字脉宽调制信号，输出是射频调制信号）非常重要。

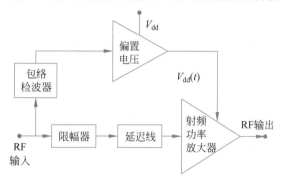

图 11.3.8 Kahn 功率放大器部分的方框图

图 11.3.9 是一个 S 类放大器简化电路，它是一个纯粹的开关放大器，后面再跟上一个低通滤波器（产生包络信号）或一个带通滤波器（产生射频信号）。通过数字方式产生的脉宽调制信号施加在功率放大器的输入端。这个电路经过低通或带通滤波后将会产生一个基带信号或一个射频信号。这种理想化的放大器没有直流功耗，这是因为输出电压和电流交替为零，因此，在理想状态下，效率可以达到 100%。实际上 S 类放大器在进行信号过渡时，将会消耗一些功率。这是因为在实际器件中，互连元件和寄生电容会产生一些损耗，从而产生有限的开关时间。输入脉宽调制信号可以由数字信号处理器产生，不再需要宽带数模转换器，从而降低成本。

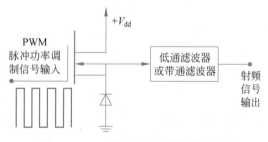

图 11.3.9 S 类功率放大器简化电路

目前设计 S 类高效率放大器有很大的难度，可以尝试采用 sigma-delta 调制器实现相关功能。在新结构中广泛使用的开关放大器便是基于极坐标发射机架构设计的。脉宽调制包络信号由 S 类调制器进行放大，随后经过低通滤波产生模拟信号包络，并为射频功率放大器提供偏置电压 $V_{dd}(t)$。S 类放大器仅仅是放大了输入信号的包络，并由数字信号处理器在数字域中检测后输出,S 类放大器仅被用来改变射频高功率放大器的偏置电压 $V_{dd}(t)$。

图 11.3.10 是极坐标发射机方框图。DSP 产生两路信号分量:一路是包络分量,另一路是恒定包络相位调制分量。在相位路径上,恒定包络相位调制信号也是在 DSP 中产生的,恒定包络相位调制分量由混合器向上变频到射频频率,并由射频功率放大器进行放大。随后向上变频到射频频率,并馈入射频功率放大器。这个射频功率放大器总是饱和的,从而具有很高的效率。尽管如此,这种设计的主要关注点是基带包络路径和射频路径的时间对准问题。这可以在数字域中通过使用 DSP 进行补偿。

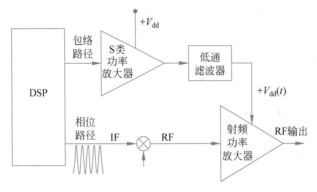

图 11.3.10　极坐标发射机方框图

还有其他结构的放大器,包括基于 Doherty 和异相技术的放大器。Doherty 结构通过四分之一波长线段或网络,由两个相同容量的功率放大器组合而成,一个是偏置在 B 类的载波功率放大器,另一个是偏置在 C 类的峰值功率放大器。数字信号处理器可以控制施加到两个功率放大器的驱动和偏置,改善 Doherty 放大器的性能。对于理想的 B 类放大器,在高 PAPR 值信号下的平均效率可以高达 70%。采用异相技术设计放大器的方法,或者被称为采用非线性元件进行线性放大(LINC)的方法,是通过将两个由不同的相位随时间变化的信号驱动功率放大器,合成为一个幅度得到了调制的方法。通过采用理想的 B 类放大器,对于与前一种情况下 PAPR 值相同的信号,平均效率为 50%。

2. 软件无线电实施方案的测试

软件无线电系统测试技术实际上是一个混合域测试技术,因为软件无线电系统的输入一个是模拟域,另一个则是数字逻辑域。软件无线电设计的主要思想是将 ADC/DAC 尽可能地推向靠近天线的地方。因此,较少的信号存在于模拟域,大部分位于数字域。数字信号测试的重要程度在传统射频系统表征中是无法体现的。数字信号测试在软件无线电系统中是非常重要的环节。这样就要开发同时工作在模拟域和数字域的混合信号示波器,使得模拟信号和数字信号在同一台仪器上实现时间的同步。混合信号示波器仅仅能提供非同步采样功能。与传统采样示波器一样,混合信号示波器是使用其内置时钟来对数据进行采样的。当对软件无线电器件(包括模/数转换器)进行测试时,传输函数相位和幅值的精准估测要求在输入、输出和时钟信号之间进行相关采样。如果这些信号是通过非同步方式进行采样的话,那么就会产生足以完全劣化来自于软件无线电的任何幅值和相位信息的频谱泄漏。频谱泄漏是在进行傅里叶变换(DFT 或 FFT)时出现的,两个信号不是共享同一个时域网格,因此,它们彼此之间是互不相关的。混合信号示波器可能存在内存空间不够的问题。为了解决这些问题,可采用包括逻辑分析仪、示波器、矢量信号分析仪或实时信号分析仪联合进行测试。为了对一个软件无线电发射机结构进行测试,这些仪器可以按照与图10.3.11类似的配置进行搭建。通过使用参考信号、触发信号和标记,可以在数字域和模拟域以及时域和频域之间进行同步测量,评估软件无线电中的发射链路和接收链路,包括信号链中的误差矢量幅度(EVM)以及邻道功率比(ACPR)。

图11.3.11给出了用于测试软件无线电发射机的设备。逻辑分析仪在数字信号处理器的输出端采集数字逻辑比特,在数/模转换和低通滤波器的信号重建之后,采用一台示波器对模拟信号进行分析,一台频谱分析仪或矢量信号分析仪在正交调制器后或在信号放大之后获取模拟射频信号。混合信号仪器中的模拟信道应测量输入端口的反射系数。测试时必须注意信号时钟匹配和同步化的要求。对于混合信号仪器的校准过程,应考虑采用定向耦合器对入射到被测元件的射频信号提供一个基于基波信号的阻抗失配校准表征。这样就将模拟输入和数字输出联系起来,找到软件无线电系统的传输函数,甚至找到系统的完整行为模型,采用现成的元件和算法,比如失配校正算法,就可以搭建完整的测试设备。通过这种混合信号测试设备,可以测量品质因数、误码率、峰均功率比、邻道功率比等指标。在此不对这些概念进行详细介绍,读者可以参考相关通信原理和数字信号处理资料。

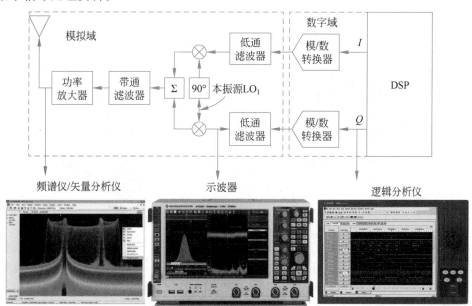

图 11.3.11　软件无线电发射机测试框图

3. 测试实例

为了说明软件无线电接收机的测试,下面采用混合域测量装置对接收机信号进行测试。图11.3.12是测试装置图。

测试装置是按照软件无线电前端测试构建的。被测器件是由任意一个波形发生器激励的,示波器对被测器件的模拟输入信号进行采样。逻辑分析仪对被测器件的数字输出端进行采样。采用参考信号和触发信号实现输入和输出测量的同步。这些设备是由通用接口总线(GPIB)连接计算机进行控制的。被测器件是用带宽为 3MHz,采用 64QAM(3/4)调制的处于频分双工模式的单用户 WiMAX 信号激励的。采用逻辑分析仪在软件无线电接收机的输出端口进行测试。图 11.3.12 展示了混合模式对软件无线电进行测试的本质,模拟输出的品质因数通过数字输出信号和模拟输入信号得到了重建。

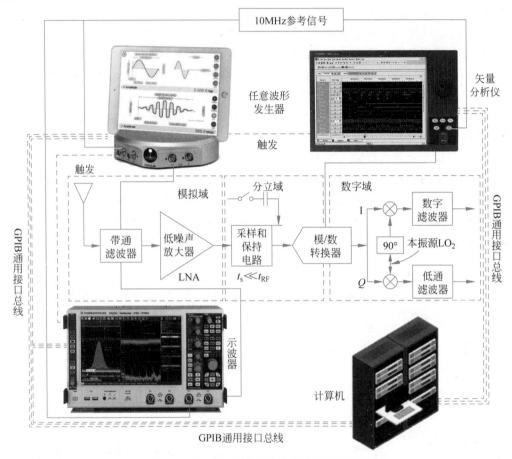

图 11.3.12 软件无线电接收机测试框图

一个良好的包含多频段、多模式接收机的设计结构应当可以最佳地分享现有的硬件资源,并且可采用可调谐和软件编程器件。但并不是每一个接收机结构都具有这种特性。从这个意义上讲,基于零/低中频结构或带通采样设计基础之上的软件无线电接收机前置端设计将会更加成熟。

对于发射机来说,EER 技术及其改进技术是软件无线电应用中很有前途的选择,因为它们的效率在很大程度上与 PAPR 无关。因此,它们可以很容易地应用到多频段、多模式操作中。这种软件无线电和认知无线电发射机结构不仅需要高效放大器,还需要宽带放大器。软件无线电领域在信号传输方面正在从模拟向数字方向转移,因此,对提高射频放大器开关速度的要求变得更为明显、更加严格,从而在未来对 S 类发射机产生影响。

软件无线电系统所采用的测试设备,混合域设备对于软件无线电的表征是非常必要的,同时对模拟波形和数字波形表征的混合模式仪器,才可能得到软件无线电元件的特性。基于不同调制类型的误差矢量幅度和不同技术的邻道功率比,能够实现对多频段、多模式无线电结构的测试。随着软件无线电技术的日臻成熟,我们期待在市面上看到这些类型的仪器。

软件无线电要实现多波段、多模式电台的互通互连,必然要引入多天线技术。软件无线电技术与数字多波束形成(DBF)相结合的完美产物就是智能天线技术。实际上,智能天线技术已经成为下一代移动通信系统的关键技术。

目前软件无线电比较成熟的产品有 Spectrum Ware、SDR-3000 数字收发机子系统、联合战术无线电系统、适于互操作通信的可变高级无线电系统(CHARIOT)、无线信息传输系统(WITS)。

软件无线电建立在一个具有高速处理能力的通用平台上,因此数字信号处理器处理成为软件无线电的核心。从采样理论、多速率信号处理,到通信信号理论、波形生成算法和信号处理算法,许多新概念、理论和算法都是软件无线电处理问题的基石。限于篇幅,本书对软件无线电数学模型的建立、算法设计、性能指标的评估等,不做介绍,请查看相关参考书籍。

11.4 高频电路集成化设计

11.4.1 系统总传输损耗

一个点对点无线通信系统链路损耗如图 11.4.1 所示。其中,发送链路从发射机经馈线(损耗为 L_t)至发射天线,接收链路从接收天线经馈线(损耗为 L_r)至接收机。发送设备以一定频率、带宽和功率发射无线电信号(天线辐射功率为 P_{tt}),接收设备以一定频率、带宽和接收灵敏度(MDS)接收无线电信号(天线接收到的功率为 P_r,接收机接收到的功率为 P_{rr}),无线电信号经过信道会产生衰减和衰落,并会引入噪声与干扰。如果天线是无方向性(全向)天线,那么通常认为天线增益为 0dBi,在系统设计时可以不考虑;如果天线是方向性天线,那么在系统设计时就要考虑天线的增益,一般假设发射和接收天线的增益分别为 G_t 和 G_r。综合考虑发送功率和天线增益联合效果的参数是有效全向辐射功率(Effective Isotropic Radiated Power,EIRP)。

以模拟通信为例,在对无线通信链路进行系统设计时,最重要的技术指标有工作频率 f(载波频率或频带的几何中心频率)、带宽(注意区分信号带宽、信道带宽和噪声带宽 3 种不同的带宽概念,通常信道带宽不小于信号带宽,在多级级联系统中,为了估算方便,一般认为三者相等)、传输距离 d、发射机的发射功率 P_t、接收设备的输出信噪比 SNR_o(解调器的输入信噪比)和信号电平(常用功率 P_o 表示)。

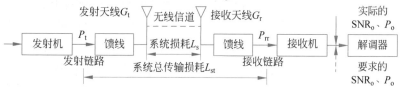

图 11.4.1 点对点链路通信系统损耗

1. 传输损耗

传播损耗主要指自由空间传播损耗 L_{bf}。自由空间是一个理想的空间,在自由空间中,电波按直线传播而不被吸收,也没有反射、折射、绕射和散射等现象发生,电波的能量只因距离的增加而自然扩散,这样引起的衰减称为自由空间的传播损耗。假设辐射源的辐射功率为 P_t,当天线发射信号后,信号会向各个方向传播,在距离发射天线半径为 d 的球面上,信号强度密度等于发射的总信号强度除以球的面积,则接收功率 P_r 为

$$P_r = P_t G_t G_r \left(\frac{\lambda}{4\pi d}\right)^2 \tag{11.4.1}$$

式中,G_t 和 G_r 分别为从发射机到接收机方向上的发射天线增益和接收天线增益;d 为发射天线和接收天线之间的距离;载波波长为 $\lambda = c/f$,这里 c 为自由空间中的光速,f 为无线载波频率。若把 P_r 作为每米($d=1$m)接收信号强度,式(11.4.1)变为

$$P_r = \frac{P_o}{d^2} \tag{11.4.2}$$

上式用分贝表示,为

$$10\lg P_r = 10\lg P_0 - 20\lg d \tag{11.4.3}$$

对于理想的各向同性天线($G_t = G_r = 1$),自由空间的衰耗称为自由空间的基本传播损耗 L_{bf},用公式表示为

$$L_{bf} = \frac{P_t}{P_r} = \left(\frac{4\pi d}{\lambda}\right)^2 \tag{11.4.4}$$

$$L_{bf} = 32.45 + 20\lg f + 20\lg d \tag{11.4.5}$$

其中,L_{bf} 以 dB 为单位,f 以 MHz 为单位,d 以 km 为单位。考虑实际介质(如大气)各向同性天线的传输损耗称为基本传输损耗 L_{bf}。上面的分析表明,在自由空间中,接收信号功率与距离的平方成反比,这里的 2 次幂称为距离功率斜率(distance power gradient)、路径损耗斜率或路径损耗指数。作为距离函数的信号强度每 10 倍距离的损耗为 20dB,或者每 2 倍频程的损耗为 6dB。需要说明的是,前面的关系式不能用于任意小的路径长度,因为接收天线必须位于发射天线的远场中。对于物理尺寸超过几个波长的天线,通用的远场准则是 $d \geqslant 2l^2/\lambda$,式中,l 为天线主尺寸。介质传输损耗是指传输介质及障碍物等对电磁波的吸收、反射、散射或绕射等作用而引起的衰减。

2. 衰落

衰落是由阴影、多径或移动等引起的信号幅度的随机变化,这种信号幅度的随机变化可能在时间上、频率上和空间上表现出来,分别称为时间选择性衰落、频率选择性衰落和空间选择性衰落。衰落是一种不确定的损耗或衰减,影响传输的可靠性和稳定性。对抗衰落的方法要根据衰落产生的原因和特性来确定,主要从改善线路的传播情况和提高系统的抗衰落能力着眼。在进行系统设计时,一方面要尽可能地减少衰落,比如选择合适的工作频率、部署适当的设备位置等;另一方面要采取一系列技术措施以提高抗衰落能力。比如针对快衰落可采用合适的调制解调方式、分集接收和自适应均衡等一种或多种措施;针对慢衰落和介质传输损耗以及设备老化与损伤,通常采用适当增加功率储备或衰落裕量 F_σ。衰落裕量是指在一定的时间内,为了确保通信的可靠性,链路预算中所

需要考虑的发射功率、增益和接收机噪声系数的安全容限。

3. 系统总传输损耗

从发送链路到接收链路的所有损耗称为系统总传输损耗 L_{st}，主要包括传播损耗 L_p 和两端收发信机至天线的馈线损耗（发射馈线损耗为 L_t，接收馈线损耗为 L_r）。在进行系统设计时，通常将衰落裕量 F_σ 也计入系统总传输损耗，即

$$L_{st}(dB) = L_p(dB) + L_t(dB) + L_r(dB) + F_\sigma(dB) \tag{11.4.6}$$

系统总传输损耗与工作频率、传输距离、传播方式、介质特性和收发天线增益等因素有关，一般为几十分贝至 200dB。

11.4.2 链路预算与系统指标设计

根据系统要求，在确定了工作频率、带宽、传输距离和调制解调方式等指标后，在进行硬件设计之前，还必须进行链路预算分析。通过分析，可以预知或计算出在特定的误码率或信噪比下，为了达到系统设计要求，接收机所需的噪声系数、增益和发射机的输出功率等参数，以及接收机输出的信号强度和信噪比等技术指标。链路预算的过程实际上是反复计算和调整参数的过程。

1. 链路预算

链路预算就是估算系统总增益能否补偿系统总损耗，或者接收机接收到的信号强度能否超过接收机灵敏度，以达到解调器输入端所需的信号电平 P_o 和信噪比 SNR_o 要求。下面介绍链路预算过程。

1）计算链路总损耗 L_{st}

根据系统要求给定的通信距离 d、工作频率 f 和工作环境，选择相应的路径损耗模型，计算相应的传输损耗（简单估算时常用自由空间传播损耗 L_{bf} 代替），在考虑收发两端馈线损耗和衰落裕量后，按照式(11.4.6)计算链路总损耗。

2）计算系统总增益 G_s

设接收机的总增益为 $G_{RX}(dB)$，则系统总增益 G_s 为

$$G_s(dB) = G_t(dB) + G_r(dB) + G_{RX}(dB) \tag{11.4.7}$$

3）计算接收机的灵敏度 M_{DS} 和 S_{imin}。

按照噪声系数与灵敏度的关系计算接收机的最小可检测信号 M_{DS} 和接收机灵敏度 S_{imin}。实际上，在不考虑解调器要求的信噪比（或要求的信噪比为 0dB）时，最小可检测信号 M_{DS} 和接收机灵敏度 S_{imin} 是相同的，两者的计算公式为

$$M_{DS}(dBm) = -171(dBm) + 10\lg B(Hz) + N_F(dB) \tag{11.4.8}$$

$$S_{imin}(dBm) = M_{DS} + SNR_o = -171(dBm) + 10\lg B(Hz) + N_F(dB) + SNR_o(dB) \tag{11.4.9}$$

其中，N_F 代表噪声系数。

4）计算接收机接收到的信号功率 P_{rr}、输出功率 P_{out} 和信噪比 SNR_o

$$P_{rr}(dBm) = P_t(dBm) + G_t(dB) + G_r(dB) - L_{st}(dB) \tag{11.4.10}$$

在确保发射机输出功率能克服系统总损耗，并提供足够的衰落裕量，同时保证接收机具有低的噪声系数以满足所需的信噪比时，接收机输出功率为

$$P_{\text{o}}(\text{dBm}) = P_{\text{t}}(\text{dBm}) + G_{\text{s}}(\text{dB}) - L_{\text{st}}(\text{dB}) \tag{11.4.11}$$

如果已知接收天线上的信号电平为 P_{s},则可以按照下式计算接收机输出功率为

$$P_{\text{o}}(\text{dBm}) = P_{\text{s}}(\text{dBm}) + G_{\text{r}}(\text{dB}) - L_{\text{r}}(\text{dB}) + G_{\text{RX}}(\text{dB}) \tag{11.4.12}$$

根据 P_{o} 和噪声功率可以计算出接收机输出端的信噪比 SNR 为

$$\text{SNR}(\text{dB}) = P_{\text{o}}(\text{dBm}) - (M_{\text{DS}}(\text{dBm}) + L_{\text{r}}(\text{dB}) + G_{\text{RX}}(\text{dB})) \tag{11.4.13}$$

接收机设计的输出信噪比 SNR 与要求的信噪比 SNR_{o} 之差称为链路裕量 M。链路裕量 M 为正值是所希望的结果,但这并不一定说明该链路就不会出现差错,而是表明其出错的概率较低。M 的正值越大,链路出错的概率越低,但付出的代价也越大;反之,M 为负值并不表示该通信链路就一定无法通信,只是其通信出错的概率较高而已。综合各种因素去推算链路裕量的过程就是链路预算。

5) 判断与调整

判断接收机输出功率 P_{o} 是否不低于系统设计要求的输出功率,或者链路裕量 M 是否为正值。若满足,则链路预算合理;否则需要调整发射机输出功率 P_{t}、G_{s} 中的收发天线增益与接收机总增益 3 个参数,以及降低 L_{st} 中可降低的损耗。

判断接收机接收到的信号功率 P_{rr} 是否不低于接收机最小可检测信号 M_{DS} 和接收灵敏度 S_{imin}。如果接收机接收到的信号功率 P_{rr} 低于接收机最小可检测信号 M_{DS},则系统很难正常工作,需要对技术体制和系统参数作较大调整;如果接收机接收到的信号功率 P_{rr} 大于接收机最小可检测信号 M_{DS} 而低于接收灵敏度 S_{imin},则除了调整 P_{t}、G_{s}、L_{st} 和接收机噪声系数 N_{F} 等参数之外,也可以考虑改变对解调性能的要求或者改变调制解调方式;若接收机接收到的信号功率 P_{rr} 大于接收机的接收灵敏度 S_{imin},则系统可以正常工作,不需调整。

2. 系统指标设计

系统指标设计就是根据系统要求和链路预算情况,确定通信链路的系统结构和其中各单元的系统指标。

首先是确定发射机的发射功率 P_{t}、收发天线的增益、收发两端馈线的损耗和接收机的总增益等功率和增益(损耗)指标;其次,根据最小可检测信号 M_{DS} 和接收灵敏度 S_{imin} 计算接收机的噪声系数;最后,根据通信距离和环境的变化以及衰落裕量确定接收机的动态范围。

在系统指标设计时,如果发射机的 EIRP 或发射功率已定,为了达到接收机输出端所要求的误码率或信噪比,必须在发射机的输出功率或收发两端的馈线损耗、接收机的噪声系数、系统增益和互调失真之间进行调整与折中。

3. 收发信机设计与指标分配

接收机设计是无线通信系统设计中最复杂、最困难,也是最重要的环节。接收机设计的主要内容就是根据接收机的系统指标要求,选定合适的接收机结构,进行频率规划,确定合适的中频频率,并从实现的方便性等方面考虑将接收机的指标分配到各个模块。

无论采用何种发射机方案,发射机的主要功能仍然是将基带信号调制搬移到所需频段,按照要求的频谱模板以足够的功率发射,因此,其结构总是为从调制器、上变频到功率放大和滤波的链状形式,主要技术指标有输出功率和载波频率稳定度、工作频率、带

宽、杂散辐射等。

1）主要指标分析

（1）增益。接收机增益是接收机中各单元电路增益的乘积，是系统增益的重要组成部分，用于克服各种损耗（衰减）和衰落。为了获得稳定的增益，并减小非线性失真，通常将接收机的总增益分配到各级单元电路，分配过程中甚至还要采取不同的工作频率和滤波器。

（2）噪声系数。这里主要讨论接收机的噪声系数及其指标分配方法。接收机的噪声系数可认为是系统的噪声系数。级联网络噪声系数的计算可以认为是从后往前，即知道各个单元电路的噪声系数和增益，就可以计算出整个接收机的噪声系数。因此，为了降低接收机的噪声系数，可以采用减少接收天线馈线长度、提高天线增益等方法。

对于已经确定的接收机的噪声系数，将其分配到各个单元中，可采用从前往后的方法。如图 11.4.2 所示，设某级电路的噪声系数为 N_{Fi}，功率增益为 K_{Pmi}，其前端和后端（可简单认为是输入和输出）噪声系数分别为 N_{Fin} 和 N_{Fout}，则按照级联网络噪声系数的计算公式可得

$$N_{Fin} = N_{Fi} + \frac{N_{Fout} - 1}{K_{Pmi}} \tag{11.4.14}$$

可推导出噪声系数分配公式为 $N_{Fout} = K_{Pmi}(N_{Fin} - N_{Fi}) + 1$。

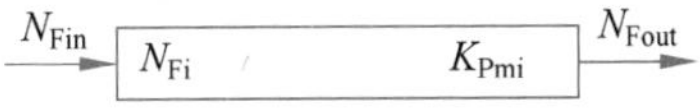

图 11.4.2

2）频率规划

频率规划是根据系统参数和链路预算结果选定收/发机结构以后，对收/发机内部的频率做出的安排，其目的是减小非线性，避免或抑制假响应和干扰，达到要求的频谱特性。对于常用的外差结构收/发机，频率规划主要是确定频率变换的次数和位置，合理选择射频 RF、中频 IF 和载频或本振 LO 的频率及带宽。

3）关键指标分配

接收机最重要的性能指标是增益、灵敏度和动态范围，后两者通常用噪声系数 N_F 和互调三阶截点两个参数衡量。发射机最重要的性能指标是输出功率，通过对各级合理分配增益来实现。实际中通常利用电平图（level diagram）的方法来对这些关键指标进行分配，以达到实现代价与所需指标的平衡。具体电平图以及分配原理请查看相关资料。

科普十一 软件无线电技术的最新技术进展

参考文献

思考题与习题

11.1 调频信号的解调流程如图所示,信号带宽 20kHz,输入时钟 40MHz,数字控制振荡器(CNCO)输出频率设置为 $f_0 = 10.7$MHz,载波相位偏移为 0。其中级联积分梳状滤波器(CICF)设置为 2 级级联,抽取因子 $D_1 = 5$,增益补偿值为 4;半带滤波器 HBF 设为 11 阶、4 级级联,抽取因子 $D_2 = 16$;有限长冲击单位相应(FIRF)设置为采样频率 500kHz,通带 30kHz,过渡带 20kHz,128 阶,抽取因子 $D_3 = 5$;鉴频 FIR 设置为采样频率 100kHz,通带 20kHz,过渡带 10kHz,64 阶。

(1) 给出 CICF、HBF 的传递函数 $H(z)$ 的结构、频率响应曲线,并分析其性能;

(2) 设计 FIRF、鉴频 FIR 滤波器,给出其频率响应曲线,并分析其性能;

(3) 如果仿真信号为 $S_{FM}(n) = A\cos[2\pi f_0 n + \varphi(n)] + N(n)$,其中,$N(n)$ 为高斯白噪声,瞬时相位为 $\varphi(n) = 0.7\pi\sin\left(2\pi f_1 n + \dfrac{\pi}{6}\right) + 0.5\pi\sin\left(2\pi f_1 n + \dfrac{\pi}{3}\right)$,$f_1 = 1000$Hz,$f_2 = 2500$Hz,SNR $= 20$dB。推导图中每级处理后输出信号的表达式(不考虑噪声),并画出每级处理后输出信号的时域波形(AGC $= 2$)。

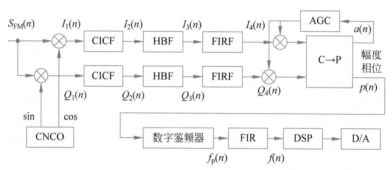

思考题与习题 11.1 图

11.2 有一雷达系统,工作频率范围为 $220 \sim 305$MHz,现需对整个工作带宽内的回波进行信道化处理以检测有无目标。

(1) 假定信号的中心频率 $f_0 = 262.5$MHz,在欠采样条件下,问:A/D 的采样频率 f_s 应选多大才能满足中频数字正交化处理的要求?

(2) 假定回波中包含两个 LFM 信号 $\left(s(t) = \cos\left(2\pi f_0 t + \dfrac{1}{2}\pi\mu t^2\right)\right)$,其参数如表所示,信噪比 SNR $= 10$dB,产生回波信号,并利用信道化处理方法对 LFM 信号进行检测(每个信道的带宽 $B_s = 3$MHz)。要求:

① 给出信道划分示意图,并计算 LFM 信号所处的信道位置;

② 画出有回波的信道信号及其频谱;

③ 对分离后的回波信号进行脉压,画出脉压结果并进行分析。

思考题与习题 11.2 表

LFM 信号	中心频率/MHz	带宽/kHz	脉宽/μs
chirp1	242.5	600	100
chirp2	268.5	300	100

11.3　对一圆形阵列的波束形成进行仿真,假设发射信号载频为 0.8GHz,圆形阵列半径为 0.8m,在圆周上均匀布置 28 个阵元。

(1) 画出指向 10°的方向图;

(2) 如果目标在 0°,有一不相干的干扰信号在 −20°,干扰噪声功率比为 35dB,请用自适应波束形成方法画出方向图;

(3) 采用旁瓣对消的方法(选取两个阵元作为辅助天线),计算对消比。

附 录 A

余弦脉冲系数表

余弦脉冲系数表

附录 B

部分思考题与习题答案

部分思考题与习题答案